化学工业出版社"十四五"普通高等教育规划教材

简明干细胞生物学

Concise Stem Cell Biology

第二版

章静波　韩　钦　刘星霞　主编

赵春华　主审

化学工业出版社

·北京·

内容简介

《简明干细胞生物学》初版自 2014 年出版以来，被众多高校用作教材，受到师生好评。初版出版以来，干细胞领域经历了前所未有的迅猛发展，新的发现与技术不断涌现。为了适应这一快速发展的学科需求，新版及时跟进、丰富内容、深化理解，以促进干细胞科学研究成果的转化与应用。

《简明干细胞生物学》新版特别新增了关于干细胞微环境和胞外囊泡的内容：详细阐述了干细胞微环境的组成、功能机制及在疾病治疗中的潜在应用；介绍了胞外囊泡的基本概念、提取方法、生物学功能及在临床研究中的应用前景。为了更好地促进读者的思考与理解，新版在每一章之后增设了相应的思考题，旨在激发读者的批判性思维与创新意识，全方位提升对这一领域的理解和把握。

《简明干细胞生物学》是生物、医学类专业的本科和研究生教材，也可供生物医学工程、临床医学等领域工作者参考。

图书在版编目（CIP）数据

简明干细胞生物学 / 章静波，韩钦，刘星霞主编.
2版. -- 北京 : 化学工业出版社，2025. 4. --（化学工业出版社"十四五"普通高等教育规划教材）. -- ISBN 978-7-122-47245-8

Ⅰ. Q24

中国国家版本馆 CIP 数据核字第 2025Y0G799 号

责任编辑：傅四周　　　　　　　　　　　文字编辑：李宁馨　刘洋洋
责任校对：张茜越　　　　　　　　　　　装帧设计：韩　飞

出版发行：化学工业出版社（北京市东城区青年湖南街 13 号　邮政编码 100011）
印　　装：大厂回族自治县聚鑫印刷有限责任公司
787mm×1092mm　1/16　印张 14¼　字数 366 千字　2025 年 5 月北京第 2 版第 1 次印刷

购书咨询：010-64518888　　　　　　　售后服务：010-64518899
网　　址：http://www.cip.com.cn
凡购买本书，如有缺损质量问题，本社销售中心负责调换。

定　　价：59.00 元　　　　　　　　　　　　　　　　版权所有　违者必究

《简明干细胞生物学》编审人员

主 编　章静波（中国医学科学院基础医学研究所）
　　　　韩　钦（中国医学科学院基础医学研究所）
　　　　刘星霞（中国医学科学院基础医学研究所）

参 编　王世华（中国医学科学院基础医学研究所）
　　　　朱星雨（中国医学科学院基础医学研究所）
　　　　肖　娴（中国医学科学院基础医学研究所）
　　　　安新颖（中国医学科学院医学信息研究所）
　　　　倪　萍（中国医学科学院医学信息研究所）

主 审　赵春华（中国医学科学院基础医学研究所）

审 校　李红凌（中国医学科学院基础医学研究所）
　　　　赵晓妍（中国医学科学院基础医学研究所）
　　　　朱榕嘉（中国医学科学院基础医学研究所）

前　言

自《简明干细胞生物学》初版问世以来，干细胞领域经历了前所未有的迅猛发展，新的发现与技术不断涌现，极大地丰富了我们对生命奥秘的理解。为了适应这一快速发展的学科需求，经过精心筹备与修订，我们欣然推出《简明干细胞生物学》第二版，以期及时跟进、丰富内容、深化理解，并促进干细胞科学研究成果的转化与应用。

随着近年来研究的深入，研究人员发觉干细胞微环境（又称干细胞巢或干细胞龛）的重要性日益凸显。它不仅调控着干细胞的增殖、分化与自我更新，还参与多种生理病理过程。干细胞胞外囊泡作为细胞间通信的重要媒介，其在疾病诊断、治疗及再生医学中的潜力也备受关注。因此我们在第一版的基础上，特别新增了关于干细胞微环境和干细胞胞外囊泡的内容，详细阐述干细胞微环境的组成、功能机制及在疾病治疗中的潜在应用，介绍了胞外囊泡的基本概念、提取方法、生物学功能及在临床研究中的应用前景，希望能为读者打开一扇探索干细胞奥秘的新窗口。

此外，为了更好地促进读者的思考与理解，第二版在每一章之后均增设了相应的思考题，旨在激发读者的批判性思维与创新意识，鼓励大家深入探讨干细胞生物学的核心问题，从理论到实践，从基础到应用，全方位提升对这一领域的理解和把握。

与初版相同，我们假定学习《简明干细胞生物学》的读者已具备基本的细胞生物学、生物化学和分子生物学知识。因此，本教材不再重复这些基础内容，而是专注于干细胞的生物学性质、操纵和应用。本教材的目标读者是希望学习与掌握有关干细胞知识与技能的生物学与医学的博士生、硕士生、高年级大学生、生物医学工程人员和对实验室科学有兴趣、更想让干细胞转化为临床应用的医生们。

正如其他新兴学科一样，干细胞科学的发展永无止境，新的发现与挑战层出不穷。因此，《简明干细胞生物学》第二版虽已尽力完善，但仍可能存在不足之处。我们诚挚地邀请广大读者、同行及专家学者在使用过程中提出宝贵的意见和建议，共同推动干细胞科学的进步与发展。

在此，我们衷心感谢所有参与本书修订工作的同仁，以及长期以来支持与关注《简明干细胞生物学》的读者。让我们携手前行，在探索生命的旅途中，共同谱写干细胞生物学的辉煌篇章。

章静波　韩钦
2025 年 3 月

第一版前言

北京协和医学院基础学院为研究生开设"干细胞"课程已历经数个年头了，我们积累了一定的教学与教材编写的经验。值此期间，我们翻译了数种国外有关的优秀专著，如美国冷泉港实验室出版社出版的、由著名干细胞生物学家 D. R. Marshak、R. L. Gardner 和 D. Gottlieb 主编的 *Stem Cell Biology* 以及由 Wiley 公司出版的、由著名细胞培养专家英国格拉斯哥大学资深研究员 R. I. Freshney 以及 G. N. Stacy 和 J. M. Auerbach 主编的 *Culture of Human Stem Cell*。在此基础上，我们整理与编写了这本简明教材，并十分荣幸地交予化学工业出版社出版。

我们认定，学习《简明干细胞生物学》的莘莘学子已具备最基本的细胞生物学、生物化学和分子生物学以及解剖学、胚胎学和组织学等学科的知识，因此，本教材不再论述细胞生物学以及相关学科的基本概念及基础理论，而开宗明义，单刀直入，唯以干细胞为中心，介绍它们的生物学性质、操纵以及应用。本教材的读者对象是那些希望学习与掌握有关干细胞知识与技能的生物学与医学的博士生、硕士生、高年级大学生、生物医学工程人员和对实验室科学感兴趣、更想让干细胞转化为临床应用的医生们。为此，本教材具有以下几方面的特点：

① 知识的新颖性。干细胞生物学是当前生命科学中发展最为快速的学科之一。自 1998 年 Thomson 和 Gearhart 分别建立了两个人胚胎干细胞系始，至 2006 年 Yamanaka 等创建诱导多能干细胞（iPS cell）系，并于 2012 年获诺贝尔生理学或医学奖，人们对干细胞的研究如火如荼，至今方兴未艾。这种态势，在我们的这本教材中，得到一定程度的反映。

② 启发性。既然干细胞生物学是一门新兴学科，因此必然有不少难题未能解决，比如干细胞为什么可保持其不对称的分裂？微环境是怎样调控干细胞增殖与分化的？等等。为此，在我们的教材中不避讳并如实告知学生这些我们尚不全了解的内容。但我们或许会指出可能的研究方向与途径，我们这样做，旨在培养他们的独立思考能力，鼓励他们在科学道路上"敢登攀"。

③ 实践性。研究生教育很重要的一个方面是培养他们的动手能力，因此，在我们的这本教材中，有几个章节专门介绍干细胞培养的技术，如胚胎干细胞的培养、iPS 细胞的建系、干细胞的诱导分化实验等。我们认为，一个有作为的科研人才，必须手脑并用，缺一不成才，缺一难有作为。

最后，我们在前面谈过，国外已有不少优秀专著，也有不少好教材，但国内似乎未见较为普遍适用于大多数院校的干细胞教材，"嘤其鸣矣，求其友声"，我们不揣浅陋，以此内容付梓，诚望得到试用者的评估与指正，旨在力求本教材能纠正错误，补充不足，以求日臻完美，为我国干细胞研究的发展尽绵薄之力。

章静波　刘星霞

于北京协和医学院

2014 年 9 月

目 录

第一章

绪论

干细胞（stem cell，SC）的"干"，译自英文"stem: the central part of a plant above the ground，from which the leaves grow，or the smaller part which supports leaves or flowers."，意思为"树""干"和"起源"。类似于一棵树的树干，可以长出许多树杈、树叶，可以开花和结果。与此类似，干细胞是机体内具有自我更新能力（self-renewal）的一类多潜能细胞。在一定条件下，干细胞可以自发或被诱导分化成机体的多种功能细胞，所以，它们具有再生机体各种细胞、组织或器官的潜在功能，是机体各种细胞、组织和器官的起源细胞。在形态学上，各类干细胞一般具有以下共性：它们通常呈圆形或椭圆形，细胞质体积较小，核相对较大，具有较高的端粒酶活性。根据所处发育阶段的不同，干细胞可以分为胚胎干细胞（embryonic stem cell，ES 细胞）和成体干细胞（somatic stem cell or adult stem cell）两大类。胚胎干细胞和成体干细胞除了来源不同，它们最大的区别在于各自的增殖能力和分化潜能不同：胚胎干细胞分化潜力较高，是全能干细胞（totipotent stem cell），理论上讲可以分化成机体各种类型的细胞；而成体干细胞分化潜力较低，是多能干细胞或单能干细胞，理论上讲，只能分化成机体特定的若干种，甚至只能是一种特定的细胞。

在胚胎发生和发育过程中，单细胞的受精卵可以分裂并发育成为多细胞的组织或器官。在成年机体中，正常生理代谢或病理损伤过程也可以引起组织或器官的修复和再生。胚胎的演化和成体组织的再生都是干细胞进一步分化的结果。过去，人们一般认为，胚胎干细胞属于多能干细胞，具有分化为几乎全部组织和器官的能力，而存在于成体组织或器官内的成体干细胞，一般被认为具有组织特异性，只能分化成特定的细胞或组织。然而，最新的研究表明，具有组织特异性的成体干细胞，同样具有分化成其他类型细胞或组织的潜能。成体干细胞所具有的能够分化成为其他类型细胞或组织潜能的特性称为成体干细胞的可塑性。这样的研究成果，为干细胞的应用前景开创了更广阔的空间，所以，成体干细胞的可塑性研究很快成为全世界干细胞研究领域非常重要的研究热点。有关干细胞的各种研究也在短短几年内取得了突飞猛进的进展。

第一节　干细胞的研究历史

早在 19 世纪，E. B. Wilson 在他的经典著作 *The Cell in Development and Inheritance* 中就已经提出干细胞的概念，但关于干细胞的实验研究最早始于 20 世纪 60 年代前后。当时，关于干细胞的实验研究主要集中于两个方面，其中之一是关于胚胎干细胞的研究，另一方面就是关于造血干细胞的研究。1959 年，美籍华裔科学家张明觉首次建立了体外受精技术，为全世界的干细胞研究提供了有力的技术支持。后来，Pierce 和 Stevens 等通过对几个近亲种系的小鼠睾丸畸胎瘤的研究，发现该畸胎瘤细胞来源于胚胎生殖细胞（embryonic germ cell，EG 细胞），该工作确认了胚胎来源的癌细胞是一种干细胞，它们可分化为多种类型的细胞；1975 年，Brinster 将胚胎癌性细胞注入小鼠囊胚中，成功地形成了嵌合体小鼠，并且发现该胚胎癌性细胞几乎可以参与宿主胚胎所有组织的形成，从而证明了胚胎癌性细胞确实是一种干细胞，于是，胚胎癌性细胞就成为公认的研究小鼠胚胎发育的良好模型。此后，关于干细胞以及胚胎发育的各方面的研究也越来越多，领域也越来越广，各种成果也层出不穷，例如，1978 年，世界上第一个试管婴儿 Louise Brown 成功在英国诞生；1981 年，Evan、Kaufman 和 Martin 从小鼠囊胚内细胞团成功地分离出小鼠胚胎干细胞，同时，他们也确立了经典的小鼠胚胎干细胞体外培养条件。1984—1988 年，Anderews 等从人睾丸畸胎瘤细胞系 Tera-2 中培育出多能的、克隆化的细胞，称之为胚胎癌性细胞（embryonal carcinoma cell，EC 细胞），他们发现，克隆出的人胚胎癌性细胞在视黄酸（retinoic acid，RA，又叫维甲酸）的作用下，能够分化形成神经元样细胞和其他类型的细胞。1989 年，Pera 等也成功地分离了另一个人胚胎癌性细胞细胞系，发现该细胞系能被诱导生成三个胚层的组织，但这些胚胎癌性细胞中的染色体不是整倍体，有的细胞中染色体数目多于正常细胞，有的细胞中染色体数目少于正常细胞，所以，它们在体外的分化潜能有限。

1998 年，美国有两个科研小组几乎同时分别培养出了人胚胎干细胞。Wisconsin 大学的 James A.Thomson 小组成功地从人胚胎组织中培育出了干细胞系。他们将人卵细胞经体外受精后，把受精卵培育到囊胚阶段，提取内细胞团（inner cell mass，ICM），建立细胞系。通过检测该细胞系的特异性细胞表面标志物（简称表面标志）和酶活性，证实它们就是全能干细胞。采用这种方法，每个胚胎中可以取得 15 ～ 20 个干细胞用于建立细胞系。与此同时，Johns Hopkins 大学的 John D. Gearhart 小组也成功地从受精后 5 ～ 9 周人工流产的胚胎中提取出原始生殖细胞（primordial germ cell）并建立了干细胞系。2000 年，由 M. F. Pera、A. Trounson 和 A. Bongso 领导的新加坡和澳大利亚科学家也从治疗不育症的夫妇捐赠的囊胚内细胞团中分离得到人胚胎干细胞。上述这些胚胎干细胞体外增殖时，能保持正常的核型，并且能自发分化形成来源于三个胚层的体细胞系。如果将这些胚胎干细胞注入免疫缺陷小鼠体内，则可以产生畸胎瘤。2011 年，Wojakowski 报道，克隆的小鼠干细胞可以通过形成细小血管和心肌细胞，促进心衰小鼠的心肌损伤修复。这种克隆的小鼠干细胞与来源于骨髓的成体干细胞比较，其修复作用更快、更有效，可以取代 40% 的瘢痕组织并恢复心肌功能。这是国际上克隆干细胞在活体动物体内成功修复受损组织的首次报道。迄今为止，人们已能够成功地将小鼠胚胎干细胞定向诱导分化为神经细胞、各种血细胞、心肌细胞、平滑肌细胞、横纹肌细胞、骨细胞、软骨细胞、肥大细胞、脂肪细胞，甚至胰岛细胞等。

尽管如此，由于胚胎干细胞多取自胚胎或流产胎儿，很多国家迫于伦理及宗教压力，禁止开展这一类研究。相比之下，成体干细胞的研究就没有伦理及宗教上的问题，所以这方面的研究就更容易被重视和接纳。事实上，人类关于干细胞的研究最早就是从成体干细胞研究开始的。早在 1961 年，Till 和 McCulloch 就开始了对造血干细胞（hematopoietic stem cell，HSC）的研究。他们发现，在脾脏中存在造血干细胞，并能产生多种血细胞。造血干细胞是目前研究得最为清楚、应用最为成熟的成体干细胞，它在移植治疗血液系统及其他系统恶性肿瘤、自身免疫病和遗传性疾病等诸多领域均取得了令人瞩目的进展，极大地促进了这些疾病的治疗，同时也为其他类型成体干细胞的研究和应用奠定了坚实的基础。目前，人们已经发现，很多成体组织和器官，如骨髓、外周血、脊髓、血管、骨骼肌、肝、胰、角膜、视网膜、牙髓、皮肤和胃肠道的上皮及脂肪组织等，都存在成体干细胞。成体干细胞具有取材容易，可避免移植后免疫排斥反应，而且不会引起伦理和宗教上的争议等诸多优势，因此，成体干细胞的应用研究已成为再生医学的一个重要组成部分，是很多临床疾病可供选择的治疗手段。同时，该领域又是一个多学科交叉的领域，需要分子和细胞生物学家、胚胎学家、病理学家、临床医生、生物工程师和伦理学家等的共同参与。随着对成体干细胞可塑性研究的不断深入和临床应用研究的不断扩展，成体干细胞最终走向临床应用的希望正在变得越来越大。

与胚胎干细胞相比，成体干细胞除了具有不会引起伦理、法律和宗教上的争议，取材容易，可以从患者自身获得，不存在组织相容性抗原不吻合及移植后免疫排斥反应，可以避免长期应用免疫抑制剂对患者的伤害等诸多优势外，成体干细胞还没有致瘤性。即便如此，成体干细胞也有其自身的局限性。虽然成体干细胞也具有向多系分化的能力，但这种分化的"效率"尚不理想。虽然通过体外扩增培养能提高分化效率，但是体外的分化是否会引起成体干细胞遗传特性发生变化还有待证实，而且这种体外的分化是否是成体干细胞多系分化的结果尚无法肯定。所以，成体干细胞虽然具有广阔的应用前景，但是，由于其自身的局限性，它们要真正充分应用于临床还有很长的路要走。

令人振奋的是，近来出现的诱导多能干细胞（induced pluripotent stem cell，iPSC，iPS细胞）几乎是集胚胎干细胞和成体干细胞的优势于一身，同时又几乎避开了胚胎干细胞和成体干细胞的全部的局限性。这项发现，一方面解决了利用胚胎进行干细胞研究的伦理和宗教争议，另一方面，也使得干细胞研究的细胞来源更不受限。由于iPS细胞能培养出机体各种类型的细胞，因此iPS细胞的发明为再生医学开辟了一条崭新的道路。所以，iPS细胞一出现，立即在干细胞研究领域、表观遗传学研究领域以及生物医学研究领域都引起了强烈的反响，此后，全世界关于iPS细胞的各种研究一直如火如荼，至今方兴未艾。

诱导多能干细胞最初是日本京都大学的Shinya Yamanaka于2006年发现的。他们利用病毒载体将四个转录因子基因（Oct3/4、Sox2、Klf4和c-Myc）的组合转入分化的体细胞——小鼠成纤维细胞中使其重新编程，发现最终可诱导成纤维细胞发生转化，转化产生的细胞在细胞形态、生长特性、干细胞标志表达、基因表达谱、表观遗传修饰状态（如DNA甲基化方式）、染色质状态、细胞倍增能力、嵌合体动物形成、拟胚体形成和畸胎瘤形成能力、分化能力等各方面都与胚胎干细胞非常相似，所以称之为诱导多能干细胞。iPS细胞具有和ES细胞几乎完全相同的功能，和ES细胞相比，iPS细胞除了不能生成胚胎以外，几乎可以产生机体所有类型的细胞。这样，人们不需要制造胚胎，就可以从任何组织的细胞，甚至皮肤组织的细胞，制造出具有ES细胞功能的干细胞。2007年11月，Yamanaka实验室和Thompson实验室又几乎同时报道，利用iPS细胞技术同样可以诱导人皮肤成纤维细胞成为几乎与胚胎干细胞完全一样的多能干细胞。所不同的是日本实验室依然采用逆转录病毒引入Oct3/4、Sox2、c-Myc和Klf4等四种转录因子组合，而Thompson实验室则采用了以慢病毒载体引入Oct3/4、Sox2、Nanog和LIN28这四种因子组合。这些研究成果被美国《科学》（Science）杂志列为2007年十大科技突破中的第二位。到2009年3月，iPS细胞研究又相继迎来了两项重大突破。一是发现了不用借助病毒就可以将普通皮肤细胞转化为iPS细胞的方法；二是可以选择性地将iPS细胞中因转化需要而植入的有害基因移除，并且能够保证由此获得的神经元细胞的基本功能不受影响。这两项成果为iPS细胞应用于临床迈出了重要的一步。

2012年10月8日，瑞典卡罗林斯卡医学院宣布，将2012年的诺贝尔生理学或医学奖授予培育出了iPS细胞的Shinya Yamanaka和英国发育生物学家、剑桥大学的John Gordon博士，以表彰他们在iPS细胞领域作出的巨大贡献。

当然，iPS细胞要真正应用于临床，仍有很多棘手的困难需要解决。但无论如何，我们仍然可以坚信，随着人们对于 iPS 细胞各方面研究的不断深入，随着所面临的各种困难的被逐个解决，iPS 细胞必将在未来临床移植治疗各种疾病中发挥无与伦比的重要作用。

目前，干细胞和再生医学的研究已成为自然科学研究中最为引人注目的领域。我国在干细胞低温及超低温气相 / 液相保存技术、定向温度保存技术及超低温干细胞保存抗损伤技术等方面已经处于世界领先水平。我们相信，随着理论研究的日臻完善和实验技术的迅猛发展，干细胞技术必将在临床治疗和生物医药等领域产生划时代的成果，必将导致传统医疗手段和医疗观念的一场重大革命。现有资料表明，采用干细胞进行临床治疗具有很多优势，例如：低毒性或无毒性；即使不完全了解某种疾病发病的确切机理，采用干细胞移植治疗也可达到较好的疗效；利用自身的干细胞进行移植可以有效避免其他细胞移植治疗方法中无法避免且令人棘手的免疫排斥反应；对传统治疗方法疗效较差的疾病如白血病，采用干细胞移植治疗，多有惊人的效果。

第二节　干细胞的概念及分类

一、干细胞的概念

干细胞是指机体内一类具有自我更新和分化潜能的细胞。在胚胎发育的不同阶段以及成体的不同组织中均有干细胞存在，只是随着年龄的增长，各组织中干细胞的数量逐渐减少，分化潜能也逐渐变小。在干细胞的发育过程中，还有一类处于中间状态的细胞，称为祖细胞（progenitor cell），祖细胞具有有限的增殖和分化能力，但与干细胞不同的是，祖细胞没有自我更新能力，在经过几个细胞分裂周期后产生的两个子代细胞均为终末分化细胞，它们之间的关系是：干细胞是祖细胞的来源，祖细胞又是各种下游细胞的来源（图 1-1）。例如，造血干细胞是造血祖细胞的来源，造血祖细胞又是各种成熟血细胞如红细胞、淋巴细胞等的来源。造血干细胞在分裂过程中生成一系列祖细胞，如普通淋巴祖细胞、普通髓系祖细胞等，其下游

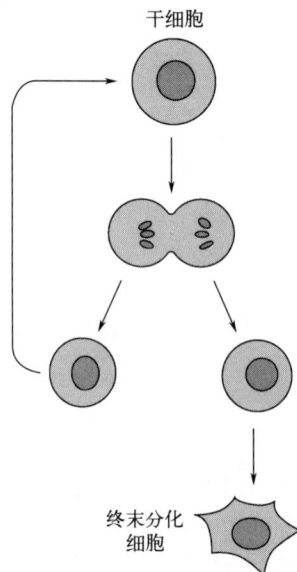

图 1-1　干细胞的自我更新和分化（Alberts et al，1994，略改）

为成熟度更高的祖细胞，它们所能生成的细胞类型和数量更为局限，并最终生成淋巴细胞、红细胞、血小板、粒细胞和单核细胞等终末分化的各种血细胞，最终完成造血过程。对于干细胞和已分化细胞的区别和鉴定，通常采用检测各种特异性细胞表面标志的方法来实现。

二、干细胞的分类

目前常用的干细胞分类方法有两种：一种分类法是根据干细胞分化潜能的宽窄将干细胞分为全能干细胞、多能干细胞（pluripotent stem cell）和单能干细胞（monopotent stem cell）；另一种分类法是按所处发育阶段的不同将干细胞分为胚胎干细胞和成体干细胞，胚胎干细胞包括内细胞团来源的 ES 细胞和原始生殖细胞来源的胚胎生殖细胞；成体干细胞包括神经干细胞（neural stem cell，NSC）、造血干细胞（hematopoietic stem cell，HSC）、间充质干细胞（mesenchymal stem cell，MSC）、表皮干细胞（epidermal stem cell）等。此外，还可以根据来源不同对干细胞进行分类（表 1-1）。

表 1-1 干细胞的分类（赵春华，2006）

来源	描述	示例
成体器官	器官组织中分化命运部分确定的细胞集合	肝脏、骨、骨髓、肠上皮和精子等的干细胞
胎儿组织	富集于快速生长的器官中的前体细胞；一些分化命运尚未确定的细胞	心肌细胞、脑细胞和用于产生精子和卵的生殖细胞前体
胚泡（囊胚）	通过化学／电刺激未受精的卵产生的孤雌生殖体或用精子和卵子经人工授精产生的胚泡内细胞团细胞	来自孤雌生殖体的干细胞（正在研究）；胚胎干细胞具有形成所有类型细胞的潜能
核移植胚泡	由完全更换了遗传信息的卵细胞经刺激分裂产生的细胞	目前正在研究；与动物克隆相关的过程

1. 全能干细胞

这类干细胞具有形成完整个体的分化潜能，最具代表性的是受精卵。众所周知，哺乳动物的生命始于受精卵，受精卵具有分化成体内 200 多种不同类型细胞的潜能，并能最终发育成为一个完整个体，受精卵的这种潜能称为全能性（totipotency），相应地，具有这种潜能的干细胞则称为全能干细胞。此外，受精卵在从输卵管向子宫移行过程中不断地进行卵裂，当分裂到 8～16 个细胞时表现为一实心球体，称为桑葚胚（morula），在此阶段，桑葚胚中每个卵裂球都仍然保持着这种全能性，如果将其中任意一个卵裂球安置到适宜的子宫内，都可以最终发育成为一个完整个体。

2. 多能干细胞

多能干细胞分为两类。一类是失去了发育成完整个体的能力，但仍具有向成体内任何一种细胞（包括生殖细胞）分化的潜能，这种干细胞称为三胚层多能干细胞。例如，桑葚胚进入子宫着床后不久，分裂成为由 32～64 个细胞组成的早期囊胚（blastula）或称胚泡（blastocyst），并开始出现腔隙，称为囊胚腔。囊胚腔由一层细胞围成，该层细胞称为滋养外胚层（trophectoderm），又叫滋养层。囊胚腔内的一侧为内细胞团（图 1-2），这是在整个胚胎发育过程中最早发生的细胞分化。此时，内细胞团细胞就属于典型的三胚层多能干细胞，它们虽然失去了发育成完整个体的能力，但仍具有分化成个体中包括生殖细胞在内的各种细胞的潜能。另一类多能干细胞是指具有只能向同一胚层细胞类型分化的干细胞，它们只能分化成几种特定类型的细胞，称为单胚层多能干细胞。例如一般意义上的间充质干细胞，它们通常只能分化形成骨、肌肉、软骨、脂肪及其他结缔组织，却不能分化为其他类型的组织。

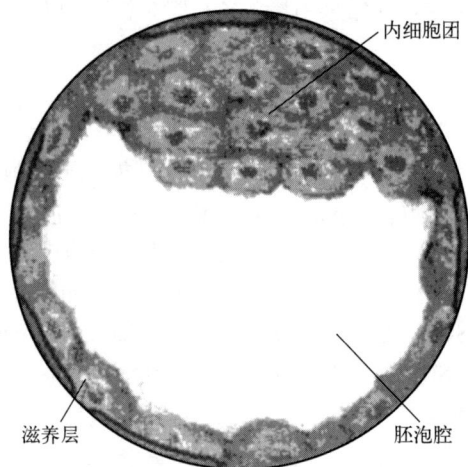

图 1-2　囊胚腔内的内细胞团（赵春华，2006）

3. 单能干细胞

单能干细胞是指只能向一种或两种密切相关的细胞类型分化的干细胞，如上皮组织基底层的干细胞、肌肉中的成肌细胞等。

4. 胚胎干细胞

胚胎干细胞是一种高度未分化细胞，它们具有发育的全能性，因此，研究和利用胚胎干细胞是当前生物工程领域的核心问题之一。相信在未来几年，胚胎干细胞移植技术和其他先进生物技术的联合应用很可能会在移植医学领域引发革命性进步。

5. 成体干细胞

在胎儿、婴幼儿、儿童和成人各种组织中存在的多能干细胞统称"成体干细胞"，成体干细胞属于组织或器官特异性干细胞，它们在一生中始终保持分裂的能力，并可分化产生特定类型的细胞，主要用于维持细胞功能的稳态。众所周知，成年个体的许多组织和器官，例如表皮和造血系统，都具有自我修复和再生的能力。事实上，成体干细胞在这些组织的修复和再生过程中，都发挥了关键的作用。在特定条件下，成体干细胞或者产生新的下游干细胞，或者按一定的程序分化，形成新的功能细胞，从而使组织和器官保持生长和衰退的动态平衡。随着研究的逐步深入，有关成体干细胞的报道越来越多，发现的存在成体干细胞的组织类型也越来越广泛，这些组织包括：骨髓、外周血、脑、脊髓、血管、骨骼肌、肝、胰、角膜、视网膜、牙髓、皮肤和胃肠道的上皮及脂肪等。成体干细胞的确切来源尚未有定论。目前有两种说法比较流行，一种说法是：成体干细胞是在个体发育过程中残留下来的胚胎干细胞，另一种说法认为成体干细胞是成体细胞在某些情况下（如外伤等）经过重编程（reprogramming）后形成的，甚至可能是细胞间自发融合所形成。此外，令人振奋的是，近几年研究表明，成体干细胞的分化能力远远超过传统观点的认识，例如，人们发现，骨髓成体干细胞在合适的体内外环境中不但可以长期生长，也可分化为成骨细胞、软骨细胞、脂肪细胞、平滑肌细胞、成纤维细胞、骨髓基质细胞及多种血管内皮细胞，甚至还可分化成一种肝脏前体细胞（肝卵圆细胞）、神经胶质细胞和心肌细胞；高度纯化的造血干细胞也可分化形成肝细胞、内皮细胞和心肌细胞；骨骼肌干细胞也能分化出造血细胞；中枢神经系统干细胞还可形成血液细胞、肌肉细胞和许多其他类型体细胞。

第三节　干细胞生物学的研究内容

目前，干细胞生物学的研究内容，大多集中在以下几方面。

一、干细胞的分离与鉴定

胚胎干细胞的来源主要是囊胚内细胞团或生殖嵴中的原始生殖细胞，从这些部位分离得到的细胞基本上都具有多能性，也比较容易进行分离。目前，胚胎干细胞的分离方法主要有以下四种。①免疫学方法：胚胎干细胞表面都有许多特殊的标志物，称为表面标记或表面标志，利用这些表面标志，可以利用荧光细胞分离器从单细胞悬液中将胚胎干细胞分离纯化。②免疫外科学方法：该方法基本原理是利用囊胚腔对抗体的不通透性，通过抗体、补体结合对细胞的毒性杀伤作用，选择性地去除滋养层细胞，同时保留内细胞团进行培养。③组织培养：将 4～6 天胎龄的小鼠胚胎取出并进行培养，滋养层细胞在培养皿底部平铺生长，而内细胞团则在滋养层细胞上生长并形成卵圆柱状结构，利用显微操作技术挑出这种卵圆柱状结构并消化传代。④显微外科学方法：利用显微镜直接将内细胞团从囊胚中吸出并进行培养。对于胚胎干细胞的鉴定，一般多从细胞形态、细胞表面标志、分化潜能等诸多方面进行鉴定。目前，胚胎干细胞的鉴定方法主要有以下几个方面。①形态学检测：胚胎干细胞体积小、细胞核大、核质比高，有一个或多个突起的核仁，常染色质较分散，胞质少、结构简单。②体外培养：胚胎干细胞排列紧密，呈集落状生长，经碱性磷酸酶染色后，胚胎干细胞呈棕红色，而周围的成纤维细胞呈现淡黄色，胚胎干细胞克隆与周围的成纤维细胞界限明显，克隆间界限则不清且形态多样，多数呈岛状或巢状。③碱性磷酸酶活性的检测：经碱性磷酸酶染色后，胚胎干细胞呈深蓝紫色。④体内分化实验：将胚胎干细胞移植到 NOD/SCID 小鼠皮下，可生长并形成畸胎瘤；若将胚胎干细胞转移到假孕母鼠子宫内，会进一步生长发育成嵌合体动物等。⑤体外分化实验：形成类胚体，常见多种类型细胞混杂在一起。⑥核型分析法：胚胎干细胞表现为二倍体正常核型。⑦ OCT 活性检测多能性基因标志。通过 OCT 抗血清和间接免疫荧光法检测 OCT 基因表达产物。

与胚胎干细胞相比，成体干细胞的分离、纯化更为困难，主要有以下两方面的原因。第一，成体干细胞在组织中的分布非常分散。例如，在神经系统中，迄今为止，人们在脑室区、脑室下区、海马回等处都发现了神经干细胞，但是，神经干细胞的数量极为稀少，大约每 10 万个细胞中才有 1 个神经干细胞。第二，除了造血干细胞等少数几种成体干细胞外，大多数成体干细胞尚缺乏特异性的表面标志分子，因此，对于它们的分离、纯化较为困难。今后，人们尚需寻找分离、纯化各种成体干细胞的适宜方法，以期得到较纯的成体干细胞。

二、干细胞的自我更新及机制研究

干细胞的自我更新 [self-renewal，又称干性维持或自我维持（self-maintenance）]，是指干细胞通过增殖，使自己的数量维持相对的稳定，同时不会分化成其他类型的细胞。所以，干细胞的自我更新其实就是非分化性增殖。关于干细胞自我更新的机制，目前尚未彻底阐明。Kiger 和 Tulina 等人的报道揭示：果蝇睾丸中的某些细胞能作为微环境作用，激活 JAK-STAT 途径，从而抑制精原干细胞的分化及成熟。在雄性果蝇体内，精原干细胞位于睾丸的顶部，被一簇细胞包围，称为一个微中心（hub）。当精原干细胞分裂时，与 hub 接触的子代细胞继续维持精原干细胞的本质，而释放出来的不再与 hub 接触的精原干细胞则会最终发育成精子。是什么机制主导每个精原干细胞的命运？目前仍不清楚。Kiger 和 Tulina 等认为，hub 内可能存在某些信号决定着精原干细胞的命运。他们两个研究小组都集中在果蝇和哺乳类动物都具有的一条信号途径 JAK-STAT 上。他们首先在干细胞内将 JAK-STAT 途径阻断，发现凡是 JAK-STAT 途径被阻断的精原干细胞都不能再进行自我更新，而会进行分化。相反，异位表达 JAK-STAT 途径活性蛋白，将能增多精原干细胞数目。但是，JAK-STAT 途径是怎样被激活的呢？两个研究小组都发现并认为，hub 能作为一个微环境，表达一种极具活性的名为 unpaired（Upd）的局部信号分子，进而通过该信号分子激活相邻细胞的 JAK-STAT 途径。由此看来，是 hub 营造了一个干细胞维持更新的微环境，保持着精原干细胞不断更新，但不会分化。在果蝇的睾丸组织中，随着果蝇年龄的增长，Upd 的表达量会逐步减少，Upd 的减少导致精原干细胞自我更新能力下降，精原干细胞的数量最终也逐步减少。胰岛素样生长因子-Ⅱ（IGF-Ⅱ）信使 RNA 结合蛋白（IGF-Ⅱ messenger RNA binding protein，Imp）能够中和内源性小 RNA 对 Upd RNA 的降解作用，从而使 Upd RNA 更稳定。另有研究也证实，在老年的雄性果蝇体内，跟 Upd 一样，Imp 的表达量明显减少。当 miRNA let-7 靶向 Imp 导致 Imp 表达量减少后，Upd mRNA 由于失去保护而变得更加容易被降解。类似地，也有研究表明，胚胎干细胞主要是依赖白血病抑制因子等外源性细胞因子来维持其体外自我更新能力，这些外源性细胞因子通过激活 gp130 从而活化非受体酪氨酸激酶 JAK，使受体复合物及一些下游效应分子 SH2 结构域的 STAT、SHP2 等的酪氨酸残基磷酸化，从而将信息传至细胞核内相应的靶基因上，最终使胚胎干细胞维持着在体外不分化的高度增殖状态。尽管如此，有关干细胞维持其不分化的增殖状态的具体分子机制尚未彻底阐明，还需进行深入的研究。

三、干细胞的可塑性及机制研究

1. 干细胞的可塑性

干细胞的可塑性（plasticity）是指干细胞可被定向诱导分化为体内各种特定细胞类型。例如，目前人们已能成功地将骨髓干细胞诱导分化为神经干细胞、血细胞、心肌细胞、平滑肌细胞、骨骼肌细胞、骨细胞、软骨细胞、肥大细胞、脂肪细胞，甚至胰岛细胞等（图 1-3）。

越来越多的证据表明，当作为供体的成体干细胞被移植进入宿主（受者）体内，它们可以表现出很强的可塑性。通常情况下，供体的成体干细胞在宿主体内大多分化为与其组织来源一致的细胞。但在某些情况下，成体干细胞的分化并不遵循这种规律，例如，1999 年，Goodell 等分离出小鼠的肌肉干细胞，体外培养 5 天后，与少量的骨髓间质细胞一起移植入预先接受致死量辐射的小鼠体内，结果发现，移植的肌肉干细胞在宿主小鼠体内可以分化为各种血细胞系。至于控制肌肉干细胞向不同方向分化的分子机制是什么？哪些基因是它们的开关分子？目前还知之甚少，大多数观点认为，成体干细胞的分化方向与局部微环境（干细胞龛）密切相关，其可能的机制是，成体干细胞进入新的微环境后，它们对分化信号的反应受到周围正在进行分化的其他细胞的影响，从而使成体干细胞对新的微环境中的调节信号也做出反应（图 1-4）。

2. 干细胞定向诱导分化的调控机制

（1）内源性调控

干细胞自身有许多调控因子，可对外界信号起反应从而调节其增殖和分化，包括调节细胞不对称分裂的蛋白质和控制基因表达的核因子等。另外，干细胞在终末分化之前所进行的

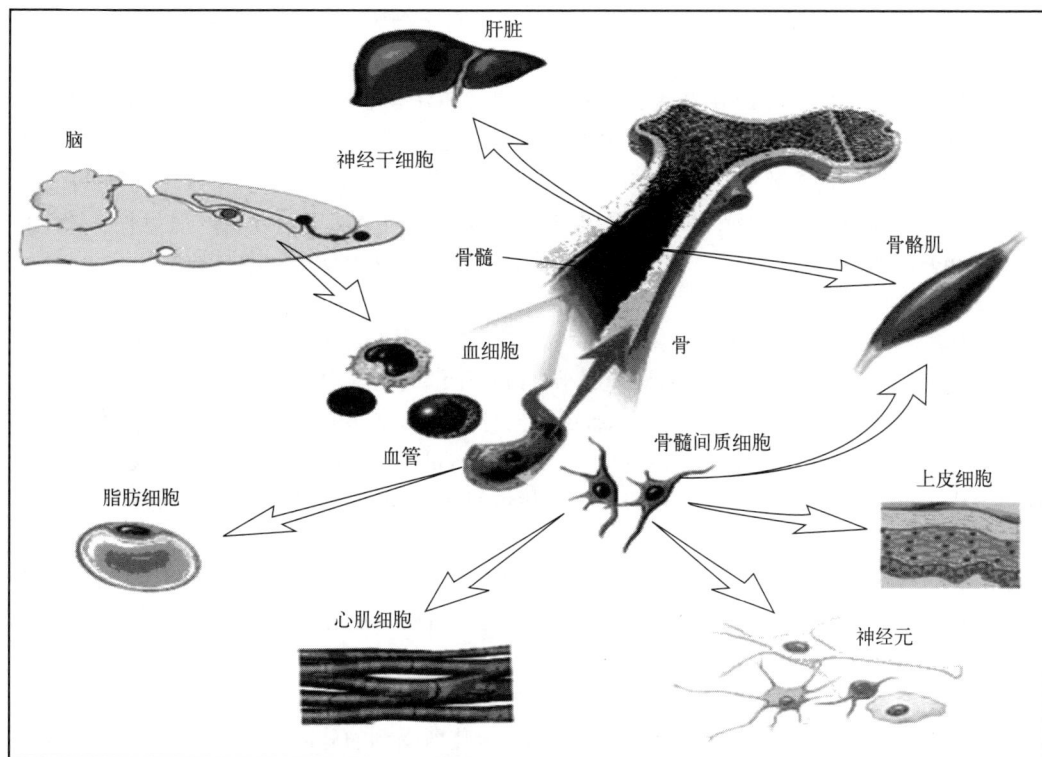

图 1-3　干细胞的可塑性（赵春华，2006）

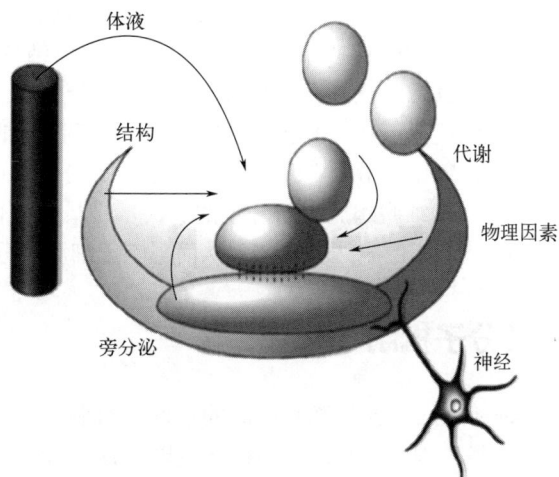

图 1-4　干细胞龛（Meshorer et al，2010，略改）

分裂次数也受到细胞内调控因子的制约。

　　① 细胞内蛋白质对干细胞分裂的调控。干细胞分裂可能产生新的干细胞或分化的功能细胞。这种不对称分裂是细胞本身成分的不均等分配和周围环境的差异共同造成的，该过程中，细胞的结构蛋白，特别是细胞骨架成分作用非常重要。例如，在果蝇卵巢中，调控干细胞不对称分裂的是一种称为收缩体的细胞器，该细胞器含有多种调节蛋白，如膜收缩蛋白和细胞周期素 A。收缩体与纺锤体的结合决定了干细胞分裂的部位，从而把维持干细胞性状所必需的成分有效保留在子代干细胞中。

② 转录因子的调控。在脊椎动物中，转录因子对干细胞分化具有非常重要的调节作用。比如在 ES 细胞的发生中，转录因子 Oct3/4 是必需的。Oct3/4 是一种哺乳动物早期胚胎细胞表达的转录因子，它所诱导表达的靶基因产物是 FGF-4 等一系列生长因子，然后通过这些生长因子的旁分泌作用调节干细胞以及周围滋养层的进一步分化，反之，Oct3/4 缺失突变的胚胎只能发育到囊胚期，其内部细胞根本无法发育成内细胞团。又如 Tcf/Lef 转录因子家族对上皮干细胞的分化非常重要。Tcf/Lef 是 Wnt 信号通路的中间介质，当与 β-连环蛋白（β-catenin）形成转录复合物后，能促使角质细胞转化为多能状态并分化为毛囊。

（2）外源性调控

除内源性调控外，干细胞的分化还可受到其周围组织及细胞外基质等外源性因素的影响。

① 分泌因子间质细胞能够分泌许多因子，维持干细胞的增殖、分化和存活。现已知，间质细胞至少分泌两类因子，在不同组织甚至不同种属中都发挥重要作用，它们是转化生长因子 β（transforming growth factor β，TGFβ）家族和 Wnt 信号通路。其中，TGF 家族中至少有两个成员能够调节神经嵴干细胞的分化。最近研究发现，胶质细胞产生的神经营养因子（glial cell-derived neurotrophic factor，GDNF）不仅能够促进多种神经元的存活和分化，还对精原细胞的再生和分化有决定作用，而 GDNF 缺失的小鼠表现出干细胞数量减少，而 GDNF 的过度表达则导致未分化的精原细胞累积。Wnt 的作用机制是通过阻止 β-连环蛋白分解从而激活 Tcf/Lef 介导的转录，促进干细胞的分化。比如在线虫卵裂球的分裂中，邻近细胞诱导的 Wnt 信号通路能够控制纺锤体的起始和内胚层的分化。

② 膜蛋白介导的细胞间的相互作用。干细胞分化所受到的外源性调控，有些信号是通过细胞间的直接接触发挥作用的。β-连环蛋白就是一种介导细胞黏附连接的结构成分。除 β-连环蛋白外，穿膜蛋白 Notch 及其配体 Delta 或 Jagged 也对干细胞分化有重要影响。研究发现，在果蝇的感觉器官前体细胞、脊椎动物的胚胎及成年组织包括视网膜神经上皮、骨骼肌和血液系统中，Notch 信号都起着非常重要的作用。当 Notch 与其配体结合时，干细胞进行非分化性增殖（即自我更新）；当 Notch 活性被抑制时，干细胞进入分化程序，发育为功能细胞。

③ 整合素（integrin）与细胞外基质。整合素家族是介导干细胞与细胞外基质黏附的最主要的分子。整合素与其配体的相互作用为干细胞的非分化增殖提供了适当的微环境。比如，当 β₁ 整合素丧失功能时，上皮干细胞逃脱了微环境的制约，将最终分化成角质细胞。此外，细胞外基质可以通过调节 β₁ 整合素的表达和激活，从而影响干细胞的分布和分化方向。

四、干细胞的衰老及分子机制

细胞衰老（aging or senescence）是指随着时间的推移，细胞增殖能力和生理功能逐渐下降的变化过程，是自发的必然过程，也是复杂的自然现象，表现为结构的退行性变化和机能的衰退，适应性和抵抗力减退。干细胞是所有生物体的重要基石。干细胞在整个生命过程中可以分裂和自我更新，并且能分化成各种组织细胞以及修复成体组织等。因此，干细胞一直被人们认为是永生（immortality）的，但是，这并不意味着干细胞不会衰老。干细胞也会逐渐失去自己的能力，丧失维护组织和器官的能力。机体内的干细胞，通过不对称分裂维持高度分化的短寿命细胞群，在每次分裂时产生一个可以自我更新的干细胞和一个正在分化的细胞。并且，干细胞的自我更新和分化之间保持动态平衡，一旦打破自我更新与分化之间的平衡，会导致干细胞过度增殖（即形成肿瘤）或干细胞耗尽（即组织退化）。例如，2010 年，有科学家利用果蝇雄性精细胞系作为模型，研究了组织衰老对不对称干细胞分裂的影响。正常情况下，生殖细胞中心体的取向精确地位于它们的小环境内，不对称干细胞分裂可以顺利进行。实验表明，干细胞取向随年龄的变化会阻止或延迟细胞分裂，造成精子生成量的减少。

我们知道，免疫系统功能似乎随着年龄的增长而下降，一些疾病（如急性髓细胞性白血病）患病率随着年龄的增长而升高，而且老年人往往更容易发生感染，如感冒和流行性感冒。究其原因，Wendy Pang 博士于 2011 年发现，与 20～35 岁的年轻人相比，65 岁以上的老年人的造血干细胞生成淋巴细胞较少。相反，老年人的造血干细胞，更易于生成另一种称之为骨髓细胞的白细胞。这种倾向也许可以解释为什么老年人比年轻人更易生成骨髓恶性肿瘤。关于存在这些差异的原因，斯坦福大学癌症研究所的 Weissman 教授解释说："因为年龄较大的造血干细胞来自早期的造血干细胞，有两种可能可解释这些差异是如何发生的，一是随着衰老，早期造血干细胞的基因表达模式发生改变，出现遗传性改变，从而向髓系发展；二是每个早期造血干细胞已经有了一个特异性谱系，并通过年龄自然选择争取宝贵的微环境，而向髓细胞方向发展"。

干细胞生存环境中通过什么信号来维持干细胞的活力，这些信号又是如何随着时间的推移而丢失，结果导致干细胞发生衰老的？为了探索这些问题，加利福尼亚 Salk 生物研究所遗传学实验室教授 Leanne Jones 使用雄性黑腹果蝇作为研究对象进行了研究，结果显示，干细胞通过产生 let-7（一种 miRNA），而降低 Imp 蛋白合成，Imp 蛋白的功能是保护 Upd。而 Upd 通过促进干细胞与生存环境之间的信号交流而保持并促进干细胞的自我更新。在干细胞老化过程中，let-7 的表达会越来越高，最终导致 Upd 水平越来越低，最终导致生存微环境中活跃的干细胞的数量越来越少。该研究发现了干细胞生存微环境失去其支持干细胞生长功能的一种机制，同时也证实此现象是可逆的。Leanne Jones 的研究成果发表在 2012 年 5 月的《自然》（*Nature*）杂志上，这项研究结果提示人们，通过将老化开关关闭或许可以扭转干细胞老化带来的功能损失，从而对与年龄有关的疾病的治疗和再生医学具有重大意义。但是，究竟是什么因素导致老年果蝇 let-7 表达的积累仍然是一个悬而未决的问题。

目前，对干细胞衰老及其机制的研究尚不多。然而，干细胞衰老是客观存在的。同新陈代谢一样，干细胞衰老是干细胞生命活动的客观规律。通过对干细胞衰老的研究可了解衰老的某些规律，对认识衰老和最终找到推迟衰老的方法均有重要意义。

五、干细胞与表观遗传学研究

早在 1942 年，C. H. Waddington 就首次提出了表观遗传学（epigenetics）一词，并指出表观遗传与遗传是相对的，其主要任务是研究基因型和表型之间的关系。几十年后，R. Holiday 针对表观遗传学提出了更新的系统性论断，即表观遗传学是研究在基因的核苷酸序列不发生改变的情况下，基因表达了可遗传的变化的一门遗传学分支学科。表观遗传学研究的内容很多，主要包括：DNA 甲基化（DNA methylation）、组蛋白修饰、非编码 RNA、基因组印记（genomic imprinting）、X 染色体剂量补偿、母体效应（maternal effect）、基因沉默（gene silencing）、核仁显性、休眠转座子激活和 RNA 编辑（RNA editing）、表观基因组学和人类表观基因组计划，等等。表观遗传变异（epigenetic variation）是指在基因的 DNA 序列没有发生改变的情况下，基因功能发生了可遗传的变化，并最终导致了表型的变化。它是不符合孟德尔遗传定律的核内遗传。由此我们可以认为，基因组含有两类遗传信息，一类是传统意义上的遗传信息，即 DNA 序列所包含的遗传信息；另一类是表观遗传学信息，它包含了何时、何地、以何种方式去应用遗传信息的指令。表观遗传学是与经典遗传学（genetics）相对应的概念，研究的对象是"在基因组序列不变的情况下，可以决定基因表达与否，并可稳定遗传下去的调控密码"。与经典遗传学以研究基因序列决定生物学功能为核心相比，表观遗传学主要研究这些"表观遗传密码"的建立和维持的机制，及其如何决定细胞的表型和个体的发育。表观遗传学的这一特点，使之与干细胞研究密不可分。干细胞的 DNA 序列不会改变，但是干细胞能通过与微环境相互作用精确地控制自身的自我更新和分化，其间会发生多种动态变化，比如基因调控、DNA 甲基化以及基因沉默等，这些变化如何动态和差异地在干细胞及其分化子细胞中转导并发挥作用，至今并不是十分清楚。研究干细胞在不同条件下的功能分化，也正是表观遗传学的研究内容之一。有研究发现，在细胞转录的过程中，信号转导的作用非常重要，全新 DNA 转甲基酶（the new DNA methyltransferase）能够促进具有组织特异性的干细胞在分化过程中的转录活动。

干细胞向特定组织的分化过程并不是随机的，是在各种分化基因的精密调控下进行的。因而，对于各种分化基因的激活和抑制将左右干细胞的最终命运。美国国家医学院院士、洛杉矶加利福尼亚大学牙医学院的王存玉教授一直从事干细胞治疗骨质疏松等疾病的研究。他们以前的研究显示，特定的分化基因在干细胞向成骨细胞分化时必须被激活，然而对这些基因如何被激活却知之甚少。2012 年，王存玉发现，两种可以激活分化基因的组蛋白去甲基化酶，即 KDM4B 和 KDM6B，可以通过对细胞染色体内组蛋白的修饰促进干细胞向成骨细胞分化，同时抑制其向脂肪细胞分化。通过对这两种酶进行化学处理，科学家们在未来将可以更有效地调控干细胞的分化，从而在成骨再生的临床应用中取得进一步突破，为开辟骨质疏松等代谢性骨疾病新的治疗方法提供新思路。其科研成果于当年在著名学术期刊《细胞·干细胞》（Cell Stem Cell）上以封面专题文章发表。

已有研究表明，诱导多能干细胞仍然保留着它们起源的细胞类型的表观遗传"记忆"。Douglas H. Phanstiel 等在对人胚胎干细胞和诱导多能干细胞的蛋白质组和磷酸蛋白质组的研究中发现，虽然二者大体相似，但也存在微妙差异，从而表明，人诱导多能干细胞的成体细胞来源对人诱导多能干细胞的基因、蛋白质及其翻译后修饰存在残留调控。该研究结果于 2011 年 9 月在线发表于《自然·方法》（Nature Methods）杂志上。之后，Kitai Kim 等研究比较了脐带血细胞来源和新生儿角质形成细胞（keratinocyte）来源的诱导多能干细胞。作为不充分的组织特异性 DNA 甲基化擦除和异常的重新甲基化（de novo methylation），脐带血细胞来源的诱导多能干细胞和角质形成细胞来源的诱导多能干细胞在全基因组范围的 DNA 甲基化谱和分化潜能上是有差别的。即便是对一些诱导多能干细胞克隆系的进一步传代培养也并不能使得它们的表观遗传特征更加类似于胚胎干细胞，这就提示，人诱导多能干细胞保留着它们来源组织残留性的"表观遗传记忆"。该研究结果于 2011 年 11 月 27 日在线发表在《自然·生物技术》（Nat Biotech）杂志上。

随着各国科学家在诱导多能干细胞方面的研究不断取得突破，全世界范围内干细胞与表观遗传学的研究也不断升温。目前，iPS 细胞已经成为全球科学界的研究热点。这种干细胞具有来源无限、容易操控且可以规避伦理争议的优势。2012 年，来自剑桥大学 Wellcome Trust 干细胞研究中心的 Anton Wutz 博士总结了人类多能干细胞中表观遗传变化研究方面的最新进展，一语双关地指出干细胞与表观遗传变化之间的关联，就像是两重文化里的一个故事，也是两种培养条件下的一个结果。

六、干细胞的临床应用研究

人类很多疾病的发生和发展与特定器官、组织和细胞的病变或受损有关，例如，心血管疾病、糖尿病、恶性肿瘤、帕金森病、严重烧伤、脊髓损伤、肝硬化等。在临床上，此类疾病的治疗没有特效的药物或者更好的治疗方法，所以，替代治疗往往是治疗这类疾病的理想方法，即通过移植功能正常的细胞、组织或器官来替代受损的相应细胞、组织或器官。目前，临床上替代治疗所需供体多来自捐献，例如，移植治疗帕金森病患者的供体细胞往往是流产胎儿脑组织中分离出来的多巴胺能神经元，移植治疗 1 型糖尿病患者所需的胰岛组织来自健康供者的胰腺，然而，对于这类移植治疗方法来说，供体来源缺乏是最大的共同的困难。干细胞具有多向分化潜能，被认为是替代治疗潜在的最佳的"种子细胞"。所以，关于成体干细胞和胚胎干细胞的研究必然是干细胞研究领域的两个最主要方向。当然，将干细胞成功地用于临床治疗，还有很远的路要走，还有很多问题需要解决。例如，干细胞一般先经过祖细胞阶段，然后才形成终末分化细胞，那么，干细胞在整个发育过程中，究竟哪个阶段的干细胞最适于移植治疗？分别用处于不同发育阶段的"混合性"干细胞进行移植治疗效果是否会更好？如何减少甚至避免干细胞移植引起的免疫排斥反应？干细胞移植治疗是否安全？由于干细胞可能来源于其他人，那么，应该建立怎样的检验程序，才能有效避免细菌、病毒等尤其是 HIV（人类免疫缺陷病毒）的感染？只有这些问题逐一阐明，干细胞移植治疗才能真正用于临床。

第四节　干细胞研究的意义

干细胞研究不仅对基础研究有极大的推动作用，而且具有极为广阔的临床应用前景，所以，关于干细胞的各种研究已经成为全世界生命科学领域最大的研究热点。

一、干细胞研究对基础研究的推动作用

1. 干细胞是研究早期胚胎发育的良好模型

长期以来，单细胞的受精卵在子宫内是如何生长发育形成一个完整个体的，这一直是发育生物学上一个饶有兴趣的问题。但是伦理学和宗教教义等的限制，导致这方面的研究很难进行。胚胎干细胞系的成功建立，终于为进行这方面的研究扫清了障碍。现代的研究表明，胚胎干细胞在体外悬浮培养时可自动形成拟胚体（embryoid body，EB），又叫胚胎小体。拟胚体的形态和结构与体内发育早期的正常胚胎类似，因此，人们可以间接通过胚胎干细胞来研究早期的胚胎发育机制，并分辨和鉴别出在这一过程中起作用的关键基因和 / 或蛋白质分子。这样的研究将有助于当今医学很多领域的发展，例如它可能将有助于阐明某些与早期胚胎发育紊乱有关的疾病，如儿童肿瘤等的发生机制，并且，可能对这类疾病的预防与治疗以及其他先天性缺陷等问题的解决提供新思路。

2. 干细胞是研究人类疾病的良好模型

目前，对人类许多疾病的研究，都缺乏相应的实验动物模型，并且，现有的某些疾病如帕金森病等的动物模型，也只能部分模拟该类疾病的进程，其他还有一些疾病，比如艾滋病、丙型肝炎等，其致病病毒只能在人类和黑猩猩等灵长类动物的细胞中才能生长，这些特点都大大限制了人们对此类疾病的研究。而干细胞的出现则很可能使上述这些问题迎刃而解，因为从理论上讲，干细胞具有分化为体内各种细胞的潜能，所以人们可根据不同疾病的发生机制，采用干细胞来建立各种相应的疾病模型，这将大大有助于人们更好地研究此类疾病的发生、发展，并最终找到最佳治疗方案。

3. 干细胞在转基因动物模型建立中的巨大作用

胚胎干细胞可用于各种转基因小鼠模型的建立。利用这项技术，人们不仅可以将一些在发育过程中非必需的基因敲除（knockout）或是采用 RNA 干扰技术，从而进行此类基因功能缺失研究，另外还可以通过基因功能获得性突变使某些特定基因在发育的某一时期表达，进一步研究此类基因在胚胎不同发育时期中的作用。

4. 干细胞的其他用途

干细胞在体外具有高度增殖和多向分化的潜能，因此，干细胞必然是生物医学领域中一个很好的研究手段。由于干细胞在理论上可以分化为体内任何一种细胞类型，因此它们可以作为新药开发过程中各种新的化学物质、药物以及毒物等的检测系统，这不仅可以有效避免现有实验动物模型检测系统中常见的物种差异问题，而且也比较经济。此外，由于干细胞具有很强的增殖能力，而且植入体内后可以迁移到相应的病变部位，因此，干细胞可作为某些药物或基因治疗的靶向转运系统，用于治疗肿瘤或某些疾病的基因疗法。

二、干细胞在临床医学上的应用前景

对于许多临床上难治性疾病如白血病等等而言，干细胞移植无疑是一种行之有效的方法。人们将来源于干细胞的具有某种特定功能的细胞成功地移植到体内相应发生病变的细胞、组织或器官，不仅可以恢复该部位细胞、组织或器官的部分功能，而且避免了传统的药物治疗所引起的毒副作用。从理论上讲，干细胞几乎可以用于临床细胞移植治疗各种疾病甚至构建各种人工组织或器官，但其最适合的疾病主要是组织坏死性疾病，如缺血引起的心肌梗死、肿瘤、退行性病变（如帕金森病）、自身免疫病（如 1 型糖尿病）等疾病（图 1-5）。与传统治疗方法相比，干细胞移植治疗各种疾病具有很多优点：低毒性甚至无毒性；治疗一次即有效；不需要完全掌握所治疗疾病发病的确切机制；不存在传播各种传染性疾病例如乙型肝炎等的风险；如果采用自身干细胞移植，还可有效避免免疫排斥反应。干细胞移植治疗所适用的疾病主要有以下几类。①神经系统疾病：很多神经系统疾病，如脑瘫、脊髓损伤、运动神

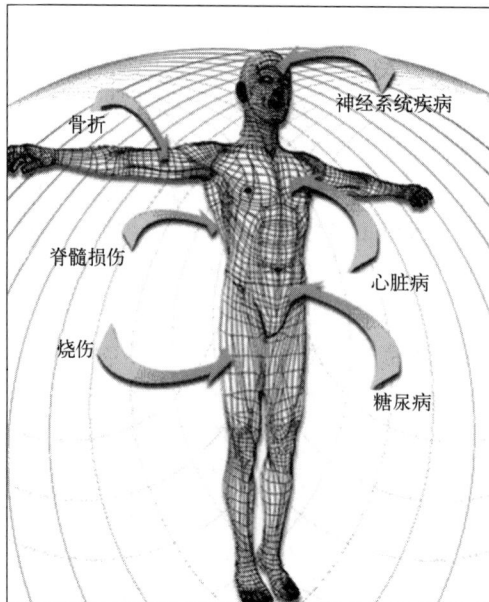

图 1-5　干细胞治疗（赵春华，2006）

经元病、帕金森病、脑出血、脑梗死后遗症、脑外伤后遗症等疾病，都可以采用干细胞移植治疗。②免疫系统疾病：很多免疫系统疾病如皮肌炎、重症肌无力、硬化病等疾病，也可以进行干细胞移植治疗。③其他疾病：干细胞移植治疗法在其他很多疾病如肝病、肝硬化、股骨头坏死等疾病的治疗中，也不失为一个很有前途的方向。

事实上，干细胞移植用于临床治疗最早开始于 1945 年。第二次世界大战末期，美国向日本的广岛和长崎投放了两颗原子弹，这样的行径虽然促使了第二次世界大战的结束，但同时也使数以万计的平民遭受了大剂量的核辐射，为此，E. D. Thomas 等开始尝试采用骨髓移植的办法来替代患者已经遭受严重破坏的骨髓系统，最终成功挽救了许多患者的生命。在随后的几十年里，人们对骨髓移植进行了大量深入和细致的研究。现在，人们可以轻而易举地从骨髓系统中分离纯化造血干细胞，进而采用纯化的造血干细胞进行移植治疗，该方法已广泛并且成功地应用于临床。可以这样说，造血干细胞移植是干细胞移植治疗取得成功的一个典范。干细胞除了直接进行移植治疗外，将来还可能配合基因修饰技术，大大增加干细胞的功能，使其具备本身原先不具备的功能；或者运用培养技术，使干细胞成为人造器官组织的来源。关于神经干细胞的研究虽然起步较晚，但也已成为当前研究的热点。随着人类社会逐渐步入老龄化，一些老年性疾病，如阿尔茨海默病、帕金森病、脑卒中等在人类疾病构成中显得越来越重要，这些疾病一般都伴有脑或脊髓相应部位的特定神经元的死亡。目前，应用胚胎干细胞或神经祖细胞移植治疗这类疾病，在动物实验中已取得初步成功。例如，人们发现，将干细胞植入缺血性脑损伤实验动物受损伤的相应部位，可观察到干细胞可以分化为有功能的神经元，在一定程度上改善因缺血性损伤引起的学习、记忆功能障碍，并且部分恢复动物的肢体功能。此外，神经干细胞移植还可能用于脊髓损伤、脑外伤等的治疗。

虽然干细胞具有广阔的临床应用前景，但是，干细胞的临床应用也面临一些挑战。最大的挑战在于必须具有稳定的细胞来源和足够的移植细胞量，以及能维持细胞活性的细胞保存技术。另外，干细胞移植治疗现在仍受限于其安全性及其治疗效果，因此，该技术还没有普遍应用。目前，越来越多的证据表明，多能成体干细胞，在干细胞移植、组织工程以及再生医学等领域，更具有应用价值。

总之，干细胞的临床应用前景非常广阔，大致可总结为以下几个方面。①异体间干细胞移植。可直接采用干细胞移植，甚至再生组织和器官，这将会是现代医学的又一次革命性进步。②某些遗传性疾病的基因治疗。应用干细胞携带治疗基因，经过诱导分化为成体细胞，用于治疗某些遗传性疾病。③自体干细胞移植。利用细胞间的相互转化特性，采用自体成体干细胞进行自体组织和器官的修复，避免同种异体移植的免疫排斥反应。④器官重建。将干细胞作为种子细胞，与可降解支架材料联合培养，在体外构建有生命的种植体，修复组织缺损或替代器官的一部分功能，治疗某些难治性疾病。⑤建立干细胞库，用于将来自体病损组织或器官的修复，也可经配型后，用于同种异体组织或器官的修复。

三、干细胞产业的兴起

干细胞的用途非常广泛，涉及医学的多个领域。例如，干细胞除了可作为白血病、各种恶性肿瘤放化疗后引起的造血系统和免疫系统功能障碍等疾病的一种重要治疗手段外，在不远的将来，失明、帕金森病、艾滋病、阿尔茨海默病、心肌梗死和糖尿病等临床绝大多数令人棘手的疾病的患者，都有望通过干细胞移植治疗重获健康。所以，未来干细胞及其衍生组织器官的广泛临床应用，将产生一种全新的医疗技术，也就是再造人体正常的甚至年轻的组织器官，从而使患者能够用上自己的或他人的干细胞或由干细胞所衍生出的新的组织器官，来替换自身病变的或衰老的组织器官。因此，干细胞研究潜藏着巨大的经济效益。

比尔·盖茨曾预言，未来超过微软的公司会在生物医药领域里出现。而从干细胞治疗的诸多成功案例来看，"科技改变人类生活"并不是一句空洞的口号。在业内人士看来，全球干细胞医疗领域是一个两年内有着800亿美元发展潜能的"金矿"，中国的干细胞产业同样前景可期。有着行业领军之称的深圳市北科生物科技有限公司董事长胡隽源甚至向记者断言，干细胞属于下一代技术革命，在这个产业里，将产生未来的"苹果"。目前，包括美国、英国、德国、瑞典、以色列、澳大利亚、新加坡、日本、中国、韩国和土耳其等，均正积极进行干细胞治疗的研究，并取得了可喜成果。

四、干细胞在其他方面的应用

干细胞在体外具有高度增殖和多向分化的潜能，在理论上，可以分化为体内任何一种细胞类型，因此，干细胞具有十分广泛的应用前景。除了前述的重要用途外，干细胞还可以填补皮肤、皮下组织、骨骼等部位的缺损，增加有活力的细胞，恢复器官功能，尤其是近年来，干细胞在整形美容方面的应用也已经取得一定效果。总的来说，干细胞研究还处在初级阶段，很多问题亟待解决，但由于其潜在及诱人的应用前景，仍然吸引了越来越多的人力和资金，迅速成为生命科学领域里的研究热点。目前，在美国，几乎所有生物医学院校都设有专门的干细胞实验室。毫无疑问，干细胞研究的逐步深入将会带来生物医学上的一次重大革命。

参考文献

丹尼尔 R. 马沙克，理查德 L. 甘德，大卫·戈特利布，2004. 干细胞生物学. 刘景生，张均田，等译. 北京：化学工业出版社.

卡罗琳·格林（Caroline Green），丁瑶，2013. 21 世纪科学前沿——干细胞. 北京：华夏出版社.

王亚平，2009. 干细胞衰老与疾病. 北京：科学出版社.

章静波，宗书东，马文丽，2003. 干细胞. 北京：中国协和医科大学出版社.

赵春华，2006. 干细胞原理、技术与临床. 北京：化学工业出版社.

Adams G B, Martin R P, Alley I R, et al, 2007. Therapeutic targeting of a stem cell niche. Nat Biotechnol, 25(2): 238-243.

Alberts B, Bray D, Lewis J, et al, 1994. Molecular biology of the cell. 3rd ed. New York: Garland Science.

Alice Park, 2012. The Stem CellHope: How stem cell medicine can change our lives. New York: Plume.

Baharvand H, Fathi A, van Hoof D, et al, 2007. Concise review: trends in stem cell proteomics. Stem Cells, 25(8): 1888-1903.

Bendall S C, Stewart M H, Menendez P, et al, 2007. IGF and FGF cooperatively establish the regulatory stem cell niche of pluripotent human cells in vitro. Nature, 448(7157): 1015-1021.

Ben-David U, Benvenisty N, 2008. Analyzing the genomic integrity of stem cells [M/OL]. Cambridge (MA): Harvard Stem Cell Institute.

Cravatt B F, Simon G M, Yates J R, 2007. The biological impact of mass-spectrometry-based proteomics. Nature, 450(7172): 991-1000.

Dolgin E, 2010. Putting stem cells to the test. Nature Medicine, 16(12): 1354-5137.

Drapeau C, 2009，The stem cell theory of renewal: demystifying the most dramatic scientific breakthrough of our time. Portland: Sutton Hart.

Eshghi S, Schaffer D V, 2008. Engineering microenvironments to control stem cell fate and function [M/OL]. Cambridge (MA): Harvard Stem Cell Institute.

Hui E E, Bhatia S N, 2007. Micromechanical control of cell-cell interactions. Proc Natl Acad Sci U S A, 104(14): 5722-5726.

Kajstura J, Rota M, Hall S R, et al, 2011. Evidence for human lungstemcells. The New England Journal of Medicine, 364(19): 1795-1806.

Kim K, Zhao R, Doi A, et al, 2011. Donor cell type can influence the epigenome and differentiation potential of human induced pluripotent stem cells. Nat Biotechnol, 29(12): 1117-1119.

Lanza R, Gearhart J, Hogan B, et al, 2009. Essentials of Stem Cell Biology. 2nd ed. Manhattan: Academic Press.

Meshorer E, Plath K, 2010. The Cell Biology of Stem Cells. New York: Landes Bioscience and Springer Science+Business Media, LLC.

Morrison S J, Spradling A C, 2008. Stem cells and niches: mechanisms that promote stem cell maintenance throughout life. Cell, 132(4): 598-611.

Mummery C, Van De Stolpe A, Roelen B, 2011. Stem Cells: Scientific Facts and Fiction. Manhattan: Academic Press.

Pang W W, Priceb E A, Sahooa D, et al, 2011. Human bone marrow hematopoietic stem cells are increased in frequency and myeloid-biased with age. Proc Natl Acad Sci U S A, 108(50): 20012-20017.

Rosenthal A, Macdonald A, Voldman J, 2007. Cell patterning chip for controlling the stem cell microenvironment. Biomaterials, 28(21): 3208-216.

Tam W L, Lim B, 2008. Genome-wide transcription factor localization and function in stem cells [M/OL]. Cambridge (MA): Harvard Stem Cell Institute.

Tanentzapf G, Devenport D, Godt D, et al, 2007. Integrin-dependent anchoring of a stem-cell niche. Nat Cell Biol, 9(12): 1413-1418.

Toledano H, Alterio C D, Czech B, et al, 2012. The let-7-Imp axis regulates ageing of the Drosophila testis stem-cell niche. Nature. 485(7400): 605-610.

Wang J, Trowbridge J J, Rao S, et al, 2008. Proteomic studies of stem cells [M/OL]. Cambridge (MA): Harvard Stem Cell Institute.

Wojakowski W, Ratajczak M Z, Tendera M, 2010. Mobilization of very small embryonic-likestem cellsin acute coronary syndromes and stroke. Herz, 35(7): 467-472.

Wutz A, 2012. Epigenetic Alterations in Human Pluripotent Stem Cells: A Tale of Two Cultures. Cell Stem Cell, 11(1): 9-15.

Ye L, Fan Z, Yu B, et al, 2012. Histone Demethylases KDM4B and KDM6B Promote Osteogenic Differentiation of Human MSCs. Cell Stem Cell, 11(1): 50-61.

思考题

1. 什么是干细胞？它有何生物学特性？
2. 干细胞在临床治疗中有何优势？
3. 什么是祖细胞？它与干细胞的关系和区别是什么？
4. 干细胞可以分为几类？分别是什么？

第二章
胚胎干细胞

现已证明，在胚胎或成体组织中均存在着干细胞，分别称为胚胎干细胞和成体干细胞。与成体干细胞相比，胚胎干细胞的体外增殖能力更强，分化潜能更广。一般来讲，胚胎干细胞可在体外无限增殖，并且都是多能干细胞，在适宜条件下，可以分化为体内各种类型细胞。

第一节　胚胎干细胞的概念及分离建系

胚胎干细胞的概念并非最近才提出。早在 20 世纪 60 年代，人们就发现，小鼠畸胎瘤中存在未分化的多能干细胞，在适宜的条件下，它们可形成多种类型的细胞。由于畸胎瘤是原始生殖细胞（primordial germ cell，PGC）癌变而成的，因此，人们就把这种畸胎瘤中发现的多能干细胞称为胚胎癌性细胞（embryonal carcinoma cell，ECC）。胚胎癌性细胞因其具有发育的多能性而一度成为研究早期胚胎发育的良好模型，但是胚胎癌性细胞常常表现出某些恶性肿瘤的特性，它们的染色体往往核型异常，分化潜能也有限，而且不能参与嵌合体动物生殖细胞的形成，并且，它们经常在嵌合体中形成肿瘤或者导致胚胎早期死亡，因而人们被迫开始寻找其他适合分离多能干细胞的材料。

后来，人们发现，异位移植的小鼠早期胚胎可在受体鼠体内自发形成畸胎瘤。这就提示，若将胚胎在体外进行培养，可从中分离到多能干细胞，同时又可避免肿瘤的发生。1981 年，Evans 和 Martin 等终于首次成功地从延缓着床的小鼠胚泡建立了多能干细胞系，这些细胞具有正常的二倍体核型，具有无限增殖能力，且可分化为多种细胞类型。这种多能干细胞被称为胚胎干细胞（embryonic stem cell，ESC，ES 细胞）。

此外，人们还认识到，畸胎瘤是原始生殖细胞癌变而形成的，因此研究人员尝试着从原始生殖细胞中直接分离未分化的多能干细胞。研究结果表明，原始生殖细胞中确实含有多能干细胞。这些细胞在体外适宜的环境中可以较长期增殖生长，并保持未分化状态。并且，在不同信号的刺激下，它们也可分化为体内多种细胞类型。这种源自原始生殖细胞的多能干细胞被称为胚胎生殖细胞。虽然胚胎癌性细胞、胚胎干细胞和胚胎生殖细胞是三种不同的细胞，但它们在体外都具有无限增殖或较长期增殖和多向分化的潜能，而且从细胞起源来看，它们都直接或间接地来自胚胎组织，因此可把它们统称为胚胎干细胞。

胚胎干细胞在生命科学领域的极为诱人的应用前景大大地推动了人们对于胚胎干细胞的各种研究，由此引发了人们对不同物种胚胎干细胞进行分离培养的热潮。很快，研究者分别从内细胞团或原始生殖嵴分离克隆了包括猪、牛、兔、绵羊、山羊、水貂、仓鼠以及恒河猴等在内的多种哺乳类动物的胚胎干细胞系（图 2-1）。1998 年 11 月，Thomson 和 Gearhart 几乎同时宣布，他们已独立培养出采集自人体胚胎的干细胞，特别是在维系人体胚胎干细胞的

"多能性"和遏制其异化发展上取得了重大突破。在随后的几个月里，Thomson 率先成功地维持了上述脆弱的人胚胎干细胞在培养液中持续生长，并最终证实上述细胞实际上就是胚胎干细胞。有关人胚胎干细胞的建系方法有多种，最为常用的方法是从人胚胎的囊胚内细胞团中直接分离胚胎干细胞。1995 年，Thomson 等从恒河猴的囊胚中成功地分离并建立了世界上第一株灵长类动物的胚胎干细胞系。1998 年，他们在建立灵长类胚胎干细胞系取得成功的基础上，参照恒河猴胚胎干细胞分离法，从接受不孕症治疗的夫妇所捐献的处于囊胚阶段的早期胚胎中又成功地分离出人的胚胎干细胞。继 Thomson 之后，世界上第二篇关于利用体外受精废弃的受精卵进行人胚胎干细胞建系的文章是 2000 年澳大利亚的 Reubinoff 等和新加坡的体外受精专家合作完成的，他们成功地从人囊胚建立了两株未分化的人胚胎干细胞系。该文更为详尽地讨论了人胚胎干细胞建系过程中的一系列细节，并且在体外分化实验中成功地得到了神经祖细胞。另一种关于人胚胎干细胞建系的方法则是从终止妊娠的胎儿组织中分离出胚胎干细胞。

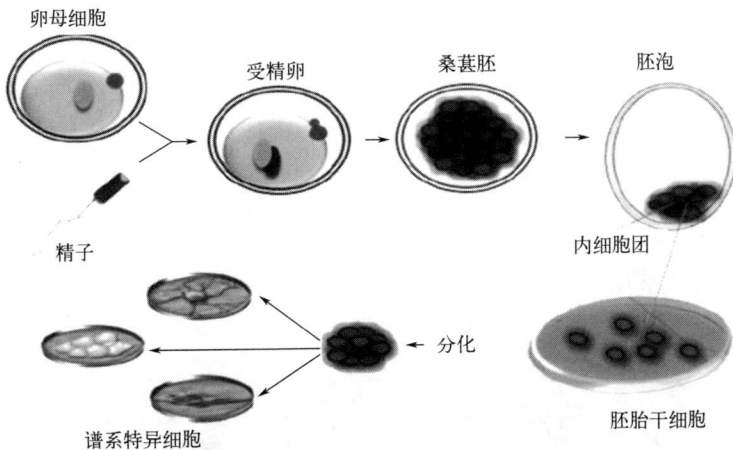

图 2-1　ES 细胞的制备过程（Meshorer et al, 2010，略改）

此外，胚胎干细胞还可通过克隆技术获得，该方法首先在动物身上获得成功。该方法是将小鼠的体细胞核移植到未受精的去核卵母细胞中，在锶（Sr）的激活下，这种卵母细胞发生卵裂，形成胚泡，然后从中分离筛选胚胎干细胞。这种方法又称为"治疗性克隆"（therapeutic cloning），该技术具有非常明显的优越性，因为该技术将克隆技术与胚胎干细胞有机地结合在一起，使得利用受者自身体细胞建立胚胎干细胞系成为可能。利用这种技术获得的胚胎干细胞，由于其基因型与受者体细胞完全一致，所以进行干细胞移植时，相当于自体移植，从而可以有效避免免疫排斥反应的发生。我国中南大学的卢光琇教授团队已建立了具有自主知识产权的 58 株人类胚胎干细胞，初步建立了从胚胎干细胞诱导分化成造血细胞、神经细胞和胰岛细胞的技术，治疗性克隆技术也处于国际领先水平。

类似地，人的胚胎干细胞也可以通过克隆技术获得。2001 年，马萨诸塞州的科学家宣布，他们利用克隆技术制造出人体胚胎，并从中摘取出了干细胞。具体做法是：提取某个卵子，去除其中的核子和基因物质，就是将人卵细胞脱核，再将含有成年人基因物质的皮肤细胞的细胞核移植到去核卵细胞内；然后通过电击手段诱导卵子开始分裂并进行体外培养，待囊胚形成后取其内细胞团；经适当处理，几天后便培育出了可供医疗使用的干细胞。

然而，在伦理学上，克隆人胚胎干细胞专门用于研究目的比使用废弃的试管婴儿胚胎遭遇到更大的非议。而且应用该技术虽然可以成功地克隆几乎所有的动物胚胎，但只有一小部分能够存活，植入后能发育成个体。虽然也有个别克隆人胚胎成功的报告，但已经遭到了广泛的质疑，因为他们所用的胚胎只发育到 6 细胞期，那时的胚胎仍处于核 DNA 指导调节胚胎发育之前。即便如此，其他非人类哺乳动物胚胎克隆的成功仍足以提示人们，人类的核移植在技术上是完全可行的。最近有报道，将人体细胞核移植到兔的卵细胞中也获得了胚胎干细胞，虽然这一工作避免了使用人卵细胞，但"人—兔杂合子"的问题为本已十分棘手的伦理学争论又添柴加焰。另外，人克隆胚胎的核移植技术效率很低，只有不到 1% 的克隆细胞能发育成囊胚，这样低的效率也限制了人克隆胚胎的应用。

第二节　胚胎干细胞的生物学特性

一、形态学特征

总的来讲，胚胎干细胞的形态结构与早期胚胎细胞很相似：细胞体积小，细胞核大，胞质少，核质比高，有一个或多个突出的核仁，染色质较分散，胞质内除游离核糖体外，其他细胞器很少。细胞呈多层集落生长，相差显微镜下折光性强，细胞间紧密堆积，无明显的细胞界限，形似鸟巢（图 2-2）。人胚胎干细胞同其他哺乳动物胚胎干细胞具有相似的形态和结构特征。但不同物种、不同类型的胚胎干细胞的结构特征又稍有不同。小鼠胚胎干细胞和人胚胎生殖细胞（EG 细胞）形成的细胞集落一般呈紧密的球形，它们不易被常规方法消化分散成单个细胞，而人胚胎干细胞以及某些灵长类动物的胚胎干细胞形成的细胞集落相对较为扁平、松散，很容易被胰蛋白酶消化变成单个细胞。

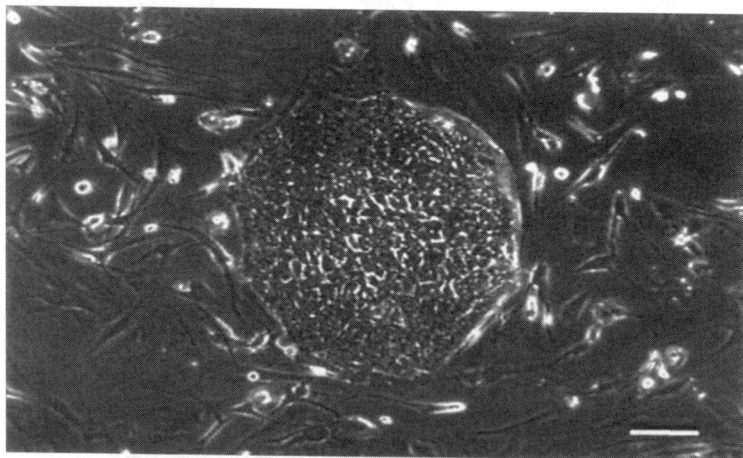

图 2-2　ES 细胞克隆（赵春华，2006）

分化抑制培养体系中培养的胚胎干细胞呈克隆性增殖，能够长期保持核型正常和稳定。人胚胎干细胞源于早期胚胎细胞，具有稳定的二倍体核型。冻存与解冻复苏也不会影响胚胎干细胞非分化性增殖能力。

二、特异性标志分子的表达

胚胎干细胞作为未分化的多能干细胞，表达一些特异性的表面标志物，包括碱性磷酸酶和早期胚胎细胞及胚胎癌性细胞的表面抗原。这些特异性标志分子可以作为 ES 细胞分离与鉴定的指标。

1. Oct-4

Oct-4 又称为 Oct-3、Oct3/4，是含 POU 结构域的转录因子家族中的一员。它由 *Pou5f1* 基因编码产生，目前被广泛地用于鉴定 ES 细胞是否处于未分化状态。Oct-4 最早表达于胚胎 8 细胞时期，一直到胚胎发育至桑葚胚时期，在每一个卵裂球中都可检测到大量 Oct-4 表达产物。这之后，Oct-4 的表达局限在内细胞团。在胚胎植入后，仅原始外胚层仍有 Oct-4 的表达，而滋养外胚层和原始内胚层均变为阴性。到原肠胚形成后，胚胎内唯一能检测到 Oct-4 表达的是原始生殖细胞。在体外培养的未分化多能干细胞中 Oct-4 的表达也为强阳性。Oct-4 在未分化的人 ES 细胞中高表达，但发生分化后下调。小鼠中也有类似的发现。所以，Oct-4 可能是所有哺乳动物体内多能干细胞发育阶段的调节分子，因此它也成为检测细胞是否具有多能性的一个标志分子。

2. 碱性磷酸酶

碱性磷酸酶（alkaline phosphatase，AKP）是一种单酯磷酸水解酶，它能在碱性条件下水解磷酸单酯，释放出磷酸。它是一种膜结合金属糖蛋白，由两个亚单位组成，具有多种同工酶。许多研究结果表明，AKP 的高表达与未分化的多能干细胞相关，如在桑葚胚和胚泡细胞中均有 AKP 的表达。ES 细胞中也表达丰富的 AKP，而在已经分化的 ES 细胞中 AKP 则呈弱阳性或阴性。AKP 的测定方法简单易行，目前常用于判定胚胎干细胞是否已经分化。

3. 胚胎阶段特异性表面抗原

胚胎阶段特异性表面抗原（stage-specific embryonic antigen，SSEA）是一种糖蛋白，常表达于胚胎发育早期，在未分化的多能干细胞中 SSEA 也常为阳性。它的表达，在鼠和人的胚胎干细胞之间存在种属差异。如小鼠胚胎干细胞表达 SSEA-1，但不表达 SSEA-3 和 SSEA-4。而应用免疫细胞化学染色技术显示，从内细胞团分离得到的人胚胎干细胞 SSEA-1 呈阴性反应，但表达 SSEA-3 和 SSEA-4。另外，从人原始生殖细胞（primordial germ cell，PGC）分离的胚胎干细胞 SSEA-1、SSEA-3、SSEA-4 均呈阳性反应，提示 SSEA-1 可作为源于原始生殖细胞的多能干细胞分化的标志。SSEA-3 和 SSEA-4 是糖系神经节苷脂的表位，属糖系糖脂抗原，而 SSEA-1 是乳系糖脂。人胚胎干细胞和胚胎癌性细胞一样不表达 SSEA-1，但分化后表达 SSEA-1，这说明了在分化过程中糖脂合成从糖系到乳系的转变。这些分子在维持干细胞的多能性中所起的作用目前尚不甚明了。

4. 其他表面标志分子

除上述标志物以外，人胚胎干细胞还表达高分子量糖蛋白 TRA-1-60 和 TRA-1-81。近来有研究表明，人胚胎干细胞分化为造血细胞过程中，未分化的胚胎干细胞也表达 CD90（Thy-1）、CD133（AC133）和 CD117（c-kit）。人胚胎干细胞表面抗原与小鼠和其他哺乳动物胚胎干细胞表面抗原表达的差异，表明人胚胎早期基因表达调控和细胞分化等特性与其他哺乳动物存在一定种属差异。

三、细胞周期的特征

胚胎干细胞通常增殖较为迅速，如小鼠的胚胎干细胞，一般每 12h 分裂增殖一次，而人的胚胎干细胞生长相对缓慢，通常每 36h 分裂一次。胚胎干细胞的细胞周期与已经分化的体细胞的细胞周期有所不同，在细胞周期的整个过程中，细胞大多数时间处于 S 期，进行 DNA 合成，G_1、G_2 期很短。它没有 G_1 检测点，不需要外界信号来启动 DNA 的复制。

四、端粒酶

端粒（telomere）是位于染色体末端的重复 DNA 序列——TTAGGG。其长度作为细胞分裂及细胞衰老的生物时钟。它的碱基对长度在每一次细胞分裂中都会缩短 50 ～ 100bp，但是，端粒缩短的部位可以被端粒酶修复。端粒酶（telomerase）是一种核糖核蛋白，与细胞的永生化高度相关。随着年龄的增长，端粒酶表达减少或不表达，染色体的末端变短；相反，在胚胎组织，端粒酶是高表达的。胚胎干细胞表现出高水平端粒酶活性，不同于正常二倍体细胞。胚胎干细胞端粒酶活性的高表达表明，胚胎干细胞复制的寿命长于体细胞复制的寿命。Amit 等观察到在培养过程中，人胚胎干细胞端粒长度虽有一定改变，但仍可保持在 8 ～ 12kb。

五、高度分化潜能的检测

在体外培养体系中，去除分化抑制物后，胚胎干细胞高度分化的潜能很快将会显现，主要表现在以下几个方面。

1. 体内分化

将胚胎干细胞注入基因型相同或免疫缺陷动物皮下或肾囊中，可分化形成包括三个胚层细胞的畸胎瘤（teratoma），充分说明了胚胎干细胞的多能性。Thomson 等人的研究结果就是直接证据。他们的方法是：用分离到的人胚胎干细胞注射入重症联合免疫缺陷（severe combined immunodeficiency，SCID）小鼠，结果发现，每一只受体小鼠都长出了畸胎瘤，并且，所有的畸胎瘤都含有三个胚层成分，如肠上皮（内胚层）、软骨、骨、平滑肌和横纹肌（中胚层）以及神经上皮、胚胎神经节和复层鳞状上皮（外胚层）。另外，小鼠 ES 细胞多能性的证明通常还需要重建胚胎形成嵌合体小鼠，显然，在人体，这一实验无法进行。因此，人胚胎干细胞多能性检测的金标准就是证明该细胞移植到免疫缺陷小鼠后，在体内能分化出三个胚层，形成畸胎瘤（图 2-3）。

2. 体外分化

在体外培养体系中，去除抑制胚胎干细胞分化的因素，如在非黏附底物中悬浮生长，或控制增殖细胞数目，能够使胚胎干细胞生成拟胚体。拟胚体与植入体内后形成的胚胎组织类似，由胚外内胚层和外胚层组成，这两层之间的相互作用将使外胚层进一步分化为多种细胞类型。形成一个与畸胎瘤相似的多系混杂的集合体，该集合体具有三个胚层的组织，排列无序，并且各种细胞分泌各自的生长因子和分化因子。但是，该集合体尚未形成极性和胚盘，不能成为能够存活的人胚胎。体外分化培养方法中，最常见的形成拟胚体的方法就是悬浮培养。当去除白血病抑制因子（leukemia inhibitory factor，LIF）和 / 或滋养层细胞后，可通过多种途径获得拟胚体，如通过高浓度悬浮培养（suspension culture）或使用含甲基纤维素的培养基均可获得形状、大小均不同的拟胚体，而通过"悬滴"方式（hanging drop）可获得规格更统一的拟胚体。拟胚体的分化与植入后形成的胚胎的发育具有良好的相关性。它的培养时间依赖于最终的目的细胞类型，一般而言，中胚层和外胚层细胞在几天内就能形成，而有些内胚层细胞类型的形成则需要更长的时间。

3. 嵌合体的形成

嵌合体的形成这种分化方式不同于形成类胚体的聚集过程，也叫非聚集分化。嵌合体动物的形成是鉴定胚胎干细胞是否具有多能性的最有说服力的实验证据。方法是，用胚泡注射法或桑葚胚聚集法将供者的胚胎干细胞与受者胚泡结合在一起，发生融合，然后移植到假孕

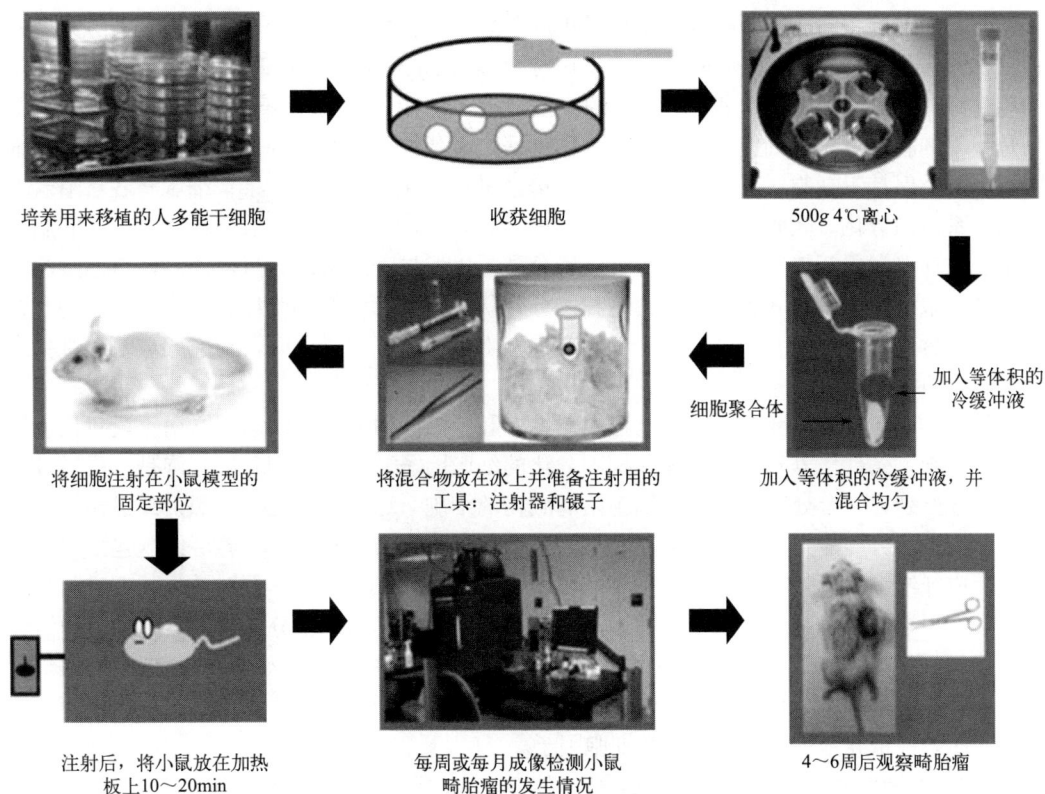

图 2-3　畸胎瘤的形成（Zhang et al，2008，略改）

母体子宫中进一步发育，即可得到嵌合体动物。嵌合体动物的各种组织器官都是由供者的胚胎干细胞和受者胚泡共同发育而来的。其中，供者胚胎干细胞参与形成嵌合体的全部细胞种类，包括生殖系在内。这是检验一个细胞系是否为胚胎干细胞的金标准。还有研究发现，向小鼠四细胞胚胎注射胚胎干细胞后，小鼠原胚胎细胞逐渐死亡，最终形成的小鼠可以完全来源于注射的外源性胚胎干细胞，而且这种嵌合体小鼠同样具有生殖能力。至于某些从兔、鸡、猪、非人灵长类和人等的胚胎获得的所谓胚胎干细胞，或者由于重新导入胚泡不能形成生殖系嵌合，或者由于伦理学争议等原因不能进行嵌合体形成实验，实际上，我们将它们称为类胚胎干细胞似乎更为准确。

4. 直系分化

所谓直系分化（direct differentiation），是指通过控制胚胎干细胞生长环境或操控特定的遗传基因的基因表达，使胚胎干细胞直接分化成为某种特定种系细胞。例如将神经分化决定因子 NeuroD2 和 NeuroD3 的编码基因导入 ES 细胞，可使胚胎干细胞分化为神经细胞。

第三节　胚胎干细胞的自我更新

胚胎干细胞具有两个最显著的特征：一是它们具有体外高度自我更新的能力；二是它们可被定向诱导分化为体内各种细胞类型。要充分利用胚胎干细胞，必须解决的首要问题就是要阐明胚胎干细胞是如何进行自我更新的。

与其他细胞相同，胚胎干细胞也通过细胞分裂来进行增殖。胚胎干细胞的分裂方式有两种：对称分裂（symmetric division）和不对称分裂（asymmetric division）。对称分裂是指干细胞每经过一次细胞分裂周期后，将产生两个与母细胞相同的子代干细胞；而不对称分裂，则是指干细胞经过一个细胞分裂周期后产生的两个子代细胞具有不同的命运：这两个子代细胞要么一个保持干细胞状态，另一个沿某一谱系进行分化，要么两个子代细胞将各自沿着不同的谱系走向分化。胚胎干细胞究竟采取哪种分裂方式，与它们所处的微环境有关。胚胎干细胞要进行自我更新就需要不断地进行细胞分裂，以增加干细胞的数目，同时，这些细胞始终维持着未分化状态。胚胎干细胞的这种未分化状态有着特殊的细胞标志，这些标志物有助于科研人员更好地理解并探讨胚胎干细胞在进行上百代的复制的同时，仍能够成功地维持未分化状态的机制。

目前，在体外培养胚胎干细胞过程中，维持胚胎干细胞未分化状态的常用手段包括使用饲养层细胞、条件培养基和直接加入抑制分化的细胞因子。其中，饲养层细胞是一层经过射线照射或丝裂霉素等处理后的充当细胞附着底物的细胞。这些细胞受射线照射或经丝裂霉素处理后丧失了分裂能力，但仍可生存并有同化培养液的能力。常用的饲养层细胞包括原代小鼠胚胎成纤维细胞、STO 细胞等。条件培养基是指将胚胎干细胞培养至对数生长期时回收的培养基，在这种培养基中，虽不含细胞，但却含有原先培养的细胞分泌进入其中的多种活性物质，比如生长因子等。饲养层细胞和条件培养基的作用主要表现为促进 ES 细胞增殖，但同时抑制胚胎干细胞分化，而后一作用主要是因为饲养层细胞可分泌白血病抑制因子等细胞因子，而条件培养基中本身含有这类细胞因子。

白血病抑制因子属于 IL-6 细胞因子家族，该家族细胞因子主要有白细胞介素-6（interleukin 6，IL-6）、IL-11、白血病抑制因子（leukemia inhibitory factor，LIF）、睫状神经营养因子（ciliary neurotrophic factor，CNTF）、心肌营养因子-1（cardiotrophin-1，CT-1）、抑瘤素 M（oncostatin-M，OSM）等。该家族中不同细胞因子具有相同或相似的生物学效应。例如，OSM、CNTF、CT-1 及 LIF 都能抑制胚胎干细胞分化。胚胎干细胞不表达 IL-6 的受体，故 IL-6 不能抑制胚胎干细胞分化，但当 IL-6 和其可溶性受体共同作用于胚胎干细胞时即可以抑制胚胎干细胞的分化。IL-6 家族中不同因子具有相同生物学效应的分子基础是它们具有共同的受体 gp130。gp130 是一种跨膜蛋白，属细胞因子受体超家族，本身无激酶活性，其介导的信号传递依赖于细胞内一种非受体型酪氨酸（Tyr）蛋白激酶 JAK（Janus kinase）。gp130 与这些配基结合引起细胞内的这种非受体型酪氨酸蛋白激酶 JAK 分子彼此之间靠近并相互磷酸化而激活，活化的 JAK 继而使 gp130 特定位点的 Tyr 残基磷酸化。继而，下游信号分子（如：STAT，SHP-2）则依赖 SH2（Src homology 2）结构域与 gp130 上磷酸化的 Tyr 残基结合，而活化的 JAK 则能够使与 gp130 结合的信号转导及转录激活蛋白（signal transducer and activator of transcription，STAT）等信号分子磷酸化而活化。其中，STAT3 是 JAK 下游具有 SH2 结构域的主要信号分子，当 STAT3 与 gp130 上的磷酸化 Tyr 结合后，JAK 可以将 STAT3 磷酸化，继而进入核内调节相关基因的转录和表达。

所以，白血病抑制因子抑制胚胎干细胞分化的机制大致如下：白血病抑制因子作用于小鼠胚胎干细胞时，首先与胚胎干细胞膜上的白血病抑制因子受体（LIF-R）结合形成 LIF-LIF-R 二聚体，LIF-LIF-R 二聚体再与 gp130 结合成为三聚体。gp130 通过上述机制使 JAK-STAT 通路中的 STAT3 活化，最终抑制胚胎干细胞分化。胚胎干细胞体外培养时，STAT3 的活化是小鼠胚胎干细胞自我更新的必要条件。研究表明，受体 gp130 上有 4 个 YXXQ 序列，该序列内 Tyr 残基磷酸化是 STAT 与之结合的必需条件。gp130 上这些结合位点缺失或突变，使 STAT3 不能与之结合并被活化，则胚胎干细胞的自我更新不能继续。例如，将 STAT3 第

705 位酪氨酸残基（Tyr）位点替换为苯丙氨酸（Phe），即形成突变体 STAT3F，STAT3F 可以同正常 STAT3 竞争 gp130 上的结合位点，以及同正常 STAT3 形成没有活性的二聚体，从而抑制 STAT3 的活化。因此，与正常的胚胎干细胞相比较，携带 STAT3F 基因的 ES 细胞在培养过程中更易发生分化。同样，当用 STAT3 的反义寡核苷酸转染胚胎干细胞，细胞内 STAT3 表达的量降低也可促进胚胎干细胞分化。上述研究表明：STAT3 的活化可以抑制小鼠胚胎干细胞的分化。

最近的研究表明，除 JAK-STAT3 通路外，gp130 还可以激活磷脂酰肌醇 3 激酶（phosphoinositide 3 kinase，PI$_3$K）通路及 SHP-2-Ras-ERK 通路。在细胞因子的刺激下，SHP-2 通过 SH2 结构域与 gp130 上磷酸化的 Tyr 残基结合，则 SHP-2 被磷酸化并为下游的连接蛋白提供结合位点，继而活化 Ras 并进一步激活下游的 ERK。ERK 活化后直接作用于细胞质内的靶分子或转移到细胞核内调节基因转录。此外，活化的 Ras 还可以通过 PI$_3$K 的催化亚基 p110 将 PI$_3$K 激活，从而使 PI$_3$K 通路活化。该通路的活化对小鼠和人胚胎干细胞全能性的维持都发挥重要作用。PI$_3$K 可以催化 PI（4，5）P$_2$ 的磷酸化形成 PI（3，4，5）P$_3$，后者则促使其下游的 PDK 将 Akt 磷酸化。Akt 磷酸化后作用于下游底物并进一步调节细胞各项生理活动。当 LIF 作用于小鼠胚胎干细胞时，可以激活 PI$_3$K 通路使细胞内 Akt 磷酸化水平升高，增强胚胎干细胞的自我更新并减少细胞分化。相反，当采用 PI$_3$K 的特异性抑制剂 LY294002 阻断该通路，或用基因突变的方法使 PI$_3$K 的催化亚基失活，则胚胎干细胞内 Akt 的磷酸化水平降低，同时细胞内 ERK 的活化增强。在这种情况下，胚胎干细胞自我更新能力下降，而分化能力增加。实际上，PI$_3$K 信号通路对小鼠胚胎干细胞的增殖调控作用最初是在 PTEN 基因敲除的胚胎干细胞得到阐明的。肿瘤抑制分子 PTEN 是一种磷酸酶，可使 PI（3，4，5）P$_3$ 去磷酸化，进而对 PI$_3$K 信号通路起负调控作用。研究发现，PTEN 阴性的 ES 细胞，由于 PTEN 的缺失，ES 细胞内 PI（3，4，5）P$_3$ 保持在高水平，因此其下游信号分子 Akt 也一直保持高水平的活化状态，故细胞增殖加速，并同时伴随着细胞凋亡的减少。胚胎干细胞在无血清培养体系内培养时，在白血病抑制因子作用下，虽然大部分胚胎干细胞能够维持自我更新，但仍会有少量细胞分化为神经细胞，说明白血病抑制因子并不能完全阻断小鼠胚胎干细胞的分化，需要与其他细胞因子联合作用来维持胚胎干细胞自我更新，特别是能够抑制胚胎干细胞向神经细胞分化的因子。而骨形态生成蛋白（bone morphogenetic protein，BMP）能够抑制胚胎干细胞向神经细胞的分化，提示白血病抑制因子与 BMP 联合作用可能会完全阻断胚胎干细胞分化。研究表明，BMP4 与白血病抑制因子共同作用确实可以使胚胎干细胞保持高度的自我更新。其作用机制是，BMP4/2 通过激活 Smad 通路诱导蛋白 Id 的表达，Id 抑制胚胎干细胞向神经细胞的分化，同时白血病抑制因子激活的 JAK-STAT3 通路则抑制胚胎干细胞向其他方向分化。因此，二者联合作用于胚胎干细胞时，可以彻底阻断其分化。另外的研究发现，BMP4 还可通过抑制胚胎干细胞内 ERK 的磷酸化而抑制胚胎干细胞分化。如 Burdon 等所述，阻断 ERK 的磷酸化可以促进胚胎干细胞的自我更新，此处用 ERK 上游激酶 MEK 的抑制剂 PD98059 作用于胚胎干细胞阻断 ERK 的磷酸化，可以得到与 BMP4 相同的结果。

Wnt 蛋白与 Frizzled 家族受体结合或者特异性抑制细胞内 GSK3β 都可以活化 Wnt 通路，引起下游分子 β-连环蛋白（β-catenin）的磷酸化，并进入细胞核调节相关基因的转录。此前研究发现，Wnt 信号通路的活化在维持多种成体干细胞（如造血干细胞和皮肤干细胞）的多能性方面发挥重要作用，因此 Wnt 的活化是否与胚胎干细胞的多能性相关引起了人们关注。研究表明，未分化胚胎干细胞内 Wnt 通路处于活化状态，并且当用 GSK3β 的特异性抑制剂作用于胚胎干细胞时，引起 β-连环蛋白依赖的 Wnt 通路目的基因表达上调，细胞的自我更新能力提高。由此推测，Wnt 通路的活化对胚胎干细胞多能性的维持起重要作用。值得注意的是，胚胎干细胞内 PI$_3$K 的活化能够抑制 GSK3β 的活性，但 β-连环蛋白的活性并不受影响。因此，依赖 β-连环蛋白的 Wnt 通路活化对胚胎干细胞的自我更新的维持是否为必需仍有待于进一步确定。上述调控胚胎干细胞自我更新的通路多由外界因素激活。此外，某些转录因子（如 Oct3/4 和 Nanog）也参与胚胎干细胞的多能性维持和分化调控，但它们的表达也受外因调节。

Oct3/4 也是维持 ES 细胞保持未分化状态下持续增殖（即自我更新）的关键分子之一。它能够调节发育非常早期的基因表达，如 *Fgf4* 基因和 *Rex-1* 基因等。其中 *Rex-1* 基因编码锌指蛋白 42，锌指蛋白 42 可能是一个转录调节因子，参与饲养层发育及精子发生，是研究内细胞团早期命运的有用标志物，对于维持 ES 细胞的未分化状态和多能性有作用，当其表达显著降低时，内细胞团将分化为胚层。*Fgf4* 基因则可促进 ICM 的增殖而抑制分化。Oct3/4 就像一种分子开关，当它处于一定的表达水平时，可维持 ES 细胞的自我更新；如果它的表达上调，则 ES 细胞向原始内胚层和中胚层分化；若它的表达水平下调，则 ES 细胞分化为饲养外胚层。但是仅靠 Oct3/4 分子本身并不足以维持 ES 细胞的自我更新能力，它需要 LIF/gp130/STAT 信号转导途径中某些其他分子的帮助（图 2-4）。

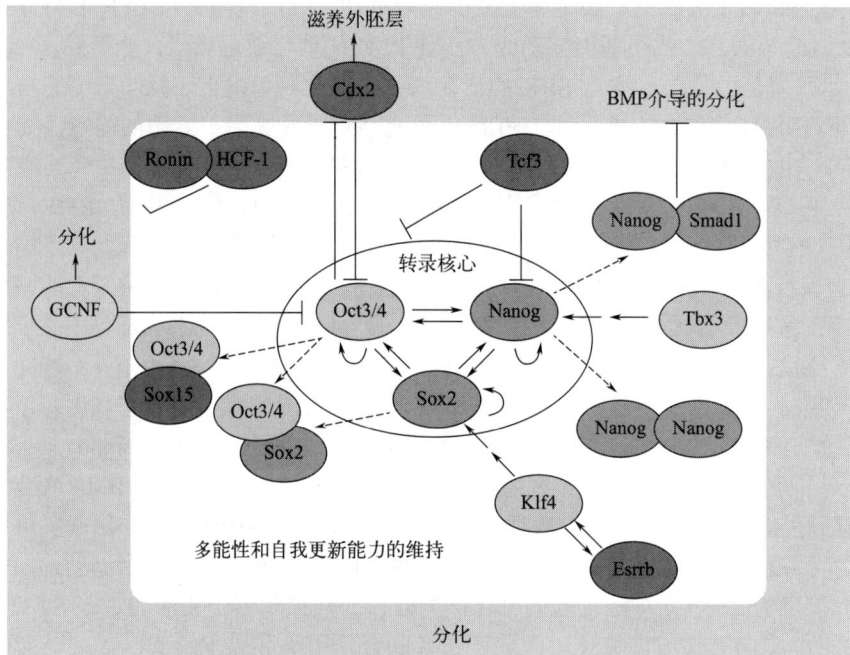

图 2-4　ES 细胞中转录因子调节网络（Meshorer et al，2010，略改）

第四节　胚胎干细胞的定向分化

胚胎干细胞是多能干细胞，从理论上讲，它可分化为体内任何类型的细胞。正是因为其具有如此宽广的发育潜能，胚胎干细胞才会备受世人的瞩目。在适宜的条件下，胚胎干细胞将可以按照人们的意愿分化为某一特定谱系的细胞，这就是所谓的定向分化（directed differentiation）。目前，全世界有很多实验室都在进行有关胚胎干细胞定向分化的研究。现有的研究报道表明，小鼠胚胎干细胞在体外可定向分化为神经元、神经胶质细胞、胰岛细胞、脂肪细胞、心肌细胞、骨骼肌细胞、平滑肌细胞、成骨细胞、软骨细胞、内皮细胞、角质形成细胞、树突状细胞以及各类血细胞等（图2-5）。近年来，有关人胚胎干细胞定向分化的研究也取得了很大的进展，目前研究人员已经能够使人胚胎干细胞定向分化为神经细胞、胰岛样细胞、心肌细胞等。毫无疑问，人们一旦掌握了胚胎干细胞定向分化的规律，必将会引起生物、医学领域内的一场重大革命。

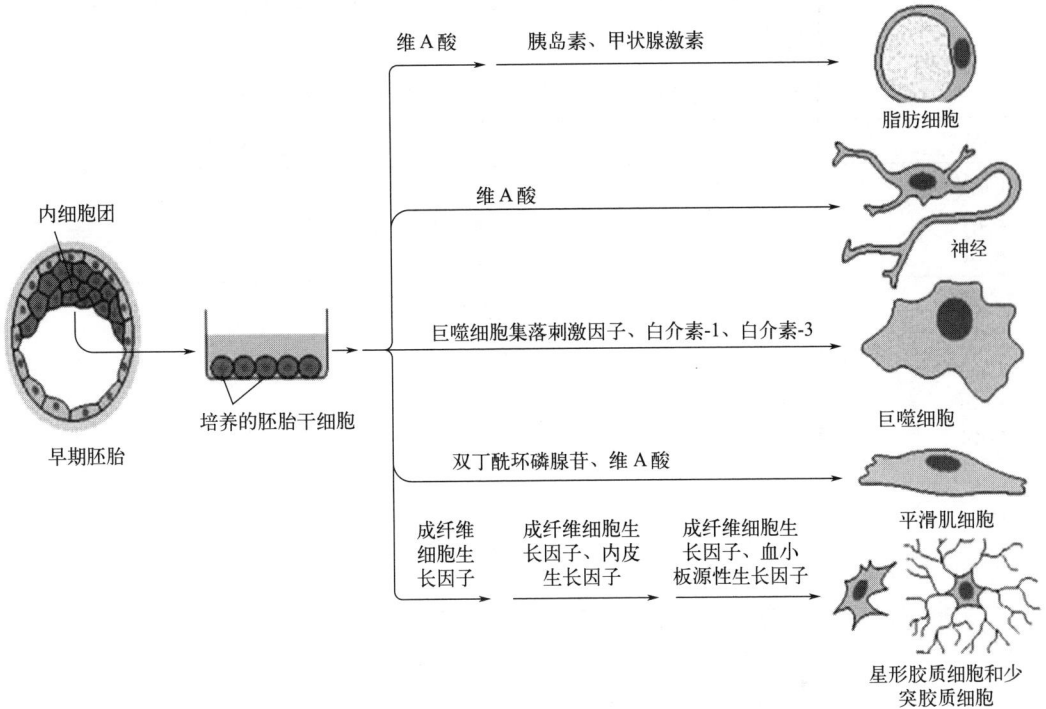

图 2-5　ES 细胞体外分化实验（Alberts et al，2002，略改）

一、诱导胚胎干细胞定向分化的常用策略

1. 改变 ES 细胞的培养条件

将培养体系中抑制胚胎干细胞分化的因素去除，例如，撤去饲养层细胞或 LIF，或改用悬浮培养，胚胎干细胞将聚集成团，形成类胚体，该结构的分化过程与体内胚胎的早期发育过程相似。一般来讲，贴壁生长的细胞由于细胞与细胞之间的相互作用比较少，不利于细胞分化，而类胚体中的细胞则由于细胞与细胞之间的相互作用增加，部分模拟了体内正常胚胎发育过程，因而可促进细胞分化。将类胚体分散成单个细胞后继续培养，细胞一旦贴壁，就会自动发生进一步分化，形成多种类型的细胞，例如神经细胞、肌细胞等。这样的变化仅是胚胎干细胞不受约束的无序发育，实际应用意义不大。

但是，如果此时改变培养条件，胚胎干细胞将会沿着某一特定的方向进行分化。改变细胞的培养条件是胚胎干细胞进行定向分化的基本策略，目前常用的方法有三种：一是向培养基中添加生长因子、化学诱导剂等；二是将胚胎干细胞与其他细胞一起进行培养；三是将细胞接种在适当的底物上。这些因素将促使细胞中的某些特定基因的表达上调或下调，从而引发细胞沿着某一特定谱系进行分化。

目前常用于诱导胚胎干细胞定向分化的生长因子有：苯丙酸诺龙（activin）和转化生长因子 β1（transforming growth factor β1，TGF β1）；血管内皮生长因子（vascular endothelial growth factor，VEGF）、血小板衍生生长因子（platelet-derived growth factor，PDGF）、骨形态生成蛋白 4（bone morphogenetic protein 4，BMP4）、碱性成纤维细胞生长因子（basic fibroblast growth factor，bFGF）、神经生长因子（nerve growth factor，NGF）和肝细胞生长因子（hepatocyte growth factor，HGF），等等。维 A 酸（vitamin A acid）和二甲基亚砜（dimethyl sulfoxide，DMSO）则是最为常用的化学诱导剂。不同的生长因子和化学诱导剂可单独或联合使用，诱导物质不同，胚胎干细胞的分化方向亦不同（表 2-1）。

表 2-1　不同物质对小鼠 ES 细胞的诱导效应（章静波等，2003）

诱导物质	分化细胞类型
维A酸 EGF bFGF	神经细胞
维A酸 DMSO TGF β1 VEGF PDGF	肌肉细胞
维A酸 胰岛素 T3 LIF	脂肪细胞
BMP-2,4	软骨细胞
IL-3 GM-CSF	树突状细胞
HGF VEGF	内皮细胞
IL-3 HGF IL-6 BMP-4	血液细胞
IL-3 GM-CSF	巨噬细胞
IL-3 SCF	柱状细胞
地塞米松	黑色素细胞
bFGF 烟酰胺	胰岛样细胞

2. 导入外源性基因

另一种诱导胚胎干细胞发生定向分化的常用方法是导入外源性基因，就是把在胚胎干细胞特定发育阶段中起决定作用的基因导入胚胎干细胞基因组，从而使胚胎干细胞准确地分化为某一特定类型的细胞。但是，应用这一方法时，首先必须明确决定胚胎干细胞向各个方向分化的关键基因是什么，其次还要确保在适当的时机将该关键基因导入胚胎干细胞组的正确位置上。目前，已有人报道采用这种方法使 ES 细胞定向分化为神经细胞、肌肉细胞、胰腺细胞等获得成功。

3. 体内定向分化

若将 ES 细胞移植到动物体内的不同部位，在不同的微环境中，这些胚胎干细胞多数将分化为该组织特异性的细胞。如 Deacon 等于 1998 年将小鼠胚胎干细胞直接移植到帕金森病模型大鼠的纹状体中，发现这些胚胎干细胞多数分化为酪氨酸羟化酶（tyrosine hydroxylase，TH）阳性的多巴胺能神经元及 5-羟色胺能神经元，分化形成的这些神经元的轴突可以延伸到宿主的纹状体中，为受损神经元提供有功能的神经支配。除神经组织外，其他组织也存在类似的现象，例如，将小鼠胚胎干细胞移植到小鼠心脏，这些胚胎干细胞多数也将分化为心肌细胞。

二、分化细胞的鉴定与纯化

胚胎干细胞经不同方法处理后，将会沿着不同的谱系分化。分化细胞多从细胞的形态、细胞特异性基因与蛋白质分子的表达以及细胞的特有功能等方面进行鉴定，其中分化细胞是否具有相应的功能至关重要，如神经细胞必须要能够分泌神经递质，传送电信号，而胰岛细胞必须要能够分泌胰岛素并降低血糖。

由于目前胚胎干细胞定向分化的规律尚未完全阐明，各种诱导分化的方法尚未完全成熟，而且，胚胎干细胞的分化产物多数为以一种细胞成分为主体，同时伴有多种其他类型细胞成分并存的混合体状态，因此，建立相应的筛选方法来对胚胎干细胞的分化产物细胞进行筛选纯化非常有必要。

目前，用于胚胎干细胞分化产物细胞纯化的方法主要有三种。第一种是利用产物细胞特异性的表面标志，用荧光激活细胞筛选的方法进行纯化。该方法的原理是：将荧光物质偶联在与目的细胞表面标志分子特异结合的配体（或抗体）上，使这种配体（或抗体）结合在特异的目的细胞的表面，从而使目的细胞表面标记上荧光物质。在此基础上，让已经过荧光标记处理的分化产物细胞通过一个特定的喷嘴，这种喷嘴极细，每次只能通过一个细胞，此时，采用激光或其他特定波长的光线依次对通过喷嘴的每个细胞进行照射，所有表面已经被荧光物质标记的目的细胞会受到激发而产生荧光，然后让所有细胞再依次通过一个特定的电场，此时，产生荧光的细胞将带上负电荷，而不产生荧光的细胞则带上正电荷，然后，收集所有带有负电荷的细胞，这样就可以成功地将所需要的目的细胞纯化出来。这种方法只适用于表面标志已经确定的细胞，如造血干细胞等。第二种方法是利用同源重组或转基因技术将报告基因整合到目的细胞特异性基因上，例如，将报告基因 LacZ 或新霉素基因整合到神经特异性的 SOX 基因上，这些报告基因本身没有自身的启动子，只能在细胞特异性基因表达的前提下才能有所表达，这样，通过对报告基因的检测就可筛选到所需的细胞。纯化细胞的第三种方法是利用选择性培养基，在这类培养基中，只有特定的细胞才可以生长，从而达到细胞纯化的目的，例如，含有胰岛素、转铁蛋白、硒、纤连蛋白的无血清培养基，只适于巢蛋白阳性细胞的生长，而巢蛋白阳性细胞是神经细胞和胰腺细胞的前体细胞。

第五节　胚胎干细胞的应用前景

1999 年 12 月，《科学》（Science）杂志公布了当今世界科学发展的评定结果，胚胎干细胞的研究成果名列十大科学进展榜首。胚胎干细胞在适宜条件下保持未分化状态并能无限扩增，可为应用研究提供无限的细胞来源。并且，胚胎干细胞能被诱导分化为机体的任何一种细胞类型，可用于临床细胞、组织和器官的修复和移植治疗。所以，胚胎干细胞的研究具有十分诱人的应用前景。未来，胚胎干细胞有可能在以下领域发挥重要作用。

一、揭示人类发育的机制及影响因素

生命最大的奥秘便是人是如何从一个细胞（受精卵）发展为复杂得不可思议的生物体的。人胚胎干细胞系的建立及人胚胎干细胞研究，可以帮助我们了解人类发育过程中的许多复杂事件，认识多年来一直困扰着胚胎学家的许多问题，促进对于人类胚胎发育细节的基础研究。尤其是人 ES 细胞的体外可操作性，使我们能够采用伦理学上可以接受的研究方式进行各种研究，例如，让我们可以在细胞和分子水平上研究人体发育过程中极早期事件。

二、药物研究

ES 细胞系可分化为多种细胞类型，又能在培养基中不断进行自我更新，具有无限增殖能力。并且它发展为拟胚体后的生物系统，可模拟体内细胞与组织间复杂的相互作用，这样的生物系统在药物研究领域具有广泛的用途，尤其是在药物筛选方面，胚胎干细胞的优势有望在短期内就能充分体现。目前，用于药物筛选的细胞都来源于动物或像癌细胞这样非正常的人体细胞，而胚胎干细胞可以经体外定向诱导，为人类提供各种所需的组织类型的人体细胞，这使得更多类型的细胞实验成为可能。例如，在进行某种新药的药理、药效、毒理及药代等方面的研究时，胚胎干细胞可以充分保障细胞水平的各种研究，从而大大减少了药物检测所需动物的数量，降低了成本。另外，由于胚胎干细胞类似于早期胚胎的细胞，它们有可能用来揭示药物是否干扰胎儿发育和引起先天性缺陷。

三、克隆动物

胚胎干细胞在理论上讲可以无限传代和增殖，同时保持其正常的二倍体核型，所以，人们可以对其进行体外培养至早期胚胎，然后进行胚胎移植，从而可以在短期内获得大量基因型和表型完全相同的个体，这在保护珍稀野生动物方面有着重要意义。此外，人们还可通过对胚胎干细胞进行遗传修饰，通过细胞核移植技术生产经遗传修饰的动物，并有可能创造新的物种。

四、体外细胞分化研究

在体外培养时，胚胎干细胞在添加分化抑制因子的培养液中能够维持不分化的状态，而在培养液中加入分化诱导因子，如牛磺酸（taurine）、双丁酰环腺苷酸单磷酸（dibutyryl cyclic adenosine monophosphate）等化学物质时，就可以诱导胚胎干细胞向不同类型的组织细胞分化。这样的培养体系为研究干细胞分化和细胞凋亡的机理提供了有效的手段。

五、用于细胞替代治疗和充当基因治疗的载体

胚胎干细胞最诱人的前景是生产出各种所需的组织和细胞，用于"细胞疗法"（cell

therapy），为细胞移植提供无免疫原性的材料（图2-6）。从理论上讲，任何涉及丧失正常细胞的疾病，都可以通过移植由胚胎干细胞分化而来的特异组织细胞来进行治疗。例如，用神经干细胞移植治疗神经退行性疾病如帕金森病（Parkinson's disease）、亨廷顿病（Huntington's disease）、阿尔茨海默病（Alzheimer's disease，AD，又叫早老性痴呆）等，用胰岛干细胞移植治疗糖尿病，用心肌干细胞移植修复坏死的心肌等。此外，ES细胞还是基因治疗最理想的载体细胞。这里的基因治疗是指将经过遗传改造过的人体细胞直接移植或输入患者体内，达到控制和治愈疾病的目的。这种遗传改造包括纠正患者体内存在的基因突变，或使所需基因信息传递到某些特定类型细胞。

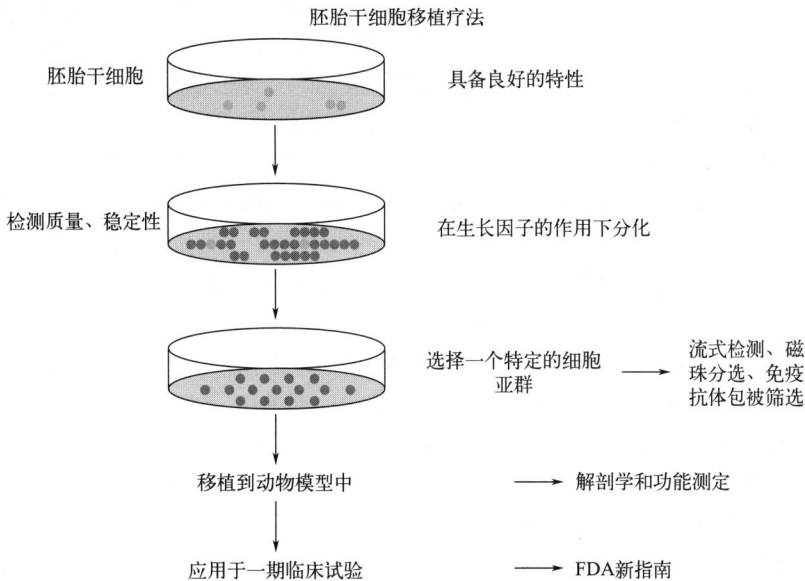

图2-6　ESC来源的细胞进行移植治疗（Turksen，2012，略改）

随着ES细胞研究的深入，以及各种终末目的细胞、组织和器官的培养获得成功，未来临床上将可能会出现一种全新的治疗模式，即在体外进行"器官克隆"以供患者移植。如果这一设想能够实现，将是人类医学史上一项划时代的成就，它将使器官培养产业化，从而轻而易举地解决长期以来一直困扰临床治疗的供体器官来源不足的问题，而且还可以使器官供应专一化，针对各种患者提供各种特定器官。这样，人体中的任何器官和组织一旦出现问题，可像更换损坏的零件一样随意更换和修理，进而从根本上治愈各种疾病，战胜目前面临的各种医学难题，如恶性肿瘤、神经退行性疾病和艾滋病等。当然，这样的宏伟蓝图与变成现实还有一定距离，目前迫切需要的是建立一系列可靠的相关技术方法和完善干细胞生物学理论，尤其要将基因组学与干细胞生物学结合起来应用于医学生物学的实践，使它们相互促进，相辅相成，充分发挥它们在生命科学发展中巨大的推动作用。

第六节　胚胎干细胞引起的伦理学争议

尽管人ES细胞有着巨大的医学应用潜力，但围绕该项研究的一系列伦理与道德甚至法律问题也随之出现。这些问题主要包括：人ES细胞的来源是否符合法律及道德？应用潜力是否会引起伦理及法律问题？从体外受精人胚中获得的ES细胞在适当条件下能否发育成人？如果 ES 细胞来自自愿终止妊娠的孕妇又该如何对待？为获得 ES 细胞而杀死人胚是否道德？是不是良好的愿望为邪恶的手段提供了正当理由？使用来自自发或事故流产胚胎的细胞是否恰当？如果 ES 细胞和胚胎生殖细胞通过细胞系的形式可以随意买卖，科学家使用它们符合道德规范吗？什么类型的干细胞研究可被接受？能否允许科学家为研究发育过程或建立医学移植组织而培养个体组织和器官？将人 ES 细胞嵌入家畜胚胎中创立嵌合体来获得移植用人体器官是否道德？为了治疗目的，人为改变基因缺陷胚胎的胚胎干细胞的基因，并使其继续发育成健康个体是否道德？如果人的替代组织极易获取，会不会有更多的人将不负责任地长期生活，进而长期从事高风险高危害的活动而危害社会？对于这些问题，一部分人坚持认为，从人胚中收集 ES 细胞并进行各种研究是不道德的，因为人的生命权没有得到应有的尊重，胚胎也是生命的一种形式，无论目的如何高尚，破坏人胚是不可想象的。所以，他们呼吁鼓励成体干细胞研究而应放弃 ES 细胞研究。而另一些人则认为，科学家们并没有杀死细胞，只是改变了胚胎的前途和命运，因而符合道德。

　　虽然美国法律曾经禁止使用政府资金资助人胚胎研究，但美国卫生和公众服务部（United States Department of Health and Human Services，HHS）在 1998 年 12 月作出如下决定：美国国会关于禁止人胚胎研究的法案不适用于 ES 细胞研究，因为按目前的定义，ES 细胞不等于胚胎，并且，由于 ES 细胞植入子宫后，不具有依靠自身就能发育成个体人的能力，因此，不能将 ES 细胞视为人胚胎，因此，HHS 可以资助来自胚胎的多能干细胞的研究。至于人胚胎生殖细胞，因为胚胎生殖细胞来自无活力的胎儿，获得和使用此类细胞完全符合联邦法律有关胎儿组织研究的规定，因而也可获得 HHS 资助。对 HHS 的决定，人们反应不一。美国 73 位著名科学家（其中 67 位是诺贝尔奖获得者）马上联名表示支持，称这一决定是值得赞赏和高瞻远瞩的，一项研究竟然引起如此众多诺贝尔奖得主的关注，这样的情形在科学史上是史无前例的，这也从一个侧面反映了 ES 细胞研究的重要性及艰巨性。另外，美国几个颇具影响的学术团体，如美国实验生物学会联盟、美国细胞生物学会和美国发育生物学会等也都支持这个决定。民主党参议员 TomHarkin 称，这一决定将为发现许多疾病的新疗法铺平道路，并且强调政府不应该对医学研究设置禁令。美国国家卫生研究院（National Institutes of Health，NIH）主任 Vomas 也称这项科研工作的前景将灿烂辉煌。

　　不过，HHS 的这个决定也同时遭到某些国会、教会和人权组织人士的反对。天主教人士 Doyle Flinn Lattice 指责这一决定严重违反目前法律精神，称："他们将用私人资金摧毁胚胎，而用联邦资金从事胚胎实验。" 1999 年 2 月，70 位众议员在一封写给卫生和福利部部长的信中要求废除此项规定，称该规定 "违反了美国政府严禁资助破坏人胚胎的实验研究的联邦法律条文和精神"。美国生命联盟人权组织主席 Judy Brown 抗议使用干细胞，因为它们来自应受美国法律保护的可发育成人的胚胎。国会议员 Jay Dickey 更是极力反对该规定，甚至要将 HHS 告上法庭，他认为法律不允许联邦资金用于胚胎干细胞研究，也不必对此做任何修改，他强调 "科学应为人类服务，而不是人为科学服务"。反堕胎活动分子更是要求国会干预和阻挠此类研究。在广泛听取各方意见的基础上，NIH 终于在 1999 年 12 月公布了《关于胚胎干细胞研究的指导原则》。《指导原则》规定：用于研究的人 ES 细胞只能通过下列方式获得：①体外受精时多余的配子或囊胚；②自然或自愿选择流产孕妇的胎儿细胞；③体细胞核移植技术所获得的囊胚和单性分裂囊胚；④自愿捐献的生殖细胞。这些 ES 细胞来源方式需经受伦理学上的严格考证。从中可以看出，再用 J. A. Thomson 的方法从人胚中获得新的 ES 细胞系是违法的，但允许对已获得的来自人胚的细胞系进行研究。对于用 J. Gearhart 方法获得、使用和研究来自胎儿组织的细胞系则相对宽容。尽管该规定仍然很苛刻，但毕竟为人 ES 细胞的研究打开了大门。

除了来自法律的约束，ES 细胞研究是否符合伦理学要求也是该类研究无法回避的问题。例如，在韩国的"卵子风波"中，国际社会对黄禹锡及其科研团队的质疑之一就是：在临床研究中存在过度取卵和胁迫下属取卵等伦理问题。另外，在现有的 ES 细胞来源方式中，哪些是存在伦理争议的，哪些是得到伦理辩护的；在那些可接受的来源方式中，研究者在采集和利用 ES 细胞的过程中，是否真正贯彻了知情同意原则，是否有效预防了 ES 细胞的商业化利用，这些问题都应该引起胚胎干细胞研究者的重视。目前，关于 ES 细胞研究伦理学的争议最主要集中在以下三个方面。①关于从体外受精产生的胚胎中获取 ES 细胞的争议。Robertson 主张，治疗不育症时产生的多余胚胎可用于 ES 细胞研究，此外，为了研究或治疗的目的专门创造胚胎在伦理上也是可接受的，理应得到公共资金的资助。②关于从流产胎儿的原始生殖细胞获取 ES 细胞的争议。自然流产或自愿流产的胎儿的原始生殖细胞有多种分化功能，是 ES 细胞研究的重要来源。在国际社会，尤其是在那些反对堕胎的国家，有这样一种声音：从流产胎儿获得 ES 细胞的做法是不道德的，不应把流产胎儿仅仅当作实现研究者目的的一种生物材料。的确，流产的胎儿不同于一般的人体组织，过分突出流产胎儿的工具价值是对这些胎儿的不尊重。尤其有些研究者为"合法"地获得更多的胎儿原始生殖细胞，胁迫或诱导孕妇流产，这样的行为更是对人类生命的极端不尊重。所以，在实际研究中，遵循基本的伦理准则并接受伦理委员会的审查是必需的，要获得孕妇或其家庭的知情同意。③生殖性克隆得不到伦理的辩护。《指导原则》指出："利用体外受精、体细胞核移植、单性复制技术或遗传修饰获得的囊胚，其体外培养期限自受精或核移植开始不得超过 14 天。"这表明美国政府允许研究者通过体细胞核移植技术制造 ES 细胞，但同时要求研究中使用过的所有胚胎必须在 14 天内销毁。我国政府明令"禁止进行生殖性克隆人的任何研究"。事实上，克隆性生殖是一种较低级的无性生殖，它要求基因程序在短期内重编，万一发生程序上的差错和缺失，会对克隆人造成难以逆转的伤害。况且，如果某一天，人类能够像批量生产产品那样批量生产克隆人，那将是对人的权利和人的尊严的亵渎。

综上所述，为了医学进步，为了最终造福千百万患者，广泛开辟 ES 细胞来源是无可厚非的，但医学进步不得以忽视胚胎捐献者的权益为代价，也不可触犯人类道德的底线。在支持 ES 细胞研究的同时，必须遵循严格的伦理规范，任何涉及人体的 ES 细胞研究从立项到成果都必须接受严格的伦理评估和监督。

参考文献

金坤林，2011. 干细胞临床应用：基础、伦理和原则 . 北京：科学出版社 .

章静波，宗书东，马文丽，2003. 干细胞 . 北京：中国协和医科大学出版社 .

赵春华，2006. 干细胞原理、技术与临床 . 北京：化学工业出版社 .

Adewumi O, Aflatoonian B, Ahrlund-Richter L, et al, 2007. Characterization of human embryonic stem cell lines by the International Stem Cell Initiative. Nature Biotechnology, 25(7): 803-816.

Alberts B, Johnson A, Lewis J, et al, 2002. Molecular Biology of the Cell. 4th ed. New York: Garland Science.

Atkinson S, Armstrong L, 2008. Epigenetics in embryonic stem cells: regulation of pluripotency and differentiation. Cell and tissue research, 331(1): 23-29.

Bibikova M, Laurent L C, Ren B, et al, 2008. Unraveling epigenetic regulation in embryonic stem cells. Cell Stem Cell, 2(2): 123-134.

Bock C, Kiskinis E, Verstappen G, et al, 2011. Reference Maps of human ES and iPS cell variation enable high-throughput characterization of pluripotentcelllines. Cell, 144(3): 439-452.

Chen X, Xu H, Yuan P, et al, 2008. Integration of external signaling pathways with the core transcriptional network in embryonic stem cells. Cell, 133(6): 1106-1117.

Efroni S, Duttagupta R, Cheng J, et al, 2008. Global transcription in pluripotent embryonic stem cells. Cell Stem Cell, 2(5): 437-447.

Harness J V, Turovets N A, Seiler M J, et al, 2011. Equivalence of conventionally-derived and parthenote-derived human embryonic stem cells. PloS one, 6(1): e14499.

Holland S, Lebacqz K, Zoloth L, 2001. The Human Embryonic Stem Cell Debate: Science, Ethics, and Public Policy (Basic Bioethics). Kan Bridge: The MIT Press.

Kim J, Chu J, Shen X, et al, 2008. An extended transcriptional network for pluripotency of embryonic stem cells. Cell, 132(6): 1049-1061.

Kocher T, Superti-Furga G, 2007. Mass spectrometry-based functional proteomics: from molecular machines to protein networks. Nat Methods, 4(10): 807-815.

Meshorer E, Plath K, 2010. The Cell Biology of Stem Cells. New York: Landes Bioscience and Springer Science+Business Media, LLC.

Murry C E, Keller G, 2008. Differentiation of embryonic stem cells to clinically relevant populations: lessons from embryonic development. Cell, 132(4): 661-680.

Nishikawa S I, Jakt L, Era T, 2007. Embryonic stem-cell culture as a tool for developmental cell biology. Nat Rey Mol Cell Biol, 8(6): 502-507.

Notarianni E, Evans M J, 2006. Embryonic Stem Cells: A Practical Approach (Practical Approach Series). New York: Oxford University Press.

Peerani R, Rao B M, Bauwens C, et al, 2007. Niche-mediated control of human embryonic stem cell self-renewal and differentiation. Embo J, 26(22): 4744-4755.

Ramabadran R, Wang J H, Reyes J M, et al, 2023. DNMT3A-coordinated splicing governs the stem state switch towards differentiation in embryonic and haematopoietic stem cells. Nat Cell Biol, 25(4): 528-539.

Rodolfa K T, 2008. Inducing pluripotency [M/OL]. Cambridge (MA): Harvard Stem Cell Institute.

Schulz T C, Swistowska A M, Liu Y, et al, 2007. A large-scale proteomic analysis of human embryonic stem cells. BMC genomics, 8: 478.

Thomson J A, Itskovitz-Eldor J, Shapiro S S, et al, 1998. Embryonic stem cell lines derived from human blastocysts. Science, 282(5391): 1145-1147.

Turksen K, 2012. Adult and Embryonic Stem Cells. New York: Springer Science+Business Media, LLC.

Walker E, Ohishi M, Davey R E, et al, 2007. Prediction and Testing of Novel Transcriptional Networks Regulating Embryonic Stem Cell Self-Renewal and Commitment. Cell Stem Cell, 1(1): 71-86.

Willerth S M, Rader A R, Sakiyama-Elbert S E, 2008. The Effect of Controlled Growth Factor Delivery on Embryonic Stem Cell Differentiation Inside of Fibrin Scaffolds. Stem Cell Research, 1(3): 205-218.

Ye K, Jin S, 2011. Human Embryonic and Induced Pluripotent Stem Cells: Lineage-Specific Differentiation Protocols (Springer Protocols Handbooks). Clifton: Humana Press.

Zhang W Y, de Almeida P E, Wu J C, 2008. Teratoma formation: A tool for monitoring pluripotency in stem cell research [M/OL]. Cambridge (MA): Harvard Stem Cell Institute.

思考题

1. 什么是胚胎干细胞？它与成体干细胞的异同有哪些？
2. 胚胎干细胞有何应用前景？试着举例说明。
3. 胚胎干细胞应用于临床治疗时，可能遇到的难题有哪些？
4. 胚胎干细胞最突出的两个特征是什么？如何检测？

第三章
诱导多能干细胞

第一节 诱导多能干细胞的概念及研究过程

诱导多能干细胞（induced pluripotent stem cell，iPSC）就是通过实验技术，将一些多能性相关的基因导入皮肤细胞等终末分化的体细胞中，从而使普通体细胞"初始化"并转化成为具备胚胎干细胞的几乎全部特性的多能干细胞。iPS 细胞不仅在细胞形态、生长特性、干细胞标志表达等方面与 ES 细胞非常相似，而且在 DNA 甲基化方式、基因表达谱、染色质状态、形成嵌合体动物等方面也与 ES 细胞几乎完全相同。所以，iPS 细胞具有和 ES 细胞类似的功能。这样，人们不需要制造胚胎，就可以从任何组织的细胞，甚至皮肤组织的细胞，制造出具有 ES 细胞功能的细胞，和 ES 细胞相比，iPS 细胞除了不能生成胚胎以外，几乎可以产生所有类型的细胞。

对于 iPS 细胞的研究，最早可以追溯到 2006 年。2006 年 8 月，Shinya Yamanaka 领导的实验室在世界上率先报道了 iPS 细胞的研究获得成功。他们将 Oct3/4、Sox2、c-Myc 和 Klf4 这四种转录因子基因注入从小鼠尾巴中所提取的体细胞中，并成功地培育出了 iPS 细胞。2007 年 11 月，美国威斯康星大学的 Thompson 实验室和日本京都大学的 Yamanaka 实验室几乎同时分别在《科学》和《细胞》（Cell）上报道，他们分别利用 iPS 细胞技术，同样可以诱导人皮肤成纤维细胞成为几乎与胚胎干细胞完全一样的多能干细胞。所不同的是日本实验室采用的人体皮肤细胞分别来自一个 36 岁的女性和一个 69 岁的男性，并且他们依然采用逆转录病毒引入 Oct3/4、Sox2、c-Myc 和 Klf4 四种转录因子组合，而 Thompson 实验室采用的皮肤细胞分别来自一个胎儿的皮肤和一名新生儿的包皮，并且他们采用了以慢病毒载体引入 Oct3/4、Sox2、Nanog 和 Lin28 这四种因子组合。这些研究成果被美国《科学》杂志列为 2007 年十大科技突破中的第二位。这项发现一方面解决了利用胚胎进行干细胞研究的伦理和道德争议，另一方面也使得干细胞研究的来源更不受限。分属京都大学及威斯康星大学麦迪逊分校的两个团队虽然独立研究，但使用的方法几乎完全相同，更为巧合的是，竟然同时分别被两本期刊审核通过，证明基因直接重组技术的确有效。他们所使用的方式都是利用病毒将四个基因送入皮肤细胞，促使普通的皮肤细胞产生变化，最后成为带有胚胎干细胞性质的细胞。随后，美国马萨诸塞州 Whitehead 生物医学研究所的 Jacob Hanna 小组于 2007 年采用患镰状细胞贫血（sickle cell anemia）的小鼠尾巴的皮肤细胞也诱导产生了 iPS 细胞，他们通过基因特异打靶的方法，用未患病小鼠的健康基因取代了患病小鼠与镰状细胞贫血相关的基因，这样，他们就得到了来自患病小鼠尾巴皮肤并转染了正常基因的而且发生了转化而变成的诱导多能干细胞。当这些诱导多能干细胞发育成造血干细胞后，再将造血干细胞回输给患病小鼠，最终，这些造血干细胞在患病小鼠身上开始产生正常的红细胞，患病小鼠的症状因此也有了很大改善。

iPS 细胞的出现，在干细胞研究领域、表观遗传学研究领域以及生物医学研究领域都引起了强烈的反响，这不仅是因为它在基础研究方面的重要性，更是因为它为人们带来的光明的应用前景。此后，全世界关于 iPS 细胞的各种研究一直如火如荼，至今方兴未艾。该领域的研究迅猛发展，研究成果也层出不穷。例如，2008 年 4 月，美国加利福尼亚大学报道，该校的科学家们也已经将实验鼠皮肤细胞改造为 iPS 细胞，并成功地分化为心肌细胞、血管平滑肌细胞及造血干细胞。哈佛大学 George Daley 实验室利用诱导细胞重编程技术把采自 10 种不同遗传病患者的皮肤细胞也转变为 iPS 细胞，这些 iPS 细胞将会在建立疾病模型、药物筛选等方面发挥重要作用。他们还发现，iPS 细胞可在适当诱导条件下定向分化，例如可以分化变成血细胞。哈佛大学另一家实验室则发现，利用病毒将三种在细胞发育过程中起重要作用的转录因子引入小鼠胰腺外分泌细胞，可以直接使胰腺外分泌细胞转变成与胰腺内分泌细胞极为相似的细胞，且可以分泌胰岛素并有效降低血糖。研究表明，利用诱导重编程技术可以直接获得某一特定组织细胞，而不必先经过诱导多能干细胞这一步。同年，美国威斯康星大学 Thompson 教授的科研小组成功地在试管内利用 iPS 细胞再现了疾病过程。该小组用重症神经疾病患者的皮肤细胞培养出 iPS 细胞，将这些 iPS 细胞培育为神经细胞后，在试管内成功再现了神经细胞因疾病死亡的过程。这是世界上首例使用患者 iPS 细胞重现病症的成功尝试。2009 年 2 月，日本东京大学报道，该校科学家利用人类皮肤细胞制成的 iPS 细胞培育出血小板。庆应大学也宣布，利用实验鼠的 iPS 细胞培育出角膜上皮细胞。

到 2009 年 3 月，iPS 细胞研究又相继迎来了两项重大突破。一是英国和加拿大科学家发现了不用借助病毒就可以将普通皮肤细胞转化为 iPS 细胞的方法；二是美国科学家也宣布，他们可以选择性地将 iPS 细胞中因转化需要而植入的有害基因移除，并且能够保证由此获得的神经元细胞的基本功能不受影响。这两项成果为 iPS 细胞应用于临床迈出了重要的一步。因为 iPS 细胞、胚胎干细胞和成体干细胞能分化成多种器官和组织细胞，它们被称为"万能细胞"。同时，因为 iPS 细胞不涉及伦理道德和法律等问题，在再生医学领域具有更为广阔的应用前景。

2009 年 10 月，美国科学家又发现，小分子化合物可以替代转染的基因来诱导 iPS 细胞生成。2010 年 7 月，两个美国科研小组宣称，他们首次发现，成体细胞在被重编程为诱导多能干细胞后并不会完全丧失对原始组织的"记忆"，在直接使用 iPS 细胞分化成移植用人体组织时，可能会产生问题。2010 年 8 月，Shinya Yamanaka 等又发现，使用基因"*L-Myc*"代替基因"*c-Myc*"可大幅度降低 iPS 细胞癌变的风险。2012 年年初，日本研究人员报告说，iPS 细胞可用来大量培育具有抗癌功能的免疫细胞，将来有望在此基础上开发出治疗癌症的新型免疫疗法。2013 年 5 月，日本东京大学 Hiromitsu Nakauchi 教授的研究小组表示，他们利用 iPS 细胞，制造出造血干细胞，并能生成淋巴细胞和红细胞等正常的血液细胞。他们首先制造出丧失免疫功能的小鼠，然后向小鼠体内注射来自人类的 iPS 细胞，结果这种 iPS 细胞在小鼠体内发育成各种细胞，并出现良性肿瘤。研究小组发现，良性肿瘤产生的造血干细胞，能从肿瘤自然转移到小鼠的骨髓，并开始制造血液细胞。研究小组随后采集了这种造血干细胞，将其移植到预先被放射线破坏了骨髓造血系统的其他小鼠体内，结果这些造血干细胞在小鼠骨髓中发挥作用，开始制造血液细胞，并在小鼠体内流动。Hiromitsu Nakauchi 教授说："在对白血病等血液疾病进行治疗时，进行骨髓移植常面临骨髓供者不足的问题，上述新成果有助于开发取代骨髓移植的治疗方法。"

2012 年 10 月 8 日，瑞典卡罗林斯卡医学院宣布，将 2012 年的诺贝尔生理学或医学奖授予培育出了 iPS 细胞的日本京都大学的 Shinya Yamanaka 教授和英国发育生物学家剑桥大学的 John Gordon 博士，以表彰他们在诱导多能干细胞领域作出的巨大贡献。其中，Shinya Yamanaka 的获奖成果是他们从皮肤细胞等体细胞中培育出了"诱导多能干细胞"，即 iPS 细胞。由于 iPS 细胞能培养出各种类型的细胞，因此 Shinya Yamanaka 的发明为再生医学开辟了一条崭新的道路。

当然，在 iPS 细胞研究领域，中国科学家也取得了不少辉煌成就，例如，2009 年，中国科学院动物研究所周琪研究员和上海交通大学医学院曾凡一研究员领导的研究组，利用 iPS 细胞，成功培育出成活的且具有繁殖能力的小鼠，取名"小小"，从而在世界上最早证明了 iPS 细胞与胚胎干细胞具有相似的多能性。2009 年 12 月，中国科学院广州生物医药与健康研究院的裴端卿等发现，在培养体系中添加维生素 C 可使 iPS 细胞转化效率提高 10 倍。2013 年 6 月，他们又揭示了体细胞逆转为多能干细胞的启动机制。2013 年，北京生命科学研究所高绍荣教授首次报道：Tet1 和 5hmC 在 iPS 细胞诱导过程中参与内源性 *Oct3/4* 基因的去甲基化和激活，并且进一步证明 Tet1 可以取代外源性 *Oct3/4* 实现安全高效的体细胞重编程。更为难得的是，裴端卿等人经过多年努力，破解了 iPS 细胞诱导过程中一个极为重要的障碍，他们的研究成果发表在 2012 年《自然·遗传学》（*Nature Genetics*）杂志上。我们知道，虽然基于 iPS 细胞的各种研究热火朝天，但科研人员一直受困于 iPS 细胞诱导率低、转化速度慢、诱导生成的 iPS 细胞中组成成分复杂等障碍，研究效率并不高。这种情况又反过来严重制约科研人员对 iPS 细胞诱导过程分子机制的理解，造成了 iPS 细胞技术研究远快于基础研究的局面，并且，近年来关于 iPS 细胞的技术研究也明显出现了面临瓶颈的状况。裴端卿及其团队发现，iPS 细胞诱导过程中大量出现一类细胞克隆，外观、生长速度等各方面酷似干细胞，却没有干细胞应有的基因表达和功能。"这些细胞克隆可以说是衣着光鲜的假货，在经典的诱导环境中大量存在，且状态稳定，犹如 iPS 诱导过程的路障，大部分细胞都被阻碍在路障之外，严重阻碍科研人员获得真正的 iPS 细胞。"裴端卿说。经过深入研究，他们发现，诱导培养 iPS 细胞所使用的血清是诱发这个"路障"的元凶：血清中的一种蛋白 BMP 蛋白对重编程过程起抑制作用。研究人员进一步发现，这些酷似干细胞的"假货"在某些诱导条件下，如用维生素 C 处理，也会变成货真价实的 iPS 细胞。"它们只是一种未完全重编程的 iPS 细胞，换句话说，就是半成品。"裴端卿形象地解释。哈佛大学再生医学中心教授 Konard 评价说，这一发现是决定细胞命运的分子机制研究的重大突破，将使研究者能够更高效、更高质量地制备 iPS 细胞，加快制备用来治疗疾病的特异细胞系，加快阿尔茨海默病、帕金森病等疾病的药物研发。

裴端卿研究团队除了从事干细胞全能性调控机制方面的研究外，还研究了 iPS 细胞的免疫特性。众所周知，利用体细胞重编程获得多能干细胞的方法避免了胚胎干细胞研究存在的伦理争议，为开展胚胎干细胞对遗传性疾病的治疗研究提供了一个独特的平台。然而，一些科学家提出，iPS 细胞可能会受到宿主免疫系统的攻击和排斥，这对于 iPS 细胞的临床应用来说至关重要。裴端卿研究团队于 2013 年 7 月 26 日在线发表在《公共科学图书馆·综合》（*The Public Library of Science One*，PLOS ONE）上的论文结果显示，iPS 细胞的免疫原性在重编程及分化后仍然具有一定的遗传记忆。该研究主要围绕人的不同组织来源的两种体细胞的三个细胞状态（体细胞，体细胞衍生的 iPS 细胞和 iPS 细胞分化获得的神经前体细胞）的免疫原性而展开。研究人员主要比对了较为成熟的体细胞（成人皮肤来源的成纤维细胞）和较为幼稚的体细胞（胎儿脐带组织来源的间充质细胞）相应的三个细胞状态的免疫学特性。结果表明：由免疫原性较高的体细胞（皮肤成纤维细胞）最终获得的神经前体细胞仍具有较高的免疫原性，而由免疫原性较低的体细胞（脐带间充质细胞）最终获得的神经前体细胞，在人类白细胞抗原（HLA-I）分子表达、激活淋巴细胞等方面，均会保持较低的免疫原性。这种低免疫原性的神经前体细胞为 iPS 细胞技术开拓了新的应用领域——异体移植，并且建立了可以通过免疫原性较低的体细胞获得 iPS 细胞库建立异体移植的治疗模式。

第二节 诱导多能干细胞的制备

一、诱导多能干细胞的制备方法

1. 经典方法

iPS 细胞建立的经典过程主要包括：①分离和培养宿主细胞；②通过病毒介导或者其他的方式将若干个与多能性相关的基因导入宿主细胞；③将导入多能性相关基因的宿主细胞种植于饲养层细胞上，并在 ES 细胞专用培养体系中培养，同时在培养体系中根据需要加入相应的小分子物质以促进细胞重编程；④出现 ES 样克隆后，通过细胞形态、表观遗传学、体外分化潜能等方面对这些细胞克隆进行 iPS 细胞的鉴定（图 3-1、图 3-2）。

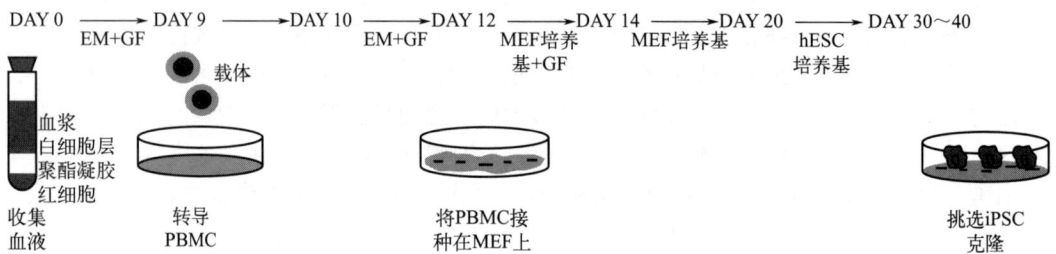

图 3-1 iPS 细胞的制备过程（Gianotti-Sommer et al，2008，略改）
EM—基础培养基；GF—生长因子；PBMC—外周血单个核细胞；MEF—小鼠胚胎成纤维细胞

早期 iPS 细胞是通过将一些多能性遗传基因导入皮肤等细胞中制成的（图 3-3）。在这方面，美国研究人员的工作很有启发性。他们使用了 4 种遗传基因，同时加入了 7 种包括可阻断特定蛋白质合成的物质和酶在内的化合物，以研究不同条件下的制造效率。研究结果显示，没有添加化合物时，遗传基因的导入效率为 0.01% ～ 0.05%，而加入了组蛋白去乙酰化酶抑制剂丙戊酸（valproic acid，VPA）后，导入效率竟然出人意料地高达 9.6% ～ 14%。如果从这 4 种遗传基因中去除导致细胞癌化的遗传基因，只使用 3 种基因，过去的导入效率只有 0.001% 甚至更低，而加入 VPA 之后，其效率也提高了约 50 倍。研究人员认为，这很可能是因为 VPA 可以促进多能性遗传基因的活性。

2. 改良后的方法

（1）提高转化效率的思路

为了提高转化效率，研究人员进行了大量实验探索。目前，提高转化效率的思路有以下几种。

① 使用更多种因子联用。与 Yamanaka 实验室 4 个经典因子（Oct3/4、Sox2、Klf4 及 c-Myc）不同，Thomoson 实验室用 Oct3/4、Sox2、Lin28 和 Nanog 4 个因子同样获得成功。其中，Nanog 的作用被认为是参与维持干细胞的多能性，Lin28 则被认为可与 mRNA 和核糖体结合从而促进翻译过程，因此，通过将 Lin28 和 Nanog 与 4 个经典因子联用可提高 iPS 细胞的转化效率。

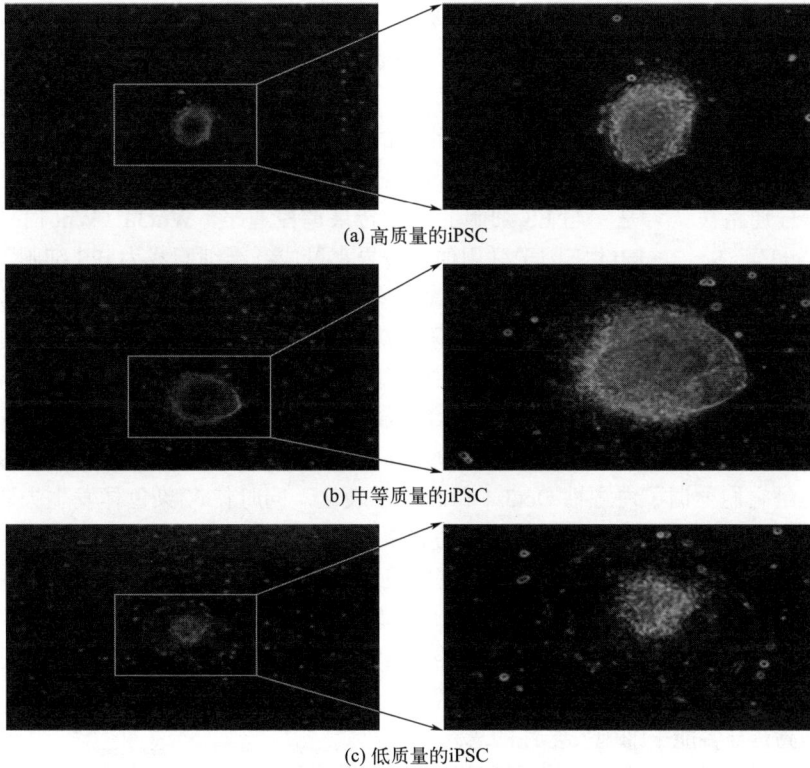

(a) 高质量的iPSC

(b) 中等质量的iPSC

(c) 低质量的iPSC

图 3-2 iPS 细胞克隆的质控（Gianotti-Sommer et al，2008，略改）

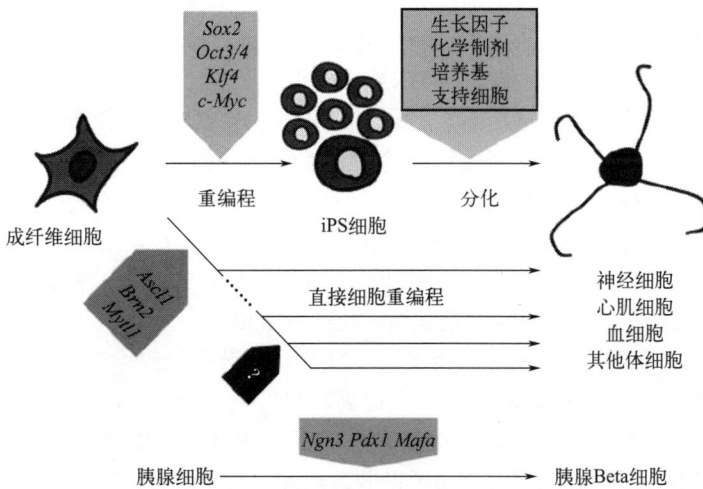

图 3-3 体细胞重编程为 iPS 细胞（Meshorer et al，2010，略改）

② 使用小分子化合物。表观遗传学的状态对于提高转化效率非常重要，一些小分子化合物可以通过改变细胞的表观遗传学状态来配合转化因子的作用。例如，组蛋白去乙酰化酶的抑制剂 VPA（valproic acid，丙戊酸）可提高转化效率 100 倍，而且可以不需要 c-Myc 的参与。再比如，用 BIX-01294（组蛋白甲基转移酶抑制剂）处理鼠神经干细胞，在只有 Oct3/4 基因与 Klf4 基因转染的条件下就能将鼠神经干细胞重编程为 iPS 细胞，而且效率提高到相当于 4 个基因转染的重编程水平。尤其是当 BIX-01294 与钙离子拮抗剂 BayK8644 联合应用

来处理时，可有效地将只有 *Oct3/4* 基因及 *Sox2* 基因转染的成纤维细胞诱导为 iPS 细胞。此外，Meissner 小组证实，组蛋白甲基转移酶抑制剂 5-氮胞苷（5-azacytidine）也可有效提高 Oct3/4、Sox2、c-Myc 和 Klf4 四种因子将体细胞诱导为 iPS 细胞的效率。因此，对细胞表观遗传学状态，尤其是对组蛋白能够起修饰作用的各种因子，可以作为筛选对象并作为未来的研究和发展方向。另外，一些小分子化合物也可以通过影响信号通路来提高转化效率。例如，Wnt 信号通路被认为是参与 ES 细胞的核心转录调控通路，Wnt3a（Wnt 信号通路的激动剂）和 Oct3/4、Sox2、Klf4 三因子联用便可诱导小鼠成纤维细胞成为 iPS 细胞，而且不需要 c-Myc 的参与。其可能的机制一方面是 Wnt 信号通路激活可以影响 Oct3/4、Sox2、Klf4 的启动子状态，从而直接提高这些内源因子的表达；另一方面，Wnt 信号通路可以直接激活内源 c-Myc 的表达。此外，研究人员还发现，丝裂原激活蛋白激酶（mitogen activation protein kinase，MAPK）信号通路的抑制剂 PD0325901 和糖原合酶激酶-3（glycogensynthase kinase-3，GSK3）信号通路的抑制剂 CHIR99021 可提高鼠神经干细胞重编程为 iPS 细胞的效率。其机制是它们上调了内源性 Oct3/4 和 Nanog 表达，同时使 X 染色体发生失活。最近还有一个研究热点，就是研究与致癌性相关的 p53 信号通路对诱导 iPS 细胞效率的影响。Zhao 团队发现，同时下调 p53 和过量表达 UTF1 可使 iPS 细胞的诱导效率增加 100 倍。之后，其他小组发现了 p53-p21 信号通路在 iPS 细胞的重编程过程中起阻碍作用。而裴端卿团队也发现，维生素 C 能够将人源和鼠源体细胞转化为 iPS 细胞的转化效率提高到 10%，他们认为维生素 C 是通过降低 p53 表达和延缓细胞衰老来实现这一功能的。

（2）提高诱导多能干细胞安全性的思路

目前，基因的导入方式主要使用逆转录病毒载体和慢病毒载体。逆转录病毒载体以小鼠白血病病毒（一种肿瘤逆转录病毒）为基本骨架构建而成。这种载体虽然能高效感染分裂期细胞，使外源基因完全整合到宿主细胞染色体上。但逆转录病毒载体也有其不足：首先，不能感染非分裂期的细胞；其次，由于是随机整合，可能会引起插入突变；另外，逆转录病毒载体包装外源 DNA 能力有限，包装的 DNA 片段小于 8kb；最后，该载体要求靶细胞表面具有逆转录病毒的相应受体。这些不足之处大大限制了逆转录病毒载体的应用。慢病毒载体基于逆转录病毒载体发展而来，因慢病毒载体中存在核定位信号序列，能够有效感染并整合到非分裂期细胞和最终分化的细胞（除 G₀ 期）。病毒介导的转基因方式可实现转基因稳定表达，但是，逆转录病毒和慢病毒均使病毒载体整合进宿主基因组，而且转化因子也在细胞内过表达，具有潜在的致癌性。因此，探索制备无过度遗传修饰的 iPS 细胞是目前研究的一个热点。制备无过度遗传修饰的 iPS 细胞有以下几种策略和思路。

① 减少转化因子数量，降低癌变可能。c-Myc 具有潜在的致癌效应。而 Yamanaka 小组在 2008 年就发现，尽管使用 c-Myc 会大大提高转化效率，但 c-Myc 对于 iPS 细胞诱导并不是必需的。又如对于神经干细胞或前体细胞，只需要 Oct3/4 和 Klf4 两种转化因子，甚至只用 Oct3/4 一种转化因子，即可转化成 iPS 细胞。因此，只要能够保证诱导效率，可以尽量减少转化因子的种类来降低潜在的致癌危险。但是该方法仍然无法从根本上解决过度遗传修饰的问题。

② Cre/LoxP 重组系统去除转基因。Cre 重组酶是一种位点特异性重组酶，能使 LoxP 位点间的基因序列被删除或重组，可以用来除去 iPS 细胞中的外源性重编程因子以得到没有外源因子的 iPS 细胞。具体方法是：将表达序列的两端加上 LoxP 位点，诱导转化成功后，再转染 Cre 重组酶将该表达序列切除。但该方法的缺陷是 Cre/LoxP 重组系统介导的外源因子切除后，载体序列还留在插入位点上，因此仍然无法避免插入突变。

③ 非载体整合。与反转录病毒不同，以腺病毒为基础构建的基因转移载体不能整合到

宿主细胞染色体上，从而减少了潜在的病毒载体残留风险，而人类又是腺病毒的天然宿主，所以比较安全；而且该基因转移载体既可感染分裂期细胞，又可感染非分裂期细胞。但不足之处在于，正是由于不能整合到宿主细胞染色体上，所以不能持续表达所需产物，表达时间短暂。Yamanaka 小组通过腺病毒将转录因子基因导入体细胞，瞬时表达这些转录因子而获得了无毒副作用的无病毒载体整合的 iPS 细胞，但是转染效率只有 0.0001% ～ 0.001%。另外一种非载体整合方式是通过反复转染两个表达质粒，其中一个质粒包含 *Oct3/4*、*Sox2*、*Klf4*，另一个质粒带有 *c-Myc*，最终也得到了不需要病毒载体的 iPS 细胞，但是转化效率只有 0.01%。因此这两种方法的主要缺陷是转化效率低。

④ 同时避免转基因和载体整合。Woltjen 和 Kaji 等人采用 PiggyBac 转座子法取代病毒介导的基因转入方法，高效率地制备了 virus-free 鼠 iPS 细胞。PiggyBac 转座子的作用机制是：在转座酶的作用下，将 PiggyBac 转座子从供体染色体上切下，供体染色体在 DNA 连接酶的作用下重新连接；然后，将目标染色体特定位点切开，将先前切下的 PiggyBac 转座子与切开的目标染色体末端连接。这样就能将重编程因子整合进宿主染色体，获得没有病毒载体整合的 iPS 细胞。而后，Kaji 又对该方法进行改良，利用 Cre/LoxP 系统成功地将先前导入的转录因子基因从 iPS 细胞中移除，这样最终实现了同时避免转基因和病毒载体整合，而且最终转化效率可达 2.5%。但是该方法在人源性细胞上尚未获得成功，而且，由 PiggyBac 转座子系统得到的 iPS 细胞的安全性，特别是长期效应，还有待更多的实验来验证。Thomson 小组利用另外一种工具也达到了同时避免转基因和病毒载体整合的目的，他们使用了非整合型附加体载体（episomal vectors）来诱导 iPS 细胞。该载体来自 EB 病毒，无需病毒包装就能转染，哺乳动物细胞中包含附加体载体的染色体在体外稳定复制只需要一个顺式因子和一个反式 *EBNA1* 基因，在每次细胞周期中也只复制一次。在加药的情况下，附加体载体附着在染色体上并且表达。撤药后，在培养过程中载体就能被去除。但是这种方法的缺陷是转化效率很低，只能达到 0.003% ～ 0.006%。另外，还有两个小组将细胞穿膜肽（cell-penetrating peptide，又叫融合蛋白）连接到重编程因子蛋白上，融合蛋白穿透宿主细胞膜而进入细胞内部，进而执行其重编程的功能。目前，融合蛋白诱导的小鼠和人 iPS 细胞都已成功建立，该方法没有使用病毒载体和基因的持续过表达，但问题是转化效率也比较低，只有 0.001%。

二、诱导多能干细胞研究的新方法

1. 提高诱导多能干细胞转化效率的方法

经典的研究 iPS 细胞的方法既费时，而且效率又低。按照经典方法，当把四种转录因子导入成体细胞如皮肤成纤维细胞中时，从上千个皮肤成纤维细胞中最终只能获得几个 iPS 细胞，转化效率很低。为此，美国桑福德-伯纳姆医学研究所（Sanford-Burnham Medical Research Institute）的研究人员 Tariq Rana 试图对该项研究作出改进，以提高 iPS 细胞的转化效率。他们发现，当将几种蛋白激酶（p38，inositol trisphosphate 3-kinase 和 Aurora A）抑制剂加入起始细胞（如皮肤细胞）时，iPS 细胞的转化效率明显增加。相关研究结果刊登在《自然·通讯》（*Nature Communications*）上。论文通讯作者 Tariq Rana 博士解释道，"获得 iPS 细胞依赖于调节细胞内的通信网络。因此，当人们开始通过操作细胞中那些基因开启或关闭来产生 iPS 细胞时，人们很可能同时激活了许多激酶。因为许多活化的激酶可能抑制 iPS 细胞产生，所以对我们而言，加入激酶抑制剂来降低这种障碍可能就有意义"。沙克生物研究所（Salk Institute for Biological Studies）癌症中心主任 Tony Hunter 博士认为，筛选出提高 iPS 细胞产生效率的小分子物质为 iPS 细胞在临床治疗上的应用迈出了重要的一步，而且，Tariq Rana 的这项新研究发现了一类蛋白激酶抑制剂能够有效地促进 iPS 细胞形成，因此，这些抑制剂对于未来生产用于实验研究和治疗目的的 iPS 细胞都将很有价值。在这项研究中，Rana 实验室研究生 Zhonghan Li 付出了艰辛的劳动，他的主要任务是着手寻找可能促进产生 iPS 细胞的蛋白激酶抑制剂。于是，他从桑福德-伯纳姆医学研究所的 Conrad Prebys 化学基因组中心提供的 240 多种抑制蛋白激酶的化合物中，费力地将这些化合物一个接一个地加入到他所培养的细胞中，然后观察细胞会有什么现象发生。最终，他发现有几种蛋白激酶抑制剂明显提高了 iPS 细胞的转化效率。特别地，他们发现，最为强效的蛋白激酶抑制剂都指向三种激酶：p38、肌醇三磷酸 3-激酶和 Aurora A。在其他同事的帮助下，Rana 和 Li 还证实了这些发现的特异性，甚至确定了其中一种蛋白激酶抑制剂作用的机制。Rana 说，"我们发现操纵这些激酶的活性能够显著地增加细胞重编程效率。不过，更重要的是，我们也对重编程的分子机制提供了新的深入认识，并且揭示出这些激酶的新功能。我们希望这些发现将促进人们进一步筛选可能在 iPS 细胞疗法中有用的小分子物质"。

2. 提高诱导多能干细胞安全性的方法

2013 年 7 月，北京大学干细胞生物学家邓宏魁、丁明孝和他们的研究团队探索出一种新方法，该方法无需加入有可能增加危险突变或癌症风险的基因，就可以将成体组织细胞重编程为类似胚胎干细胞的多能干细胞。众所周知，自 2006 年首次报道 iPS 细胞以来，研究人员一直在致力于实现这一目标。以往，他们曾设法利用小分子化合物来减少所需的基因数量，但总是无法避开一个基因：*Oct3/4*。很多研究小组都是在寻找可直接替代 *Oct3/4* 的化合物，而邓宏魁研究小组采用了一种间接的方法：在除了 *Oct3/4* 以外其他常见基因都存在的条件下，寻找可以重编程细胞的小分子化合物。为了寻找 *Oct3/4* 基因的化学替代物，他们对 1 万多个小分子物质进行了筛查。最终，利用 7 种化合物组合的混合物，研究小组让 0.2% 的细胞发生了转化——该结果与采用标准 iPS 细胞技术的结果相当，他们将通过这种方法获取的 iPS 细胞命名为化学诱导多能干细胞（chemically induced pluripotent stem cells，CiPS 细胞）。他们将这些 CiPS 细胞导入发育小鼠胚胎中，结果发现，CiPS 细胞生成了所有重要的细胞类型，包括肝脏、心脏、脑、皮肤和肌肉细胞，从而证实了 CiPS 细胞具有多能性。该研究结果发表于 2013 年《科学》杂志。该发现得到国际同行的高度评价，一致认为该研究进一步明确了小分子化合物完全可以替代转录因子实现细胞的重编程，这使我们能够更深入地了解细胞重编程的机制。

邓宏魁团队的研究成果开辟了一条全新的途径，即仅使用小分子化合物这样一个简单的手段就能够诱导体细胞的重编程。这个新方法避免了重编程技术进一步应用所遭受的一些质疑，例如基因突变风险等。为了明确化学诱导的体细胞重编程过程发生的机制，邓宏魁研究组还进一步研究了这一过程中的分子水平的路径。结果显示"化学诱导的体细胞重编程"的过程是一条有别于以往体细胞重编程方法的全新途径。更有意思的是，这条新途径的早期变化过程同低等动物如壁虎等再生的早期过程中所涉及的分子机制类似。这项成果是体细胞重编程技术的一个飞跃，这为未来细胞治疗及人造器官提供了理想的细胞来源。更为值得一提也是出乎人们意料的是，原本人们认为复杂而严密的细胞分化发育过程竟然可以通过如此简单的方式实现逆转。这项研究成果将非常有助于我们更好地理解细胞命运决定和细胞命运转变的机制，使得人类未来有可能通过使用各种小分子化合物的方法直接在体内改变细胞的命运。如果这一目标得以实现，许多难以治疗的疾病将会得到全新的解决方案，整个再生医学领域也将会发生新的变革。

第三节　诱导多能干细胞的生物学特征

　　iPS 细胞与 ES 细胞一样，都表达相似的多能性的细胞表面标志，证明 iPS 细胞几乎与 ES 细胞相同。另外，周琪等人利用 iPS 细胞成功地培育出小鼠"小小"，则最终证明了 iPS 细胞和 ES 细胞具有一样的多能性。那么 iPS 细胞是不是完全等同于 ES 细胞呢？也不是。它们之间仍有一些差别，这些差别主要表现在以下几个方面：它们之间有少量基因表达不同；它们的一些在基因组水平上进行的表观遗传（epigenetic inheritance）的修饰有一定差别；它们诱导定向分化成某些细胞系的能力有强有弱；此外，iPS 细胞往往带有原始细胞的记忆，比如来自血液细胞的 iPS 细胞，相比于来自成纤维细胞的 iPS 细胞，更容易重新分化成血液细胞。但是，这些记忆可以通过持续传代培养，或者通过一些与表观遗传修饰有关的药物进行处理而逐渐消失。事实上，无论是囊胚期细胞还是生殖细胞或者受精卵等接合子，都携带独特的生殖分化信息和条件，人工诱导的 iPS 细胞必须与上述携带生殖分化信息的任何一个结合才能获得"全能性"，这是 iPS 细胞与真正 ES 细胞表现出来的区别。关于 iPS 细胞与 ES 细胞的区别研究，沙克生物研究院的研究人员做了大量的工作。2011 年，他们利用鸟枪法测序技术以单碱基分辨率在 iPS 细胞，ES 细胞，体细胞以及由多能干细胞分化的细胞中进行了全基因组 DNA 甲基化测定。结果发现：尽管 iPS 细胞和 ES 细胞的甲基化组存在大量相似之处，然而研究的 5 个 iPS 细胞系与 ES 细胞还是有着显著的差异，某些差异甚至在分化后持续存在。而 iPS 细胞之间的差异则体现在细胞中的甲基化标记上，这些甲基化标记代表了起源的体细胞类型的"记忆"效应以及其他一些 iPS 细胞特异性改变。值得注意的是，这些细胞系之间显示出了差异化的甲基化区域，表明基因组 DNA 某些区域更容易发生异常的重编程，另外，在着丝粒和端粒附近的巨碱基区域显示出了非 CG 序列甲基化改变，这样的改变与转录及组蛋白甲基化中的改变相关；另外，2010 年，日本国立成育医疗研究中心 Akutsu Exian 教授的研究发现，iPS 细胞与胚胎干细胞相比，分化发育成全身各类细胞的能力较低。他指出，人们一直期待让人的 iPS 细胞发育成神经和心肌，然后移植到患者的患处，实现再生医疗，但人 iPS 细胞必须首先解决分化发育成各类细胞的效率较低的问题。

　　iPS 细胞虽然拥有发育成机体各种组织细胞的能力，但同时也存在发育成癌细胞的危险，特别是利用人体细胞中的成纤维细胞制作的 iPS 细胞，具有高癌化危险。此外，日本学者发现，在利用 iPS 细胞培育肝脏细胞时，由于提供初始细胞的志愿者身体条件、遗传特性和培养条件等的不同，培育出的 iPS 细胞的分化能力也存在很大差异。他们用 3 名志愿者的皮肤细胞和白细胞，培育出 iPS 细胞，然后鉴别其是否发育成肝脏细胞。结果发现，源自不同志愿者的 iPS 细胞分化出的肝脏细胞，在某些检测指标方面存在 3 倍左右的差距，这表明，初始细胞提供者的身体条件对 iPS 细胞的分化能力具有重大影响。研究小组认为，虽然参加这项研究的志愿者人数很少，尚无法得出最终结论，但这一发现有望成为再生医学领域应用 iPS 细胞的重要参考。研究小组准备今后继续进行详细研究，以期了解 iPS 细胞分化能力出现差异的具体原因。

　　iPS 细胞与 ES 细胞一样，具有多向分化潜能。从理论上讲，iPS 细胞可以分化成为外胚层、中胚层及内胚层等三种胚层的成员，然后再分化成为人体的 220 多种细胞种类。iPS 细胞在体外高效地分化成组织特异性的细胞在某些细胞系已经得到实现，比如高效分化成会跳动的心肌细胞、会放电的神经细胞，但是还有很多细胞系没有实现。iPS 细胞的定向诱导分化与 ES 细胞很相似，都受到内源性和外源性等多种因素的调控，详见第一章。

第四节　诱导多能干细胞的应用前景及展望

自 2006 年 Yamanaka 首次成功地从小鼠成纤维细胞诱导得到 iPS 细胞以来，iPS 细胞由于其潜在的广阔应用前景和重大应用价值而迅速成为干细胞研究领域的新热点。

一、诱导多能干细胞的应用前景

iPS 细胞的出现，在干细胞研究领域、表观遗传学研究领域以及生物医学研究领域都迅速引起了强烈的反响，这不仅是因为它们在基础研究方面的重要性，更是因为它们为人类带来的光明的应用前景。在基础研究方面，iPS 细胞的出现，已经让人们对干细胞多能性的调控机制研究有了突破性的新进展，认识到细胞重编程对干细胞多能性的调控发挥至关重要的作用。细胞重编程是一个相当复杂的过程，除了受一系列细胞内转录因子调控外，还受到一系列细胞外信号通路的调控。目前，对于 Oct3/4、Sox2 和 Nanog 等维持干细胞自我更新能力的一系列转录因子的研究正在逐步展开；人们利用 iPS 细胞作为实验模型，人为地操纵几个转录因子的表达，这更会大大加速对干细胞多能性调控机制的深入研究。在实际应用方面，与 ES 细胞相比，iPS 细胞的获得方法相对简单且稳定，不需要使用卵细胞或者胚胎。这在技术上和伦理上都比其他方法更有优势。此外，iPS 细胞在临床许多疾病的细胞替代性治疗研究、疾病的发病机制研究以及新药筛选等诸多方面均具有巨大的潜在价值（图 3-4）。目前，iPS 细胞在体外已成功地被诱导分化为神经元、神经胶质细胞、心血管细胞和原始生殖细胞等，在神经系统疾病如帕金森病、心血管疾病如心肌梗死等许多领域的作用也日益呈现。

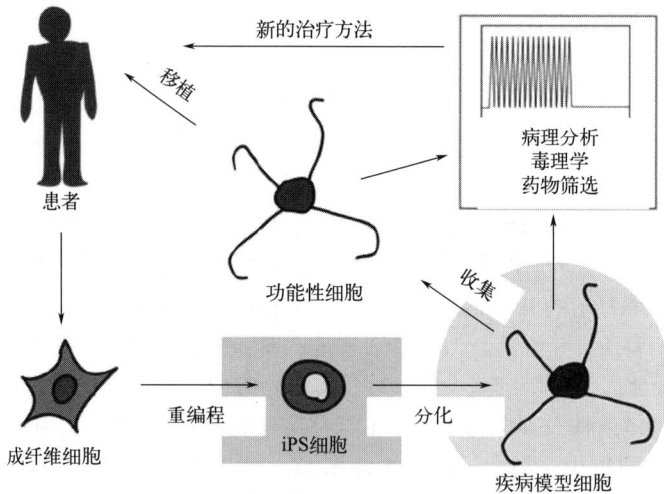

图 3-4　iPS 细胞在再生医学中的应用（Turksen，2013，略改）

二、诱导多能干细胞的研究展望

iPS 细胞要真正应用于临床移植治疗，还将面临许多困难，还有很多问题需要阐明（图 3-5）。虽然日本科学家已经利用重编程小鼠 iPS 细胞成功地生成了皮肤和骨髓，并将它们移植到基因型相同的小鼠体内，结果发现不会引发强烈的免疫排斥反应。加利福尼亚大学 Davis 分校的细胞生物学家 Paul Knoepfler 认为，这方面的研究结果是"非常令人鼓舞的。它们强有力地表明，未来将人类 iPS 细胞回输给同一患者用来治疗疾病，或许不会引发临床显著的免疫反应"。但是，2011 年，《自然》杂志上的一项研究发现：即便是将 iPS 细胞重新注入供体自身体内，仍可能会遭受免疫系统排斥，导致治疗无效。这样相互矛盾的研究结果，使得科学界对于 iPS 细胞实验性治疗的前景产生了质疑。另外，由于 iPS 细胞还存在安全性问题，所以，到目前为止，iPS 细胞还无法真正应用于临床治疗。要想得到安全且有临床应用价值的治疗型 iPS 细胞，人们还必须在以下几方面取得突破：①阐明 iPS 细胞自我复制、增殖和分化等过程的调控机制及 iPS 细胞体外定向诱导分化的机制；②充分评价 iPS 细胞临床应用的安全性；③建立成熟的无过度遗传修饰的 iPS 细胞制备方法（如仅利用某些特定蛋白质或小分子化合物即可以将人的体细胞重编程为 iPS 细胞），必须避免使用整合性病毒以及具有致癌性的外源基因。

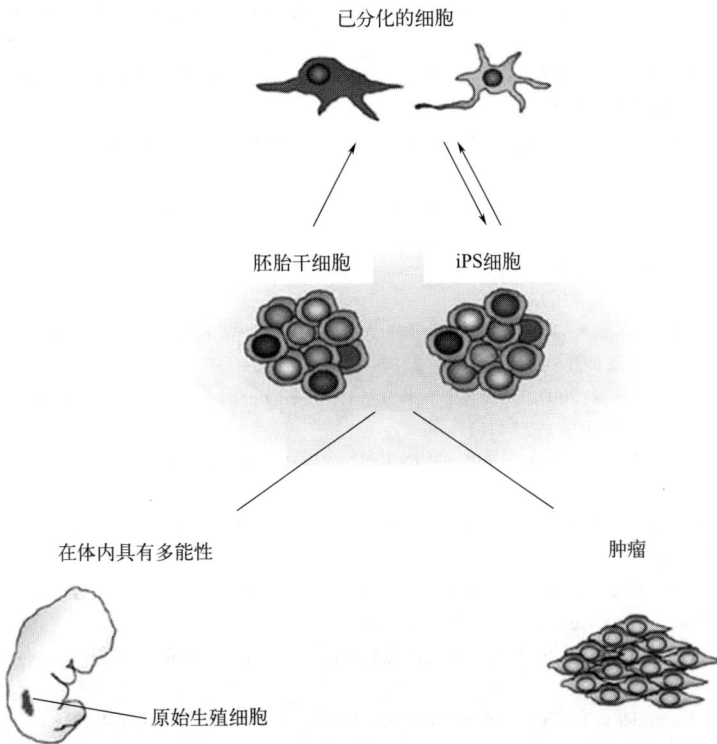

图 3-5　iPS 细胞研究的未来方向（Rodolfa，2008，略改）

所以，虽然 iPS 细胞具有很大优越性，但是，iPS 细胞仍将在一段时间甚至可能很长时间内都会面临许多棘手的困难。无论如何，我们仍然可以坚信，随着人们对于 iPS 细胞各方面研究的不断深入，随着所面临的各种困难的逐个被解决，iPS 细胞必将在临床移植中发挥无与伦比的重要作用。

参考文献

裴端卿，2014. 诱导多能干细胞研究新进展. 科学发展报告 (2014)，北京：科学出版社 .

Aoi T, Yae K, Nakagawa M, et al, 2008. Generation of pluripotent stem cells from adult mouse liver and stomach cells. Science, 321(5889): 699-702.

Ben-Porath I, Thomson M W, Carey V J, et al, 2008. An embryonic stem cell-like gene expression signature in poorly differentiated aggressive human tumors. Nat Genet, 40(5): 499-507.

Chehelgerdi M, Behdarvand Dehkordi F, Chehelgerdi M, et al, 2023. Exploring the promising potential of induced pluripotent stem cells in cancer research and therapy. Mol Cancer, 22(1): 189.

Cheng L, Hansen N F, Zhao L, et al, 2012. Low incidence of DNA sequence variation in human induced pluripotent stem cells generated by nonintegrating plasmid expression. Cell Stem Cell, 10(3): 337-344.

Dick E, Matsa E, Young L E, et al, 2011. Faster generation of hiPSCs by coupling high-titer lentivirus and column-based positive selection. Nature Protocols, 6(6): 701-714.

Dimos J T, Rodolfa K T, Niakan K K, et al, 2008. Induced pluripotent stem cells generated from patients with ALS can be differentiated into motor neurons. Science, 321(5893): 1218-1221.

Gianotti-Sommer A, Rozelle S S, Sullivan S, et al, 2008. Generation of human induced pluripotent stem cells from peripheral blood using the STEMCCA lentiviral vector. StemBook [Internet]. Cambridge (MA): Harvard Stem Cell Institute.

Grskovic M, Ramalho-Santos M, 2008. The pluripotent transcriptome [M/OL]. Cambridge (MA): Harvard Stem Cell Institute.

Hanna J, Markoulaki S, Schorderet P, et al, 2008. Direct reprogramming of terminally differentiated mature B lymphocytes to pluripotency. Cell, 133(2): 250-264.

Hou P, Li Y, Zhang X, et al, 2013. Pluripotent Stem Cells Induced from Mouse Somatic Cells by Small-Molecule Compounds. Science, 341(6146): 651-654.

Huangfu D, Maehr R, Guo W, et al, 2008. Induction of pluripotent stem cells by defined factors is greatly improved by small-molecule compounds. Nat Biotechnol, 26(7): 795-797.

Israel M A, Yuan S H, Bardy C, et al, 2012. Probing sporadic and familial Alzheimer's disease using induced pluripotentstem Cells. Nature, 482(7384): 216-220.

Ky Sha, Laurie A Boyer, 2008. The chromatin signature of pluripotent cells [M/OL]. Cambridge (MA): Harvard Stem Cell Institute.

Li Z, Rana T M, 2012. A kinase inhibitor screen identifies small-molecule enhancers of reprogramming and iPS cell generation. Nat Commun, 3: 1085-1096.

Mayshar Y, Ben-David U, Lavon N, et al, 2010. Identification and classification of chromosomal aberrations in human induced pluripotent stem cells. Cell Stem Cell, 7(4): 521-531.

Meissner A, Wernig M, Jaenisch R, 2007. Direct reprogramming of genetically unmodified fibroblasts into pluripotent stem cells. Nature Biotechnology, 25(10): 1177-1181.

Meshorer E, Plath K, 2010. The Cell Biology of Stem Cells. New York: Landes Bioscience and Springer Science+Business Media, LLC.

Müller F J, Brändl B, Loring J F, 2008. Assessment of human pluripotent stem cells with PluriTest [M/OL]. Cambridge (MA): Harvard Stem Cell Institute.

Nazor K L, Altun G, Lynch C, et al, 2012. Recurrent Variations in DNA Methylation in Human Pluripotent Stem Cells and their Differentiated Derivatives. CellStemCell, 10(5): 620-634.

Okita K, Matsumura Y, Sato Y, et al, 2011. A more efficient method to generate integration-free human iPScells. Nature methods, 8(5): 409-412.

Petit I, Kesner N S, Karry R, et al, 2012. Induced pluripotent stem cells from hair follicles as a cellular model for neurodevelopmental disorders. Stem Cell Research, 8(1): 134-140.

Rodolfa K T, 2008. Inducing pluripotency [M/OL]. Cambridge (MA): Harvard Stem Cell Institute.

Takahashi K, Tanabe K, Ohnuki M, et al, 2007. Induction of pluripotent stem cells from adult human fibroblasts by defined factors. Cell, 131(5): 861-872.

Takahashi K, Yamanaka S, 2006. Induction of pluripotent stem cells from mouse embryonic and adult fibroblast cultures by defined factors. Cell, 126(4): 663-676.

Turksen K, 2013. Stem Cells: Current Challenges and New Directions. New York: Springer Science+Business Media.

Valamehr B, Abujarour R, Robinson M, et al, 2012. A novel platform to enable the high-throughput derivation and characterization of feeder-free human iPSCs. Scientific reports, 2: 213.

Wang H, Li D, Zhai Z,et al, 2019. Characterization and Therapeutic Application of Mesenchymal Stem Cells with Neuromesodermal Origin from Human Pluripotent Stem Cells. Theranostics, 9(6): 1683-1697.

Wang Y C, Nakagawa M, Garitaonandia I, et al, 2011. Specific lectin biomarkers for isolation of human pluripotent stem cells identified through array-based glycomic analysis. Cell Research, 21(11): 1551-1563.

Wernig M, Meissner A, Cassady J P, et al, 2008. c-Myc is dispensable for direct reprogramming of mouse fibroblasts. Cell

Stem Cell, 2(1): 10-12.

Wernig M, Meissner A, Foreman R, et al, 2007. In vitro reprogramming of fibroblasts into a pluripotent ES-cell-like state. Nature, 448(7151): 318-324.

Wong D J, Liu H, Ridky T W, et al, 2008. Module map of stem cell genes guides creation of epithelial cancer stem cells. Cell Stem Cell, 2(4): 333-344.

Zhang W Y, de Almeida P E, Wu J C, 2008. Teratoma formation: A tool for monitoring pluripotency in stem cell research [M/OL]. Cambridge (MA): Harvard Stem Cell Institute.

思考题

1. iPS 细胞是一种诱导的多能干细胞,与胚胎干细胞极为相似,请列举二者的异同。
2. iPS 细胞的制备过程较复杂,请问如何确定 iPS 细胞制备成功?鉴定方法有哪些?
3. iPS 细胞有广泛的应用前景,请问其主要的应用可能性在哪些方面?请举例说明。

第四章
成体干细胞

第一节 成体干细胞的概念及研究历史

一、成体干细胞的概念

根据个体发育过程中出现的先后次序不同，干细胞可分为胚胎干细胞和成体干细胞。在成体（包括胎儿、婴幼儿、儿童和成人）各种组织中存在的多潜能干细胞统称"成体干细胞"。过去认为，成体干细胞主要包括上皮干细胞和造血干细胞。事实上，成体干细胞普遍存在，问题是如何寻找和分离各种组织特异性干细胞。在正常情况下，成体干细胞大多处于休眠状态，在一定的条件下，成体干细胞可以分化，产生各种特异的细胞类型。我们知道，成体许多组织和器官，比如表皮、胃肠黏膜和造血系统等，都具有修复和再生的能力。事实上，成体干细胞在其中起着关键的作用。在特定条件下，成体干细胞或者产生新的干细胞，或者按一定的程序分化，形成新的功能细胞，从而使组织和器官保持生长和衰老的动态平衡。成体干细胞经常位于特定的微环境中。微环境中的间质细胞能够产生一系列生长因子或配体，与成体干细胞相互作用，调节和控制成体干细胞的更新和分化。和其他干细胞一样，成体干细胞至少具有两个特点：第一，能够长期地进行自我复制，即具有自我更新能力；第二，能够多向分化产生不同种类的具有特定表型、形态和功能的成熟细胞。一般来说，干细胞在彻底分化前，能转化成某种中间细胞（intermediate cell），这种中间细胞通常被称作前体细胞（precursor cell）或祖细胞（progenitor cell），但一般认为祖细胞直接由干细胞衍生而来，是最初期的前体细胞。存在于成体组织里的前体细胞处于部分分化状态，并且可以转化为完全分化的细胞。通常认为，中间细胞会沿着特定的细胞发育途径进行分化。成体干细胞能够进行自我更新，并且能分化发育成其他种类的细胞，经过不对称分裂后，成体干细胞至少能产生一个具有相同自我更新能力的干细胞。以造血干细胞为例，一个造血干细胞分裂后生成一个第二代造血干细胞和一个造血细胞。前体细胞是非特异或部分特异的细胞，分裂后产生两个特异细胞。例如，一个骨髓前体细胞，分裂后可以产生两个特异细胞（中性粒细胞和红细胞）。成体干细胞数量稀少，其主要功能是用来维持机体功能的稳定即提供稳定的内环境，替代由于损伤或疾病导致的衰老和死亡的细胞。例如，在骨髓细胞中，造血干细胞的含量占比只有 1/15000 ~ 1/10000。Reynold 等证明，哺乳动物脑内的成体干细胞数量极少，仅占室下带区中相对静止细胞总数的 0.1% ~ 1%。成体干细胞没有确切的起源。到目前为止，还没有发现成体组织里任何成体干细胞的起源。有学者提出：成体干细胞的起源，可能是由于某种原因，在胚胎发育过程中，一些 ES 细胞没有分化，存留了下来，转化成成体干细胞。成体干细胞存在于组织的特定区域内，从而在数年内都维持静止休眠状态，也就是保持不分裂的状态，直到组织受到损伤或发生疾病时才被激活，才开始分裂。各种各样的含有干细胞的成体组织正在不断被发现，目前已经确定的含有成体干细胞的组织和器官包括：骨髓、外周血、脑、脐带血、牙髓、血管、骨骼肌、皮肤和消化系统的上皮组织、角膜、视网膜、肝脏和胰腺。

　　鉴别某种细胞是否是成体干细胞，必须满足以下标准。首先，这种细胞是否在生物体内具有永久性的自我更新能力。虽然这是成体干细胞的基本特性，但在体内却难以得到证明。因为，对于人类这样复杂的生命体而言，在个体的整个生命历程中，要想设计一项能够长期追踪和分析某些特定细胞命运的实验几乎是不可能的。其次，这种细胞是否具有形成克隆的能力。也就是说，单个成体干细胞必须能够生成遗传性状一致的细胞群体，并且能够产生与其所在的组织相同的完全分化细胞。同样，成体干细胞的这种特性也很难在体内得到检验，科学家们只能通过体外实验来检测成体干细胞的克隆形成或者干细胞补充成熟组织的能力。最后，这种细胞是否能产生完全分化的细胞。完全分化的细胞应该具有成熟的表型（phenotype）和特定的功能，而且能彻底地整合到组织中。这里所提到的细胞的表型是指能观察到的细胞所有的特性，例如：形态学；与其他细胞及非细胞环境（细胞外基质）的相互作用；细胞的表面标志；细胞的行为，如分泌、收缩、突触传递；等等。

二、成体干细胞的研究历史

　　虽然人们一般认为，成体干细胞的研究始于 20 世纪 60 年代人们对造血干细胞（hematopoietic stem cell，HSC）的研究。但事实上，早在 1957 年，Thomas 等就已开创性地利用 HSC 重建预先经化疗或放疗而彻底清除自身骨髓的患者的造血系统。HSC 是目前研究得最为清楚、应用最为成熟的成体干细胞，它们在移植治疗血液系统疾病如白血病及其他系统恶性肿瘤、自身免疫病和遗传性疾病等领域均取得了令人瞩目的进展，极大地促进了这些临床疾病的治疗，同时也为其他类型成体干细胞的研究和应用奠定了坚实的基础。成体干细胞的应用研究是再生医学的一个重要组成部分，是很多临床上令人感到棘手的疾病可供选择的治疗手段，同时该领域又是一个多学科交叉的领域，需要分子和细胞生物学家、胚胎学家、病理学家、临床医生、生物工程师和伦理学家等的共同参与。随着对成体干细胞可塑性研究的不断深入和临床应用研究的不断扩展，成体干细胞最终走向临床应用的希望正在变得越来越大。

第二节　　成体干细胞与胚胎干细胞的比较

　　成体干细胞与胚胎干细胞类似，都可在体外进行自我更新，并且在适宜的条件下，均可分化成为具有特殊形态和特定功能的子代细胞。此外，二者之间各有长短。成体干细胞和胚胎干细胞的区别首先在于两者的来源不同。胚胎干细胞多取自胚胎或流产胎儿，但是，对于胚胎，包括极早期的胚胎如桑葚胚甚至受精卵而言，它们究竟是不是生命？这个问题在伦理学上一直颇有争议，因此，关于胚胎干细胞的研究始终无法解决和回避这种困扰；而成体干细胞都是来自成体的各种组织，因此关于成体干细胞的研究就不用面对伦理学争议。但是，胚胎干细胞的起源非常清楚，大多来自囊胚的内细胞团或胎儿的生殖嵴原始生殖细胞，因此胚胎干细胞的分离、纯化都比较容易，而成体组织中干细胞的数量非常稀少，例如，在骨髓组织，每 10000～15000 个细胞中才有 1 个是造血干细胞，再加上对很多成体干细胞而言，人们尚未找到其特有的细胞表面标志，因此对于成体干细胞的分离和纯化，远较胚胎干细胞困难和复杂。

成体干细胞和胚胎干细胞的另一区别在于增殖能力不同。虽然胚胎干细胞和成体干细胞都可在体外增殖，但是，胚胎干细胞可无限增殖，而成体干细胞的增殖能力则较有限。成体干细胞和胚胎干细胞的第三个区别在于分化潜能不同。胚胎干细胞具有多能性，单个的胚胎干细胞经过体外增殖，可以分化形成体内 200 多种细胞；而对成体干细胞而言，长期以来，人们一直认为它们通常只能分化形成某一特定组织的细胞类型。尽管近年来科学家们发现，来自一种组织的成体干细胞也可分化形成其他类型的组织细胞，它们的分化潜能有所拓宽，但目前尚未有证据表明，成体干细胞可产生体内所有的细胞类型。所以，与胚胎干细胞相比，成体干细胞的分化潜能相对较窄。

胚胎干细胞研究之所以备受瞩目，从理论上讲，主要是因为，它们在体外可无限增殖，并且可分化为体内任何一种细胞类型，所以，人们设想，如果将胚胎干细胞移植到患者体内，将有可能产生新的健康的细胞或组织，从而替代原先已经受损的各种细胞或组织，恢复这些细胞、组织甚至病变器官的功能，该设想给无数患者带来了生命的希望。当然，将胚胎干细胞用于临床治疗还需解决许多问题。尤其是胚胎干细胞容易自动发生分化。人们发现，将胚胎干细胞植入免疫缺陷小鼠的皮下或肾内，可自发分化形成畸胎瘤，因此，处于何种分化阶段的胚胎干细胞才适于进行移植还有待于进一步的研究；与之相比，成体干细胞则具有很大优越性，它们的分化通常需要外界物质的刺激，一般不会自动发生。

胚胎干细胞虽然具有多能性和可以建系传代等优点，但实际上，由于每个个体的主要组织相容复合体（major histocompatibility complex，MHC）不同，同种异体胚胎干细胞及其分化成的组织细胞用于临床移植总会引起免疫排斥反应，因此，基于胚胎干细胞移植的治疗方案往往要求对患者进行长期免疫抑制剂治疗或将患者的造血系统和外来细胞形成嵌合体。并且，研究已发现，利用目前的克隆技术，通过获取患者体细胞核的细胞克隆培育出来的新组织细胞同样存在缺陷，所以，体细胞克隆技术还有待完善和成熟。并且，体细胞克隆所需的卵细胞难以获得。成体干细胞则比较简单，可以从患者自身获得，并且不存在组织相容性不吻合的问题，治疗时可避免长期应用免疫抑制剂对患者的伤害。此外，少量的骨髓切除治疗有助于形成部分造血嵌合，可使异体成体干细胞的移植治疗成为可能。

虽然胚胎干细胞能分化成各种细胞类型，但这种分化是"非定位性"的。目前尚不能精确控制胚胎干细胞在特定的部位分化成相应的细胞，而且当前的做法容易导致畸胎瘤。在应用胚胎干细胞移植治疗前，必须先进行初步的细胞诱导分化，以防止畸胎瘤的发生。另外，应用胚胎干细胞时，也必须确认胚胎干细胞供者没有遗传性疾病。相对而言，成体干细胞不存在上述问题，例如，骨髓移植从未引发畸胎瘤。

成体干细胞也具有类似胚胎干细胞的多向分化能力。已有报道：从肌肉、肝脏、骨髓中发现和分离了成体干细胞，并且对成体干细胞定向诱导，成功分化成为骨、软骨、神经细胞、心肌细胞和血管内皮细胞；最近又有研究发现，从胰腺等组织可分离出间充质表型的成体干细胞。有学者提出了成体干细胞研究的新假说，即在人体发育的过程中，成体干细胞是存留在多种组织中、具有多系分化能力的亚全能干细胞群体，这些细胞都具有相同或相似的细胞表型，在适宜的微环境下可分化成多种组织细胞。

当然，胚胎干细胞在其他方面还存在自身的优势，比如，①胚胎干细胞能永生化，可以传代建系，且增殖能力强，来源充沛；②虽然成体干细胞具有多系分化的能力，但这种分化的"效率"尚不理想。虽然通过体外扩增培养能提高分化效率，但是体外的分化是否会引起成体干细胞遗传特性发生变化还有待证实，而且这种体外的分化是否是成体干细胞多系分化的结果尚无法肯定。即使这种分化是成体干细胞多系分化的结果，我们也不清楚是何种信号诱导了整个分化过程的发生。而胚胎干细胞的研究已经有三十多年的历史。小鼠胚胎干细胞的研究已经证明了胚胎干细胞的多能性。体外诱导分化的相应的信号诱导机制的研究也取得了长足的进展。目前，对小鼠胚胎干细胞的研究为正在进行的人胚胎干细胞研究提供了很大的帮助。

第三节　成体干细胞的可塑性及机制

一、成体干细胞的可塑性

经典发育生物学认为，干细胞分化是稳定和定向的，而且一般不可逆，例如，造血干细胞只能分化为红细胞、白细胞、血小板、淋巴细胞等，一般不能分化为其他细胞类型。长期以来，造血系统发育分化一直被认为是有严格的层次等级：多能的具有自我更新能力的造血干细胞位于分化和发育最顶端，定向祖细胞居于中间位置，而各种终末分化的细胞位于最底层。目前，这个关于干细胞分化的经典模式正面临严峻挑战。1997年，Eglitis等利用亚致死剂量放射性核素照射小鼠，破坏其骨髓系统，随后将骨髓干细胞移植到该小鼠体内，结果发现，这些移植的骨髓干细胞可以分化为神经胶质，表明骨髓干细胞在小鼠体内并不是一成不变的，在一定的条件下，它们可以像胚胎干细胞一样，改变分化方向，生成其他类型细胞。

近年来的研究表明，成体干细胞的分化能力远超过传统观点局限的范围。例如，骨髓成体干细胞在合适的体内外环境中可长期生长，也可分化为成骨细胞、软骨细胞、脂肪细胞、平滑肌细胞、成纤维细胞、骨髓基质细胞及多种血管内皮细胞，还可形成一种肝脏前体细胞（肝卵圆细胞）以及神经胶质细胞和心肌细胞；高度纯化的造血干细胞可分化形成肝细胞、内皮细胞和心肌细胞；骨骼肌干细胞能分化出造血细胞；中枢神经系统干细胞可形成血液细胞、肌肉细胞和许多其他种类体细胞。上述研究结果表明，成体干细胞可以突破其"发育限制性"，进行跨系统甚至跨胚层分化为其他类型组织或细胞。由此可见，来源于各种组织的成体干细胞并未定型，它们的分化潜能远大于人们早期的认识，在某些特定的条件下，它们完全有可能分化为其他类型的细胞。成体干细胞所具有的这种多向分化潜能，尤其是其所具有的跨系统甚至跨胚层分化的潜在能力称为成体干细胞的"可塑性（plasticity）"。成体干细胞可塑性的发现，如同人胚胎干细胞的成功建系一样，成为干细胞研究历程中的又一里程碑。尽管多数有关成体干细胞可塑性的研究都是采用骨髓干细胞或神经干细胞进行的，但是，令人振奋的是，人们发现，源于皮肤、脂肪等组织的干细胞也可分化成别种细胞，如果它们具有与胚胎干细胞类似的广阔的分化潜能，那么人们就可以利用外周的皮肤或脂肪来源的干细胞来生产所需的各种细胞，同时又能有效避免伦理学争议。但需要注意的是，尽管成体干细胞可塑性的发现给干细胞生物学的研究注入了新的活力，吸引了更多的人力、物力和财力，有关成体干细胞可塑性的研究报道也日益增多，但这样的研究才刚刚起步，其中很多细节都有待于进一步的研究。首先，目前有关成体干细胞可塑性的报道多来自小鼠实验，在这类研究中，研究人员往往事先制备某一疾病的小鼠模型，再将某种成体干细胞移植到该模型小鼠体内，然后观察成体干细胞在病变部位的分化情况。但是，成体干细胞是如何到达病变部位的，又是何种信号刺激它们发生了质的变化，目前尚未可知。其次，当前有关成体干细胞可塑性的研究多数采用未经纯化的混合干细胞群进行，单个的成体干细胞或基因型相同的成体干细胞群体是否也具有分化为别种细胞的能力，迄今尚未见报道。由于有的成体组织中含有一种以上的成体干细胞，例如骨髓中至少含有造血干细胞及间充质干细胞两种类型的干细胞，这样就无法判断究竟是何种成体干细胞改变了自己的分化方向，或者它们都改变了自己的分化方向，还是组织中原本就存在沿这一方向分化的干细胞。最后，目前人们大多根据细胞形态和细胞特异性表面标志来判断成体干细胞是否分化成别种细胞，但是还没有充分的证据表明这些分化产生的别种细胞是否具有相应的特定功能。

当然，需要强调的是，关于成体干细胞是否真正具有可塑性，目前学术界尚有争议（详见造血干细胞章）。

二、成体干细胞可塑性的机制

成体干细胞可塑性的机制和成体干细胞的数量、组织的特点以及损伤方式都有很大关系。基于对骨髓来源干细胞可塑性机制的研究，在这里，我们介绍几种关于成体干细胞可塑性的可能的机制。

1. 横向分化机制

横向分化（transdifferentiation）是成体干细胞跨系统分化的一种机制。1998 年，Ferrari 等报道，骨髓和外周血干细胞可以向非造血组织分化；1999 年，Bjornson 等报道，神经干细胞可以向血细胞分化。这些报道一度被认为是证明横向分化是造血干细胞和神经干细胞可塑性机制的有力依据，他们认为，这些成体干细胞通过激活静止的分化程序，细胞的组织特异性发生改变，从而直接导致了这种跨系统转变。

2. 脱分化 / 去分化机制

从理论上讲，跨系统转变也可以由如下途径引起：组织特异的成体干细胞首先需通过脱分化 / 去分化（dedifferentiation）产生一种更原始更多能的细胞，然后，经过新的途径再分化（redifferentiation）为其他细胞。大量的研究表明：有尾目的两栖动物被截断肢体、尾巴、除去眼睛或颌后，在其再生过程中，损伤边缘的成熟细胞通过脱分化 / 去分化形成一个祖细胞群——胚基（blastema），然后激活再生程序，按照生物发育的过程开始重新形成缺失的肢体。值得注意的是：在两栖类动物受损组织的再生过程中，尽管不能完全排除已经存在的多能成体干细胞的作用，但是，在这些系统中，胚基细胞似乎并没有全部转变为成体干细胞，而是保留了其原有的组织特点，例如：把虹膜上皮细胞移植到两栖类动物的截肢附近，它依然能形成晶状体；而把截肢附近的胚基细胞移植到眼部后，它同样能产生肢体样结构。哺乳动物成体干细胞的脱分化 / 去分化理论还没有得到普遍的认同。到目前为止，还没有直接的证据证明，横向分化理论或者去分化理论能够充分解释成体干细胞的可塑性。目前，导致脊椎动物再生能力差异的分子生物学基础成为人们关注的重点，该领域的研究可能为脱分化 / 去分化理论提供新的线索。

3. 异质细胞群体机制

第三种关于成体干细胞可塑性机制的解释与细胞的纯度 / 同质性（homogeneity）有关。为了能够证明某种成体干细胞的可塑性，我们必须排除多种干细胞同时并存所导致的所谓多向分化的可能性。事实上，目前的一些关于成体干细胞可塑性的实验研究缺乏严格的科学依据。这些研究者们往往将大量的异质群体（heterogeneous populations）一起移植到宿主体内，最终观察到多向分化的现象，但是，这些异质群体中往往混杂有未分离的骨髓或者肌肉干细胞，所以，这些移植的细胞中很有可能含有多种成体干细胞，如造血干细胞、非造血间质干细胞、皮肤干细胞和肌肉干细胞等，因此，所谓的某种成体干细胞的可塑性，实际上很可能是多种成体干细胞各自进行单向分化的综合结果。

4. 多能干细胞机制

骨髓或其他组织中单一的稀少的多能干细胞（pluripotent stem cell）也可能导致多系分化。例如，2000 年，Clarke 等报道，神经干细胞可能具有多向发育能力：来源于表达单一半乳糖苷酶的鼠的室管膜细胞，体外培养成神经球细胞后，注射到受体小鼠的胚囊中，产生了嵌合体小鼠。虽然发生这种现象的频率不高，但也表明，该供体细胞能产生多胚层来源的组织，包括：神经组织、上皮组织和间质组织。在该研究中，中枢神经系统细胞的培养基中加入了碱性成纤维细胞生长因子（basic fibroblast growth factor，bFGF）和表皮生长因子（epidermal growth factor，EGF）。这两种因子不仅能影响人胚胎干细胞的增殖和分化，还能促进啮齿动物神经干细胞产生包含多种神经元的神经球。因此，报道的神经干细胞的多向发育的能力到底是神经干细胞自身的特性，还是通过培养基诱导产生的，目前还不能确定。

5. 细胞融合机制

另外一种用来解释成体干细胞可塑性机制的理论是细胞融合（cell fusion）理论。2002 年，Ying 等的研究结果表明，胚胎干细胞在体外与神经干细胞（NSC）或造血干细胞共同培养时，能自发地发生神经干细胞或造血干细胞与胚胎干细胞之间的融合，诱导神经干细胞或造血干细胞"横向分化"为胚胎样干细胞，然后展现出胚胎干细胞的表型特征与相应功能。同年，Terada 等也通过充分的证据证明，骨髓干细胞的多向分化是骨髓干细胞与胚胎干细胞发生融合所致，而不是骨髓干细胞直接横向分化的结果。这两个研究结果都表明，是发生的细胞融合，导致成体干细胞具有了"可塑性"潜能。事实上，在胚胎发育时，精子和卵子间的融合是脊椎动物发育过程的开始，同时，细胞融合现象也存在于成体动物中，比如：成肌细胞融合形成多核的骨骼肌纤维；单核 / 巨噬细胞融合形成破骨细胞。近年来，细胞融合理论被用于解释移植的骨髓细胞向肝细胞、心肌细胞和蒲肯野（Purkinje）细胞的转化。在成体动物实验中，通过基因标记的方法，已经证实：移植的骨髓细胞能够使 I 型遗传性酪氨酸血症鼠的肝功能恢复是通过移植的骨髓细胞与受体鼠的肝细胞融合来实现的。据报道，在受体鼠的脑部移植骨髓细胞后，同样存在细胞融合的现象：在供体骨髓来源的小脑 Purkinje 神经元中同时发现受体和供体的细胞核。但细胞融合理论似乎不能解释所有的成体干细胞跨系统转变，例如：移植的骨髓细胞能形成分泌胰岛素的胰岛细胞，尽管存在争议，但还是没有观察到细胞融合。所以，成体干细胞可塑性的机制可能根据组织类型和诱导损伤方法的不同而发生变化。但是，据观察，细胞融合发生的频率很低（在非选择性模型中只有不到 1% 的心肌细胞和 10.1% 的肝细胞或 Purkinje 细胞发生融合），这就意味着，细胞融合不会在组织再生过程中起关键作用。同样地，如果细胞融合机制介导的组织再生是组织修复的关键生理机制，那么不同种类细胞的融合的缺失将会加速组织的老化，或者说，不同种类细胞的融合的增加会加速组织的更新、修复和再生，但迄今为止，还没有任何证据说明不同种类的细胞的融合是维持机体组织稳定所必需的，相反，细胞融合可能代表了一种发生在炎症反应中受损组织补充炎症细胞的病理过程。

6. 残存的胚胎样原始干细胞学说

该学说认为，成体干细胞的横向分化由成体组织中残存的胚胎样原始干细胞所致。2002 年，Jiang 等的研究证实，在成体组织中余存着一种数量稀少的胚胎样原始干细胞，它们也表达胚胎干细胞的特定表面标志如 Oct3/4、Rex-1 及 SSEA-1，体外培养所需的条件也类似于胚胎干细胞，所以，他们认为，所谓的成体干细胞的"可塑性"很可能是这些余存的胚胎样原始干细胞所为。

7. 转分化学说

该学说认为，成体干细胞的可塑性，与转录因子和细胞外信号转导有关，即成体干细胞的分化方向受其所处微环境的调控。全能或多能干细胞分化成哪种具有独特功能的组织细胞，主要取决于何时、何地、在何种环境下选择性激活哪些基因。对细胞分化来说，最重要的是多个基因表达过程在数量、时间和空间上的精确联系和密切配合，并受基因调控网络系统的调节。已经进入某一稳定分化方向的细胞，在环境发生改变时，有可能改变其分化方向，进入新的分化途径，这就是所谓的转分化。转分化是成体干细胞发育过程中对环境改变的一种适应性变化。

8. 亚全能干细胞学说

亚全能干细胞（subtotipotent stem cell）学说最早由中国医学科学院基础医学研究所赵春华教授提出，其核心内容是：在人体多种组织中存在亚全能干细胞群体，这部分细胞是人体胚胎发育过程中，存留在各组织中参与组织修复的干细胞群体。亚全能干细胞作为胚胎干细胞的后代在组织中与其他处于各个成熟阶段的干细胞或祖细胞共存。它们在胚胎发育成熟后逐渐丧失部分分化潜能，然后储存在某些组织器官中，在机体需要时，进入细胞增殖周期，以维持人体发育和新陈代谢的平衡。不同组织中亚全能干细胞所处的微环境各不相同，所以一般向着不同的组织分化，但在合适的环境下，它们具有多系统分化潜能。目前，人们已经从人类胎儿胰腺、骨髓、肺、皮肤和骨骼肌等多种组织中成功分离出胚胎后亚全能干细胞，充分验证了关于亚全能干细胞存在于多种组织中的假设。

当然，关于成体干细胞可塑性及其机制，还有另外的几种观点，例如多组织干细胞循环学说、重编程学说等，甚至还有否定的声音，其中最为典型的是，2002 年，在《科学》和《自然》杂志上连续刊发了几篇文章指出，成体干细胞可塑性可能是实验者实验设计不严谨，导致判断错误所致。所以，关于成体干细胞的可塑性及机制，还有待进一步研究。

三、影响成体干细胞可塑性的因素

成体干细胞具有可塑性的现象已为人们所熟知，但其决定和影响因素却一直没有定论。通过对细胞因子、细胞间的相互作用、细胞外基质以及细胞特性等方面的研究，大部分学者认为，成体干细胞可塑性是基因表达和微环境共同作用的结果。但其具体机制还有待进一步的研究。目前，关于成体干细胞可塑性的基因表达学说主要内容是：微环境中各种细胞因子、细胞与细胞间、细胞与基质间的相互作用以及成体干细胞本身的特性决定了成体干细胞某些基因的开启和关闭，从而分化成不同类型的细胞。而微环境学说近年来也受到广泛的关注。例如，有学者认为，造血系统微环境（microenvironment）是造血干细胞分化的重要因素。也有观点认为，干细胞可塑性现象可能是机体损伤修复的生理特性，成体干细胞不仅归巢到相应的组织中，也可进入血液循环中，一旦机体受到损伤或发生需要时，这些损伤或需要将会创造适当的微环境，此时，成体干细胞就能改变其固有的增殖方式而分化成其他种类的组织细胞。成体干细胞的横向分化、跨系统分化和逆分化等现象的发现，使人们意识到，微环境是成体干细胞分化、增殖的决定因素之一，同时也提示我们，可以通过模拟体内微环境，在体外实现成体干细胞的定向诱导分化；即使不能模拟体内的微环境，用适当的干细胞，让它归巢（homing）到靶组织，在靶组织内特定微环境的作用下，同样可以使干细胞分化成所需的组织细胞。

第四节　成体干细胞的应用

　　成体干细胞因其独特的特性受到科学界和商业界的广泛关注，并且被应用于多种疾病的治疗和研究。采用干细胞进行临床治疗的最显著特点就是：利用干细胞技术，可以再造多种正常的甚至更年轻的组织、器官或细胞。如果这种再造组织器官的新医疗技术发展成熟，将使得任何人都能够用上自己（或他人）的干细胞和干细胞衍生的新组织或器官，来代替自身病变或衰老的组织或器官，并且，该技术还可以广泛应用于用传统医学方法难以医治的多种顽症，如癌症、心肌坏死性疾病、自身免疫病、肝脏疾病、肾脏疾病、帕金森病、阿尔茨海默病、脊髓损伤、皮肤烧伤等疾病的修复与治疗。如果该技术和基因治疗相结合，还可以治疗众多遗传性疾病。所以，采用干细胞治疗疾病已不再只是设想。虽然关于成体干细胞的研究时间还很短，但是，采用成体干细胞治疗疾病已开始进入临床试验。当然，目前成体干细胞的临床应用还存在很多限制，但我们完全有理由相信，未来的成体干细胞技术必将给人类医学带来一场新的革命。

一、心肌疾病

　　很多心脏疾病都可以通过各种治疗手段得到有效的治疗，但过多功能性心肌细胞的损伤导致的心功能不全，仍然是影响这类疾病预后的最主要问题。同种异体心脏移植手术费用非常昂贵，而且供体心脏来源很少，移植后的心脏也非常脆弱，所以，心脏移植不可能作为晚期心力衰竭的常规治疗方法。成体干细胞移植技术就是通过在受损伤的心脏中移植成体干细胞来产生新的有功能的心肌细胞来修复受损伤的心肌，从而治疗心力衰竭。应用干细胞移植治疗心力衰竭通常被简单地认为就是产生新的功能性心肌细胞，但实际情况要复杂很多。心力衰竭通常都是由特定的病因产生的，这些病因必须被消除，否则，任何试图重建心肌的努力都最终失败。更重要的是，与骨髓移植不同，心脏的基本功能不仅仅是由单独的心肌细胞完成，而是由多种心肌细胞互相配合共同完成的。所以，干细胞移植治疗心肌疾病必须要能妥善解决以下几方面的问题：首先，新产生的心肌细胞必须通过正确的方向整合，从而有效避免心肌纤维排列的紊乱（因为心肌纤维的紊乱排列本身就是一种病态）；其次，重建的心肌细胞必须能通过毛细血管网获得营养；最后，重建的心肌细胞必须能够被蒲肯野纤维系统激活并产生快速有规律的电激活，以防止兴奋折返和独立的自发起搏点活动的发生；此外，重建的心肌细胞必须具有交感神经兴奋性，等等。总之，通过干细胞治疗心脏疾病面临的挑战远远大于骨髓移植和输血治疗，距离真正的临床应用还有很长的路要走。所以，完全有必要在这方面开展更全面、更系统的研究。

二、神经系统退行性疾病

　　成体干细胞及其子代细胞的移植或脑组织内成体干细胞的动员被认为是将来治疗神经系统退行性疾病的有效方法。由于人脑结构和功能非常复杂，通过干细胞移植来替代受损的神经细胞从而恢复受损伤的神经功能听起来似乎遥不可及，然而，动物实验研究已证实，通过新生神经元来替代并修复受损的神经通路是完全可行的，临床试验研究也证实，在人脑中进行细胞替代治疗同样能使症状缓解。目前，成体干细胞移植治疗帕金森病、卒中、肌萎缩性侧索硬化症、亨廷顿舞蹈症，甚至精神分裂症等方面的研究方兴未艾。其中，帕金森病方面的研究可能最充分，效果也最为肯定。当然，成体干细胞治疗神经系统退行性疾病的研究仍处在起始阶段，必须谨慎前行，避免对患者开展无科学依据的临床试验。同时，需要认真研究控制干细胞增殖的关键分子，以防范神经干细胞的过度生长，当然，我们还需要掌握，如何才能更好地实现移植细胞与原本已经存在的神经突触网络的功能整合。另外，为了进一步开展成体干细胞移植研究，使之最终成功地走上临床，我们还需尽快建立能够更好地模拟人类各种神经系统退行性疾病的动物模型。

三、骨骼疾病

　　临床实践中经常会遇到大范围的骨骼缺损，如在创伤、炎症和肿瘤外科手术治疗以后。重建大范围的骨骼缺损仍是临床治疗面临的一个难题，当前尚没有有效的治疗手段。基于骨髓干细胞及其他来源干细胞都可以分化得到成骨细胞，人们试图通过将干细胞与支架材料结合后移植于受损部位，用于修复骨骼缺损。这样的实验研究已经在小动物体内实现，随后在大动物体内亦已获得成功，证明了成体干细胞应用于修复骨骼缺损的可行性，随后的临床试验研究也已证明，该方法是治疗骨骼疾病的一种有效方法。

四、肝脏疾病

　　利用成体干细胞治疗肝脏疾病的一个可能途径就是通过激活肝脏中原本存在的肝干细胞来促使肝再生。早在 60 多年前，就有研究者认为，在成体肝脏中存在着肝干细胞，对此，直到现在仍然有争议，主要原因是尚没有肝干细胞的特异性基因得到确认，并且，在部分严重肝损伤后的肝再生过程中并不需要激活肝干细胞，成熟的原本处于静止期的肝细胞通过细胞分裂同样能部分发挥肝再生的作用。成体干细胞治疗肝脏疾病的另一个可能途径是利用造血干细胞的跨系统、跨胚层分化能力诱导得到肝细胞。在啮齿动物肝损伤模型中，将造血干细胞植入动物肝脏后能够成功分化为有功能的肝细胞，并参与肝组织修复。虽然在动物体内的研究结果令人振奋，但是，对人类的临床应用而言，还需要更多、更确凿的证据。

　　采用干细胞移植技术治疗临床疾病的研究还将经历以下两个阶段。早期探索阶段：就是把一种组织成体干细胞直接移植进入受损伤的相应组织以治疗疾病；或者是如果掌握了干细胞向某种特定组织细胞诱导分化的特定条件，就可以在体外对干细胞进行诱导使之"定向"分化成所需要的细胞再行移植。对于某些遗传性疾病，还可以通过对干细胞进行基因修饰再移植给患者以达到治疗目的。器官克隆阶段：即在体外通过细胞克隆技术首先人工形成一个具有正常结构和生理功能的人体器官，然后再进行移植。关于这一点，目前还只是一个远期目标。现在，以干细胞工程、基因工程及组织工程相互交叉为特征的干细胞生物工程已悄然兴起。我们相信，随着 21 世纪科学技术的飞速发展，许多高新技术和方法将应用于生物医学领域，干细胞生物工程将取得突破性进展。采用干细胞治疗遗传缺陷性或退行性疾病及组织器官损伤的修复，必将引起一场医学革命。人类克隆自身器官，实现人体器官工厂化生产的梦想也终将实现。

参考文献

Bhartiya D, 2013. Are Mesenchymal Cells Indeed Pluripotent Stem Cells or Just Stromal Cells? OCT-4 and VSELs biology has led to better understanding. Stem Cells Int, 2013: 547501.

Carlson M E, Conboy I M, 2007. Loss of stem cell regenerative capacity within aged niches. AgingCell, 6(3): 371-382.

Castro-Muñozledo F, 2013. Review: corneal epithelial stem cells, their niche and wound healing. Mol Vis, 19(19): 1600-1613.

Cervelló I, Mas A, Gil-Sanchis C, et al, 2013. Somatic stemcells in the human endometrium. Semin Reprod Med, 31(1): 69-76.

de Morree A, Rando T A, 2023. Regulation of adult stem cell quiescence and its functions in the maintenance of tissue integrity. Nat Rev Mol Cell Biol, 24(5): 334-354.

Eglitis M A, Mezey E, 1997. Hematopoietic cells differentiate into both microglia and macroglia in the brains of adult mice. Proc Natl Acad Sci U S A, 94(8): 4080-4085.

Fuchs E, Chen T, 2013. A matter of life and death: self-renewal in stemcells. EMBO Rep, 14(1): 39-48.

Goodell M A, Jackson K A, Majka S M, et al, 2001. Stem cell plasticityin muscle and bone marrow. Ann N Y Acad Sci, 938(1): 208-218.

Griffin M D, Elliman S J, Cahill E, et al, 2013. Concise review: adult mesenchymal stromal cell therapy for inflammatory diseases: how well are we joining the dots? Stem Cells, 31(10): 2033-2041.

Jones K B, Klein O D, 2013. Oral epithelial stem cells in tissue maintenance and disease: the first steps in a long journey. Int J Oral Sci, 5(3): 121-129.

Kanatsu-Shinohara M, Shinohara T, 2013. Spermatogonial stem cell self-renewal and development. Annu Rev Cell Dev Biol, 29(1): 163-187.

Lowry W E, Richter L, 2007. Signaling in adult stem cells. Front Biosci, 12(8-12): 3911-3927.

Matsa E, Sallam K, Wu J C, 2014. Cardiac stem cell biology: glimpse of the past, present, and future. Circ Res, 114(1): 21-27.

Nair S, Strohecker A M, Persaud A K, et al, 2019. Adult stem cell deficits drive Slc29a3 disorders in mice. Nat Commun, 10(1): 2943.

O'Brien L E, Bilder D, 2013. Beyond the niche: tissue-level coordination of stem cell dynamics. Annu Rev Cell Dev Biol, 29: 107-136.

Pringle S, Van Os R, Coppes R P, 2013. Concise review: Adult salivary gland stem cells and a potential therapy for xerostomia. Stem Cells, 31(4): 613-619.

Ramsden C M, Powner M B, Carr A J, et al, 2013. Stemcells in retinal regeneration: past, present and future. Development, 140(12): 2576-2585.

Rao J N, Wang J Y, 2010. Regulation of Gastrointestinal Mucosal Growth. San Rafael (CA): Morgan & Claypool Life Sciences.

Sequerra E B, Costa M R, Menezes J R, et al, 2013. Adult neural stem cells: plastic or restricted neuronal fates? Development, 140(16): 3303-3309.

Sommer P, 2013. Can stem cells really regenerate the human heart? Use your noggin, dickkopf! Lessons from developmental biology. Cardiovasc J Afr, 24(5): 189-193.

Su J B, Pei D Q, Qin B M, 2013. Roles of small molecules in somatic cell reprogramming. Acta Pharmacol Sin, 34(6): 719-724.

Tarayrah L, Chen X, 2013. Epigenetic regulation in adult stem cells and cancers. Cell Biosci, 3(1): 41.

van den Berge S A, van Strien M E, Hol E M, 2013. Resident adult neural stem cells in Parkinson's disease—the brain's own repair system? Eur J Pharmacol, 719(1-3): 117-127.

思考题

1. 请简述成体干细胞的概念及其特点。
2. 与胚胎干细胞相比，成体干细胞有何应用优势？
3. 请简述成体干细胞的可塑性及其影响因素。

第五章
间充质干细胞

间充质干细胞（mesenchymal stem cell，MSC）是干细胞家族中的重要成员，它们来源于发育早期的中胚层。MSC 最初在骨髓中被发现，因其具有多向分化潜能、造血支持和促进干细胞植入、免疫调控和自我更新等特点而日益受到人们的关注。现已发现，MSC 在体内或体外特定的诱导条件下，可分化为脂肪、骨、软骨、肌肉、肌腱、韧带、神经、肝、心肌、内皮等多种组织细胞，连续传代培养和冷冻保存后仍具有多向分化潜能，可作为理想的种子细胞用于衰老和病变引起的组织器官损伤修复。

第一节　不同组织来源的间充质干细胞

作为重要的一类成体干细胞，间充质干细胞在成体内的分布也很广泛。现已知，骨髓、肌肉和脂肪等组织都是间充质干细胞的重要组织来源。

一、骨髓来源的间充质干细胞

骨髓中含有干细胞的观念已经为大多数学者所接受。骨髓 MSC 是一种混合的细胞群体，它们可以形成骨、软骨、纤维结缔组织和支持血液细胞形成的网状系统。自 1968 年 Friedenstein 等首先证实骨髓 MSC 在骨髓组织中的存在以来，MSC 的多向分化潜能正越来越受到研究者的关注。骨髓 MSC 具有取材方便、扩增迅速、可自体移植等诸多优点，而且随着骨髓 MSC 在创伤愈合中的作用被越来越多的研究结果所证实，骨髓 MSC 已经成为重要的组织工程种子细胞。对于骨髓 MSC 而言，目前还没有高度特异的表面标志。目前的研究表明，骨髓 MSC 的表面表达多种特异性抗原，以及多种细胞因子和生长因子的受体。如 SH-2、CD29、CD44、CD71、CD90、CD106、CD120a、Stro-1 等，其中的 CD71 被认为是成熟 MSC 的特定标志，而作为造血细胞典型的表面抗原 CD45、CD34 和 CD14，在骨髓 MSC 的表面则不表达。现已证实，骨髓 MSC 能够向多种组织细胞分化，包括骨骼肌细胞、肝细胞、心血管组织、神经元及神经胶质细胞、上皮细胞等。

研究显示，骨髓 MSC 是一种比较原始的骨髓基质细胞，在骨髓中的含量很低，仅占骨髓中单个核细胞的 $10^{-6} \sim 10^{-5}$，它们除了具有 MSC 的特性即能够自我更新和具有多向分化的潜能外，在适宜的培养条件下，它们可被诱导分化成各种组织细胞，包括骨、软骨、肌肉、脂肪等。此外，骨髓 MSC 还具有基质细胞的特性，能够分泌各种细胞因子，支持造血。骨髓 MSC 由于其获取途径的便利和对组织损伤微小等特点已成为 MSC 研究的最主要的细胞来源。

二、其他组织来源的间充质干细胞

1. 肌肉来源的间充质干细胞

有学者采用酶消化骨骼肌，发现获得的原代细胞为星形细胞和多核肌管的混合物，将获得的原代细胞在含有马血清的培养基中进行培养，这些细胞未表现出任何分化迹象，但将细胞转至含有地塞米松的培养基中培养时，这些细胞则显示出分化的特性。经组织化学和形态学的分析，这些分化细胞显示出多种细胞的表型，包括骨骼肌、平滑肌、骨、软骨以及脂肪细胞等。尽管对这些细胞的培养不是在常规的用来培养和扩增 MSC 的培养体系中进行的，但该项研究仍然提示了骨骼肌中存在有定向分化潜能的 MSC。

2. 脂肪来源的间充质干细胞

脂肪组织的基质细胞包括不同成熟阶段的脂肪前体细胞，其中分化程度最差的基质血管细胞被证实为脂肪源的 MSC。研究显示，在寒冷的条件下或是机体摄入的能量过剩时，体内的基质血管细胞则发育为成熟的脂肪细胞。体外实验表明，基质血管细胞与骨髓源的 MSC 一样，在地塞米松、胰岛素样生长因子和胰岛素的作用下可分化为脂肪细胞，此外，在适当的条件下，基质血管细胞也可被诱导分化为软骨细胞和骨细胞。

3. 脐带来源的间充质干细胞

Romanov 等于 2003 年应用常规的分离脐静脉内皮细胞的方法从脐静脉内皮下层成功地分离出大量的 MSC，再在培养骨髓 MSC 的培养条件下对其培养后进行鉴定，从表型和多向分化潜能等诸多方面都证实其为间充质干细胞。

4. 胎盘来源的间充质干细胞

成人及胎儿的多种组织器官中都检测到了 MSC 的存在。科学家们已成功地从人胎盘中也找到了在细胞的表面抗原标志、细胞的基因表达以及形态学等方面与间充质干细胞相似的细胞，而且这些细胞也具有多向分化的潜能，在适当的条件下可以被诱导分化为骨细胞、脂肪细胞等。

此外，研究者也从骨、软骨、韧带和血管等组织中分离培养出 MSC。研究显示，MSC 的生长具有种属特异性。此外，取材的条件，培养的方法，接种的密度，是否与邻近的细胞直接接触，以及直接接触的细胞种类等多种因素都影响着它们的生长情况。

第二节　间充质干细胞的分离及表面标志

作为来源于中胚层的一类多能干细胞，间充质干细胞（MSC）主要存在于结缔组织和器官间质中，以骨髓组织中含量最为丰富，由于骨髓是其主要来源，因此统称为骨髓间充质干细胞。尽管骨髓中间充质干细胞含量相对较多，但仅占 0.001% ～ 0.01%，难以满足细胞治疗的需要，故需要在体外分离纯化，培养扩增才能满足要求。

MSC 的分离技术已经很成熟。人们主要利用 MSC 具有很强的贴壁能力的特性，将从各组织中分离出的单个核细胞悬浮于含有胎牛血清的适宜培养基内进行培养，1 ～ 2 天后，去除非贴壁的细胞，同时，保留已经贴壁的细胞并继续培养 2 ～ 3 周即可获得 MSC。最初产生的贴壁细胞为异质性的，包括成纤维样细胞和小的圆形细胞，但经过几次传代之后，它们都成为了纺锤状的细胞。这些汇合的细胞经胰蛋白酶消化并多次传代后仍具有多向分化的潜能。此外，也有学者应用 CD105 磁珠对 MSC 进行分选，随着对 MSC 研究资金投入的不断加大，该项技术很可能很快就会被广泛应用。

MSC 不表达内皮细胞特征性的标志 CD31，造血细胞的表面标志 CD34、CD45、CD14 等的表达也为阴性。不同来源的 MSC 的表型尚有争议。1991 年 Simmoms 首次报道了鉴别骨髓 MSC 的抗体即 Stro-1。目前，SH2（CD105，endoglin）、SH3（CD166，ALCAM）和 SH4（CD73）是比较公认的间充质干细胞的表型，至于间充质干细胞是否表达 CD123、CD120、HLA-ABC、CD127 等标志，目前科学界尚未达成共识。此外，还有研究表明，MSC 表达许多黏附分子和一些细胞因子的受体，从而为其黏附特性和与其他细胞间的相互作用及其可塑性的研究提供了理论依据（表 5-1）。

表 5-1 间充质干细胞的免疫表型特征（赵春华，2006）

名称	CD 位点	检测结果
黏附分子		
活化白细胞黏附分子	CD166	Pos
细胞间黏附分子-1	CD54	Pos
细胞间黏附分子-2	CD102	Pos
细胞间黏附分子-3	CD50	Pos
血小板内皮细胞黏附分子-1	CD31	Pos
血管内皮细胞黏附分子 1	CD106	Pos
细胞黏附分子	CD44	Pos
选择素		
E-选择素	CD62E	Neg
L-选择素	CD62L	Pos
P-选择素	CD62P	Neg
LFA-3	CD58	Pos
选择素		
钙黏素 5	CD144	Neg
神经细胞黏附分子	CD56	Neg
整合素		
VLA-α1	CD49a	Pos
VLA-α2	CD49b	Pos
VLA-α3	CD49c	Pos
VLA-α4	CD49d	Neg
VLA-α5	CD49e	Pos
VLA-α6	CD49f	Pos
VLA-β 链	CD29	Pos
β₄ 整合素	CD104	Pos
淋巴细胞功能相关抗原-1α 链	CD11a	Neg
淋巴细胞功能相关抗原-1β 链	CD18	Neg
玻连蛋白受体 α 链	CD51	Neg

续表

名称	CD 位点	检测结果
玻连蛋白受体 β 链	CD61	Pos
补体受体 4α 链	CD11c	Neg
Mac 1	CD11b	Neg
其他标记		
T6	CD1a	Neg
CD3 复合体	CD3	Neg
T4，T8	CD4，CD8	Neg
四分子交联体	CD9	Pos
脂多糖受体	CD14	Neg
Lewis X	CD15	Neg
—	CD34	Neg
白细胞共同抗原	CD45	Neg
5′ 端核苷酸酶	CD73	Pos
B7-1	CD80	Neg
HB-15	CD83	Neg
B7-2	CD86	Neg
Thy-1	CD90	Pos
内皮糖蛋白	CD105	Pos
IL-2 受体 α 链	CD25	Neg
—	HLA-DR	Neg

第三节　间充质干细胞的生物学特性

典型的人间充质干细胞为成纤维细胞样，呈漩涡状贴壁生长，体外扩增至 12 代，细胞形态不发生明显改变，高表达间质细胞标志 CD73（SH3，4）、CD105（SH2）、CD166，不表达造血细胞标志 CD34、CD45。间充质干细胞在体外特定的诱导条件下，可分化为脂肪、软骨、骨、肌肉、肌腱、神经、肝、心肌、胰岛 β 细胞和内皮等多种组织细胞，连续传代培养和冷冻保存后仍具有多向分化潜能。不论是自体还是同种异源的间充质干细胞，一般都不会引起宿主的免疫反应。目前，人们能够从骨髓、脂肪、滑膜、骨骼、肌肉、肺、肝、胰腺等组织以及羊水、脐带血中分离和制备间充质干细胞，用得最多的是骨髓来源的间充质干细胞。骨髓 MSC 具有以下特性。

1. 具有强大的增殖能力和多向分化潜能

在适宜的体内或体外环境下，骨髓 MSC 具有分化为成肌细胞、肝细胞、成骨细胞、脂肪细胞、软骨细胞、基质细胞等多种细胞的能力（图 5-1）。

2. 具有免疫调节功能

骨髓 MSC 可以通过细胞间的直接接触及产生细胞因子等多种途径抑制免疫细胞的增殖

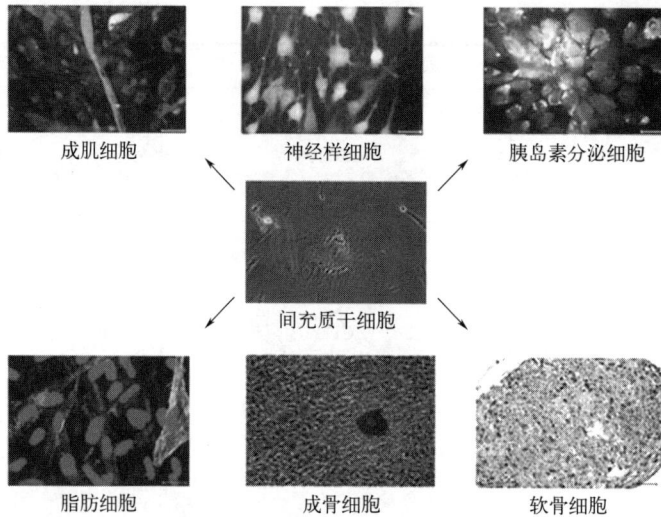

图 5-1   间充质干细胞在体外分化为多种类型的细胞（Turksen，2012，略改）

及其免疫反应能力，从而发挥免疫调节的功能。

3. 与其他类型干细胞相比，具有很多独特优势

骨髓 MSC 具有来源方便，易于分离、培养、扩增和纯化，多次传代扩增后仍具有干细胞特性等很多优势。

4. 异体移植时免疫排斥反应小

骨髓 MSC 表面抗原不明显，异体移植排异反应较轻，配型要求不苛刻。MSC 所具备的这些免疫学特性，使其在血液病异体移植治疗方面具有广阔的临床应用前景。此外，通过自体移植也可以重建组织器官的结构和功能，并且可有效避免免疫排斥反应。

5. 具有较强的可塑性

可塑性是指干细胞在适宜的条件下能够分化为多种组织细胞，甚至分化成为不同胚层的组织细胞的能力，又称为转分化。大量证据表明，成体 MSC 在适宜的培养条件下能够分化为多种组织细胞，但是调节这种细胞转分化的详细机制尚不清楚。

第四节   间充质干细胞的免疫学特性

MSC 具有一系列免疫学特性。动物实验和初步的临床研究显示，自体或异体的骨髓来源的 MSC 的移植很少引起显著的不良反应。另有报道，给接受异基因皮肤移植的狒狒输注 MSC 后发现，MSC 可以显著延长异基因皮肤移植物的存活时间；给接受了异体骨髓干细胞移植的造血系统恶性肿瘤患者输注供者来源的 MSC 后，发现 MSC 可以使患者的移植物抗宿主病发生率明显降低。体外研究也表明，自体或异体骨髓 MSC 移植都能够抑制混合淋巴细胞反应或丝裂原植物凝集素（phytohemagglutinin，PHA）刺激引起的 T 淋巴细胞（简称"T 细胞"）增殖。骨髓 MSC 的这种免疫学特性极大地丰富了骨髓 MSC 的供体来源，扩大了其临床应用的范围，为其辅助治疗骨髓移植、器官移植和自身免疫病提供了无可辩驳的理论依据。但到目前为止，MSC 对免疫系统调控作用的机制尚不十分清楚，它们的临床应用价值还有待进一步的研究。MSC 的免疫学特性主要有以下几方面。

一、间充质干细胞的低免疫原性

研究表明，MSC 不表达主要组织相容复合体（MHC）Ⅱ类分子和 FasL，不表达共刺激分子 B7-1、B7-2，也不表达或低水平表达 MHC Ⅰ类分子、CD40 和 CD40L。此外，将 MSC 与异基因外周血单个核细胞或同种异体 T 细胞共培养后并不能引起同种异体 T 细胞显著的增殖，说明了 MSC 的低免疫原性和较低的抗原递呈能力。另有学者采用 CD80、CD86 基因转染 MSC，使其表达共刺激分子 CD80、CD86，从而为 T 细胞增殖提供 CD28 介导的共刺激信号或是用 IFN-γ 预处理 MSC 来上调 MHC Ⅱ类分子的表达，这些经过处理的 MSC 也不能有效地递呈抗原和刺激异基因 T 细胞的增殖，进一步证实了 MSC 的低免疫原性和较低的抗原递呈能力。

二、间充质干细胞的免疫调节功能

骨髓 MSC 是比较原始的骨髓基质细胞，具有基质细胞的特性，与基质细胞和内皮细胞等一起构成了造血微环境支持造血。它们在表型和功能上与胸腺基质细胞有着一定的相似之处，由此提示，MSC 作为骨髓造血微环境的组成成分，可能在免疫调节方面起着一定的作用。目前对于 MSC 和免疫系统的关系还不十分清楚，但已有越来越多的研究结果，提示 MSC 可通过多种途径发挥其对机体免疫细胞生物活性的调节作用。

1. MSC 可通过细胞间的直接接触和分泌的细胞因子的间接作用来抑制 T 细胞的增殖

体外研究表明，MSC 能够抑制混合淋巴细胞反应（mixed lymphocyte reaction，MLR）或丝裂原植物凝集素刺激引起的 T 淋巴细胞的增殖。在混合淋巴细胞反应的初始阶段或反应进行的第三天加入 MSC，都能够抑制正在进行中的 MLR，使 T 细胞增殖能力显著下降，且 MSC 的这种抑制效应呈剂量依赖性，即 MSC 的数量愈多，其抑制作用愈强；而外源性 IL-2 的加入可以部分逆转 MSC 的这种抑制效应。进一步的研究表明，MSC 对 T 淋巴细胞增殖反应的抑制作用与 MSC 的来源无关，即 MSC 对 T 淋巴细胞增殖反应的抑制作用不受主要组织相容复合体限制，因为 MSC 不论是来自和刺激细胞相同的供体或和效应细胞相同的供体甚至是来自第三者，都具有同样的抑制作用。间充质干细胞对 T 淋巴细胞增殖反应的抑制作用既可能是由于 T 细胞增殖能力的受限，也可能是 MSC 诱导 T 细胞凋亡从而使 T 细胞数量减少所致。事实上，目前的研究结果已经排除了 MSC 诱导 T 细胞凋亡的可能性，并证实这些受到抑制的 T 细胞在受到二次刺激时仍能增殖。

对于 MSC 抑制 T 细胞增殖的机制，Nicola 等做了大量的工作，他们的研究表明，通过细胞间的直接接触机制和 MSC 产生的可溶性的细胞因子机制都在 MSC 的免疫抑制调节中起着一定的作用。他们在混合淋巴细胞反应中加入 MSC 的同时，也加入抗 rhTGF-β1 抗体和抗 rhHGF 抗体，发现间充质干细胞对 T 细胞增殖反应的抑制作用有所减轻，从而证实了 TGF-β1 和 HGF 参与了 MSC 介导的对混合淋巴细胞反应或丝裂原植物凝集素刺激的 T 细胞增殖的抑制作用。另外，Tse 等采用半透膜技术去除 MSC 和外周血单个核细胞分泌的各种细胞因子后，发现 T 细胞增殖反应明显加强，也从另一个角度说明 MSC 分泌的细胞因子在间充质干细胞的免疫抑制效应中的确起一定的作用。

2. MSC 对细胞毒性 T 淋巴细胞和自然杀伤细胞的影响

Rasmusson 等于 2003 年研究了 MSC 对细胞毒性 T 淋巴细胞和自然杀伤细胞（NK 细胞）功能的影响。结果提示，在混合淋巴细胞培养的第一天加入骨髓间充质干细胞，对细胞毒性 T 淋巴细胞介导的毒性反应的抑制效率可达 70%，然而在第三天加入骨髓 MSC，细胞毒性 T

淋巴细胞裂解细胞的能力不受影响。进一步的研究表明，在应用 Transwell 的体系中，骨髓 MSC 抑制细胞毒性 T 淋巴细胞的形成，说明可溶性细胞因子参与介导该种抑制效应。但 NK 细胞介导的对 K562 细胞的裂解作用则不能被骨髓 MSC 抑制。此外，骨髓间充质干细胞不能诱导同种异体淋巴细胞的增殖，而且骨髓 MSC 可成功地逃避细胞毒性 T 淋巴细胞和同种异体的 NK 细胞的识别，所以，不会被同种异体的细胞毒性 T 淋巴细胞或 NK 细胞裂解。

3. 分化的 MSC 的免疫学特性

MSC 的上述免疫学特性为临床上许多疾病的治疗，特别是为器官移植后需要终身服用免疫抑制剂的患者带来了光明的前景。一些研究显示，分化后的 MSC 仍然可以抑制混合淋巴细胞反应，特别是向骨分化的间充质干细胞的抑制作用尤为明显。分化与未分化的 MSC 都不能诱导同种异体 T 淋巴细胞的增殖反应，此外，分化与未分化的 MSC 都具有调节免疫反应的能力。该现象支持了间充质干细胞可在 HLA 不相容的个体之间进行移植治疗的理论，也为间充质干细胞的临床应用提供了可靠的依据。

4. MSC 可以在宿主体内存活并诱导免疫耐受

对 MSC 免疫学特性的研究显示，MSC 是低免疫原性的细胞，与同种异体的 T 淋巴细胞共培养后不会引起 T 细胞的增殖，不易被机体的免疫系统识别，由此，我们有理由推测，输注到异基因宿主体内的 MSC，可以成功地躲避宿主免疫系统的监视，并在宿主体内长期存活。间充质干细胞进入宿主体内后，经血液循环输送到全身各处，由于 MSC 及不同组织表达的黏附分子不同，MSC 最终可以迁移至不同的组织中并在相应的组织停留。例如，有学者发现，将经过基因修饰的间充质干细胞移植到同基因和异基因的宿主体内数月后，在宿主胃肠道、肾脏、皮肤、肺、胸腺以及肝等多个组织器官中都可检测到移植的 MSC 的存在。

由于移植的 MSC 在宿主体内广泛分布并长期存活，因此，人们认为，它们有可能诱导宿主免疫系统对相同供者来源的组织器官的耐受。一些研究显示，MSC 也可能通过影响中枢系统发挥其免疫调节作用。例如，有人发现，移植的 MSC 能够迁移到胸腺，在那里发挥它们的免疫调节功能。还有报道，供者来源的骨髓基质细胞能够迁移到胸腺并参与 T 细胞的阳性选择。此外，体外实验中也观察到，骨髓来源的 MSC 能够为体外培养中的早期 T 细胞提供黏附的支架，为胸腺前体细胞的增殖提供适宜的刺激。其机制主要与 MSC 分泌 TGF-β1 有关，而 TGF-β1 是 IL-2 和 IL-4 诱导的 T 细胞增殖的抑制剂，并且，TGF-β1 还明显抑制 CD3⁻CD4⁻CD8⁻ 胸腺细胞的增殖。此外还有报道，在胸腺基质培养诱导 T 细胞分化的实验中，可以观察到不成熟 NK 细胞的优势扩增。由于 MSC 与胸腺基质细胞在表型和功能上均相似，科学家们推测，MSC 可能与保持淋巴细胞的不成熟状态有关。

三、间充质干细胞的免疫调节作用机制

在 MSC 对 T 细胞的免疫抑制机制中，细胞间的直接接触及细胞分泌的可溶性细胞因子的作用均十分重要。目前，研究较多的相关细胞因子包括 TGFβ、IL-10、前列腺素 E_2（prostaglandin E_2，PGE_2）、肝细胞生长因子（hepatocyte growth factor，HGF）、吲哚胺 2, 3-二氧化酶（indoleamine 2, 3-dioxygenase，IDO）、血红素加氧酶 1（heme oxygenase-1，HO-1）等。最近也有报道，诱导型一氧化氮合酶（inducible nitric oxide synthase，iNOS）及其产物 NO（一氧化氮）在 MSC 抑制 T 细胞增殖中也发挥重要作用。然而，到目前为止，对 MSC 的免疫抑制机制还没有达成统一的认识。最近的一项研究表明，未经处理的小鼠 MSC 的确不具备抑制免疫反应的能力，但一旦受到相关促炎症因子的刺激，它们即具有很强的免疫抑制作用。实验主要是通过使用 CD3 特异性抗体（anti-CD3）激活的 T 细胞条件

培养液，或 IFNγ 与 TNFα、IL-1α、IL-1β 中任一种联合刺激 MSC 后，即可使这些间充质干细胞获得免疫抑制能力。这一 MSC 诱导性免疫抑制作用机制的提出，为解释过去实验和临床中遇到的困惑开拓了一种新的思路和方法。进一步研究表明，MSC 在受 IFNγ 与 TNFα、IL-1α、IL-1β 中任一种细胞因子联合刺激后，会大量分泌 T 细胞特异性 CXC 家族的趋化因子（CXC-chemokine ligand，CXCL），如 CXCL9、CXCL10 及 CXCL11，并且大幅上调 iNOS 的表达，增加 NO 的生成。由于 NO 溶解和扩散迅速，仅能在有效距离内发挥其细胞毒作用，抑制 T 细胞增殖，这就需要 T 细胞特异性趋化因子配合招募 T 细胞，使 T 细胞大量聚集于 NO 浓度较高的 MSC 周围，MSC 才能利用高浓度的 NO 抑制 T 细胞的增殖。使用 iNOS 的选择性抑制剂或将 iNOS 基因敲除（iNOS$^{-/-}$），均会使 MSC 丧失免疫抑制能力。而阻断 T 细胞特异性趋化因子受体（CXC-chemokine receptor），如 CXCL3、CXCL9、CXCL10 及 CXCL11 的受体，使 MSC 不能招募 T 细胞，进而免疫抑制能力将会下降。由此，有人提出了 MSC 和 T 细胞相互作用，从而产生免疫抑制的初步模型，这也是迄今为止关于 MSC 免疫抑制机制的最为合理的解释之一。该模型很好地解决了此前研究中关于 MSC 抑制免疫反应是通过可溶性细胞因子还是细胞间直接接触发挥作用的争论。已有研究证明，T 细胞受体（T cell receptor，TCR）并不是免疫抑制过程的靶点，NO 介导的免疫抑制是通过抑制 TCR 下游 STAT5 的磷酸化，进而影响其下游调控的代谢通路，来抑制 T 细胞增殖的。T 细胞被 MSC 抑制后，其表达的细胞因子也将随之减少，进而反馈调节削弱 MSC 的免疫抑制能力。此外还发现，MSC 与免疫细胞相互作用，从而抑制免疫细胞增殖的过程具有双向性，在 MSC 抑制免疫细胞增殖的同时，MSC 自身的增殖也受到了影响。上述几方面的原因一起作用使 MSC 发挥免疫抑制作用的同时，也维持了免疫系统的稳态。此外，该免疫抑制模型还体现出，促炎症因子在机体免疫系统中并非总是促进炎症反应，在本模型中，促炎症因子激活 MSC 的免疫抑制能力，并招募免疫细胞趋化性迁移，使 NO 介导的免疫抑制得以发生。这个发现让我们开始重新认识炎症因子在免疫系统中的作用，也是对现有免疫学知识的更新和补充。MSC 免疫抑制作用的发现和作用机制的不断阐明，不仅将促进我们对机体复杂的免疫系统的深入研究，而且使 MSC 在应用于临床疾病治疗方面也具有更广阔的应用前景。

第五节　间充质干细胞的应用

MSC 具有向多种间充质系列细胞（如成骨细胞、成软骨细胞及成脂肪细胞等）或非间充质系列细胞（如心肌细胞、肝细胞等）分化的潜能，并具有独特的细胞因子分泌功能。2004 年，Le Blanc 等报道了首例半相合异基因间充质干细胞移植治疗移植物抗宿主病（graft versus host disease，GVHD）获得成功，后来，他们又报道了异基因配型不合的 MSC 移植治疗 GVHD 的有效性，并且认为，应用 MSC 治疗 GVHD 并不需要严格的配型。其后，又有多篇异基因未经配型的 MSC 治疗 GVHD、促进造血重建获得成功的报道，其中所用的 MSC 来源主要涉及骨髓、脂肪、牙周等。

目前，关于 MSC 移植治疗方面的研究，FDA（美国食品药品监督管理局）已批准了近 60 项临床试验，主要包括以下几个方面。①造血干细胞移植：该方面的研究主要集中在增强宿主的造血功能，促使造血干细胞移植物的植入，以及治疗移植物抗宿主病等领域。②组织损伤的修复：该方面的研究主要集中在骨损伤、软骨损伤、关节损伤、心脏损伤、肝脏损伤、脊髓损伤和神经系统疾病。③自身免疫病：例如系统性红斑狼疮、硬皮病、炎性肠炎等。④作为基因治疗的载体。目前，在美国，采用 MSC 对移植物抗宿主病、克罗恩病等进行治疗已经进入Ⅲ期临床试验阶段。在我国，已经开始尝试运用 MSC 治疗临床上一些难治性疾病，如脊髓损伤、脑瘫、肌萎缩侧索硬化症、系统性红斑狼疮、系统性硬化症、克罗恩病（Crohn disease）、卒中、糖尿病、糖尿病足、肝硬化等。根据初步的临床报告，MSC 对这些疾病的治疗都取得了明显的疗效，挽救了很多患者的生命（图 5-2）。此外，间充质干细胞在神经系统修复及在心肌梗死、卒中、黑色素瘤、视网膜变性、器官衰竭等领域也有一定的应用潜力。

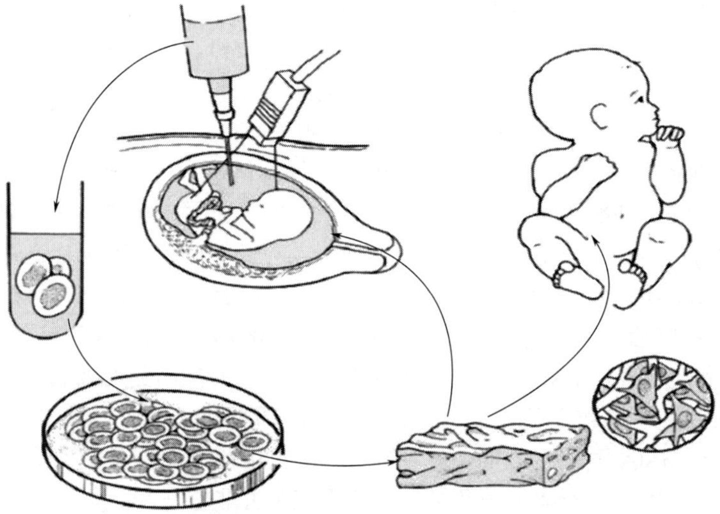

图 5-2　自体羊水间充质干细胞制备的胎儿组织
用于治疗先天异常（Dionigi et al，2008，略改）

从理论上讲，MSC 的临床适应证范围要远远大于造血干细胞的临床适应证范围。因为许多体内外的研究显示，MSC 具有强大的向多种组织分化的潜能，它们在适当的条件下，可被诱导分化为脂肪细胞、骨细胞、软骨细胞、韧带、骨骼肌细胞、心肌细胞、胰腺细胞、肝脏细胞等，从而为 MSC 在多种疾病（包括骨、软骨缺损或发育不良、韧带损伤、心肌梗死、肝功能衰竭、糖尿病等）治疗中的应用奠定了理论基础，也为这些难治性疾病的治疗提供了新的方法和途径。随着对 MSC 研究的深入，它们的免疫学特性引起了免疫学家和移植专家们的极大兴趣，关于它们免疫学特性的研究，目前已成为 MSC 研究的热点领域。MSC 的低免疫原性和它们自身所固有的一定程度的免疫抑制功能大大地增加了它们的临床应用范围。MSC 不仅可以作为组织工程的种子细胞进行替代治疗，而且在诱导机体的免疫耐受，降低机体的免疫反应等方面也一定会有所作为。MSC 的这些特性，使得 MSC 不仅可以进行自体输注，而且，可以在不需要严格的组织配型的情况下，就可以进行异体间的 MSC 输注；所以，MSC 可作为器官移植、骨髓移植和自身免疫病治疗的有力辅助手段，从而可以减少免疫抑制药物的应用剂量和毒副作用。与造血干细胞相比，MSC 的输注不仅检测程序相对简单，供体和受体的选择范围较宽，而且 MSC 输注的危险性也比较低。下面重点介绍 MSC 免疫抑制功能在疾病治疗中的研究与应用。

MSC 在多种疾病，尤其是与免疫反应和再生修复相关的疾病的治疗中具有极大的应用潜力。由于胚胎干细胞存在的伦理问题和较强的免疫原性，很大程度上限制了胚胎干细胞的临床应用。而 MSC 所具有的免疫抑制能力，使其能很好地处理与宿主免疫系统的关系，因此可以大胆预言，除造血干细胞外，使用 MSC 调节免疫反应进而应用于临床治疗将很可能最早获得成功。Bartholomew 等于 2009 年研究 MSC 在体内调节免疫的能力时发现，通过给灵长类动物注射同种异体 MSC，可以明显延长其皮肤移植物的存活时间。人 MSC 的免疫抑制作用机制与小鼠类似，区别在于人的 MSC 是通过吲哚胺 2, 3-二氧化酶（indoleamine 2, 3-dioxygenase，IDO）而不是 NO 发挥免疫抑制作用的。目前，关于 MSC 在临床疾病中的应用研究主要集中在以下几个方面。

1. 移植物抗宿主病

移植物抗宿主病（graft versus host disease，GVHD）是一类常见的同种异体组织移植后（如骨髓移植等）的并发症，其发生的主要原因是供体组织中的免疫细胞将宿主的各种组织细胞视为异己，并对其进行攻击，从而产生一系列症状。目前，异体骨髓移植仍是治疗造血系统恶性疾病、某些肿瘤及先天性疾病的最有效方法，而 GVHD 则是限制该治疗方法应用的最大障碍，急性重度 GVHD 是骨髓移植后致患者死亡的一个重要原因。即使供体和受体 HLA 配型基本吻合，移植前后也使用了足够剂量的免疫抑制剂，但 GVHD 的发生仍不能有效避免。MSC 的免疫抑制作用的最突出表现就是其对 GVHD 具有显著的防治能力。有报道显示，MSC 可以在体外抑制混合 T 淋巴细胞反应诱导激活的 T 细胞增殖，体内实验也证实了 MSC 对 GVHD 有显著的疗效。实验显示，当 GVHD 疾病模型小鼠在接受骨髓移植手术后，立即应用 MSC 进行处理后，GVHD 症状显著改善，且动物存活期得到明显延长。临床研究也证实，MSC 在治疗人 GVHD 中具有十分显著的疗效。

2. 自身免疫病

自身免疫病是由于人体自身免疫系统攻击自体正常组织细胞而引发的一类疾病。正常情况下，人体内免疫系统只针对外来的抗原及病原体或体内的异常细胞（如肿瘤细胞）进行攻击并清除，是机体的一种自我保护机制。但在某些异常情形下，免疫系统可能会产生对自身正常细胞及组织的异常和过度的反应或组织伤害，进而造成疾病。而间充质干细胞的免疫抑制特性恰好能为自身免疫病的治疗提供解决方法。

（1）胰岛素依赖型糖尿病

胰岛素依赖型糖尿病（insulin-dependent diabetes mellitus，IDDM），也称 1 型糖尿病（diabetes mellitus type 1），是一类由于机体免疫系统对分泌胰岛素的胰岛 β 细胞进行自我攻击而引发的自身免疫病。将患 IDDM 的小鼠先经放射处理，再同时注入骨髓细胞（bone marrow cell，BMC）和间充质干细胞，可以使其血糖水平和血清中的胰岛素水平迅速地恢复到正常水平。而将骨髓细胞和间充质干细胞单独注射，均不能发挥作用。该研究显示，骨髓细胞和间充质干细胞混合注射发挥作用的机制是通过诱导宿主自身胰腺胰岛素分泌细胞的再生，同时间充质干细胞抑制了 T 细胞介导的免疫反应对新生胰岛 β 细胞的攻击。

（2）实验性自身免疫性脑脊髓炎

实验性自身免疫性脑脊髓炎（experimental autoimmune encephalomyelitis，EAE）是一类中枢神经系统的自身免疫病。它主要是由 T 细胞和巨噬细胞介导的一类典型的多发性硬化症（multiple sclerosis，MS）小鼠模型。关于 EAE 的针对抑制 T 细胞功能的间充质干细胞注射尝试性治疗已经得到了成功，可以成功地实现免疫抑制或免疫耐受。该项研究是将间充质干细胞注射入由髓鞘少突胶质细胞糖蛋白（myelin oligodendrocyte glycoprotein，MOG）引发的不同病程的 EAE 模型小鼠体内，结果发现，在发病前期及高峰期的模型小鼠个体中小鼠的症状有显著改善，而对进入稳定期的模型小鼠则没有作用。中枢神经系统病理学分析结果显示，接受间充质干细胞移植的小鼠神经系统炎症反应及脱髓鞘作用有所缓解。T 细胞对 MOG 及有丝分裂原的反应都能被间充质干细胞抑制；并且，IFNγ 及 TNFα 有所减少。另外，

IL-2 能解除间充质干细胞的免疫抑制作用。这些结果表明，间充质干细胞能通过免疫抑制作用有效地干扰 EAE 中的自体免疫性攻击。

（3）类风湿性关节炎

类风湿性关节炎（rheumatoid arthritis，RA）是一种由自身免疫障碍导致免疫系统攻击关节的长期慢性炎症。这种炎症会造成关节变形直至残疾，并会使机体因关节痛楚及磨损而失去部分活动能力。这种疾病还会影响其他组织，包括皮肤、血管、心脏、肺及肌肉等。越来越多的证据显示，CD4$^+$ T 细胞介导的自身免疫应答及 B 细胞、渗入滑膜的巨噬细胞等在 RA 的发病中起着关键性的作用。由单核 / 巨噬细胞及成纤维细胞分泌的 TNFα 在 RA 中也扮演了重要角色。TNFα 主要通过诱导包括 IL-1、IL-6、IL-15 及 IL-18 等细胞因子和粒细胞、巨噬细胞集落刺激因子而促进 RA 的发生。所以，通过使用相应的免疫抑制剂来阻断 TNFα 或 IL-1 等细胞因子与相应受体的结合自然是合理的设想，三种抗 TNF 药物已在临床试验中被证明有效。但是，在以胶原诱导性关节炎小鼠作为人类风湿性关节炎的动物模型上，给模型小鼠注射间充质干细胞后并未见效，经分析，在小鼠关节处未见标记的间充质干细胞，因此，间充质干细胞的疗效与其是否能成功迁移到目标位置有密切关系。另有报道显示，通过给小鼠注射溶于弗氏完全佐剂中的 II 型胶原诱发的胶原诱导性关节炎模型小鼠上，人们观察到，输注间充质干细胞的实验组小鼠的关节中并未发生不可逆转的骨及软骨损伤，证明间充质干细胞对胶原诱导性关节炎小鼠具有治疗作用。该研究显示，间充质干细胞的治疗作用主要通过诱导 T 细胞的低反应性（hyporesponsiveness），从而使 T 细胞增殖减少，进一步调节炎症细胞因子的表达，特别是显著下调了血清中 TNFα 的浓度。

众所周知，胚胎干细胞的研究已被列为 20 世纪世界十大科技成就之首，因此，干细胞的研究包括间充质干细胞的研究已成为最具发展前景的领域之一。MSC 具有的多向分化潜能、低免疫原性和重要的免疫调节能力等特性，使其成为多种疾病细胞治疗的首选。作为细胞药物，理想的种子细胞应具备的条件是：取材容易，对机体损伤小，体外培养过程中有较强的增殖能力，易于扩增，植入机体后能够较快适应新环境。综合来看，MSC 都能较好地符合这些要求。而且，近年来发现，MSC 具有的免疫抑制作用使其无论作为干细胞进行组织修复，还是单独作为免疫抑制剂治疗 GVHD 等免疫相关疾病都具有良好的应用前景。

目前，关于 MSC 免疫抑制作用应用于治疗急性 GVHD 等免疫相关疾病的临床研究正在积极开展，当然 MSC 要全面应用于临床治疗仍有很多问题亟待解决。第一，是其自身致瘤性的问题，目前科学界对该问题争议较大，说法不一；第二，由于 MSC 免疫抑制作用是非特异性的，这种非特异性的免疫抑制作用能持续多长时间，免疫抑制作用有多强，它们的移植应用是否同时增加机体的感染概率，是否会增加机体细胞恶性变的机会等诸多问题都有待进一步阐明；第三，尽管体外实验表明，MSC 在不同细胞因子的作用下，可被诱导分化为多种具有组织特异性的形态和表型的细胞，但关于生成的这些细胞功能的报道还有待补充；第四，目前的 MSC 免疫抑制作用到底是通过什么信号通路实现仍不甚清楚，其免疫抑制作用与研究较多的 STAT、NF-κB 等通路存在怎样的关联，MSC 如何协调和控制免疫系统的稳态等很多问题都还有待探索；第五，MSC 在免疫抑制过程中如何感受细胞因子的刺激，在细胞内又如何调控 iNOS 和相关趋化因子的表达等问题都还有待解决。并且 MSC 在不同物种中的免疫抑制机制仍需进一步研究。目前，造血干细胞移植相关的基础与临床研究进展迅速，这将为我们提供丰富的临床信息和经验，进一步加深我们对 MSC 和免疫系统相互作用机制的理解。虽然在目前的临床实践中，MSC 作为细胞药物应用于免疫相关疾病的治疗仍然存在响应率和安全性等问题。但随着 MSC 免疫抑制作用机制研究的不断推进，其分子机制不断被发现，上述问题一定会逐步得到解决，MSC 在临床治疗上将具有十分广阔的应用前景。所以，MSC 的出现有着划时代的意义，它不仅为组织工程和细胞治疗提供了理想的种子细胞，而且为各种疑难疾病的攻克带来了希望和曙光，它必将引导世界医学新潮流，引起一场新的医学革命。

<h2 style="text-align:center">参考文献</h2>

赵春华, 2006. 干细胞原理、技术与临床. 北京：化学工业出版社.

Anjos-Afonso F, Bonnet D, 2007. Nonhematopoietic/endothelial SSEA-1+ cells define the most primitive progenitors in the adult murine bone marrow mesenchymal compartment. Blood, 109(3): 1298-1306.

Bartholomew A, Polchert D, Szilagyi E, et al, 2009. Mesenchymal stem cells in the induction of transplantation tolerance. Transplantation, 87(9 Suppl): S55-57.

Belema-Bedada F, Uchida S, Martire A, et al, 2008. Efficient homing of multipotent adult mesenchymal stem cells depends on FROUNT-mediated clustering of CCR2. Cell Stem Cell, 2(6): 566-575.

Bi Y, Ehirchiou D, Kilts T M, et al, 2007. Identification of tendon stem/progenitor cells and the role of the extracellular matrix in their niche. Nat Med, 13(10): 1219-1227.

Bianco P, Robey P G, Simmons P J, 2008. Mesenchymal stem cells: revisiting history, concepts, and assays. Cell Stem Cell, 2(4): 313-319.

Bieback K, Kluter H, 2007. Mesenchymal stromal cells from umbilical cord blood. Curr Stem Cell Res Ther, 2(4): 310-323.

Chamberlain G, Fox J, Ashton B, et al, 2007. Concise review: mesenchymal stem cells: their phenotype, differentiation capacity, immunological features, and potential for homing. Stem Cells, 25(11): 2739-2749.

Crisan M, Deasy B, Gavina M, et al, 2008. Purification and long-term culture of multipotent progenitor cells affiliated with the walls of human blood vessels: myoendothelial cells and pericytes. Methods Cell Biol, 86: 295-309.

Crisan M, Yap S, Casteilla L, et al, 2008. A perivascular origin for mesenchymal stem cells in multiple human organs. Cell Stem Cell, 3(3): 301-313.

Da Silva Meirelles L, Caplan A I, Nardi N B, 2008. In search of the in vivo identity of mesenchymal stem cells. Stem Cells, 26(9): 2287-2299.

Dazzi F, Marelli-Berg F M, 2008. Mesenchymal stem cells for graft-versus-host disease: close encounters with T cells. Eur J Immunol, 38(6): 1479-1482.

Dionigi B, Fauza D O, 2008. Autologous Approaches to Tissue Engineering [M/OL]. Cambridge (MA): Harvard Stem Cell Institute.

Fan V H, Tamama K, Au A, et al, 2007. Tethered epidermal growth factor provides a survival advantage to mesenchymal stem cells. Stem Cells, 25(5): 1241-1251.

Garcia-Gomez A, Li T, de la Calle-Fabregat C, et al, 2021. Targeting aberrant DNA methylation in mesenchymal stromal cells as a treatment for myeloma bone disease. Nat Commun, 12(1): 421.

Han Y, Yang J, Fang J, et al, 2022. The secretion profile of mesenchymal stem cells and potential applications in treating human diseases. Signal Transduct Target Ther, 7(1): 92.

Hilton M J, Tu X, Wu X, et al, 2008. Notch signaling maintains bone marrow mesenchymal progenitors by suppressing osteoblast differentiation. Nat Med, 14(3): 306-314.

Ho J E, Chung E H, Wall S, et al, 2007. Immobilized sonic hedgehog N-terminal signaling domain enhances differentiation of bone marrow-derived mesenchymal stem cells. J Biomed Mater Res A, 83(4): 1200-1208.

Jones E, Mcgonagle D, 2008. Human bone marrow mesenchymal stem cells in vivo. Rheumatology (Oxford)，47(2): 126-131.

Koide Y, Morikawa S, Mabuchi Y, et al, 2007. Two distinct stem cell lineages in murine bone marrow. Stem Cells, 25(5): 1213-1221.

Kolf C, Cho E, Tuan R, 2007. Biology of adult mesenchymal stem cells: regulation of niche, self-renewal and differentiation. Arthritis Research and Therapy, 9(1): 204.

Kulterer B, Friedl G, Jandrositz A, et al, 2007. Gene expression profiling of human mesenchymal stem cells derived from bone marrow during expansion and osteoblast differentiation. BMC Genomics, 8: 70.

Mehlhorn A T, Niemeyer P, Kaschte K, et al, 2007. Differential effects of BMP-2 and TGF-beta1 on chondrogenic differentiation of adipose derivedstemcells. Cell proliferation, 40(6): 809-823.

Prockop D J, 2007. "Stemness" does not explain the repair of many tissues by mesenchymal stem/multipotent stromal cells (MSCs). Clin Pharmacol Ther, 82(3): 241-243.

Rasmusson I, Ringdén O, Sundberg B, et al, 2003. Mesenchymal stem cells inhibit the formation of cytotoxic Tlymphocytes, but not activated cytotoxic Tlymphocytes or natural killer cells. Transplantation, 76(8): 1208-1213.

Ren G, Zhang L, Zhao X, et al, 2008. Mesenchymal stem cell-mediated immunosuppression occurs via concerted action of chemokines and nitric oxide. Cell Stem Cell, 2(2): 141-150.

Romanov Y A, Svintsitskaya V A, Smirnov V N, 2003. Searching for alternative sources of postnatal human mesenchymal stem cells: candidate MSC-like cells from umbilical cord. Stem Cells, 21(1): 105-110.

Sackstein R, Merzaban J S, Cain D W, et al, 2008. Ex vivo glycan engineering of CD44 programs human multipotent mesenchymal stromal cell trafficking to bone. Nat Med, 14(2): 181-187.

Sohni A, Verfaillie C M, 2013. Mesenchymal stem cells migration homing and tracking. StemCells Int, 2013: 130763.

Turksen K, 2012. Adult and Embryonic Stem Cells. New York: Humana Press.

思考题

1. 根据本章的介绍，间充质干细胞是一类具有相同特性的细胞，具有异质性，请问具有哪些特性的细胞可以被归类为间充质干细胞？

2. 间充质干细胞作为细胞治疗的重要材料，它的优势有哪些？

3. 间充质干细胞是一种成体干细胞，那么它与其他成体干细胞相比，有哪些突出的特点？请举例说明。

4. 本章提到了很多间充质干细胞的来源及应用，你还知道哪些组织或部位可以作为间充质干细胞的潜在来源吗？间充质干细胞还能有哪些应用前景？请解释原因或举例说明。

第六章
造血干细胞

　　造血是一个极其复杂而精细的动态调控过程，该过程涉及造血干/祖细胞、造血微环境、造血因子、造血转录因子以及黏附分子之间的相互作用与相互制约；反映了机体对各种竞争性刺激、增强和抑制性因素反应的平衡性结果；体现了造血干细胞自我更新、增殖、分化、成熟以及程序性死亡的动态平衡。造血过程以造血干细胞（hematopoietic stem cell，HSC）/造血祖细胞（hematopoietic progenitor cell，HPC）的活动为主体，它不包括各种成熟血细胞在体内的储存、释放和分配过程。

　　造血干细胞属于专能干细胞，是存在于造血组织中的一群原始造血细胞，它们不是造血组织的固定细胞，可以广泛存在于造血组织及血液中。它们是所有血细胞（其中大多数是免疫细胞）的原始细胞。造血干细胞在人胚胎第 2 周时可出现于卵黄囊，胚胎第 4 周开始转移至胚肝，妊娠 5 个月后，骨髓开始造血，出生后骨髓成为造血干细胞的主要来源。在造血组织中，造血干细胞所占比例甚少，例如，在小鼠骨髓中，100000 个有核细胞中只有 10 个造血干细胞，在脾脏中，100000 个有核细胞中只有 0.2 个造血干细胞。

　　自从 20 世纪 50 年代有关 HSC 的研究起步以来，有关 HSC 的研究一直是干细胞研究领域中最为活跃也最为成熟的领域。然而，关于 HSC 如何自我更新、如何分化为各系血细胞等许多问题，至今仍未完全解决。近年来，有关造血干细胞的基础理论和临床应用研究都取得了较多进展，进一步丰富了造血干细胞这一古老而又年轻的研究领域。

第一节　造血干细胞的概念与造血发生

一、造血干细胞的概念

　　造血干细胞是指体内尚未发育成熟并且负责生成所有各系血细胞的最原始的细胞群。因此，HSC 是多功能干细胞，医学上称其为"万能细胞"。造血干细胞有两个重要特征：其一，高度的自我更新（self-renewal）或自我复制能力；其二，可分化成机体所有类型的血细胞。造血干细胞采用不对称分裂的方式进行增殖：即一个造血干细胞分裂为两个子代细胞。其中一个子代细胞仍然保持造血干细胞的生物学特性，从而有效保持体内造血干细胞数量的相对稳定，这就是造血干细胞的自我更新；另一个子代细胞则进一步增殖分化为各类前体细胞和成熟血细胞，并释放到外周血中，执行各自的任务，直至衰老死亡。该过程是不停地进行着的。

二、造血发生

造血干细胞是所有血细胞（其中绝大多数是免疫细胞）的原始细胞。正常情况下，机体的造血过程是由造血干细胞在体内定向分化、增殖，形成不同的血细胞系，并进一步生成各种类型的血细胞。人造血干细胞最早出现于胚龄第 2～3 周的卵黄囊，在胚胎早期（第 2～3 月）迁移至胎肝和胎脾，胎龄第 5 个月又从胎肝和胎脾迁移至骨髓。在胚胎末期一直到出生后，骨髓就最终成为造血干细胞的主要来源部位（图 6-1）。造血干细胞具有多潜能性。在胚胎期和正在迅速再生的骨髓中，造血干细胞多处于增殖周期；而在正常骨髓中，造血干细胞则多数处于静止期（G_0 期）。当机体需要时，其中一部分造血干细胞分化成熟，另一部分进行自我更新，以维持体内造血干细胞数量的相对稳定。造血干细胞首先分化发育成不同血细胞系的定向干细胞（即造血祖细胞）。定向干细胞多数也处于增殖周期中，并进一步分化为各系统的血细胞系，如红细胞系、粒细胞系、单核-巨噬细胞系、巨核细胞系以及淋巴细胞系等。由造血干细胞分化成淋巴细胞有两条发育途径，一条途径受胸腺的作用，在胸腺素的催化下，造血干细胞分化成熟为胸腺依赖性淋巴细胞（即 T 淋巴细胞）；另一条途径不受胸腺影响，而受腔上囊（鸟类）或类囊器官（哺乳动物）的影响，造血干细胞最终分化成熟为囊依赖性淋巴细胞或骨髓依赖性淋巴细胞（即 B 淋巴细胞）。产生的 T 淋巴细胞和 B 淋巴细胞最终执行机体的细胞免疫及体液免疫功能。反之，如果机体内造血干细胞缺陷，则可引起严重的免疫缺陷病。所以，在生理条件下，造血过程实际上是造血干/祖细胞增殖、分化和形成血细胞的动态平衡过程。造血以造血干/祖细胞的活动为主。造血干细胞的生物学特性尤其是其自我更新能力和多向分化潜能是维持正常造血的重要因素。

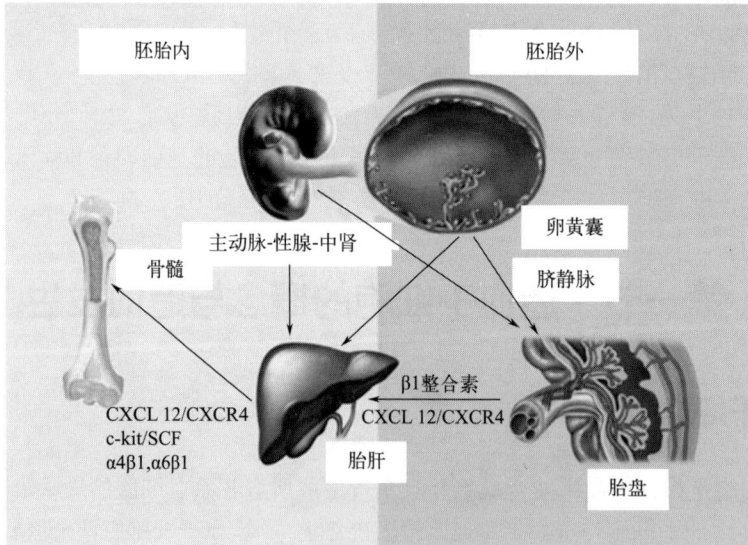

图 6-1　HSC 迁移——从胚胎到胎儿造血
（Magnon et al，2011，略改）

第二节　造血干细胞的生物学特性

现已知道，造血干细胞并不是完全相同的单一细胞群体，而是由处于不同发育等级的各级干细胞组成的。这些不同发育等级的干细胞的表面抗原、免疫表型和黏附分子的表达各不相同，生物学特性也有一定的差异。按照增殖状态的不同，我们通常将造血干细胞分为两类：永久（long-term）造血干细胞和短暂（short-term）造血干细胞。永久造血干细胞在人和动物一生中都保持增殖状态，例如，在成年鼠体内，每天大概有8%～10%的永久造血干细胞进入细胞周期并分裂。短暂造血干细胞只能保持几个月的增殖状态。永久造血干细胞的端粒酶活性很高。端粒酶的高活性状态是未分化细胞、分裂中细胞和癌细胞的特性。已分化的体细胞端粒酶活性很低。在成体的骨髓、血液、肝脏和脾脏中都存在永久造血干细胞，但数量却十分稀少。例如，在鼠的骨髓中，大概只有1/15000～1/10000的细胞是永久造血干细胞。短暂造血干细胞在体内分化为淋巴样前体细胞和髓样前体细胞，这两类细胞构成了血细胞的两大类。其中，淋巴样前体细胞分化成T淋巴细胞、B淋巴细胞和自然杀伤细胞，其分化机制仍在研究中。髓样前体细胞分化成单核/巨噬细胞、中性粒细胞、嗜酸性粒细胞、嗜碱性粒细胞、巨核细胞和红细胞。有研究表明，短暂造血干细胞是异质群体，其中的各种造血干细胞自我更新和补充造血系统的能力彼此不同。尽管造血干细胞能在体内增殖，但在体外，它们通常会立即分化或凋亡，而不会表现出增殖能力。不少研究者都曾在多种培养基上试图让造血干细胞增殖，但最后都很难得到满意的结果。因此，学者们只能在体内对调节造血干细胞增殖和分化的因子、细胞间相互作用以及细胞与细胞外基质间的相互作用等方面进行研究，并希望这些体内研究能有助于将来在体外进行相应研究，从而最终达到在体外能够控制造血干细胞增殖和分化的目标。

一、造血干细胞的自我更新

造血干细胞具有高度自我更新能力和多向分化潜能，并能够维持两者之间的动态平衡。造血干细胞的自我更新和多向分化之间的平衡受到包括转录因子、细胞周期调控因子、生长因子和黏附分子等一系列因子在内的复杂的内部和外部信号的严格调控。正常情况下，造血干细胞经过不对称有丝分裂形成两个子代细胞，其中一个子细胞仍维持造血干细胞的全部特征，保持高度自我更新能力和多向分化潜能。高度自我更新能力使得体内造血干细胞池的大小（即干细胞的数量）和质量维持不变，因而自我更新能力又称为自我维持（self-maintenance）。到目前为止，自我更新过程的发生与调控的分子机制尚不明确。不对称有丝分裂形成的另一个子细胞在有丝分裂过程中特性发生改变，走向逐渐分化的途径，从而离开造血干细胞池进入增殖分化池。因此，不对称有丝分裂一方面使造血干细胞数量维持不变，从而能够长期维持机体的正常造血机能，另一方面，也使造血干细胞不断分化产生各种造血祖细胞，从而又有效维持了机体的正常造血，保证了机体在生命过程中对各类血细胞的需求。造血干细胞的这种特性构成了临床造血干细胞移植的理论基础，使得造血干细胞移植成为治疗血液系统疾病、实体瘤、免疫缺陷病等一系列临床疾病的一种可靠选择。所谓造血干细胞移植，实际上指的是造血干/祖细胞移植。造血干细胞的"理想移植物"必须含有大量的各种造血祖细胞，这对于临床造血干细胞植入成功并能重建患者的长期造血功能至关重要。然而，如何在体外扩增和处理造血干/祖细胞的同时有效保持造血干细胞的自我更新特性，仍是一个亟待解决的难题。

造血干细胞的自我更新是通过促进细胞生长的正调控信号和导致细胞凋亡的负调控信号之间的动态平衡来调控的。在整个生命历程中，为了在如此漫长的时期内维持造血功能，机体一般只是由一小部分全能造血干细胞来产生各种造血祖细胞与成熟血细胞。所以，造血干细胞具备平衡定向分化与自我更新的能力至关重要。目前，关于造血干细胞自我更新过程的发生与调控的分子机制尚不清楚。已知的造血干细胞自我更新的分子调控途径及这些途径相互作用的可能方式主要有以下几个方面。

1. 同源盒基因

同源盒（HOX）基因编码调节拟胚体形成与器官发生的进化上比较保守的一类转录因子，这些转录因子是许多组织，包括造血系统中干细胞发育的一类关键调节因子。其中，HOXa5 与 HOXa10 是永久造血干细胞的特异性标志，HOXa2 则在永久造血干细胞和短暂造血干细胞表面均有表达。此外，HOXa9 表达于造血干细胞与各种种系决定祖细胞。Ferrell 等于 2005 年还发现，HOXa9 与 HOXa10 可上调 Wnt 信号通路中 Wnt10b 与其受体卷曲蛋白 1, 5（Frizzled1, 5）基因的表达。转录因子 HOXb4 最早被发现高水平表达于人富含长周期培养起始细胞（long-term culture-initiating cell，LTC-IC）的 $CD34^+CD38^{-/low}CD45RA^-CD71^-$ 骨髓细胞，而在稍成熟的祖细胞中，HOXb4 消失。用逆转录病毒转导 HOXb4 进入小鼠骨髓细胞，经 5-氟尿嘧啶（5-fluorouracil，5-FU）处理后，在 15% 胎牛血清（fetal bovine serum，FBS），IL-3、IL-6 与干细胞因子（stem cell factor，SCF）中培养 10～14d，发现实验组中重建细胞数目增长了 40 倍，远远高于未转导 HOXb4 的对照组。由此认为，HOXb4 的持续表达在某种程度上可阻止细胞因子诱导的造血干细胞的分化。Buske 等于 2002 年也发现，HOXb4 表达水平升高，导致具有造血干/祖细胞特性的人脐血干细胞数量大大增加，并增强造血干/祖细胞的增殖活性。将这些细胞扩增后，扩增的造血干细胞仍具有正常造血重建功能、种系分化特异性和 LTC-IC 活性。

另有报道，在小鼠模型中，利用 Cre/loxP 技术将 HOXb4 的基因完全敲除，实验鼠体内造血干细胞池的重建会受到影响。Brun 等于 2004 年也发现，HOXb4 缺失小鼠可发生相对正常的造血发育，但存在中度的增殖缺陷。对照组与实验组中，小鼠骨髓来源的原始造血祖细胞的集落形成能力并无显著差异，但它们对外源性生长因子的增殖应答降低。且竞争性重建造血分析表明，$HOXb4^{-/-}$ 细胞的重建造血能力只有正常的 50%。

2. Bmi-1

Bmi-1 是 polycomb group（PcG）家族中的一员，高表达于小鼠与人原始骨髓细胞。已有研究表明，Bmi-1 参与调节造血干细胞的增殖。Bmi-1 基因敲除小鼠的研究证实，尽管 Bmi-1 缺失小鼠胚胎胎肝中的造血干细胞数目维持正常，但是，这种小鼠往往在出生 2 个月内死于广泛且进行性的全血细胞缺失，其中包括原始祖细胞的缺失。Park 等于 2003 年采用 RT-PCR 技术与基因表达分析技术发现，在造血发育中表达下降的 Bmi-1，在纯化的小鼠与人造血干细胞上高度表达。竞争性再生试验表明，将 $Bmi-1^{-/-}$ 小鼠的胎肝细胞或新生 $Bmi-1^{-/-}$ 小鼠的骨髓细胞移植给受体小鼠，10 周后，发现受体小鼠体内几乎没有供体来源的成熟造血细胞。这是因为供体来源的造血干细胞不能进行自我更新。另有研究表明，Bmi-1 过表达可增强造血干细胞的对称分裂，介导造血干细胞分裂时保持干性。而且，Bmi-1 表达增强导致多潜能祖细胞在体外发生大量扩增，造血干细胞体内重建造血能力也显著提高。功能缺失分析也表明，Bmi-1 缺失与造血干细胞的自我更新缺陷紧密相关。

Bmi-1 通过调节造血干细胞命运决定基因、存活基因、抗增殖基因、预感细胞相关基因等基因来调控造血干细胞的自我更新。Park 等发现，$Bmi-1^{-/-}$ 造血干细胞往往表现出几种通常表达于胚胎干细胞、神经干细胞与造血干细胞的基因的异常表达，并且，几种与调节细胞循环与凋亡有关的基因的表达也发生明显改变，其中包括细胞周期抑制因子 p16INK4a 和 p19ARF 的上调以及凋亡抑制因子 AI6 的下调，p16INK4a 基因的上调与细胞的衰老相关；AI6 基因的下调和 p19ARF 基因的上调可导致细胞凋亡。所以，$Bmi-1^{-/-}$ 小鼠就会表现出体内造血干细胞的缺失。

3. Shh

Sonic hedgehog（Shh）是一种与胆固醇共价结合的分泌型蛋白，在动物发育过程中发挥重要作用。许多 Hh 家族成员信号分子参与体外培养时血细胞及内皮细胞的产生，Hh 蛋白可刺激造血干 / 祖细胞的增殖。Hh 通路发生变异或用 Hh 信号抑制剂环杷明（cyclopamine）处理的金龙鱼胚胎呈现成体造血干细胞形成缺陷。将 Hh 及 Shh 的中和抗体加入只含有 1 个 SCID 重建细胞的 103CD34$^+$CD38$^-$Lin$^-$ 细胞培养体系，然后将这些细胞以有限稀释法注入 NOD/SCID 小鼠体内，7 天后，仍然只含有 1 个 SCID 重建细胞。用可溶性 Shh 处理后的细胞在体内可产生大量的人造血干细胞，表明造血干细胞进行自我更新分裂与 Hh 信号有关。已有研究表明，Shh 活性与骨形态生成蛋白（bone morphogenetic protein，BMP）信号相关。Noggin 是 BMP-4 的一种天然抑制物，可抑制 Shh 诱导的表型原始的造血干细胞的增殖，其作用模式类似于 Hh 中和抗体。因此，Shh 作为造血干细胞的一个调节因子，可能与其他转录因子联合作用，并依赖于下游的 BMP 信号途径。

4. Wnt

Wnt 蛋白是另一类重要的干细胞调节因子，通过自分泌或旁分泌方式发挥调节作用。已有研究表明，在胚胎及成体造血干 / 祖细胞发育过程中，Wnt 信号发挥重要的调节作用。Feng 等于 2004 年也发现，在小鼠胚胎干细胞向造血干细胞分化时，Wnt-β-连环蛋白（β-catenin）（Wnt 信号通路的一个下游激活子）被下调，表明 Wnt 信号通路在小鼠胚胎干细胞向造血干细胞分化过程中发挥作用。另有研究发现，将纯化的小鼠 Wnt3a 蛋白注入 c-kit$^+$ThyloSca-1$^+$Lin$^-$ 小鼠骨髓细胞，随后将这些骨髓细胞注入致死剂量射线照射处理后的小鼠体内，6 周后对小鼠进行多谱系移植分析。结果发现，造血干细胞对纯化的 Wnt3a 作出反应，进行自我更新。用逆转录病毒将 Wnt3 转导入 hTERT 基质细胞，发现，Wnt3 过表达将会增强 Wnt-β-连环蛋白信号，导致 hYERT 基质细胞显著的形态学改变与生长迟缓。共培养 2 周后，实验组与对照组中 CD34$^+$ 细胞的扩增无明显差别，但实验组的鹅卵石区形成则显著减少。

Wnt 可以与 Frizzled 家族成员或低密度脂蛋白受体相关蛋白结合发挥作用，激活该受体复合物可致 β-连环蛋白的累积。活性 β-连环蛋白的过表达可产生 20～49 倍扩增的 c-kit$^+$ThyloSca-1$^+$Lin$^-$ 表型的细胞。相反，axin（促进 β-连环蛋白的降解，进而抑制 Wnt 信号通路）或 Frizzled 配体结合域（阻断 Frizzled 与可溶性 Wnt 的结合）的异常表达导致体外培养造血干细胞的增殖抑制与重建造血能力的减弱。为了研究 Wnt 信号在体内是否有活性，Reya 等于 2003 年用带绿色荧光蛋白（green fluorescent protein，GFP）的 LEF-1/TCF（lymphoid enhancer factor-1/T cell factor，与 β-catenin 相互作用，促进靶基因转录）转染造血干细胞，然后将造血干细胞移植入小鼠体内。他们通过对能够表达 GFP 的造血干细胞进行分析，证明内源性干细胞可以对 Wnt 信号产生应答。此外，他们还观察到，β-catenin 转导的造血干细胞表达 3～4 倍或更高水平的 HOXb4 与 Notch1，表明造血干细胞自我更新的调节因子间可能存在相互作用。

5. Notch 信号通路

在进化上高度保守的 Notch 信号通路可导致谱系特异性基因的转录抑制，保持干细胞的未分化状态。已有研究表明，Notch 信号通路在造血干细胞发育的不同阶段都能够影响造血干细胞的自我更新及分化。Notch 信号通路在抑制造血干细胞分化中发挥重要作用。随着造血干细胞分化，Notch 信号表达水平被下调；抑制 Notch 信号通路则导致造血干细胞体外分化加速。目前，关于这方面的研究很多。现已发现，Notch 信号参与 Wnt 介导的造血干细胞未分化状态的维持。用逆转录病毒将 Int3（小鼠 Notch4 的活性形式）转导进入富含造血干细胞的小鼠骨髓细胞中，培养 2 周后，发现 Int3 转导组分化标志物的表达更低，且较对照组其集落形成细胞 CFUGM/BFUE 数目高出 3 ～ 5 倍。将 NotchIC（Notch4 的活性部分）转导入人脐血干细胞（CD34$^+$CD38$^-$ 细胞）后，与对照组比较，转导组脐血干细胞总的髓系集落形成细胞显著减少，但该组干细胞的长期扩增能力增强。将转导后的脐血干细胞移植入 NOD/SCIDβ$_2^{-/-}$ 小鼠体内后，在小鼠骨髓与脾脏内均可检测到 CD34$^+$CD38$^-$ 细胞。关于这方面的研究还有很多，例如，有人证明，骨髓基质细胞表达的 Jagged1（Notch 配体之一）可促进造血干细胞的扩增；Jagged1-Notch 通路可维持 CD34$^+$ 细胞处于不成熟状态；人 Jagged1 可诱导具有多谱系重建能力的人造血干细胞的存活与增殖。

二、造血干细胞的多向分化能力

在整个生命过程中，源源不断地产生各系血细胞是造血干细胞的主要任务（图 6-2）。在最终分化为成熟血细胞的整个过程中，一个造血干细胞要进行 17 ～ 19 次的细胞分裂，细胞数量将变成大约 17 万～ 72 万个。造血干细胞是造血祖细胞的来源，造血干细胞在细胞分裂过程中本身并不扩增，而是生成一系列的祖细胞，祖细胞一边增殖一边分化，最终实现多系造血，例如普通淋巴祖细胞能生成 B 淋巴细胞、T 淋巴细胞和 NK 细胞；普通髓系祖细胞生成红细胞、血小板、粒细胞和单核细胞。造血细胞谱系的普通淋巴祖细胞和普通髓系祖细胞的下游则为成熟度更高的祖细胞，它们所能生成的细胞类型和数量更为局限。而最终生成的终末分化细胞将不能再进行细胞分裂，它们在完成各自的生命周期后即发生凋亡。

在造血干 / 祖细胞向不同类型的血细胞分化的过程中，许多关键的生长因子发挥了重要的诱导作用。这些因子之间通过复杂的相互作用形成了一个体系，能够精确地控制和协调

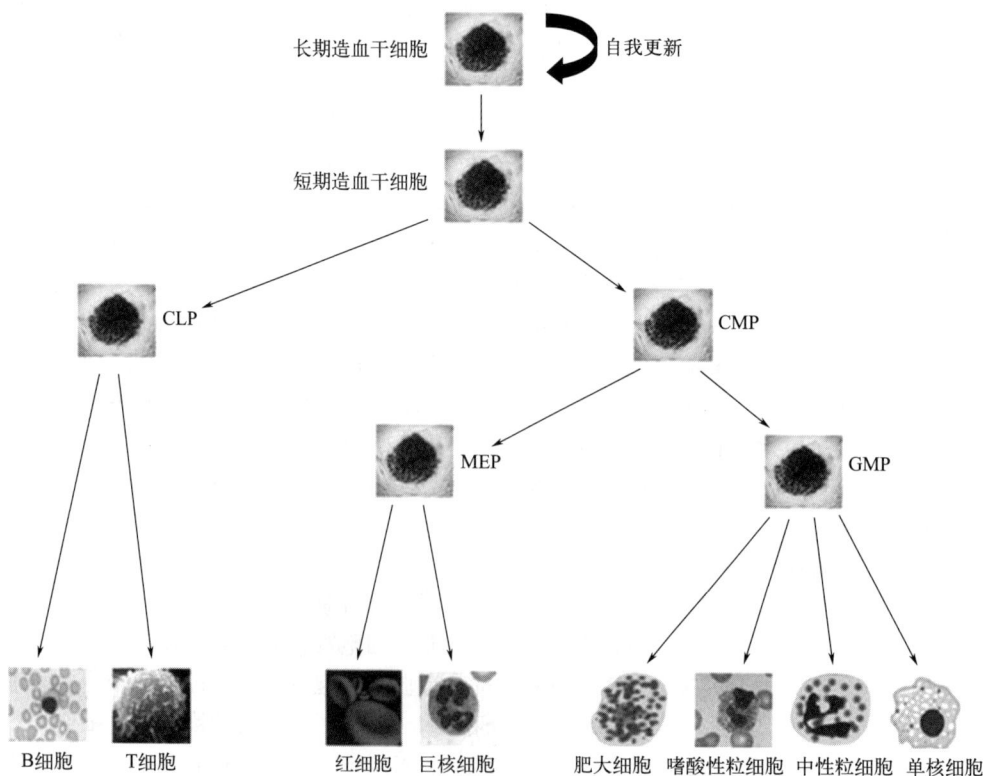

图 6-2   造血干细胞分化为各系血细胞（Meshorer et al，2010，略改）

CLP—淋系共同祖细胞；CMP—髓系共同祖细胞；MEP—巨核 / 红系祖细胞；GMP—粒 / 单核系祖细胞

各系血细胞的生成。目前，人们已经可以将表型和功能不同的造血细胞亚群加以区分，但是，造血干细胞究竟是如何发育分化的？其机制一直没有被破解，并且长期以来一直存在着争论。关于造血干细胞分化为血细胞机制的研究，很多学者做了大量的工作。其中，宾夕法尼亚大学医学院发育干细胞与再生生物学系教授 Nancy A. Speck 在《自然》杂志发表了干细胞转录研究新成果，该成果揭示了造血干细胞的分化调节因子 Runx1 的调节机制。Runx 是 CBF（core-binding factor，核心结合因子）的组成部分，是其中的一个亚单位。CBF 分子由两个亚单位组成，一个是结合 DNA 的区域，另一个是非 DNA 结合区域，Runx 就是 CBF 分子中结合 DNA 的区域，主要分为三种，Runx1、Runx2 和 Runx3。其中 Runx1 是血管中造血干细胞发育的中枢转录控制因子，有研究认为，造血干细胞来自血管内皮细胞，这些血管内皮细胞首先生成动脉内的细胞簇，接下来 Runx1 发挥调控作用，促进细胞簇转化成造血干细胞。在该研究中，Speck 等于 2009 年将脉管内皮钙黏蛋白阳性的内皮细胞中表达 Runx1 的基因敲除，结果发现，Runx1 对动脉内细胞簇的生成具有关键的作用，失去 Runx1 就无法生成造血干细胞。而另一个有趣的现象是，Runx1 的功能能够被 Vav1 弥补，Vav1 是首个造血干细胞的全造血基因（pan-hematopoietic gene）表达的蛋白质产物。这些研究成果表明，Runx1 是控制造血干细胞生成的关键控制因子。不过，对于能够表达 Vav1 的细胞来说，Runx1 却并不是必需的。Runx1 是内皮细胞—动脉细胞簇—造血干细胞转变过程中的不同类型细胞成功过渡的关键调控因子。

　　在骨髓中，造血干细胞既可以通过分化变成任何一种类型的血细胞，也可以通过自我更新维持自身的数量相对稳定。2011 年，有研究发现，DNA 甲基转移酶（DNA methyltransferase）Dnmt3a 基因缺失或发生突变均导致造血干细胞大量存在和血细胞缺乏。在造血干细胞整个发育过程中，DNA 甲基化是一个表观遗传标记，能够稳定地指导基因表达，但是，DNA 甲基化程度并不是一成不变的，而是会根据机体实际的发育需要，进行 DNA 甲基化或去甲基化的双向调节，使 DNA 的甲基化程度维持在合适的状态，进而使基因表达维持在合适的水平（表 6-1）。对于造血干细胞而言，在未受到促使分化的信号刺激时，它们需要表达一些自我更新基因，让造血干细胞自身维持在干细胞状态，相反，如果造血干细胞受到促分化信号刺激，Dnmt3a 必须先对这些自我更新基因进行甲基化，让这些基因失活从而不能表达，这样，造血干细胞将不再能够维持干细胞状态，转而开始分化。2011 年，Jennifer J. Trowbridge 和 Stuart H. Orkin 报道，DNA 甲基转移酶 Dnmt3a 能够沉默造血干细胞中的自我更新基因以便允许造血干细胞进行有效的造血分化。他们发现，Dnmt3a 可直接诱导某些基因（如 Runx1、Gata3）的启动子区域发生甲基化，从而抑制这些基因表达，以便造血干细胞开始分化。他们还发现，Dnmt3a 还可以通过甲基化过程来编码转录因子的基因，从而抑制这些转录因子基因的表达，间接抑制自我更新基因（如 Nr4a2）表达。再者，Dnmt3a 还可能通过与其他因子或转录调节物发生相互作用的方式间接抑制造血干细胞自我更新基因的表达，并

表 6-1　多能细胞与系定向细胞染色质状态的比较（Magnon et al, 2011）

多能干细胞	系定向细胞
高度变化的染色质结构和开放的染色质（如组蛋白 H3 的高度乙酰化）	增加异染色质形成和不易接近的染色质（如组蛋白的去乙酰化）
允许转录	更多多能性基因永久抑制和不恰当的发育程序
双价染色质功能区（如组蛋白 H3K4 三甲基化和 H3K27 三甲基化）	双价染色质功能区的分辨，建立或保持
H2AZ 和多梳复合体在双价基因的富集	H2AZ 不依赖于多梳复合体在活化基因高度富集

且这种抑制方式与 Dnmt3a 的酶活性没有关系。现在发现，很多急性髓细胞性白血病（acute myelogenous leukemia，AML）患者的 *Dnmt3a* 基因发生了突变，另外，10% 的骨髓增生异常综合征（myelodysplastic syndrome）患者该基因上也发生了突变，这些发现提示我们，从 *Dnmt3a* 基因角度进行探索和研究，或许能给这类临床上难治性疾病的治疗带来新希望。

造血过程是造血干细胞产生各种成熟血细胞组分（包括红细胞、白细胞和血小板等）的过程，该过程受到多个因子调控并且涉及多个造血组织。这些成熟的血细胞都来自造血干细胞。造血干细胞是存在于造血组织中的一群多能造血细胞，是生命体维持正常生理功能不可或缺的。然而，目前关于造血干细胞发育和分化的分子机制尚不完善。在这方面，中国科学家取得了很多重要成果，例如，中国科学院动物研究所刘峰研究员领导的血液与心血管发育研究组以斑马鱼和人脐带血为研究模型，应用遗传学、细胞生物学和分子生物学等多种研究手段，发现 ETS 家族转录因子 Fev 在造血干细胞发育和分化中起到重要作用。他们在斑马鱼体内敲低 Fev 因子表达量，导致斑马鱼造血干细胞及 T 淋巴细胞数量明显减少；应用转录激活因子样效应物核酸酶（transcription activator-like effector nuclease，TALEN）技术得到的该基因遗传突变体也证实了这一发现；基因功能研究实验发现，Fev 因子可以直接调控 ERK 信号通路，并且证实 *erk2* 基因是 Fev 因子的一个直接靶基因；他们的移植实验证明，Fev 因子通过细胞自主性方式影响造血干细胞的发育。更为重要的是，他们发现，Fev 因子也在人造血干细胞中特异性表达并影响人造血干细胞自我更新和维持，证明了 *fev* 基因在高等哺乳动物造血系统中的保守作用。他们的研究还从分子水平系统分析了转录因子 *fev* 基因的表达调控机制，并且建立了 *fev* 基因与相关造血干细胞主控基因及信号通路之间调控的关系。这项研究有助于丰富我们对造血干细胞发育和分化调控机制的认识，并为通过体外重编程产生和扩增可移植、有功能的造血干细胞奠定了理论基础。

三、造血干细胞的异质性

在造血发育过程中，造血干细胞自我更新能力的差异导致了造血干细胞的异质性（heterogeneity），即造血干细胞并不是均一的细胞群体。我国军事医学研究院的吴祖泽院士的研究亦证明，在骨髓中除了具有造血干细胞功能的 CFUs（Ps-CFUs）外，还存在一类造血干细胞，它们具有重建造血的功能，但不能在射线（如 X 射线）照射小鼠的脾脏上直接生成脾集落（Pre-CFUs）；即使在照射小鼠上能够生成脾集落的细胞，有的也可能已经失去了造血干细胞的基本性能而进入了造血祖细胞（Pg-CFUs）的行列。从而，进一步加深了对造血干细胞群的不均一性的认识。多潜能的造血干细胞包括三个不同的细胞群：长期造血干细胞（long-term hematopoietic stem cell，LT-HSC）、短期造血干细胞（short-term hematopoietic cell，ST-HSC）和多潜能祖细胞（multiple potential progenitor，MPP）。长期造血干细胞的自我更新能力贯穿整个生命历程，而短期造血干细胞的自我更新能力只能维持约 8 周，多潜能祖细胞则丧失了自我更新能力，也就是说，随着造血干细胞的发育，其自我更新能力逐渐丧失。

造血干细胞的异质性不仅表现在自我更新能力的差异上，各种细胞之间状态的不同也是造成造血干细胞异质性的原因。成体中造血干细胞维持在一个相对恒定的水平，但并非体内所有的造血干细胞均处于静止状态，事实上，造血干细胞也有增殖和静止两种状态，并且造血干细胞的状态可以根据机体的需要，不断地在增殖和静止两种状态之间进行转换。例如，当机体处于缺氧、失血、感染、创伤等应激状态时，较多的造血干细胞将从静止状态转变至增殖周期以满足机体对造血的需求。此外，来源于不同部位的造血干细胞，因其受到环境因素的影响不同，它们的生物学行为也会发生改变。所以，不同种系或同一种系的不同造血干细胞之间都存在着较大的差异，因而甚至有专家认为，根本没有完全相同的两个 HSC。

第三节 造血干细胞的调控

机体的造血过程受血细胞自身内在基因及血细胞所处的造血微环境的共同调控，这些因素决定了造血干细胞、祖细胞和成熟的血细胞究竟是保持静止、增殖、分化、自我更新还是凋亡。所有的细胞遗传因素和环境因素都是通过影响细胞的静止、增殖、分化、自我更新和凋亡等基本过程之间的平衡来实现对造血的调控。

一、造血干细胞的调控因素

1. 骨髓造血微环境与造血干细胞的调控

机体的正常造血依赖于造血干细胞和支持造血干细胞生长发育的骨髓造血微环境的相互作用。骨髓造血微环境主要包括骨髓基质细胞、细胞外基质和多种造血生长因子，三者共同组成了一个高度复杂而有效的调节网络，该调节网络通过细胞—细胞、细胞—细胞外基质及细胞—细胞因子等多种方式对造血干细胞的自我更新、定向分化、增殖及造血细胞在骨髓中的滞留和定位等诸多过程发挥重要调节作用（图 6-3）。基于造血微环境在造血发生和发育中的重要作用，有人形象地将造血干细胞和造血微环境以及调节造血的细胞因子比喻为"种子""土壤"和"肥料"，以显示三者之间的密切关系。

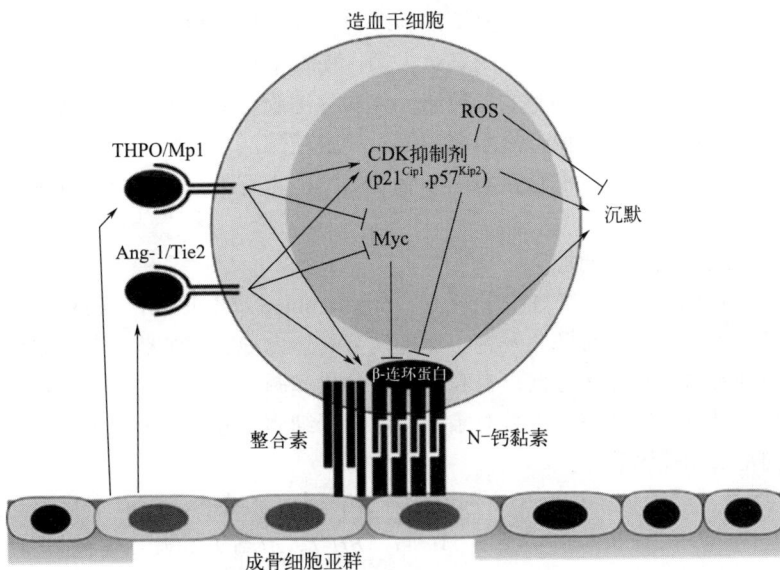

图 6-3 骨髓造血微环境在维持造血干细胞静止状态中的调节作用（Arai et al, 2008, 略改）

2. 参与造血干细胞调控的相关分子机制

造血过程是依靠相对少数的造血干细胞的自我更新和多向分化潜能来实现的。自我更新赋予了造血干细胞维持机体终身造血能力和在干细胞移植中重建宿主造血的能力。正常情况下，造血干细胞的发育受一系列内源信号和外源信号的精密调控，从而有效维持其自我更新和分化之间的平衡状态，一旦这种平衡被打破，产生造血紊乱，就会导致白血病的发生。目前已发现，很多基因参与了造血干/祖细胞的调控。如 HOX 同源盒基因家族是人们较早认识的与造血调控有关的基因家族之一，它们作为重要的调控因子参与了生物个体发育、形态发生、器官塑形等过程。在造血调控中，同源盒基因也起重要作用，它们的适度表达是正常造血所必需的，而它们不适当的表达则会导致造血异常。例如，鼠造血干细胞 HOXa10 的过表达将导致髓系和淋巴系的分化发生紊乱，从而导致急性髓细胞性白血病的发生。HOXb4 是第一个被发现的在人 $CD34^+CD38^{-/low}CD45RA^-CD71^-$ 骨髓细胞高表达而在较成熟的祖细胞群中缺乏的转录因子，该因子在造血重建中具有非常明显的调控作用。Antonchuk 等于 2002 年报道：在含 IL-3、IL-6 和干细胞因子的培养体系中，HOXb4 能扩增鼠造血干细胞 40 倍。其中，未转染 HOXb4 的小鼠造血干细胞，经过 10 ~ 14d 的培养后，大部分丧失干细胞特性，而转染了 HOXb4 的小鼠造血干细胞却出现大量增殖。此外 Bmi-1、Notch 家族成员、Wnt 家族成员、细胞周期相关分子 $P21^{cip1/waf1}$ 等也被报道参与了造血干细胞的调控。

3. 端粒、端粒酶与造血干细胞的调控

端粒（telomere）是真核细胞染色体末端结构，由端粒重复序列及相关蛋白质组成，其功能是保持染色体结构的完整性，防止染色体末端的降解、丢失及端—端融合的发生。端粒的长度反映了细胞的复制史及复制潜能。端粒酶（telomerase）是一种核糖核蛋白酶，由 RNA 和蛋白质组成。它是一种逆转录酶，能以自身 RNA 为模板合成端粒重复序列，维持端粒的长度。在胚胎发育过程中，高度增殖的细胞中端粒酶阳性，当细胞分化后端粒酶活性迅速降低。成体的许多体细胞检测不到端粒酶的表达。因此，端粒被看作细胞寿命的"有丝分裂钟"。

端粒长短和端粒酶的活性参与了造血干细胞的调控。就造血干细胞而言，除了 G_0 期的 $CD34^+$ 细胞端粒酶阴性外，其余的造血干细胞端粒酶活性均阳性，并且，当造血干细胞受到细胞因子刺激并开始增殖时，其端粒酶表达上调，而当造血干细胞进入终末分化时端粒酶活性又被抑制。小鼠长期造血干细胞的端粒酶活性和癌细胞相似，但短期造血干细胞和多潜能祖细胞的端粒酶活性却大大降低，提示端粒缩短和端粒酶活性的降低伴随着造血干细胞自我更新能力的降低。端粒酶还可能直接与干细胞的增殖能力有关，在造血干细胞的系定向分化中可能发挥着一定作用。

4. 凋亡与造血干细胞的调控

凋亡［apoptosis，又称程序性细胞死亡（programmed cell death，PCD）］是一个受基因调控的细胞自我死亡过程，对胚胎发育、免疫调节和体内稳态的维持都起重要作用。造血干细胞分裂以后面临着三种命运方向：自我更新、分化和凋亡。事实上，这三种状态之间保持动态平衡，这种动态平衡状态的维持对于维持造血干细胞的稳定十分重要，因而，凋亡也是造血干细胞的重要调控因素之一。

Bcl-2 家族是重要的调控细胞凋亡的基因家族，其家族成员依据其生物学功能的不同分为凋亡抑制基因（*Bcl-2*、*Bcl-xl*、*Bcl-w*、*Mcl-1*、*Bfl-1*、*Al* 等）和凋亡促进基因（*Bax*、*Bad*、*Bid*、*Bik*、*Bcl-xs*、*Hrk* 等）。其中 *Bcl-2* 和 *Bcl-xl* 参与了造血干细胞长期生存的维持。*Bcl-2* 主要在 $CD34^+$ 细胞表达，但较早的处于静止期的 $CD34^+$ 细胞 *Bcl-2* 表达下调，依赖 *Bcl-xl* 生存。*Bcl-2* 的表达对 $CD34^+$ 细胞定向分化和维持集落形成能力也有重要作用，体外 *Bcl-2* 的反义核酸可能通过下调 *Bcl-2* 的表达来抑制 $CD34^+$ 细胞的集落形成能力。在小鼠体内，过表达凋亡抑制基因 *Bcl-2* 能使造血干细胞的数目不断增加，并保持其功能。最近，Orelio 等于 2004 年采用体内移植实验证实，*Bcl-2* 的过表达能增加主动脉-性腺-肾（aorta-gonad-mesonephros，

AGM）和胎肝造血干细胞的活性，说明凋亡不仅参与了成体造血干细胞的调控，而且在造血干细胞的发育中也起一定作用。

触发造血干细胞凋亡的信号机制目前尚不完全清楚。Domen 等于 2000 年的研究表明，造血干细胞需要两条信号通路使其免于凋亡：Bcl-2 通路和 Kitl/c-Kit 通路。此外，用特异性抗体破坏造血干细胞通过 VLA-4/VCAM-1 与骨髓基质的黏附也导致造血干细胞易于凋亡。

二、造血干细胞分化调控模型的构建

美国 Howard Hughes 医学院的科学家首次构建出造血干细胞分化为各种类型的白细胞的一种调节性环路的数学模型。该模型成功地解释了分化中的造血干细胞令人费解的一种行为——它们在变成一种确定的细胞类型前，会同时呈现不同细胞类型的遗传标签。这项研究的结果刊登在《细胞》杂志上。研究人员指出，细胞决定分化类型的环路图的概念将会指导研究人员能够将未成熟的干细胞诱导分化并发育成为具有治疗功能的特定类型的细胞。尽管这项研究只能确定造血干细胞的分化图，但是研究人员表示，这种调节网络的基本原则在其他组织中的细胞类型分化中也适用。这项研究也为干细胞诱导分化研究翻开了新的篇章。

为了构建这个数学模型，Howard Hughes 医学院的研究人员与芝加哥大学相关人员进行了合作研究。他们将注意力集中在两种白细胞类型——巨噬细胞和嗜中性粒细胞上。巨噬细胞是机体免疫系统中一种能长期存活的"垃圾处理"细胞，而"短命"的嗜中性粒细胞则是免疫系统中能够聚集在感染部位并吞噬入侵的病原微生物如病毒或细菌的"猎手"。这两类细胞都依赖它们各自的一套功能性活性基因来完成各自在抗感染过程中的特定任务。

在发育成熟前，巨噬细胞和嗜中性粒细胞的决定基因完全相同。这两种细胞都来自骨髓祖细胞。研究人员希望知道，骨髓祖细胞到底是如何决定它们究竟应该变成巨噬细胞还是变成嗜中性粒细胞的。事实上，对该过程起决定作用的调控系统基本上都是由转录因子构成的，这些转录因子控制骨髓祖细胞中许多基因的活动。一个重要的科学谜团就是，未成熟的造血干细胞如何启动形成某种血细胞所需的基因表达，并且成功地控制造血干细胞的分化方向，使造血干细胞不会朝着别的类型血细胞分化的方向发展。阐明这个控制关键转录因子的路线，对了解不同干细胞如何形成特定分化细胞的过程具有重要意义。

到目前为止，科学家们已经构建了这样一个系统：转录因子 PU.1 和 C/EBPα 是触发骨髓祖细胞发育的两个关键基因开关，但是，这两个"开关"如何工作还不清楚。这两种转录因子在巨噬细胞和嗜中性粒细胞中的含量水平都很高。它们似乎都能直接活化骨髓祖细胞中向巨噬细胞分化的基因或向嗜中性粒细胞分化的基因。但是，在巨噬细胞中的嗜中性粒细胞基因处于关闭状态，并且嗜中性粒细胞中的巨噬细胞基因也处于关闭状态。那么，这些巨噬细胞和嗜中性粒细胞的基因又是如何通过相同的一套基本调节因子来产生特定的基因表达模式的呢？

为了回答这个问题，研究人员利用缺少 PU.1 转录因子的小鼠骨髓祖细胞来进行研究。他们通过引入不同含量的 PU.1 转录因子来操纵这些骨髓祖细胞的分化"机关"。当研究人员引入低浓度的 PU.1 转录因子时，发现骨髓祖细胞中巨噬细胞基因和嗜中性粒细胞基因同时活化。这个发现非常重要，因为其首次阐明了这种混合的细胞血统模式如何被建立的机制。他们发现，当增加 PU.1 转录因子的浓度时，能够诱导骨髓祖细胞向巨噬细胞方向分化，在分化过程中，骨髓祖细胞首先变成一种过渡状态的混合性细胞形态，然后，这种过渡状态的细胞会触发能够关闭嗜中性粒细胞基因的调节因子表达，同时活化巨噬细胞基因。通过同样的方法，研究人员还确定出了在骨髓祖细胞向嗜中性粒细胞分化过程中能够关闭巨噬细胞基因的对应抑制蛋白。

研究人员表示，这个抑制环路的发现可能对了解骨髓祖细胞及其他干细胞调节过程起关键性的指导作用。根据这些新发现以及其他研究的结果，研究人员构建出一种能描绘掌控骨髓祖细胞发育的调节网络机制。这种网络机制将能帮助研究人员解释多种组织中的干细胞如何利用引导性调节信号和非引导性调节因子进行发育。并且，这个造血干细胞调节环路的确定，还将有助于人们深入了解白血病的发病机制，从而指导和改善白血病的临床治疗手段。

第四节　造血干细胞的归巢和动员

造血干细胞移植已经成为治疗难治性血液病、免疫缺陷病和恶性肿瘤等疾病的重要手段之一。造血干细胞移植时，移植的造血干细胞经静脉输注，再经过外周血液循环进入体内后，必须在受体骨髓内准确地识别和定位并与局部造血微环境相结合，进行增殖、分化，才能发挥重建宿主的造血和免疫功能的作用，这一过程称为归巢。

关于造血干细胞归巢的研究，Brenner 等于 2004 年做了大量工作。他们通过静脉回输 [111]In 或 RKH-26 荧光染料标记的骨髓细胞，观察不同时相这些回输的标记细胞在受体小鼠造血组织（骨髓、肝脏和脾脏）和非造血组织（肾脏、肺、肌肉和心脏）的分布情况，结果发现，回输 48h 内（即造血干细胞归巢的早期），造血组织和非造血组织中均有较多标记的骨髓细胞分布，说明在早期阶段，归巢是组织非特异性的；但是，回输 48h 后，造血组织中仍有较多标记的骨髓细胞分布，而非造血组织中，标记的骨髓细胞的分布则显著下降。Ostendorp 等于 2000 年也发现，回输 2h 后只有约 3% 的造血干细胞还存留于外周血中，35% 则分布在骨髓、肝脏和脾脏中，并且三者的分布情况相近；随后，外周血、肝脏和脾脏中的造血干细胞分布逐渐减少，而回输的造血干细胞在骨髓中的含量却逐渐增加，并且，移植后 22h，外周血、肝脏和脾脏中的造血干细胞约半数会发生第 1 次有丝分裂，而骨髓中的造血干细胞 90% 以上还未分裂，提示骨髓造血组织是造血干细胞的主要归巢部位，只有归巢至骨髓的造血干细胞才能进一步地增殖和分化，进而重建宿主造血和免疫功能。造血干细胞的归巢能力反映了造血干细胞移植的植入效率，目前，关于造血干细胞归巢的机制尚不完全清楚，但多数学者认为，造血干细胞的归巢是一个多步骤的级联效应过程，由黏附分子和趋化分子介导，有骨髓内皮细胞、造血干细胞、骨髓造血微环境及其分泌或表达的各种细胞因子共同参与。造血干细胞归巢的基本路径为：①造血干细胞借助自身特异性表达的细胞黏附分子（cell adhesion molecule，CAM）与髓窦微血管内皮细胞接触，并穿越内皮孔径进入其血管外间隙的骨髓造血微环境；②造血干细胞进一步通过细胞黏附分子与细胞因子间作用，结合并定植于骨髓造血微环境的基质细胞和细胞外基质，并在它们所分泌的细胞因子调控下增殖和分化。

细胞黏附分子在造血干细胞归巢过程中发挥重要作用。细胞黏附分子是一类膜表面糖蛋白，表达于造血干细胞、骨髓内皮细胞及基质细胞表面，主要包括：①选择素家族（selectin），包括 P-selectin、E-selectin 和 L-selectin 等；②整合素家族（integrin），包括 VLA-4、VLA-5、LFA-1 等；③免疫球蛋白超家族（immunoglobulin superfamily），包括血管细胞黏附分子 VCAM-1、细胞间黏附分子 ICAM-1、PECAM-1、CD44 分子家族，以及 CXCR 家族等。除了细胞黏附分子外，趋化因子在造血干细胞归巢过程中也发挥重要作用。趋化因子作为一个蛋白质大家族，其成员可以参与炎症、白细胞的迁移和发育、血管新生、肿瘤细胞的生长和转移等一系列生理和病理过程。虽然趋化因子可以抑制造血干细胞的生长，但在造血发生和造血干细胞移植中，它最显著的作用还是参与了胚胎发育过程中造血干细胞的迁移、造血干细胞移植后造血干细胞的归巢及外周血造血干细胞移植中造血干细胞的动员。研究发现：将表达 CXCR4 的造血干细胞输入预先遭受致死剂量照射的小鼠后，小鼠的存活率显著高于不表达 CXCR4 的小鼠；体外诱导造血干细胞表达 CXCR4 后能促进造血干细胞的归巢，而不表达 CXCR4 的造血干细胞不能归巢，它们中的大部分在肝脏、脾脏和肺中凋亡。这些现象都说明，CXCR4 在造血干 / 祖细胞的归巢中发挥重要作用。

　　与造血干细胞归巢相反的过程是造血干细胞的动员。造血干细胞的动员是指造血干细胞移植归巢后的造血干细胞在机体需要时或在各种细胞因子的作用下进入细胞周期开始增殖、分化和发育，从而重建机体造血的过程。与造血干细胞归巢类似，造血干细胞的动员也是一个复杂的多因素多步骤过程，包括细胞与细胞间、细胞与基质间以及细胞内的信号转导通路之间的相互作用，它们影响着造血干细胞的增殖、分化、迁移和凋亡。细胞毒性药物和一些细胞因子如粒细胞集落刺激因子（granulocyte colony stimulating factor，G-CSF）、粒细胞-巨噬细胞集落刺激因子（granulocyte macrophage colony stimulating factor，GM-CSF）和干细胞因子（stem cell factor，SCF）等是临床常用的造血干细胞动员剂，它们能刺激造血干细胞从骨髓释放。分析 G-CSF 和环磷酰胺的动员效应发现：应用这些动员剂后，骨髓的造血干细胞进入细胞周期，但是动员出的造血干细胞绝大多数是非增殖的，这表明，静止的造血干细胞优先被动员。

　　造血干细胞的归巢和动员是一对矛盾，前者需要造血干细胞对骨髓的黏附能力增加而后者则要求这种能力降低。较多的研究发现，一些共同的因素如：造血微环境、细胞黏附分子、趋化因子、细胞周期状态因素等均参与了造血干细胞的归巢和动员（图 6-4、图 6-5）。

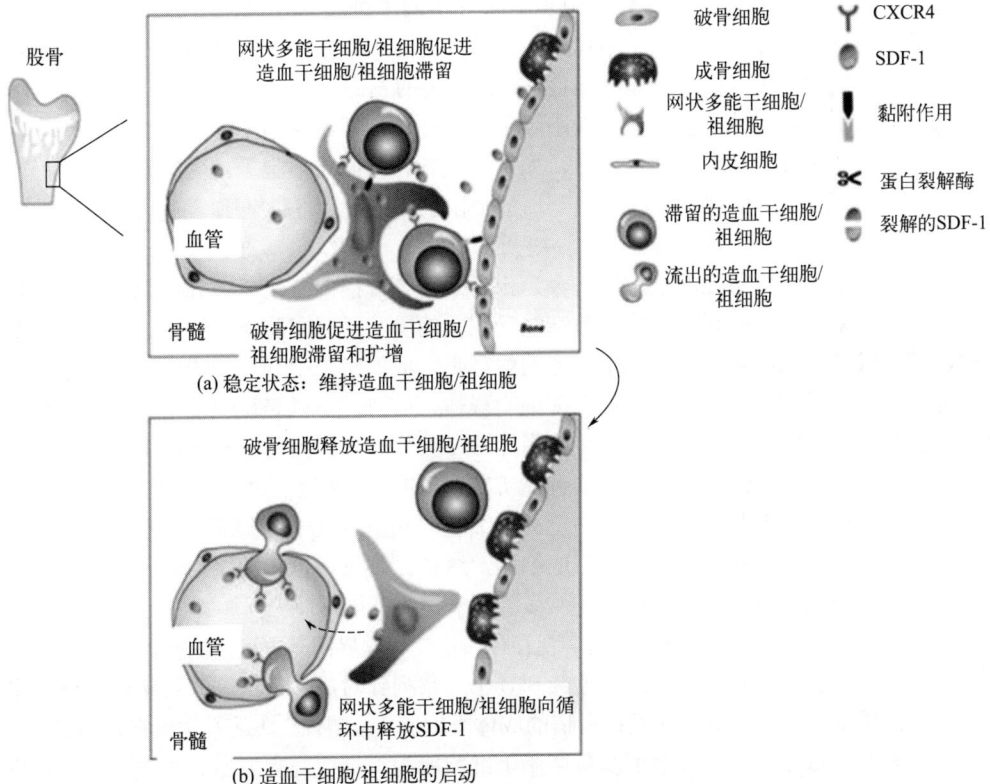

图 6-4　HSCs 的滞留与应激诱导的动员（Lapid et al, 2008, 略改）

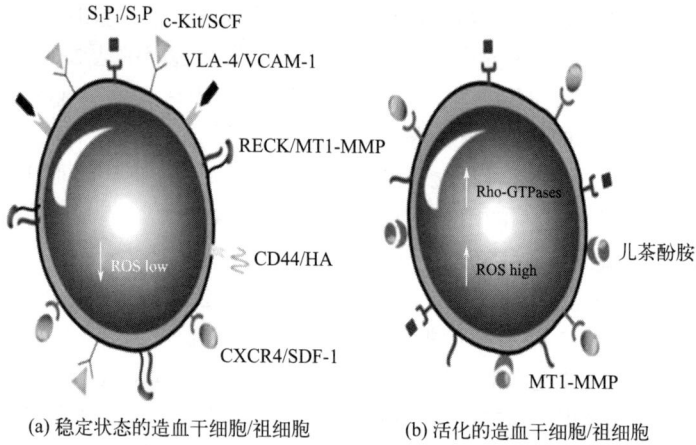

图 6-5　细胞自主机制（Lapid et al, 2008，略改）

(a) 稳定状态的造血干细胞/祖细胞　　(b) 活化的造血干细胞/祖细胞

第五节　造血干细胞的可塑性

随着干细胞生物学研究的不断深入，现已发现，成体干细胞（如造血干细胞）的分化潜能其实并非局限于分化成为特定组织或器官的细胞，它们在特定条件下，可被诱导分化为其他多种类型组织或器官的细胞，即成体干细胞具有跨系统甚至跨胚层分化发育的能力。成体干细胞的这种跨系统分化的能力称为成体干细胞的可塑性。成体干细胞可塑性的发现在干细胞研究中具有革命性意义。它打破了用于临床移植的干细胞只能来源于胚胎或受精卵的限制，为干细胞移植治疗疾病提供了新途径。目前，造血干细胞是关于成体干细胞研究领域中最活跃和最成熟的领域，也是成体干细胞可塑性研究的发源地和核心。

造血干细胞的可塑性是指造血干细胞除了可以分化为各系血细胞外，在特定条件下，它们还可以分化为多种非造血组织的细胞，如神经细胞、骨骼肌细胞等。现有研究表明，人们已经能够将骨髓来源的造血干细胞诱导分化为脂肪细胞、骨骼肌细胞、心肌细胞、神经细胞、肝细胞、胰腺、脑、肾脏等。

对于造血干细胞可塑性的机制，迄今为止仍不清楚。横向分化、去分化或细胞重编程等假说都曾被用来解释这一现象，但目前都缺乏相关的实验研究和验证（详见成体干细胞章）。目前，对于成体干细胞可塑性的一个合理的解释是，成体组织中存在的成体干细胞是一个由多种分化潜能不同的干细胞构成的混合干细胞群体，所以，可以表现出所谓的跨系统分化甚至跨胚层分化，其中局部的环境因素可能指导这一分化途径。另外，对造血干细胞可塑性机制的探讨以及对造血干细胞定向分化的调控研究将可能大大扩展造血干细胞在临床上的应用范围，因为，如果能够分离患者自身的造血干细胞，利用造血干细胞的可塑性特性，人为地将它们诱导分化为患者所需的各种类型的细胞，这样，不仅可以避免采用胚胎干细胞作为移植治疗的细胞来源，而且可以减轻异基因移植带来的免疫排斥反应问题。

当然，对于成体干细胞可塑性是否客观存在，目前科学界尚有争议。例如，自 2002 年 4 月开始，在《自然》和《科学》杂志上连续刊登了一系列针对成体干细胞"可塑性"这一重大理论问题的质疑性研究。其结论是：所谓的成体干细胞"可塑性"缺乏科学依据，所谓的"横向分化"其实是成年组织中存余的少量胚胎干细胞所为，抑或与自发融合相关。这些科学家们发现，胚胎干细胞在体外与神经干细胞或造血干细胞共同培养时能自发地发生神经干细胞或造血干细胞与胚胎干细胞之间的融合，诱导神经干细胞或造血干细胞进行"横向分化"为胚胎样干细胞，然后展现出胚胎干细胞的表型与相应功能，由此使所谓的成体干细胞具有了"可塑性"潜能。但另外一部分学者则认为，细胞融合发生率只有百万分之一，不能解释大量的可塑性现象。还有部分学者认为，有些研究的实验结果可能与干细胞污染有关，但事实上，更多研究者的实验结果在方法学上还是可靠的。不管怎么说，类似这样的争论，还是有利于提醒我们，在进行这方面研究时，应本着科学、严谨、求实的态度。相信随着对干细胞"可塑性"研究的不断深入，会逐步澄清已存在的模糊认识，使关于成体干细胞"可塑性"的研究朝着正确的方向发展。

第六节　造血干细胞的研究技术

目前，对于造血干细胞的研究方兴未艾。要研究造血干细胞，首先必须能有效地把它们从造血组织中分离出来。造血干细胞在细胞大小和形态上与小淋巴细胞很相似，细胞浓度一般小于 1.066g/mL。因此，科学界至今仍不能单纯从形态学上对造血干细胞进行有效分辨。要想把造血干细胞从造血组织中分离出来，现在最常用的方法就是利用造血干细胞表面的特异性标志蛋白对造血干细胞进行分离。

一、造血干细胞的表面标志及结构特征

关于造血干细胞的表面标志方面的研究，已经取得了很大进展，很多造血干细胞所特有的表面标志相继被发现。这些表面标志物的发现，为人们分离、纯化和研究造血干细胞奠定了坚实的理论基础。

1. 造血干细胞的表面标志

人造血干细胞表面标志有很多种，包括 $CD34^+$、$CD38^-$、Lin^-、$Thy-1^+$、$Sca-1^+$、$HLA-DR^+$、$LFA-1^+$、$CD45RA^-$、$CD71^-$ 等。人造血干细胞还对 5-氟尿嘧啶和 4-氢过氧环磷酰胺有抗性。

（1）CD34 分子

CD34 分子是一种跨膜的唾液黏蛋白，分子质量为 115kDa，其编码基因位于第 1 号染色体长臂，基因长度约为 26～28kb，含 8 个外显子，表达在造血干细胞、一部分造血祖细胞、小血管内皮细胞及胚胎成纤维细胞表面，是目前应用最为广泛的造血干细胞表面标志。

（2）干细胞因子受体

干细胞因子受体（SCF-R，又称 c-kit，CD117），广泛分布于造血干细胞群中，约 60%～75% 的人 $CD34^+$ 造血干细胞同时表达 c-kit 受体。虽然 $CD34^+$ 细胞不全是造血干细胞，但是造血干细胞应全部表达 CD34 分子，所以通过筛选 $CD34^+$ 细胞至少可以使造血干细胞得到富集。随着造血干细胞的分化成熟，CD34 表达水平逐渐下降，成熟血细胞（Lin^+）不表达 CD34。而最近的一些研究显示，$CD34^+Lin^-$ 造血细胞又起源于 $CD34^-Lin^-$。CD34 表面标志从无到有，又从有到无，充分显示了造血干细胞产生、发育、分化和成熟的全过程。实际上，表型 $CD34^+$ 状态可能反映造血干细胞的激活状态。$CD34^-$ 细胞的发现正好有力地支持了 $CD34^+$ 作为造血干细胞的可靠标志，对于 $CD34^-$ 细胞需要进一步的深入研究，这方面的研究也有助于在体外从胚胎干细胞诱导分化 $CD34^+$ 细胞的干细胞工程研究的不断深入。

另外，根据细胞表面有无 CD38 抗原的表达，还可将 CD34$^+$ 细胞分为两个亚群：
① CD34$^+$CD38$^-$ 细胞，这类细胞属于早期造血干细胞，与造血干细胞移植后的长期造血功能的重建有关；② CD34$^+$CD38$^+$ 细胞，这类细胞为祖细胞亚群，与骨髓移植后的短期造血重建有关。

（3）胸腺抗原-1

胸腺抗原-1（Thy-1，CD90）是造血干细胞的又一抗原标志。它比 CD34 分子出现得更早，表达在早期造血干细胞表面。CD34$^+$Thy-1$^+$ 细胞约占 CD34$^+$ 细胞群的 0.1% ～ 0.5%，它们是具有高度自我更新能力和多向分化潜能的造血干细胞。因为 Thy-1$^+$ 是早期造血干细胞的表面标志，故可利用 Thy-1$^+$ 为标志进行造血干细胞的筛选。

（4）干细胞抗原-1

干细胞抗原-1（Sca-1），是鼠 Ly6 家族的一员，除了能够在干细胞表面表达外，在淋巴细胞特别是激活的淋巴及其他组织如脾脏、胸腺髓质及肾小管区也有表达。

（5）血管内皮生长因子受体 2

血管内皮生长因子受体 2（vascular endothelial growth factor receptor-2，VEGFR-2，又称 KDR），是新发现的又一个造血干细胞的表面标志。在新生儿造血组织中，0.1% ～ 0.5% 的 CD34$^+$ 细胞表达 KDR。研究发现，多能造血干细胞仅限于 CD34$^+$KDR$^+$ 细胞部分，而 CD34$^+$KDR$^-$ 细胞亚群则主要包括一些系特异的定向祖细胞。利用有限稀释法研究发现，骨髓中 20% 的 CD34$^+$KDR$^+$ 细胞为造血干细胞，并且经过血管内皮生长因子刺激后，这一比例可增加到 50% 以上。因此，KDR 是一个可用于定义造血干细胞，并使其区别于造血祖细胞的阳性功能性标志。

（6）AC133 分子

AC133 分子也是新发现的造血干细胞表面标志之一，它被认为是更早期造血祖细胞和造血干细胞的特异性标记。在 2000 年 6 月英国 Harrogate 召开的第七届人类白细胞分化抗原大会上，该分子被正式命名为 AC133。AC133 分子是一分子质量为 120kDa 的糖蛋白，整个分子是一条由 865 个氨基酸残基组成的长链。N 端位于细胞外，C 端位于细胞内。AC133 选择性地表达于人胎肝、骨髓和外周血中的 CD34$^+$ 造血干 / 祖细胞表面。与 CD34 抗原表达不同的是，AC133 抗原不表达在人脐静脉血管内皮细胞、KGla 细胞（AML 细胞系）或纤维母细胞上，故有人认为 AC133 可替代 CD34 作为选择造血干 / 祖细胞的标志。总之，有关造血干细胞表面标志的研究仍在进展之中，或许有一天，人们会找到真正的造血干细胞特异的表面标志。

2. 造血干细胞的三维空间结构特征

对于造血干细胞表型的研究，已成为造血干细胞研究领域的当务之急。然而迄今为止，对人类 CD34$^+$ 造血干细胞的研究均仅局限于其分离、富集和生物学功能方面，而对其形态、细胞化学、超微结构、三维立体结构特征等领域的研究则非常少。我国学者奚永志于 2005 年在国际上首次从体视学上揭示了人类 CD34$^+$ 造血干细胞的三维空间结构特征，填补了这一国际空白。他们经扫描→模数转换→阴影校正→图像暂存→预处理→统计分析，结果表明，人正常骨髓 CD34$^+$ 造血干细胞的直径为 3.490 ～ 6.741μm、周长为 11.776 ～ 26.240μm、面积为 9.565 ～ 35.686μm^2、核质比为 0.58 ～ 0.72、平均光密度为 0.17675、积分光密度为 2717.217 ～ 9870.643。

二、造血干细胞的分离纯化

近年来，造血干细胞表面标志研究的发展极大地丰富了造血干细胞分离纯化的手段。根据造血干细胞的表面标志，我们可以通过免疫细胞化学、流式细胞仪、分子杂交和 RT-PCR 等多种细胞生物学和分子生物学手段来检测造血干细胞。如上所述，目前，人们大多仍然通过对 CD34$^+$ 细胞的富集来筛选造血干细胞。其方法通常是先利用密度梯度离心等方法去除待分离物中的红细胞和成熟粒细胞等成分，获得单个核细胞，从而使 CD34$^+$ 细胞初步富集；然后利用 CD34 分子特异的抗体标记单个核细胞，通过荧光激活细胞分选法（fluorescence activated cell sorting，FACS）、免疫吸附系统（包括淘洗技术、免疫吸附柱色谱、免疫磁珠等）等方法将被标记的 CD34$^+$ 细胞与未被标记的 CD34$^-$ 细胞分离开来，即获得纯化的 CD34$^+$ 细胞。其中，通过荧光激活细胞分选系统，造血干细胞（CD34$^+$）分选纯度可达 95%，但是，该分离方法成本较高，仪器也较贵。而免疫磁珠分选系统分离量大，分离纯度和细胞质量也能够满足临床要求，已经被临床工作者广泛接受。另外，也可以利用造血干细胞大多处于静止期，具有对活体染料拒染的特性对造血干细胞进行富集纯化，例如，RNA 结合染料派洛宁 Y（pyronin Y）、线粒体结合染料罗丹明 123（rhodamine 123）或 DNA 结合染料 Hoechst 33342 均可用于造血干细胞的分离和纯化。最近，还有人根据造血干细胞移植后迅速向骨髓归巢的特性，建立了一种体内分离造血干细胞的方法，这是利用造血干细胞本身的功能特性来对其进行分离的。

三、造血干 / 祖细胞的检测方法

确认小鼠造血干细胞的唯一标准仍然是多年来一直沿用的长期体内造血重建能力（long-term repopulation）检测，即：将细胞移植给预先经过致死剂量照射的受体鼠，如果能够使受体鼠恢复长期各系造血，并且进行次级移植时第二受体鼠仍可重建其造血系统，就说明植入的细胞中确实含有造血干细胞。但是，由于异体移植存在免疫排斥反应，多年来，对于人骨髓细胞造血能力的检测一直依赖于体外实验。所有的检测方法都是主要评估两个重要的指标：细胞的增殖能力和分化潜能。通常以待测细胞所生成的总细胞数反映待测细胞的增殖能力，而在待测细胞所生成的所有细胞中，采用不同系的细胞数量反映待测细胞的分化潜能。

1. 体外检测

体外检测就是利用造血干细胞培养检测造血干细胞增殖和分化能力的方法。常用方法有以下几种。

（1）集落测定法

集落形成细胞（colony-forming cell，CFC）培养用于检测某一细胞群体多潜能祖细胞和系列特异性祖细胞，如红系、粒系、单核巨噬细胞系和巨核细胞系的含量。该方法通常将单细胞悬液接种于半固体培养基中，添加多种细胞因子，以促进单个祖细胞增殖分化，形成由数个至数十个子代细胞组成的集落。在光学显微镜下，根据原位集落内各成熟细胞的形态进行分类和计数。在一定的接种细胞数范围内，集落形成细胞的数量应和接种细胞数成线性关系。总的来说，在适宜的培养条件下，更原始的造血祖细胞一般形成两系或三系细胞组成的集落（混合集落），而相对成熟的祖细胞形成的集落则一般由单一系列细胞组成，并且，前者需要的培养时间更长，以利于细胞分化为成熟细胞。

（2）长期培养

利用体外培养技术，可以检测处于不同分化阶段造血干细胞的增殖和分化能力，以确定某一群细胞或纯化的细胞群体中造血干细胞的频率。造血干细胞长期培养（long-term culture，LTC）通常采用预先贴壁的基质细胞作为饲养层，这些基质细胞可以分泌多种细胞因子，为造血干细胞提供促进性和抑制性信号，从而调节造血干细胞增殖。造血干细胞长期培养有多种方法，例如，利用不同的饲养细胞（如原代培养的骨髓成纤维细胞或转化的细胞系）进行培养。计数方法也有多种，常用极限稀释法进行频率计算。不管采用什么方法，造血干细胞长期培养法培养 1 ～ 3 周的细胞通常代表相对成熟的造血祖细胞，而培养更长时间的细胞（培养 5 ～ 8 周）往往来源于非常原始的细胞，称为长周期培养起始细胞（long-term culture-initiating cell，LTC-IC）。

（3）高增殖潜能细胞检测

高增殖潜能细胞（highly proliferative potential colony-forming cell，HPP-CFC）是指经过 4 ～ 8 周体外培养后仍具有再接种能力的造血干细胞。将造血干细胞培养于含多种重组细胞因子的特殊的双层琼脂培养体系中，可以鉴定出高增殖潜能细胞。该方法通常是将琼脂培养体系中的高增殖潜能细胞分离出来，制成单细胞悬液，再次接种于标准的集落形成细胞培养体系中，则此类高增殖潜能细胞可分化成混合集落形成单位（mixed colony-forming unit，CFU-Mix），粒细胞-巨噬细胞集落形成单位（granulocyte macrophage colony-forming unit，CFU-GM）和一些红系爆式集落形成单位（burst forming unit-erythroid，BFU-E），说明高增殖潜能细胞比多潜能造血祖细胞 CFU-Mix 更原始。高增殖潜能细胞多处于静止状态，很少进入增殖周期，所以，它们对细胞周期 S 期毒剂具有耐受性。

集落形成细胞检测法只能识别粒-红系的造血干 / 祖细胞，而不能识别 B 淋巴细胞系或 T 淋巴细胞系的造血干 / 祖细胞。体外 B 淋巴细胞需要骨髓或胎肝的基质细胞以促进其增殖和成熟。胚胎胸腺器官的培养可用来识别 T 淋巴细胞祖细胞。所以，联合应用这些淋巴细胞祖细胞和粒-红系的集落形成细胞检测方法，基本上可以鉴定所有的造血祖细胞。

2. 体内检测

确定造血干细胞的金标准是，将细胞移植给清髓的宿主后，能长期稳定地重建宿主整个造血系统。小鼠造血干细胞移植是良好的实验模型，通常用于免疫分型特征、归巢能力、植入动力学、细胞因子反应和放射敏感性等干细胞生物学特性方面的研究。灵长类动物也通常用于人造血干细胞的研究，尤其适用于移植预处理方案的评估和细胞因子加速造血重建的临床前试验。此外，利用免疫缺陷小鼠（如 NOD/SCID 小鼠）和胎羊进行异种移植，可以评估人造血干细胞的植入能力。

（1）长期培养反应细胞的鉴定及量化

Till 和 McCulloch 在 1961 年建立的脾集落技术是造血干细胞因子的经典体内测试方法。该方法是：将小鼠经致死剂量射线照射后，由尾静脉输入适当数量的正常同系小鼠造血干细胞，8 ～ 12 天后，在受体小鼠的脾脏中生成由抑制的造血干细胞形成的脾集落，通过对脾集落中的细胞成分及功能等的研究来评估移植造血干细胞的性能。脾集落大多是由红系、粒系、巨核系细胞或三者混合而成的。生成脾集落的原始细胞称脾集落形成单位（colony forming unit-spleen，CFU-S），该检测方法称为 CFU-S 检测，是在小鼠体内进行干细胞定量检测的较为古老的方法。人们早期认为，CFU-S 是造血干细胞，后来发现，能在骨髓抑制受者体内重建长期造血的长期培养反应细胞更原始，它们才是真正的造血干细胞。移植 3 ～ 4 个月后，检测受者外周血中是否有供者来源的粒细胞、T 淋巴细胞和 B 淋巴细胞是鉴定长期培养反应细胞的最好方法。在体内检测干细胞活性时，"长期"是最重要的标准，因为 CFU-S 也具有多系造血的潜能。

需要注意的是，虽然受者外周血中存在供者来源的细胞证实了长期培养反应细胞的存在，但这并不能反映有功能的克隆的数目。竞争性造血重建单位（competitive repopulating unit，CRU）检测是一种相对定量检测长期培养反应细胞的方法。

（2）体内检测的动物模型

集落形成细胞检测和长期培养启动细胞检测通常用于体外检测细胞的功能特性，由于伦理学原因，我们不可能以人作为实验对象。为了鉴定人造血干细胞高度自我更新和长期造血重建能力，近几年来，人们建立了几种实用的动物模型来达到这一检测目的。

① 绵羊子宫内胎羊移植系统。绵羊子宫内胎羊移植系统是在胎羊免疫系统发育前，将人造血干细胞移植入绵羊的胚胎，等胎羊出生后，通过追踪新生绵羊体内人造血干细胞及不同系血细胞的分布来鉴定移植的人造血干细胞的长期重建多系造血的能力。这一方法能进行长达数年的观察，且可以进行次级受者移植实验，因此，该方法是评估造血干细胞在动物体内长期再植造血最可靠的方法。应用该系统已经证实，人定向祖细胞 $CD34^+CD38^+$ 或 $CD34^+$c-kit^{high} 在首次移植宿主体内可短暂性植活，但不能在第二次移植宿主体内植活，而人造血干细胞如 $CD34^+CD38^-$ 或 $CD34^+$c-kit^{low} 在首次和第二次移植宿主体内均能植活。

② SCID 小鼠模型。人造血干细胞可以植入 SCID 小鼠，因而可利用该小鼠模型检测人造血干细胞。虽然目前 SCID 小鼠是一个比较常用的模型，但是该模型本身存在以下不足：SCID 小鼠寿命很短，一般多在 12 个月内死亡，使人造血干细胞移植实验的长期观察以及次级移植实验很难进行；SCID 小鼠淋巴器官缺陷，所以，人造血干细胞在 SCID 小鼠体内向淋巴系血细胞的分化研究受到影响，因而，移植后在 SCID 小鼠体内检测到的人造血干细胞并非完全等同于真正的人造血干细胞。

一个真正的干细胞必须具有在机体整个生命历程中都能进行自我更新的能力，也正是这些具有长期自我更新能力的造血干细胞才是进行细胞移植治疗的最重要的物质基础。然而，到目前为止，人们还不能准确地将具有长期造血重建能力的干细胞和只具有短期造血重建能力的祖细胞区分开。人们普遍认为，证实一个细胞是造血干细胞的"金标准"就是证明该细胞在移植后具有完全的、稳定的（＞6 个月）重建造血系统的能力。目前，对于体内检测长期培养反应细胞的准确性尚有争议。以往认为，所有通过静脉输注的移植细胞的体内检测方法所检测到的长期培养反应细胞数都较实际值偏低，因为造血干细胞的植入效率仅为 5%～20%，这是因为一些造血干细胞在受者体内不能归巢。但现在也有人认为，顺利归巢可能也是定义长期培养反应细胞的一个重要标准。

3. 造血干细胞分离鉴定的新标志和新方法

（1）乙醛脱氢酶

乙醛脱氢酶（aldehyde dehydrogenase，ALDH，国内常用 NAD^+ 表示）可以用来对 $CD34^-$ 细胞群进行阳性筛选以富集造血干／祖细胞。原始造血细胞对烷化剂耐药，这些药物主要包括环磷酰胺（cyclophosphamide）和马法兰（melphalan）等。原始造血细胞的这种耐药性与细胞高表达 ALDH 有关。利用荧光标记的 ALDH 底物，如 Stem Cell 科技公司生产的 ALDEFLOUR 试剂，可借助 FACS 鉴定，分离人和小鼠造血干细胞。在人骨髓细胞中，ALDH 与 CD34 的表达是重叠的，FACS 筛选的 ALDH 强阳性细胞，即为原始的造血细胞（包括定向造血祖细胞）。ALDH 在人骨髓源 $CD34^+CD38^-$ 细胞上表达最高；如果从 $CD34^+$ 细胞中分离 ALDH 高表达细胞，所得的细胞中长周期培养起始细胞（8 周）富集 2 倍左右。在 $CD34^-CD38^-$ 细胞中，也有少数表达 ALDH，这提示我们可以利用 ALDH 对 $CD34^-$ 细胞群进行阳性筛选以富集造血干／祖细胞。当然，$ALDH^+CD34^-$ 细胞的功能仍需进一步评价。

（2）侧群细胞

表型和功能研究已经证实，造血干／祖细胞可以将针对线粒体和 DNA 的荧光染料罗丹明 123 和 Hoechst 33342 排出细胞外。流式细胞仪检测时，在荧光强度和细胞大小为参数的流式散点图上，可以看到很少的 Hoechst^{low} 干细胞位于其他分析细胞的一旁，形成独特的流式图像，所以称之为侧群细胞（side population，SP）。侧群细胞在多种动物，如小鼠、猴和人的造血组织中存在。小鼠骨髓中的侧群细胞在移植后在宿主体内可以形成心肌细胞和内皮细胞，说明侧群细胞是一群不均一的群体，其中也含有非造血组织干细胞。侧群细胞不表达系列特异性抗原，因此，在 FACS 分选侧群细胞前，可以先用阴性筛选的方法去除成熟细胞，使侧群细胞富集，以减少 FACS 分选的时间。出现侧群细胞表型，是由于造血干/祖细胞膜上存在转移酶，这种酶活性与肿瘤细胞的多药耐药性有关。尽管原始细胞上表达几种转移酶分子，但是，ABCG2 的表达对细胞排出荧光染料是必需的。如细胞只表达 ABCG2，也足以将染料泵出。ABCG2 在原始细胞中高表达，并且随着细胞分化而逐渐减低，因此，ABCG2 作为一种表面标志对造血干细胞的分离鉴定，具有潜在的应用价值。

（3）内皮细胞蛋白质 C 受体（CD201）

内皮细胞蛋白质 C 受体（endothelial protein C receptor，EPCR）是通过对高度纯化的造血干/祖细胞基因型分析，而获得的一个新的造血干细胞标志分子。内皮细胞蛋白质 C 受体最早发现于内皮细胞，参与调节凝血和炎性反应。它的配基是蛋白质 C 和活化的蛋白质 C。富集的鼠骨髓造血细胞与富集后剩余的细胞相比，前者内皮细胞蛋白质 C 受体阳性率是后者的 40 倍。纯化的鼠内皮细胞蛋白质 C 受体阳性细胞相当于富集的造血干/祖细胞，提示内皮细胞蛋白质 C 受体可以作为一种标志分子，用于鉴定和分离小鼠造血干细胞。人造血干细胞也表达内皮细胞蛋白质 C 受体，提示内皮细胞蛋白质 C 受体也可以用于人造血干细胞的分离。

第七节　造血干细胞的临床应用

一、造血干细胞的来源

造血干细胞在临床移植上有很重要的作用。临床上，造血干细胞的来源主要有四个渠道：①从骨髓制备骨髓造血干细胞；②从外周血中制备外周血造血干细胞；③从脐带血制备脐带血造血干细胞；④从胎盘制备胎盘来源造血干细胞。四种来源的造血干细胞对比如表 6-2 所示。

二、造血干细胞的用途

1. 造血干细胞移植

造血干细胞是血液的成分之一，是生成各种血细胞的最原始细胞，它们广泛存在于骨髓、胚胎肝、外周血及脐带血中。造血干细胞既具有高度自我更新能力，又具有进一步分化成为各系统祖细胞的能力。对受者预先采用放射或大剂量化学药物摧毁其免疫系统和造血系统，再输入供者的造血干细胞，让供者的造血干细胞在受者骨髓内"定居下来并分化增殖"，这就是造血干细胞移植。造血干细胞研究的最终目的是应用于临床疾病的治疗。造血干细胞移植是最经典的也是较成熟的造血干细胞临床应用方案。根据造血干细胞来源的不同，造血干细胞移植可以分为骨髓造血干细胞移植（bone marrow hematopoietic stem cell transplantation，BMT）、胎肝造血干细胞移植、外周血造血干细胞移植（peripheral blood stem cell transplantation，PBSC）及脐带血造血干细胞移植。其中，骨髓造血干细胞移植是临床最常用的造血干细胞移植。临床分为同基因骨髓造血干细胞移植（syngeneic bone marrow hematopoietic stem cell transplantation，SBMT），异基因骨髓造血干细胞移植（allogeneic bone

表 6-2　不同来源造血干细胞的比较

项目	外周血造血干细胞	骨髓造血干细胞	脐带血造血干细胞	胎盘造血干细胞
成分	较为单一的造血干细胞	除造血干细胞外还有其他血液成分	除造血干细胞外还有其他血液成分	除造血干细胞外，还有其他血液成分和其他种类干细胞
采集方法	在上臂血管采集，不住院不麻醉，采集前注射动员剂，无痛苦	在骨髓上钻孔采集，需住院，需麻醉，不需注射动员剂，有痛苦	收集脐带血	收集胎盘
应用范围	普遍	较少	只适用于 30kg 以下儿童	可满足 1～2 个成人使用
配型要求	严格	严格	不严格	不严格
移植后免疫排斥反应	严重	更严重	轻	轻
免疫抑制剂应用	需要	需要	不需要	不需要
费用	低	高	很高	很高
采集及恢复时间	2～4 天	半年	—	—
保存方法	无需保存	无需保存	实体保存	实体保存

注：产妇胎盘组织中造血干细胞的含量较为丰富，是脐带血中造血干细胞含量的 8～10 倍，能够供出生的孩子自用数次，甚至可能供应 1～2 个成年患者的治疗需求。所以，从胎盘组织中制备造血干细胞可以有效解决从骨髓、外周血及脐带血等途径制备造血干细胞时干细胞来源不足的技术难题，故胎盘组织将有望取代骨髓、外周血和脐带血，用于异基因或同基因（小孩本人的）造血干细胞移植。

marrow hematopoietic stem cell transplantation，ALLO-BMT）及自身骨髓造血干细胞移植（autologous bone marrow hematopoietic stem cell transplantation，ABMT）三种类型。前两种主要用于肿瘤性血液病、遗传性血液病及某些代谢性疾病，而自身骨髓造血干细胞移植多用于白血病和实体瘤患者。脐带血造血干细胞移植可用于同基因或异基因移植，也可用于自身造血重建，凡符合骨髓造血干细胞移植适应证的疾病均可采用脐带血造血干细胞移植代替。人胎肝造血干细胞的临床应用方式有两种，一种为胎肝细胞输注（fetal liver cell transfusion，FLCT），另一种是胎肝移植（fetal liver transplantation，FLT）。综合文献报道，用胎肝细胞输注的疾病主要有再生障碍性贫血、白血病、阵发性睡眠性血红蛋白尿症、范科尼贫血（Fanconi anemia）、急性粒细胞缺乏症、重症肝炎或失代偿期的肝硬化、化疗中的实体瘤和肾性贫血等疾病。胎肝移植治疗的疾病主要有重症联合免疫缺陷病、白血病、再生障碍性贫血、地中海贫血、晚期淋巴瘤、急性放射病等。胎肝移植治疗的优点主要是取材方便，输注安全，一般不会发生严重的移植物抗宿主病，故该方法显示出一定的前景。外周血造血干细胞移植治疗的疾病主要有急性白血病、慢性粒细胞性白血病及恶性肿瘤。与骨髓造血干细胞、胎肝造血干细胞移植相比，外周血造血干细胞移植的优点是造血及免疫功能重建早，放射线的敏感性低，进入宿主体内后植入成功率高，自身外周血残存肿瘤细胞比骨髓少，采集方便，不需骨髓穿刺，易于被接受。我国天津血液学研究所韩忠朝教授团队应用外周血干细胞移植治疗下肢动脉闭塞性脉管炎和糖尿病下肢缺血取得显著临床疗效。

近年来，随着细胞生物学、免疫学、分子病毒学等学科的发展以及分子生物学技术、组织工程技术等新技术的应用和成体干细胞可塑性研究的不断深入，并且，随着造血干细胞移植技术的不断发展和完善，不仅移植引起的严重并发症的发生率大大降低，移植相关死亡率也大大降低，而且，新的移植技术如非清髓造血干细胞移植的开展，还扩大了造血干细胞移植的应用人群，使较多的血液病患者能得益于这一治疗方法。

在造血干细胞移植治疗方法中，强烈治疗方法（即大剂量的化疗和放疗，短期内治疗剂量是常规剂量的 2～3 倍甚至 10 余倍）是目前公认的实体瘤的主要治疗方法。但是若没有特别的支持治疗，快速分裂的造血细胞也不可避免地被杀伤，因此严重的治疗相关并发症限制了其应用。而强烈治疗后的自体造血干细胞移植能提供强大的支持治疗，所以，自体造血干细胞移植已经成为乳腺癌、神经母细胞瘤、小细胞肺癌、恶性黑色素瘤、卵巢癌等疾病的新的辅助治疗方法。但是，目前该方法也有不足之处，即由于造血干细胞移植前采集的移植物可能已经被肿瘤细胞污染，所以，容易引起肿瘤复发。将来，随着净化技术的完善，这一问题最终可能得到解决。

自身免疫病是由于机体免疫细胞自我识别能力缺陷，对患者自身的组织产生免疫反应从而引起一系列症状的一类疾病。目前认为，自身免疫病的发病机制是多潜能造血干细胞发生多基因异常，由异常的多潜能造血干细胞分化成熟为具有自身免疫活性的 T 淋巴细胞，从而攻击自身的各个组织器官。因而造血干细胞移植也可以用于自身免疫病的治疗。目前造血干细胞移植已被试用于系统性红斑狼疮、进行性系统性硬化症、蕈样肉芽肿等疾病的治疗，其临床疗效还有待进一步观察。

2. 造血干细胞的基因治疗

临床上的许多疾病，尤其是一些单基因疾病如血红蛋白病和免疫缺陷病等都与造血干细胞的内在缺陷有关，缺陷的造血干细胞不能生成正常的终末血细胞，从而导致疾病的发生。原则上，这些疾病都可以通过基因替代的方法进行治疗。现在，造血干细胞的采集、分离和培养技术已相当成熟，这很有利于造血干细胞成为遗传性疾病基因治疗的靶细胞，但造血干细胞自我更新和多系造血潜能的基本特性是其可用于基因治疗的主要原因，此外，造血干细胞及其子代细胞易于将转染进入细胞的目的基因的表达产物释放入血也是其优势之一。造血干细胞基因治疗的主要思路是：动员并分离出患者的造血干细胞，在体外将目的基因转染进入患者造血干细胞内后，再回输给患者本人，移植成功后，回输的已经转染目的基因的造血干细胞将源源不断地表达并释放目的基因的表达产物，从而弥补患者本身不能合成该产物的缺陷，最终达到治疗疾病的目的。

造血干细胞的基因治疗作为一种新的很有前景的治疗方法，其在临床上的成功应用还有一系列的问题必须解决，例如，造血干细胞的选择、合适载体的选择及目的基因的成功转染等。造血干细胞的选择是造血干细胞基因治疗的关键之一。近年来，整合载体系统如原癌逆转录病毒载体和重组腺相关病毒载体已经被广泛采用。原癌逆转录病毒载体用于人造血干细胞的基因转染很安全，并可有效地将目的基因整合进入染色体，但是转染效率不高限制了其应用。重组腺相关病毒载体是非致病性的，它有广泛的宿主，可转染不同的组织，稳定地整合进细胞的染色体并对增殖期和非增殖期细胞都有作用。尽管近年来造血干细胞基因治疗方面的研究已取得了一些进展，但造血干细胞基因治疗仍然处于基础研究阶段。我们相信，随着细胞生物学、分子病毒学等基础学科的迅速发展，造血干细胞基因治疗最终必能走向临床。

3. 造血干细胞可塑性相关的治疗前景

成体干细胞可塑性的研究也给造血干细胞的临床应用带来了新的前景。目前，临床上许多组织损伤性疾病如心肌、骨骼肌、神经组织损伤、神经系统退行性疾病如阿尔茨海默病、帕金森病以及糖尿病、肝硬化等，一般的药物治疗疗效都不理想，采用细胞移植的方法进行替代治疗可能是最佳选择。由于造血干细胞具有分布广泛、来源丰富、体外分离培养和鉴定技术都很成熟等优势，所以，造血干细胞是干细胞移植治疗方法的较为理想的干细胞来源。

当然，虽然人们对造血干细胞已经进行了较为深入的研究，也掌握了较多的经验，但是，要想扩展造血干细胞的临床应用，使其不仅仅局限于造血和免疫细胞的替代治疗，还将有很长的路要走。我们相信，随着人们对造血干细胞研究的进一步深入，造血干细胞必将为人类治疗临床上的各种难治性疾病作出不可估量的贡献。

参考文献

Antonchuk J, Sauvageau G, Humphries R K, 2002. HOXB4-induced expansion of adult hematopoietic stem cells ex vivo. Cell, 109(1): 39-45.

Arai F, Suda T, 2008. Quiescent stem cells in the niche [M/OL]. Cambridge (MA): Harvard Stem Cell Institute.

Bhardwaj G, Murdoch B, Wu D, et al, 2001. Sonic hedgehog induces the proliferation of primitive human hematopoietic cells via BMP regulation. Nat Immunol, 2(2): 172-180.

Blank U, Karlsson G, Karlsson S, 2008. Signaling pathways governing stem cell fate. Blood, 111(2): 492-503.

Brenner W, Aicher A, Eckey T, et al, 2004. 111In-labeled CD34$^+$ hematopoietic progenitor cells in a rat myocardial infarction model. J Nucl Med, 45(3): 512-518.

Brun A C, Bjornsson J M, Magnusson M, et al, 2004. HOXB4 deficient mice have normal hematopoietic development but exhibit a mild proliferation defect in hematopoietic stem cells. Blood, 103(11): 4126-4133.

Buske C, FeuringBuske M, Abramovich C, et al, 2002. Deregulated expression of HOXB4 enhances the primitive growth activity of human hematopoietic cells. Blood, 100(3): 862-868.

Chen M J, Yokomizo T, Zeigler B M, et al, 2009. Runx1 is required for the endothelial to haematopoietic cell transition but not thereafter. Nature, 457(7231): 887-891.

Domen J, Weissman I L, 2000. Hematopoietic stem cells need two signals to prevent apoptosis; BCL-2 can provide one of these, Kitl/c-Kit signaling the other. J Exp Med, 192(12): 1707-1718.

Duncan A W, Rattis F M, Diamscio L M, et al, 2005. Integration of Notch and Wnt signaling in hematopoietic stem cell maintenance. Nat Immunol, 6(3): 314-322.

Eshghi S, Vogelezang M G, Hynes R O, et al, 2007. α4β1 integrin and erythropoietin mediate temporally distinct steps in erythropoiesis: integrins in red cell development. J Cell Biol, 177(5): 871-880.

Ferrell C M, Dorsam S T, Ohta H, et al, 2005. Activation of stemcell specific genes by HOXA9 and HOXA10 homeodomain proteins in CD34$^+$ human cord blood cells. Stem Cells, 23(5): 644-655.

Fleming H E, Janzen V, Lo Celso C, et al, 2008. Wnt signaling in the niche enforces hematopoietic stem cell quiescence and is necessary to preserve self-renewal in vivo. Cell Stem Cell, 2(3): 274-283.

Fukuhara S, Sako K, Minami T, et al, 2008. Differential function of Tie2 at cell-cell contacts and cell-substratum contacts regulated by angiopoietin-1. Nat Cell Biol, 10(5): 513-526.

Gering M, Patient R, 2005. Hedgehog signaling is required for adult blood stem cell formation in zebrafish embryos. Dev Cell, 8(3): 389-400.

Gong J K, 1978. Endosteal marrow: a rich source of hematopoietic stem cells. Science, 199(4336): 1443-1445.

Goodman J W, Hodgson G S, 1962. Evidence for stem cells in the peripheral blood of mice. Blood, 19: 702-714.

Haug J S, He X C, Grindley J C, et al, 2008. N-cadherin expression level distinguishes reserved versus primed states of hematopoietic stem cells. Cell Stem Cell, 2(4): 367-379.

Hosen N, Yamane T, Muijtjens M, et al, 2007. Bmi-1-green fluorescent protein-knock-in mice reveal the dynamic regulation of bmi-1 expression in normal and leukemic hematopoietic cells. Stem Cells, 25(7): 1635-1644.

Johnson G R, Moore M A, 1975. Role of stem cell migration in initiation of mouse foetal liver haemopoiesis. Nature, 258(5537): 726-728.

Jung Y, Wang J, Schneider A, et al, 2006. Regulation of SDF-1(CXCL12)production by osteoblasts; a possible mechanism for stem cell homing. Bone, 38(4): 497-508.

Katayama Y, Battista M, Kao W M, et al, 2006. Signals from the sympathetic nervous system regulate hematopoietic stem cell egress from bone marrow. Cell, 124(2): 407-421.

Kiel M J, Morrison S J, 2008. Uncertainty in the niches that maintain haematopoietic stem cells. Nat Rev Immunol, 8(4): 290-301.

Kiel M J, Radice G L, Morrison S J, 2007. Lack of evidence that hematopoietic stem cells depend on N-cadherin-mediated adhesion to osteoblasts for their maintenance. Cell Stem Cell, 1(2): 204-217.

Lapid K, Glait-Santar C, Gur-Cohen S, et al, 2008. Egress and Mobilization of Hematopoietic Stem and Progenitor Cells: A Dynamic Multi-facet Process [M/OL]. Cambridge (MA): Harvard Stem Cell Institute.

Lodish H, Berk A, Zipursky S L, et al, 2000. Molecular Cell Biology. 4th ed. New York: W. H. Freeman.

Magnon C, Lucas D, Frenette P S, 2011. Trafficking of stem cell [M/OL]. Methods Mol Biol, 750: 3-24.

Magnusson M, Brun A C, Lawrence H J, et al, 2007. Hoxa9/hoxb3/hoxb4 compound null mice display severe hematopoietic defects. Exp Hematol, 35(9): 1421-1428.

Masood A, Wahab A, Iqbal Q, et al, 2022. Efficacy and safety of allogeneic hematopoietic stem cell transplant in adults with hemophagocytic lymphohistiocytosis: a systematic review of literature. Bone Marrow Transplant, 57(6): 866-873.

Mendez-Ferrer S, Lucas D, Battista M, et al, 2008. Haematopoietic stem cell release is regulated by circadian oscillations. Nature, 452(7186): 442-447.

Meshorer E, Plath K, 2010. The Cell Biology of Stem Cells. New York: Landes Bioscience and Springer Science+Business Media, LLC.

Mikkola H K, Orkin S H, 2006. The journey of developing hematopoietic stem cells. Development, 133(19): 3733-3744.

Naka K, Jomen Y, Ishihara K,et al, 2015. Dipeptide species regulate p38MAPK-Smad3 signalling to maintain chronic myelogenous leukaemia stem cells. Nat Commun, 6: 8039.

Nakauchi H, Oguro H, Negishi M, et al, 2005. Polycomb gene product Bmi-1 regulates stem cell self-renewal. Ernst Schering Res Found Workshop, (54): 85-100.

Neves H, Weerkamp F, Gomes A C, et al, 2006. Effects of Delta1 and Jagged1 on early human hematopoiesis: correlation with expression of notch signaling-related genes in CD34+ cells. Stem Cells, 24(5): 1328-1337.

Nie Y, Han Y C, Zou Y R, 2008. CXCR4 is required for the quiescence of primitive hematopoietic cells. J Exp Med, 205(4): 777-783.

Oostendorp R A, Ghaffari S, Eaves C J, 2000. Kinetics of in vivo homing and recruitment into cycle of hematopoietic cells are organ-specific but CD44-independent. Bone Marrow Transplant, 26(5): 559-566.

Orelio C, Harvey K N, Miles C, et al, 2004. The role of apoptosis in the development of AGM hematopoietic stem cells revealed by Bcl-2 overexpression. Blood, 103(11): 4084-4092.

Papayannopoulou T, Scadden D T, 2008. Stem-cell ecology and stem cells in motion. Blood, 111(8): 3923-3930.

Park I K, Qian D, Kiel M, et al, 2003. Bmi-1 is required for maintenance of adult self-renewing haematopoietic stem cells. Nature, 423(6937): 302-305.

Parmar K, Mauch P, Vergilio J A, et al, 2007. Distribution of hematopoietic stem cells in the bone marrow according to regional hypoxia. Proc Natl Acad Sci U S A, 104(13): 5431-5436.

Reya T, Duncan A W, Ailles L, et al, 2003. A role for Wnt signalling in self-renewal of haematopoietic stem cells. Nature, 423(6938): 409-414.

Reya T, 2003. Regulation of hematopoietic stem cell self-renewal. Recent Prog Horm Res, 58: 283-295.

Rhodes K E, Gekas C, Wang Y, et al, 2008. The emergence of hematopoietic stem cells is initiated in the placental vasculature in the absence of circulation. Cell Stem Cell, 2(3): 252-263.

Sacchetti B, Funari A, Michienzi S, et al, 2007. Self-renewing osteoprogenitors in bone marrow sinusoids can organize a hematopoietic microenvironment. Cell, 131(2): 324-336.

Samokhvalov I M, Samokhvalova N I, Nishikawa S, 2007. Cell tracing shows the contribution of the yolk sac to adult haematopoiesis. Nature, 446(7139): 1056-1061.

Scheller M, Huelsken J, Rosenbauer F, et al, 2006. Hematopoietic stem cell and multilineage defects generated by constitutive beta-catenin activation. Nat Immunol, 7(10): 1037-1047.

Spooncer E, Brouard N, Nilsson S K, et al, 2008. Developmental fate determination and marker discovery in hematopoietic stem cell biology using proteomic fingerprinting. Mol Cell Proteomics, 7(3): 573-581.

Vercauteren S M, Sutherland H J, 2004. Constitutively active Notch4 promotes early human hematopoietic progenitor cell maintenance while inhibiting differentiation and causes lymphoid abnormalities in vivo. Blood, 104(8): 2315-2322.

Wang L, Liu T, Xu L, et al, 2013. Fev regulates hematopoietic stem cell development via ERK signaling. Blood, 122(3): 367-375.

Willert K, Brown J D, Danenberg E, et al, 2003. Wnt proteins are lipid-modified and can act as stem cell growth factors. Nature, 423(6938): 448-452.

Ye Q, Shieh J H, Morrone G, et al, 2004. Expression of constitutively active Notch4 modulates myeloid proliferatin and differentiation and promotes expansion of hematopoietic progenitors. Leukemia, 18(4): 777-787.

Zhu J, Garrett R, Jung Y, et al, 2007. Osteoblasts support B-lymphocyte commitment and differentiation from hematopoietic stem cells. Blood, 109(9): 3706-3712.

思考题

1. 请简要说明造血干细胞在体内的主要功能。
2. 请简要概述造血发生的整个生命历程。
3. 造血干细胞的生物学特性是什么？有何应用价值？

第七章
神经干细胞

　　长期以来，人们一直认为，神经元的再生能力在个体出生前或出生后不久就已经停止，发育成熟的神经元不能再分裂增殖，因而一旦神经元受损或病变之后，神经组织将不能完全修复，从而导致神经系统功能缺陷。但近十多年来，众多学者在研究中陆续发现，在胚胎、未成年个体和成年个体的中枢神经系统及外周神经系统中都存在着一类干细胞，称为神经干细胞（neural stem cell），并且，根据它们所处的部位不同，分别称之为中枢神经干细胞和外周神经干细胞。这些神经干细胞同样能够进行增殖和自我更新，并具有向神经元、星形胶质细胞和少突胶质细胞分化的潜能，分化后的细胞可表现出相应细胞的形态学和电生理学特征。神经干细胞的发现修正了这种传统的旧观点，神经干细胞具有多向分化潜能的事实也澄清了长期以来关于神经元与神经胶质细胞起源问题上的争议，人们对神经系统的发育、神经元的再生以及神经干细胞在神经系统疾病或损伤的修复中所起的作用等方面都有了全新的认识。神经干细胞所具有的各种生物学特性，使之不仅成为研究神经发育和神经再生机制非常有用的对象，而且，因为神经干细胞具有多向分化的潜能，神经干细胞植入神经组织后容易存活，所以神经干细胞已经成为干细胞移植以修复神经组织损伤和治疗神经系统疾病的理想的细胞类型。目前，神经干细胞的定向分化研究及其在临床上的应用已成为 21 世纪神经科学的研究热点。

　　神经干细胞最主要的特性就是具备自我更新的能力和多向分化的潜能。在体内，它们是神经系统发育和再生的种子细胞，在体外适当的培养条件下，它们也能够不断分裂增殖。神经干细胞的分裂增殖具有对称分裂和不对称分裂两种方式，对称分裂可产生两个子代干细胞，而不对称分裂则产生一个子代干细胞及一个祖细胞。在分裂增殖过程中，不对称分裂产生的祖细胞可出现自主分化，而子代干细胞仍然保持干细胞的属性。在特定的培养条件下，如采用特定的分化诱导剂，神经干细胞能够分化为具有特定生物学功能的神经元、星形胶质细胞或少突胶质细胞。1992 年，Reynolds 等采用神经球（neurosphere）法成功地从成年鼠纹状体内分离获得神经干细胞，并且提出了神经干细胞的概念，建立了神经干细胞体外培养技术，为后来的神经干细胞深入的理论和应用研究奠定了基础。随后，一些研究人员根据不同物种、不同年龄、不同神经组织和区域，陆续建立了各自的神经干细胞的培养方案以适用于不同的研究目的。体外培养的神经干细胞是研究神经干细胞发育和分化的良好模型，能够真实地反映神经细胞生命活动的情况，能进行较长时间的动态观察，并且可以较为容易、人为地控制实验条件，从而可以进行一些在体内无法实施的科学研究，用来分析和阐明引起细胞反应的事件和原理。神经干细胞的分离、培养和鉴定作为基本而又十分重要的实验手段，在神经干细胞的研究中得到了广泛的应用。

第一节 神经干细胞的概念及来源

一、神经干细胞的概念

神经干细胞是指存在于神经系统中，具有分化为神经元、星形胶质细胞和少突胶质细胞的潜能，从而能够产生大量脑组织细胞，并能进行自我更新的细胞群。神经干细胞除了具有干细胞共有的特性，如自我更新能力、多向分化潜能以及以对称分裂和不对称分裂方式进行增殖等生物学性质之外，还具有其自身特异性表面标志，它们可以选择性地表达某些抗原标志，如巢蛋白（nestin）等，对于神经干细胞的分离、纯化和鉴定具有重要作用。

二、神经干细胞的来源与分布

神经干细胞主要来源于神经组织，当然，也可以由胚胎干细胞发育分化为神经干细胞。迄今为止，人们在哺乳动物的胚胎、未成年个体和成年个体的诸多脑区以及脊髓等区域都成功地分离出了神经干细胞。

在哺乳动物中枢神经系统的广泛区域，都有神经干细胞的分布。例如，人们已经在大鼠胚胎和新生大鼠的大部分脑区，包括脑皮质（cortex）、室管膜下区（subependymal zone，SEZ）、纹状体（striatum）、海马（hippocampus）、中脑（midbrain）等区域都发现有神经干细胞的存在，尤其在与神经发生有关的脑室管膜下区，神经干细胞的数量最多，在小脑也存在一定数量的神经干细胞，甚至在视神经和视网膜上，都有神经干细胞的分布。类似地，分离成年哺乳动物某些脑区的细胞进行体外培养，人们也发现，前脑的室下区（subventricular zone，SVZ）、纹状体、海马的齿状回（dentate gyrus）和大脑皮质等广泛区域，也有神经干细胞存在（图 7-1、图 7-2）。大多数研究认为，在成年哺乳动物的大脑，正常情况下只产生两种神经元，即齿状回的颗粒细胞和嗅球（olfactory bulb）的中间神经元，而这两种神经元就是由齿状回颗粒细胞层下区（subgranular zone，SGZ）和侧脑室的室下区的神经干细胞增殖分化和迁移而来的，在这两个区域存在着高密度的细胞分裂，是神经干细胞的最主要的生发区域。Weiss 等于 1996 年首次成功地从成年哺乳动物脊髓内分离到神经干细胞，证实了在脊髓同样也有神经干细胞的存在，而后，其他学者也陆续发现，无论胚胎还是成年哺乳动物的脊髓室管膜下区都存在神经干细胞。有人甚至认为，成年哺乳动物室下区和侧脑室壁的胶质细胞就是神经干细胞。

在人类神经系统中，人们也发现了与哺乳动物相似的结果，无论从自然流产的胚胎或胎儿的脑组织，以及成年人的脑组织中，都已分离得到神经干细胞。从大脑皮质、海马、室下区、嗅球等脑区也都分离培养出神经干细胞，尤其是室下区神经干细胞密度最高。目前认为，该处可能是成人中枢神经系统的生发源。此外，人们还已经从发育的个体或成年人的脊髓组织中分离出了神经干细胞并应用于脊髓损伤动物模型的细胞移植实验性治疗。目前，虽然神经干细胞在神经系统的精确定位仍未完全阐明，但毫无疑问，上述的研究结果为神经干细胞的分离培养提供了依据。

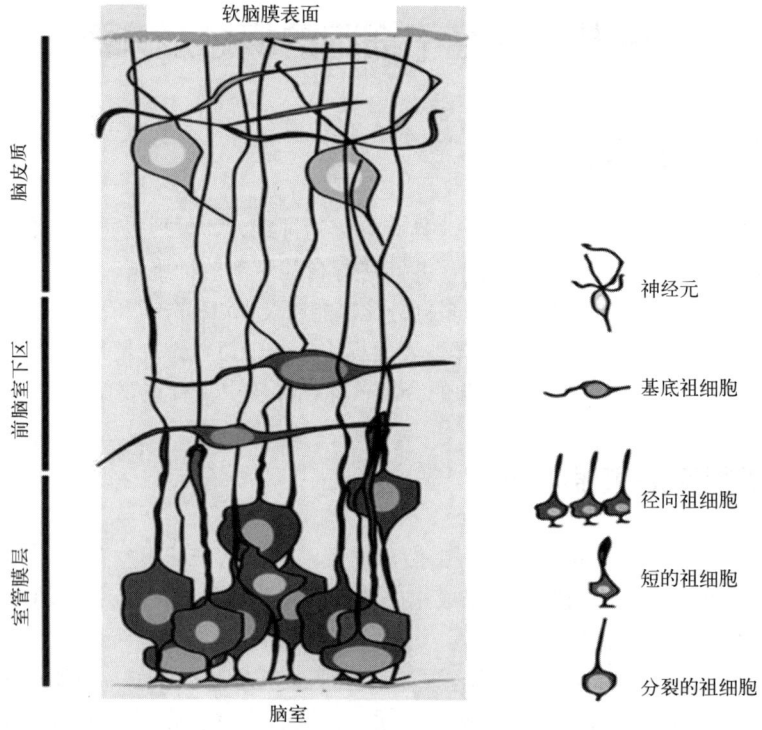

图 7-1　胚胎神经干细胞微环境（Kazanis et al，2008，略改）

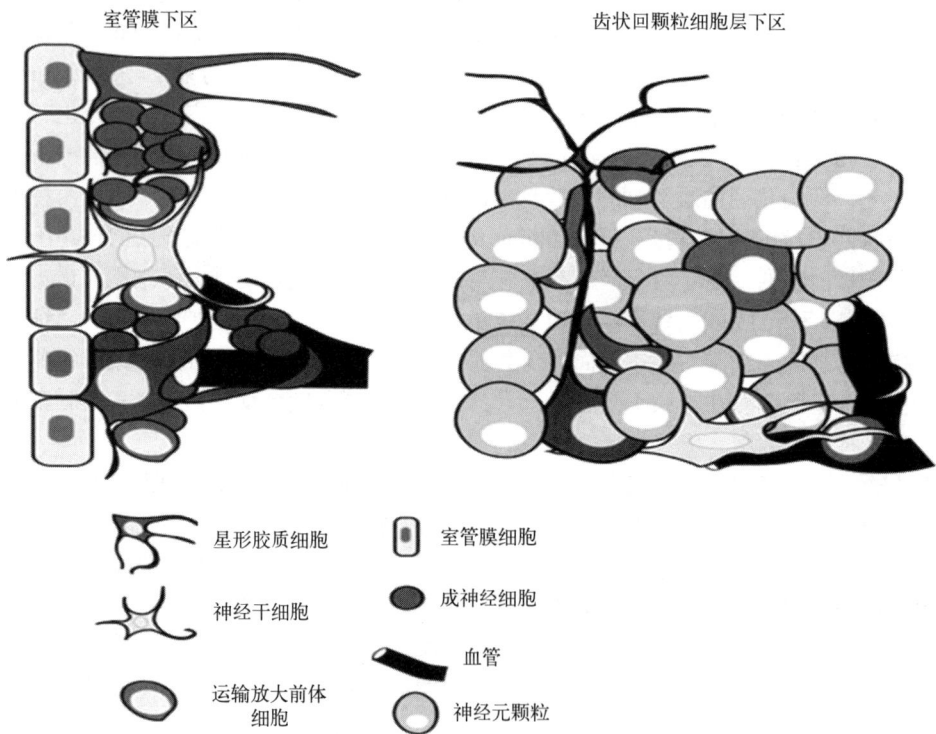

图 7-2　SEZ 和 SGZ 内成体神经干细胞微环境（Kazanis et al，2008，略改）

第二节 神经干细胞的分离与鉴定

一、神经干细胞分离的几种常用方法

要培养神经系统来源的神经干细胞，首先要从神经组织中分离获取神经干细胞。目前，神经干细胞的分离方法主要有以下三种（不包括胚胎干细胞来源的神经干细胞）。

1. 无血清培养基自然筛选法

该方法是迄今为止应用最为广泛，也是最简单和容易操作且行之有效的方法。该方法的原理是：利用特殊的培养基使分化成熟的神经细胞无法较长时间地存活，从而分离筛选出能够在该培养条件下存活并增殖的神经干细胞群体。该方法的基本步骤如下：首先，将含有神经干细胞的神经组织通过机械研磨或酶解分散等方法制备成单细胞悬液，然后培养于含有特殊营养添加剂和促增殖因子的不含血清的培养体系中，在这样的培养条件下，非神经干细胞由于营养缺陷无法较长时间地存活，而神经干细胞则能够较好地适应该培养体系并在促增殖因子作用下生长增殖，因此，培养一段时间后，在培养体系中就可以获得通过这种自然筛选而增殖形成的呈神经球生长的神经干细胞群体。这种利用特殊培养基来自然筛选神经干细胞的方法的优点是简便易行，不需要特殊的仪器设备条件，分离效率高，神经干细胞损伤小且易于成活。但是，通过该方法，要获得纯度较高的神经干细胞群体则需要较长时间，一般需要 4～6 周，然后还需对所分离获得的细胞进行鉴定，否则，如果未经过足够时间的筛选，得到的神经干细胞群体中很可能混杂有少量原先处于发育早期或已发育成熟的神经细胞，将这样的细胞群体当成神经干细胞进行研究，必然会影响研究者对研究结果的判定。

2. 流式细胞术分选法

流式细胞术分选法即激发荧光细胞分选法（fluorescence-activated cell sorting, FACS）。流式细胞仪（flow cytometer）是集流体喷射技术、激光技术、荧光检测技术以及电子和计算机等技术于一体的，用于细胞和微颗粒物定量和分类分析研究的一种实验仪器。利用流式细胞仪，既可根据所检测细胞或颗粒物的大小将其分群，也可通过激光照射使被检测物带有荧光，再通过检测器检测被检测物所带有的荧光强度，并转换成脉冲信号，输入计算机，将信号进行处理分析最终获得各种检测参数。某些流式细胞仪带有细胞分选器，能够将带有荧光标记或不带荧光标记的细胞分别收集，从而获得特异的细胞群体。流式细胞术分选神经干细胞的主要步骤是：首先将神经组织通过机械研磨或酶解等方法制备成单细胞悬液，然后利用某些偶联荧光标记物的抗体与神经干细胞表面的特定抗原特异结合，使神经干细胞带上荧光标记，再使这些带标记的单细胞悬液通过带有分选器的流式细胞仪进行分选，收集这些带有特殊生物标志的神经干细胞，进一步进行培养或直接用于研究。该方法的优点是，不需要经历较长时间的筛选培养，就能够直接从神经组织中分离得到较高纯度的神经干细胞。当然，流式细胞术分选法的使用仍然很少，并没有被人们广泛采用，究其原因，一方面是仪器设备的条件限制，但更主要的原因可能是，就目前人们对神经干细胞的认识水平而言，除了已经证实巢蛋白或 Musashi 是神经干细胞较为特异性的标志并被人们所认可外，其他的神经干细胞的表面标志都是非特异性的，所以，在进行干细胞分选时，需要利用数种干细胞表面标志（如 CD 分子）才能最终确定某类细胞。因此要对神经干细胞进行有效的分选难度仍然较大，另外，由于结合了荧光标记抗体的神经干细胞在分选时需要经过流式细胞仪激光激发才能被识别和分选，因而对细胞有一定的损伤。此外，如果细胞分选完成后还需进一步对细胞进行培养，在分选过程中必须保持无菌操作等，因此对技术的要求也较高。

3. 免疫磁珠分选法

利用免疫磁珠分选特异的细胞群体是 20 世纪 80 年代出现的一种新技术。该方法的原理就是：将能够识别所分离细胞特异标志的抗体包被于带有磁性的微球表面，然后将其与待分离的细胞悬液混合并经抗原抗体反应后，在细胞表面通过 Ag-Ab 为桥梁形成带有磁珠的玫瑰花结，这些结合了磁珠的细胞一旦置于足够强大强度的磁场下，就会为磁场所吸附，而未带有磁珠的细胞群就能够先行被洗脱去除，然后去除磁场，将原先被磁性吸附的细胞洗脱收集，从而最终达到分选细胞的目的，这是正性分选。当然类似地，可采用某些抗非目的细胞的抗体的磁珠，将非目的细胞先吸附于磁场从而达到去除非目的细胞的目的，而将目的细胞先行分选出来，该方法称之为负性分选。由于在高强度磁场作用后磁珠的磁性可消失，因此它不影响细胞的生长，随着细胞的增殖过程中培养液的更换，磁珠将被逐渐去除。该分离方法较为简单，重要的是它能够一次分离到较多数量的细胞，而且对细胞的损伤和影响较小。当然，它需要价格较为昂贵的磁分选器和磁珠以及各种特异性抗体，需要根据待分离细胞数量的要求选择相应的磁分选器。目前，免疫磁珠分选法主要用于造血干细胞的分离，极少用于神经干细胞分离，由于该方法也是利用抗体识别特异抗原的原理来区分细胞的，所以，该方法应用于神经干细胞的分离时同样也面临上述的缺乏特异性细胞表面抗原的问题。

二、神经干细胞的鉴定

采用上述各种方案分离并培养出呈浮球状生长的细胞群后，必须对这些细胞进行鉴定，以确定是否为神经干细胞。鉴定的指标通常基于神经干细胞的几个特性，包括自我更新能力、特异性抗原 nestin 的表达和多向分化潜能，神经干细胞的鉴定多采用免疫细胞化学染色的方法（包括免疫酶和免疫荧光染色）进行。常用的神经系统各种细胞的特异性标志如下。神经元的特异性标志主要有微管相关蛋白 2（MAP2）、β-微管蛋白 Ⅲ（β-tubulin Ⅲ）、神经元特异性烯醇化酶（neuron specific enolase，NSE）、神经微丝（neurofilment，NF）、神经元特异核蛋白（neuron specific nuclear protein，Neu N）等；星形胶质细胞的特异性标志主要有胶质纤维酸性蛋白（glial fibrillary acidic protein，GFAP）；少突胶质细胞的特异性标志主要有半乳糖脑苷脂（galactocerebroside，GC）、2′, 3′-环核苷酸二酯酶（2′, 3′-cyclic nucleotide 3′-phosphodi esterase）等。

第三节　神经干细胞的分化

成体中枢神经系统中神经干细胞的发现为神经发育研究和中枢神经功能的重建提供了一条新的途径。利用体外培养的神经干细胞所进行的各种研究，大大地促进了人们对神经发育机制的了解，一些能够使神经干细胞增殖、分化的因子将可能被直接应用于控制体内细胞的增殖和分化。这些能够调节神经干细胞分化的细胞外蛋白和神经营养因子，将有助于对某些神经系统疾病，如神经系统退行性疾病、神经系统发育异常等疾病的治疗。神经干细胞具有分化成多种神经系统细胞的潜能，因而，人们希望通过一些特殊的细胞因子等诱导分化剂的适当运用，能够将神经干细胞定向诱导分化成所需要的神经细胞类型，这样就能够利用这些神经干细胞来修复损伤或病变的神经组织。更为重要的是，通过定向诱导分化及其机制的阐明，今后就有可能直接通过调控体内神经干细胞的分化，来直接达到受损神经的组织和功能修复。所以，神经干细胞的定向诱导分化必然是神经干细胞研究的重要课题。

由于体内实验研究的复杂性以及无法回避的伦理问题等，已报道的各种关于神经干细胞的定向诱导分化研究大多都是采用体外培养方法进行的，并且，很大一部分研究也仅仅着眼于各种细胞因子对神经干细胞的定向诱导分化的作用和影响，如内皮生长因子（endothelial growth factor，EGF）、碱性成纤维生长因子（basic fibroblast growth factor，bFGF）、脑源性神经营养因子（brain derived neurotrophic factor，BDNF）、血小板衍生生长因子（platelet derived growth factor，PDGF）、睫状神经营养因子（ciliary neurotrophic factor，CNTF）、白血病抑制因子（leukemia inhibitory factor，LIF）、胰岛素样生长因子-1（insulin-like growth factor-1，IGF-1）、神经营养蛋白（neurotrophin，NT）、骨形态生成蛋白（bone morphogenetic protein，BMP）、三碘甲状腺原氨酸（甲状腺激素 T3，triiodothyronine，T3）、维 A 酸（又叫视黄酸，vitamin A acid）等。并且，虽然有关神经干细胞诱导分化的研究很多，但就神经干细胞定向分化的影响因素及确切的作用机制，人们仍然所知甚少，各家报道的实验结果不尽相同，这也说明神经干细胞分化影响因素的复杂性。神经干细胞来源的物种、年龄、组织部位、培养时间和条件等因素，都可能造成神经干细胞对诱导剂的反应性不同；而不同诱导剂、不同配伍、不同作用时间等，也会对神经干细胞起着不同的影响，因此，在这方面，需要进行大量的工作才能揭示神经干细胞的定向诱导分化机制及其影响因素。神经干细胞的起源和培养条件对其分化有重要影响。根据神经干细胞对丝裂原的反应不同将神经干细胞分为 EGF 反应性和 bFGF 反应性神经干细胞，研究表明，在培养液中撤除丝裂原后，EGF 反应性的神经干细胞大多分化为神经胶质细胞，很少分化为神经元；而 bFGF 反应性神经干细胞则较多分化为神经元。bFGF 不仅起丝裂原的作用，也能促进神经干细胞分化和决定神经干细胞分化方向，有研究显示，bFGF 反应性神经干细胞用 NT3、BDNF、PDGF 或维甲酸等处理后，分化成神经元的比例增加；CNTF 能诱导 bFGF 反应性神经干细胞主要分化成星形胶质细胞；IGF-1 促进神经干细胞分化为少突胶质细胞；BMP 主要促进神经干细胞向胶质细胞方向分化；T3 诱导神经干细胞分化成少突胶质细胞；LIF 可诱导人中枢神经干细胞分化为星形胶质细胞；视黄酸和神经营养因子在神经发生的不同阶段发挥作用，RA 能诱导大鼠海马的神经干细胞分化为神经元祖细胞，而且上调其 Trk 受体表达，随后神经营养因子通过这些受体促进细胞进一步成熟，成为各种神经递质表型的神经元，这些研究结果表明，从神经干细胞分化成神经元是一个多步骤、依赖不同信号途径相互作用的过程（图 7-3）。

目前，在体外的神经干细胞定向分化研究大多仅涉及少数几个因素的作用，实际上，神经干细胞体内分化的调控是一个多因素参与的过程，神经系统内神经递质、黏附分子、酶等多种因素都可能参与其中，所以单因素或少数几个因素的研究不能很好地阐明神经干细胞增殖和分化的问题，这就促使人们着眼于体内神经干细胞分化的研究。2001 年，Vaccarino 等将体外分离培养的神经干细胞直接或经过基因修饰后植入脑内，发现有神经发生的组织区域如纹状体、海马等区域能够支持神经干细胞的分化，并可将移植的神经干细胞分化为该区域的神经细胞，而不是分化成神经干细胞来源区域的神经元和神经胶质细胞，说明了神经干细胞分化的可塑性由其所在的微环境所决定。1996 年，Craig 等将取自胚胎期 E12 大鼠中脑的干细胞植入成年大鼠偏侧帕金森病（Parkinson's disease）模型的双侧纹状体区，证实移植的神经干细胞在病损侧比在健侧更容易分化成酪氨酸羟化酶（tyrosine hydroxylase，TH）阳性的神经元，他们认为，可能是由于该病损侧纹状体内提供了更能刺激神经干细胞分化成多巴胺能神经元的微环境。此外，有人发现，将 EGF 注射到成年小鼠的侧脑室，导致室管膜 nestin 阳性细胞数量的增加，并迁移到邻近的皮质、纹状体等处，当停止施用 EGF 后，这些细胞中的一部分可分化成新的神经元、星形胶质细胞和少突胶质细胞。因此，改变某些特定脑区的微环境，就有可能激活内在的神经干细胞增殖、分化、迁移和整合，从而达到神经损伤的修复和神经系统退行性病变的神经细胞再生的目的。

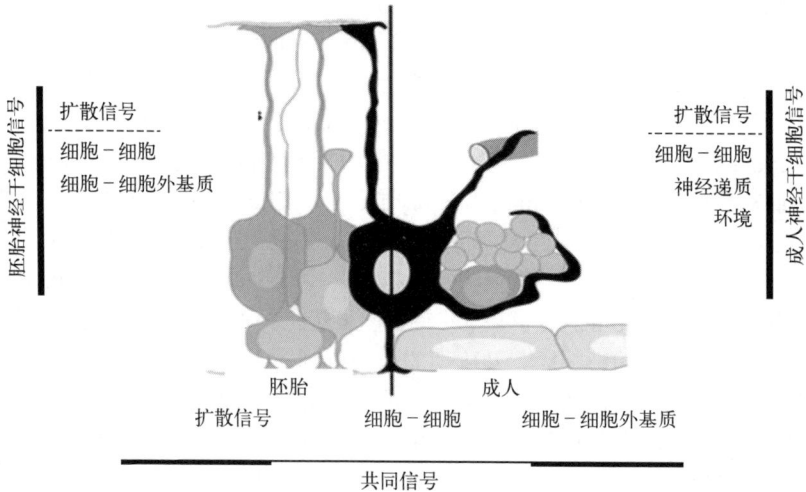

图 7-3　神经干细胞微环境内的信号通路（Kazanis et al，2008，略改）

第四节　神经干细胞的研究现状与临床应用

一、神经干细胞的研究现状

目前，关于神经干细胞的各种研究方兴未艾，主要包括以下几个方面。

1. 特殊化合物能促进神经干细胞定向分化

关于神经干细胞分化调控的分子机制以及影响神经干细胞命运的外在因素的各种研究对于神经发育、神经组织再生、神经系统退行性疾病以及脑肿瘤等的发生、发展和治疗都有非常重要的意义。虽然目前对神经干细胞增殖分化调控的研究很多，但是迄今为止，有关小分子化合物调控神经元增殖和定向分化的报道非常少。小分子化合物 5-氨基咪唑-4-羧酰胺-1-β-D-核糖呋喃糖苷（5-aminoimidazole-4-carboxamide-1-β-D-ribofuranoside，AICAR）是一个单磷酸腺苷（cAMP）的类似物，被广泛地用作细胞水平激活 cAMP 依赖的蛋白激酶（cAMP-dependent protein kinase，APK 或 PKA）的工具化合物。目前，对 AICAR 的研究主要集中在神经干细胞代谢调节方面，而 AICAR 绝大多数的作用机制都是通过激活 cAMP 从而激活 cAMP 依赖的蛋白激酶而发挥的。APK 作为细胞中的"燃料开关"，在动物抵御和适应环境应激的过程中起着重要作用。该研究首次发现，小分子化合物 AICAR 对于神经干细胞 C17.2 及来源于不同发育时期及不同部位的神经干细胞（P0-NSCs 及 E14-NSCs）均有明显的诱导分化作用。通过对神经元、胶质细胞等特异性表面标志蛋白的鉴定，明确了 AICAR 能定向诱导神经干细胞分化为星形胶质细胞。有意思的是，APK 的另一个传统激活剂二甲基双胍却没有这种促进神经干细胞分化为星形胶质细胞的作用，并且，完全阻断 APK 活性也不能逆转 AICAR 的促胶质细胞定向分化作用。研究中，还首次发现了 AICAR 能激活与神经干细胞向胶质细胞分化密切相关的 JAK-STAT 信号通路，AMPK 激活剂 Metformin 则无法激活该通路，并且，JAK 特异性抑制剂可完全逆转 AICAR 的促分化作用。这些结果表明，AICAR 的定向诱导神经干细胞分化为胶质细胞的作用可能并不依赖于其传统胞内靶点 APK 信号通路，而有可能是通过激活 JAK-STAT3 信号通路而起作用的。

2. 利用神经干细胞修复脑损伤

我国科研人员在神经干细胞研究领域取得了重要进展，由复旦大学脑科学研究院杨振纲教授领衔的课题组通过大鼠实验，发现了神经干细胞在神经再生中的独特行为方式。这一结果提示，神经干细胞移植需要进行干预，才能起到有效治疗脑部疾病的作用，从而为神经干细胞用于脑损伤修复指明了新的道路。这一研究成果发表在国际知名学术期刊《神经科学》杂志上，并被选为亮点文章重点介绍。科学研究已经证实，人脑内终生都有神经干细胞，在脑内能够不断产生新的神经元，但遗憾的是，受损伤的人脑并不能因此而具有自我修复功能。主流观点认为，这是因为脑内神经干细胞的数量太少，因此，全世界众多科研人员大多聚焦于想方设法地扩增脑内神经干细胞的数量。复旦大学脑科学研究院的科研人员利用缺血性脑卒中的大鼠模型，发现最容易遭受损伤的脑区主要是纹状体，纹状体内 90% 以上的神经元都是投射神经元，它们"个头"中等，浑身上下长满了"刺"，而研究发现，大鼠脑部自身的神经干细胞产生的新生神经元"个头"很小，身上几乎没有"刺"，因而不能满足修复纹状体的要求。杨振纲教授指出：不论是胚胎时期还是成年后，脑部神经干细胞都只能产生一定种类的神经元。大脑内有近 1000 亿个神经元，它们可以分为近 1 万种不同类型的神经细胞，而神经干细胞在胚胎发育时就已经分工明确，在成人脑内根本找不到一种能分化出这些近万种的所有类型神经元的"亚全能干细胞"。在这一研究的基础上，未来科学家将有望利用各种遗传学干预手段，去诱导人脑部神经干细胞分化出特定功能的神经元，用来治疗阿尔茨海默病、帕金森病等临床多种神经退行性疾病。

二、神经干细胞的临床应用与展望

采用神经干细胞移植的方法治疗某些神经系统的损伤和退行性疾病，经过较长时间的实践已被证明是一种行之有效的治疗方法，但是，该方法又受到细胞来源缺乏、移植的神经干细胞无法长期存活和增殖并难免免疫排斥反应等诸多问题的限制。近年来，神经干细胞研究的成果为神经干细胞移植疗法提供了新的契机。人们发现，神经干细胞在合适的条件下，可在体外大量增殖，这就解决了移植细胞来源有限的问题。许多动物实验和临床研究表明，将体外培养获得的神经干细胞移植到脑组织后，受到移植部位局部信号的作用，移植的神经干细胞能够良好地生长、分化并整合到宿主的神经组织，因此为完全修复受损的神经系统并重建受损的神经传导网络提供了组织学基础。而且，用于移植的神经干细胞还可以直接取自患者本人的神经组织，经体外培养扩增后再定位移植到患者病损的脑组织，这样就可以减少或避免免疫排斥反应的发生，提高移植的成功率和治疗的效果。应用患者自身的神经干细胞移植治疗患者神经元缺损性疾病主要有两种策略：一种是在患者体内利用某些制剂诱导病变部位本身存在的神经干细胞的增殖分化；另一种策略是从患者神经组织中分离出神经干细胞，然后在体外经过培养大量增殖并修饰后，定位移植到患者相应的病变部位，再利用某些抑制剂诱导其定向分化。神经干细胞的应用主要有以下几种。

1. 神经干细胞移植治疗神经系统退行性疾病

中枢神经系统疾患中，有很多是因为某种特定的神经细胞发生退行性病变和死亡，使得神经系统中一些重要的神经递质、神经营养因子匮乏或某些重要神经结构遭到破坏所致。科学家们在成功地分离和培养了神经干细胞之后，就试图直接用它们进行移植治疗，以替代神经系统中那些因疾病或损伤而死亡的神经细胞，并修复神经系统的功能。大量动物实验已证明，神经替代和神经回路的部分重建是完全可能的。移植到体内的神经干细胞可释放多巴胺（dopamine，DA）、乙酰胆碱（acetylcholine，Ach）、γ-氨基丁酸（gamma aminobutyric acid，GABA）等神经递质以及神经营养因子。而且，在神经损伤或变性时，机体调节神经元分化和形成突触联系的某些机制被重新激活，有助于移植细胞的生存。目前，在鼠类和灵长类动物模型中已积累了神经干细胞移植治疗帕金森病、亨廷顿病、脊髓损伤、缺血性脑卒中等中枢神经系统疾病的大量实验数据。

2. 改善认知功能

尽管目前有关神经干细胞移植的研究主要集中在病变部位比较确切的疾病如脑卒中、帕金森病等，但现在也已经有人开始探索涉及全脑功能改变的研究如衰老和阿尔茨海默病等。他们的研究发现，把处于神经球状态的未分化的人神经干细胞移植到老年大鼠侧脑室，能够改善衰老引起的大脑认知功能障碍，该项研究已经初步显示出神经替代疗法治疗年龄相关的神经系统退行性疾病的潜在价值。

3. 以神经干细胞为载体的基因治疗

在临床上，在分离并纯化得到神经干细胞后，一方面可以利用神经干细胞本身的特性，在特定的微环境中将它们诱导分化成相应的细胞来替代神经系统中损伤或死亡的神经元；另一方面，人们还可以通过逆转录病毒将外源性治疗基因导入神经干细胞并在体外建立细胞系，即形成所谓的永生化祖细胞系或干细胞系。这种细胞系可在体外长期大量增殖，同时可被转染并在宿主体内稳定表达外源性治疗基因的产物，从而达到利用神经干细胞作为载体的基因治疗的目的，并利用表达的外源性治疗基因产物，对周围的神经细胞起到支持、营养和保护作用，进一步达到改善症状和治疗疾病的目的。总之，神经干细胞移植为神经系统疾病的治疗开辟了新途径，展现了广阔的前景。未来研究一方面要解决移植应用的问题，另一方面迫切需要探讨神经干细胞分化和发育过程中基因表达的变化、信号转导与调节机制等。

目前，关于神经干细胞的来源、分离、培养及鉴定还有许多工作要做，神经干细胞的诱导、分化及迁移机制还有待进一步研究。人们可以通过细胞培养技术及基因组的研究，如DNA微阵列技术，进一步明确成体神经干细胞的确切位置，还可以设计相应的药物来特异性地激活这些神经干细胞。人们可以进一步认识神经干细胞的本质和控制其分化的基因，通过调控相应的靶基因，从而可以从神经干细胞诱导产生各种特定的分化细胞来满足各种临床需要。此外，神经干细胞横向分化的发现对神经干细胞的研究和应用更是具有重要意义。将来，人们还可望从自身体内分离或诱导出神经干细胞，这样，就有可能解决神经干细胞的来源问题。总之，未来神经干细胞的应用将具有广阔的前景。

参考文献

Akita K, von Holst A, Furukawa Y, et al, 2008. Expression of multiple chondroitin/dermatan sulfotransferases in the neurogenic regions of the embryonic and adult central nervous system implies that complex chondroitin sulfates have a role in neural stem cell maintenance. StemCells, 26(3): 798-809.

Balordi F, Fishell G, 2007. Hedgehog signalling in the subventricular zone is required for both the maintenance of stem cells and the migration of newborn neurons. J Neurosci, 27(22): 5936-5947.

Colak D, Mori T, Brill M S, et al, 2008. Adult neurogenesis requires Smad4-mediated bone morphogenic protein signalling instemcells. J Neurosci, 28(2): 434-446.

Curtis M A, Eriksson P S, Faull R L, 2007. Progenitor cell sand adult neurogenesis in neurodegenerative diseases and injuries of the basal ganglia. Clin Exp Pharmacol Physiol, 34(5-6): 528-532.

Darsalia V, Kallur T, Kokaia Z, 2007. Survival, migration and neuronal differentiation of human fetal striatal and cortical neural stem cells grafted in stroke-damaged rat striatum. Eur J Neurosci, 26(3): 605-614.

Elias L A, Wang D D, Kriegstein A R, 2007. Gap junction adhesion is necessary for radial migration in the neocortex. Nature, 448(7156): 901-907.

Ge S, Pradhan D A, Ming G L, et al, 2007. GABA sets the tempo for activity-dependent adult neurogenesis. Trends Neurosci, 30(1): 1-8.

Grote H E, Hannan A J, 2007. Regulators of adult neurogenesis in the healthy and diseased brain. Clin Exp Pharmacol Physiol, 34(5-6): 533-545.

Han Y G, Spassky N, Romaguera-Ros M, et al, 2008. Hedgehog signalling and primary cilia are required for the formation of adult neural stem cells. Nat Neurosci, 11(3): 277-284.

Kadowaki M, Nakamura S, Machon O, et al, 2007. N-cadherin mediates cortical organization in the mouse brain. Dev Biol, 304(1): 22-33.

Kazanis I, Lathia J, Moss L, et al, 2008. The neural stem cell microenvironment[M/OL]. Cambridge (MA): Harvard Stem Cell Institute.

Kerever A, Schnack J, Vellinga D, et al, 2007. Novel extracellular matrix structures in the neural stem cell niche capture the neurogenic factor fibroblast growth factor 2 from the extra cellular milieu. Stem Cells, 25(9): 2146-2157.

Lathia J D, Rao M S, Mattson M P, et al, 2007. The microenvironment of the embryonic neural stem cell: lessons from adult niches? Dev Dyn, 236(12): 3267-3282.

Lessard J, Wu J I, Ranish J A, et al, 2007. An essential switch in subunit composition of a chromatin remodeling complex during neural development. Neuron, 55(2): 201-215.

Li Y, Wu H, Jiang X, et al, 2022. New idea to promote the clinical applications of stem cells or their extracellular vesicles in central nervous system disorders: Combining with intranasal delivery. Acta Pharm Sin B,12(8): 3215-3232.

Liu X S, Zhang Z G, Zhang R L, et al, 2007. Comparison of in vivo and in vitro gene expression profiles in subventricular zone neural progenitor cells from the adult mouse after middle cerebral artery occlusion. Neuroscience, 146(3): 1053-1061.

Maric D, Fiorio Pla A, Chang Y H, et al, 2007. Self-renewing and differentiating properties of cortical neural stem cells are selectively regulated by basic fibroblast growth factor (FGF) signalling via specific FGF receptors. J Neurosci, 27(8): 1836-1852.

Nakajima M, Ishimuro T, Kato K, et al, 2007. Combinatorial protein display for the cell-based screening of biomaterials that direct neural stem cell differentiation. Biomaterials, 28(6): 1048-1060.

Riquelme P A, Drapeau E, Doetsch F, 2008. Brain micro-ecologies: neural stem cell niches in the adult mammalian brain. Philos. Trans. R. Soc. Lond. B. Biol. Sci, 363(1489): 123-137.

Saha K, Irwin E F, Kozhukh J, et al, 2007. Biomimetic interfacial interpenetrating polymer networks control neural stem cell behavior. J Biomed Mater Res, 81(1): 240-249.

Sirko S, von Holst A, Wizenmann A, et al, 2007. Chondroitin sulfate glycosaminoglycans control proliferation, radial glia cell differentiation and neurogenesis in neuralstem/progenitorcells. Development, 134(15): 2727-2738.

Zhao T, Hong Y, Yan B, et al, 2024. Epigenetic maintenance of adult neural stem cell quiescence in the mouse hippocampus via Setdla. Nat Commun, 15(1): 5674.

思考题

1. 什么是神经干细胞？其来源有哪些？
2. 如何从组织中分离出神经干细胞？其鉴定方法是什么？
3. 作为一种多能干细胞，神经干细胞也具有多向分化潜能，那么它可以被诱导分化为哪些细胞？诱导效率如何鉴定？试着举例说明。

第八章
表皮干细胞

皮肤是人体面积最大的器官，由表皮、真皮及皮下组织组成，同时还含有毛发、汗腺及皮脂腺等附属结构。表皮位于皮肤浅层，属于复层鳞状上皮，绝大部分由角质形成细胞构成，由外向内可分为角质层（SC）、透明层、颗粒细胞层（SG）、棘细胞层（SS）和基底细胞层（SB）。另外，表皮中还有非角质形成细胞，散在分布于角质形成细胞之间，包括黑色素细胞、朗格汉斯细胞（Langerhans cell）和梅克尔细胞（Merkel cell）。真皮位于表皮下，由致密结缔组织构成，可分为乳头层和网织层两层（图 8-1）。

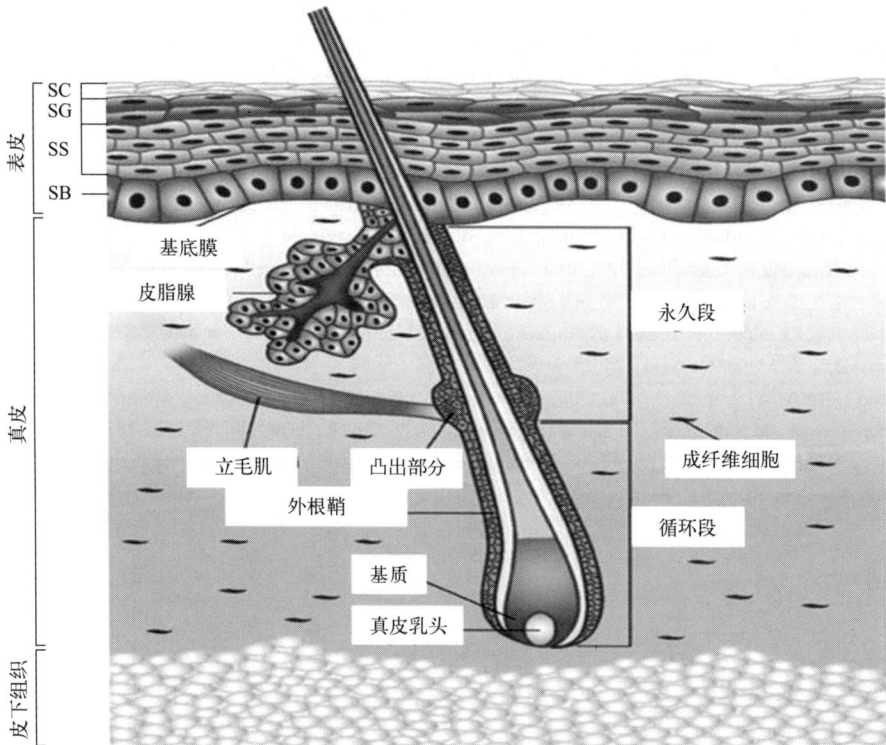

图 8-1 皮肤的结构（Won et al，2008，略改）

表皮终生处于不断更新之中，这是表皮中存在的干细胞不断增殖分化的结果，此类干细胞称为表皮干细胞。目前认为，表皮干细胞是一种存在于表皮内、具有无限自我更新能力，且可以分化形成全层表皮的细胞，它们在体外培养时，具有长期生长的潜能，并可形成克隆性细胞群。

随着成体干细胞研究的进展，目前已经证实，在皮肤中，至少含有 5 种成体干细胞，包括表皮干细胞、真皮间充质多能干细胞、黑色素干细胞、造血干细胞以及内皮干细胞等，这些干细胞相互协调，可产生至少 25 种细胞谱系（cell lineage），发育并构建出完整的皮肤。目前，对皮肤中各种干细胞的研究大多集中在表皮干细胞及真皮间充质干细胞领域，对其他几种干细胞报道较少。

第一节　表皮干细胞的特征

一、表皮干细胞概述

表皮干细胞在正常皮肤组织中含量极少。目前一般认为，表皮基底层细胞中约 1%～10% 属于表皮干细胞，随着年龄的增长，表皮干细胞数量逐步减少。尽管表皮干细胞的含量很少，但表皮干细胞具有很强的自我更新能力，在体外培养体系中呈全克隆性生长，与哺乳动物其他干细胞一样，表皮干细胞的自我更新和分化也是以一种具有高度调控机制的分裂方式进行，除了按一定概率进行对称分裂成为两个子代干细胞外，还可以按不对称分裂方式分裂成为一个子代表皮干细胞和一个子代的定向祖细胞，从而在保证了表皮干细胞很强的自我更新能力的同时，还维持了表皮的正常自稳态。表皮干细胞虽然具有很强的增殖能力，但在正常稳定条件下，处于相对静息状态，在体内的分裂缓慢，具有慢周期性，因而，在组织学上相应表现为胞体小，胞体内 RNA 含量低，且细胞器少，细胞质相对原始。此外，表皮干细胞表面表达高水平的整合素因子，介导了表皮干细胞对基底膜较强的黏附性，对基底膜的高黏附性有可能是维持表皮干细胞特性的基本条件之一，研究发现，如果表皮干细胞与基底膜脱离，则会进入分化周期，分化为定向祖细胞。

表皮干细胞的分布相对固定。表皮干细胞与定向祖细胞在表皮基底层呈片状分布。由于与基底膜及相邻细胞间的强黏附性，表皮干细胞一般位于表皮基底层内；在有毛发的皮肤部位，表皮干细胞位于上皮钉突的基底层内；在无毛发的部位如手掌和脚掌，表皮干细胞则位于紧挨真皮乳头尖端的表皮基底层内。毛囊的表皮干细胞位于毛球外、毛囊中点下方，在立毛肌毛囊附着处稍深方，相当于毛囊隆突部（毛囊隆突是指皮脂腺开口与立毛肌毛囊附着处之间的毛囊外根鞘）。表皮基底层中有 1%～10% 的基底细胞为干细胞，随着年龄的增大，表皮脚与真皮乳头逐渐平坦，表皮干细胞的数量也随之减少，这也是小儿的创伤愈合能力较成人强的重要原因之一。

由于缺乏特异性标志分子，目前，对表皮干细胞进行筛选及鉴定的研究相对较少。一些相对特异的标志分子，如 β_1 整合素、α_6 整合素及 Ck15 等为鉴别表皮干细胞提供了相对可靠的依据，它们可为表皮干细胞的特性研究提供重要信息，但这些标志分子在分离和纯化表皮干细胞的应用中价值较小。目前，对于表皮干细胞的分离纯化，大多利用表皮干细胞对基底膜有较强的黏附性，并且对Ⅳ型胶原、纤维粘连素、层粘连素（基底膜的主要成分）及胞外基质的黏附速度要比其他类型细胞快得多等的特点，对其进行筛选。

表皮干细胞的增殖和分化受到内源性因素及外源性因素的严格调控。内源性因素主要包括不对称细胞分裂、以 Tcf/Lef 家族为代表的转录因子和细胞生命周期中存在的固有限制性因素（如端粒和周期蛋白）等；外源性因素则主要包括分泌型细胞因子（如 TGF-β 和 Wnts 家族等）、细胞间相互作用以及整合素和胞外基质的影响等。

此外，近年来的研究发现，在真皮中也可以分离出间充质干细胞来源的多能干细胞，称为真皮干细胞。真皮干细胞具有很强的增殖能力，添加 EGF 和 bFGF 的培养液对分离得到的真皮干细胞进行体外培养时，可形成球形克隆；真皮干细胞可在体外扩增培养 20 代以上；此外，真皮干细胞具有多向分化潜能，在特定诱导分化体系中，真皮干细胞可以分化成骨样、软骨样、脂肪样、神经样细胞等。

对于真皮干细胞的研究，至今也未发现特异的表面标志分子，但人们发现，真皮干细胞与骨髓间充质干细胞类似，表达 CD90、CD59、CD44 等表面分子，不同的是真皮干细胞还表达 nestin。而与真皮成纤维细胞不同的是，真皮干细胞不表达波形丝蛋白，也无胶原分泌功能。目前，对真皮干细胞的分离多采用贴壁筛选的方法进行，也可以同时利用这一方法结合相对特异性标志分子、增殖活性、分化潜能等方面加以鉴定。

二、表皮干细胞的特征

表皮干细胞最显著的两个特征是它的慢周期性（slow cycling）与很强的自我更新能力。

1. 表皮干细胞的慢周期性

表皮干细胞的慢周期性就是指表皮干细胞在体内表现为标记滞留细胞（label-retaining cell），即在新生动物细胞分裂活跃时掺入氚（^{3}H）标记的胸苷，由于表皮干细胞分裂缓慢，因而在动物体内可以长期探测到（^{3}H）的放射性活性，例如，小鼠表皮干细胞的标记滞留可长达 2 年。

2. 表皮干细胞的自我更新能力

表皮干细胞的自我更新能力表现为表皮干细胞在离体培养时呈现出克隆性生长，如果连续传代培养，表皮干细胞可以进行 140 次分裂，能产生 1×10^{40} 个子代细胞。

3. 表皮干细胞对基底膜的黏附

表皮干细胞主要通过表达整合素（integrins）实现对基底膜各种成分的黏附。整合素是一种由 1 个 α 亚基和 1 个 β 亚基组成的双亚基蛋白质，不同的 α 亚基与不同的 β 亚基搭配组成了多种整合素，其中由 $β_1$ 亚基组成的整合素在表皮干细胞与基底膜的黏附中起重要作用。各种整合素可以作为受体分子与基底膜各种成分中相应的配体结合，如可以与层粘连蛋白结合的有整合素 $α_1β_1$、$α_2β_1$、$α_3β_1$ 及 $α_6β_4$，可以与纤维粘连蛋白结合的有整合素 $α_3β_1$，与胶原结合的有整合素 $α_2β_1$。表皮干细胞对基底膜的黏附是表皮干细胞维持其特性的基本条件。表皮干细胞对基底膜的脱黏附是诱导表皮干细胞脱离干细胞群落，进入分化周期的重要调控机制之一。此外，目前体外分离和纯化表皮干细胞也大都是利用表皮干细胞对细胞外基质的黏附性来实现的。

4. 表皮干细胞的形态学特征

表皮干细胞通常处于静息状态，分裂缓慢，在形态学上表现为细胞体积小，胞内细胞器稀少，细胞内 RNA 含量低，在组织结构中位置相对固定。

第二节　表皮干细胞的蛋白质表达

表皮干细胞可以表达多种蛋白质。在不同状态或不同分化程度时，表皮干细胞表达的蛋白质也不同。表皮干细胞主要可以表达以下几种蛋白质。

一、角蛋白

角蛋白（keratin）是表皮干细胞的结构蛋白，它们构成直径为 10nm 的微丝，在细胞内形成广泛的网状结构。随着分化程度的不同，表皮干细胞表达的角蛋白也不同，因而，角蛋白也可以作为表皮干细胞、定向祖细胞、终末分化细胞的鉴别手段。

二、黏附分子

研究表明，在表皮干细胞定向分化时，它们会失去对基底膜蛋白的黏附性，而这种黏附性是受细胞表面受体——整合素家族调控的。作为黏附分子（adhesion molecule）的一类，整合素为异源双聚体，包括 α 和 β 两种亚基。在表皮干细胞定向分化过程中，β_1 整合素表达下调，直至干细胞完全脱离基底层，其细胞表面 β_1 整合素才丧失表达，故 β_1 整合素可以作为表皮干细胞的一个表面标志。表皮干细胞高度表达 3 种整合素家族的因子：$\alpha_2\beta_1$、$\alpha_3\beta_1$ 和 $\alpha_5\beta_1$。另外，β_1 整合素高表达也可作为毛囊干细胞的一个表面标志。

三、表皮细胞生长因子

表皮细胞生长因子（epidermal growth factor，EGF）是机体内存在的一种重要细胞生长因子，它的主要功能是促进皮肤细胞的分裂和生长。研究表明：极微量的表皮细胞生长因子即能强烈刺激皮肤细胞生长，促进上皮细胞、成纤维细胞的增殖，增强表皮细胞的活力，抑制衰老基因表达，从而延缓表皮细胞的老化，使皮肤各组成成分保持最佳生理状态。此外，它还能刺激细胞外一些大分子物质（如透明质酸和胶原蛋白等）的合成与分泌，滋润皮肤，是决定皮肤活力和健康的关键因素。表皮细胞生长因子的发现，揭示了人体皮肤衰老的奥秘，使人类第一次认识到皮肤的衰老可以逆转。

表皮细胞生长因子最早在 20 世纪 60 年代初由 Montalcini 和 Cohen 首先发现。他们在纯化小鼠颌下腺神经生长因子（nerve growth factor，NGF）时发现一组可以促进新生小鼠提早睁眼、长牙且对热稳定的多肽类物质。最早发现该多肽具有抑制胃酸分泌的作用，故称之为抑胃素。随后，他们将这一活性物质加入培养的皮肤表皮时发现，该活性物质可直接促进表皮生长，因此将这种活性物质定名为表皮细胞生长因子。人的表皮细胞生长因子是 1974 年从人尿中首先纯化得来的，其分子结构由 53 个氨基酸残基组成，分子质量 6201Da，分子内有 6 个半胱氨酸残基组成的二硫键，形成 3 个分子内环形结构，组成表皮细胞生长因子生物活性所必需的受体结合区域。表皮细胞生长因子无糖基部位，结构非常稳定，耐热耐酸，主要在颌下腺和十二指肠合成，此外，表皮细胞生长因子在人体的绝大多数体液中均已发现，如在乳汁、尿液、精液中的含量特异性地增高，但在血清中的浓度较低。表皮细胞生长因子是类 EGF 大家族的一个成员，是一种多功能的生长因子，在体内体外都对多种组织细胞有强烈的促分裂作用。表皮细胞生长因子主要同靶细胞表面的特异性表皮细胞生长因子受体结合，使得 EGF 受体聚集成二聚体而被激活，被激活的受体至少可与 5 种具有不同信号序列的蛋白质结合，进行信号转导，在翻译水平上对蛋白质的合成起调节作用。此外表皮细胞生长因子可提高细胞内 DNA 拓扑异构酶活性，也可促进与增殖有关的基因如 *c-myc*、*c-fos* 等的表达。众多的实验研究表明，EGF 可刺激多种细胞尤其是表皮细胞和内皮细胞的增殖。临床试验发现，表皮细胞生长因子用于角膜损伤、烧伤及手术创面等的修复和愈合时取得了很好的疗效，1986 年，Montalcini 和 Cohen 终于因为发现表皮细胞生长因子，并对其结构和作用机制进行了一系列研究而荣获诺贝尔生理学或医学奖。

现在，重组人表皮细胞生长因子已经应用于美容界。它可以刺激机体上皮细胞和内皮细胞生长，使新的表皮细胞不断长成，同时，将老死皮层推动并逐渐脱落，同时，重组人表皮细胞生长因子能促进皮肤各种细胞的新陈代谢，增强皮肤细胞吸收营养物质，促使胶原及胶原酶合成，分泌胶原物质、透明质酸和糖蛋白，调节胶原纤维，所以，重组人表皮细胞生长因子具有滋润皮肤、增强皮肤弹性，减少皮肤皱纹和防止皮肤衰老的作用。因此，表皮细胞生长因子在美容界有"美丽因子"之称。

四、转化生长因子

转化生长因子（transforming growth factor，TGF）包括两类多肽类生长因子，它们分别是转化生长因子-α 和转化生长因子-β。转化生长因子-α 是由巨噬细胞、脑神经细胞和表皮细胞产生的，可诱导上皮发育。转化生长因子-β 是一类多功能蛋白质，属于转化生长因子-β 超家族蛋白成员，可以影响多种细胞的生长、分化、细胞凋亡及免疫调节等功能。转化生长因子-β 可以与靶细胞表面的转化生长因子-β 受体结合而激活受体进一步发挥作用。转化生长因子-β 受体是丝氨酸 / 苏氨酸激酶受体。其信号传递可以通过 SMAD 信号通路和 / 或 DAXX 信号通路完成。人类转化生长因子-β 有 3 个亚型，它们分别是 TGF-β_1、TGF-β_2 和 TGF-β_3。

五、角质细胞生长因子

角质细胞生长因子 2（keratinocyte growth factor 2，KGF 2）是人体皮下的组织细胞分泌的一种碱性蛋白生长因子，能特异地刺激上皮细胞的新陈代谢等生理过程，包括细胞的再生、分化和迁移等。角质细胞生长因子又称 FGF-10，是成纤维细胞生长因子大家族中较晚被成功克隆的成员，也是人类基因组计划的一个商业化成果。它是人体内自然存在的一种具有活性的可溶性蛋白质，由 194 个氨基酸残基组成，成熟后有 163 个氨基酸残基，其 N 端有一个糖基化位点。角质细胞生长因子在人体内主要由皮下组织分泌，并特异性地结合到上皮细胞表面的特异性受体，经过复杂的信号传递过程，启动上皮细胞内参与细胞分裂生长的基因的表达，从而刺激上皮组织的新陈代谢。

第三节　表皮干细胞的分离与鉴定

对于在体与离体的各种干细胞的分离与鉴定，人们通常利用干细胞最显著的两个特征即慢周期性及较强的自我更新能力来进行，这种方法是最基本且可靠的鉴别手段。通过利用干细胞的慢周期性特点，人们采用标记滞留细胞的分析方法识别在体的处于静息状态的干细胞，而干细胞的较强的自我更新能力使它们在体外培养时表现出无限的增殖能力并形成细胞克隆，从而有利于干细胞的鉴别。但这两种方法复杂而烦琐，应用很不方便，所以，在分离和鉴定各种干细胞时，人们更多往往是通过利用各种干细胞特定的细胞表面标志来达到分离和鉴定的目的。

目前，对于表皮干细胞的分离与鉴定，人们一般也是利用表皮干细胞表面一些相对特异的标志来进行，并建立了一系列的表皮干细胞鉴别方法。迄今为止，表皮干细胞尚无特异性表面标志，但人们发现，它们相对特异性表达角蛋白19并高表达 β_1 整合素。所以，目前对于表皮干细胞的鉴别多依据 β_1 整合素的高水平表达，以及表皮干细胞对细胞外基质的快速黏附特性来进行。由于表皮干细胞及定向祖细胞表面均高表达 β_1 整合素，而有丝分裂后的子代细胞及终末分化细胞都不表达 β_1 整合素，因而，可以通过利用 β_1 整合素的抗体将表皮干细胞及定向祖细胞与其他细胞区别开来。虽然表皮干细胞 β_1 整合素的表达量约为定向祖细胞的两倍，但一般的光镜下尚不能依靠 β_1 整合素免疫阳性反应强度的差别来将表皮干细胞和定向祖细胞有效区分。但是，如果利用激光共聚焦显微镜，将组织切片进行 $1\mu m$ 的断层扫描，即在单层细胞水平上观察，则可以较为容易地分辨出表皮干细胞与定向祖细胞 β_1 整合素阳性反应强度的差异。近年来，L. Levy 等结合表皮干细胞表面的 α_6 整合素及另一个与增殖有关的表面标志10G7，也可以成功地区分表皮干细胞与定向祖细胞。他们发现，α_6 阳性而10G7阴性的细胞处于静息状态，在体外培养中具有很强的增殖潜能，证实它们为表皮干细胞；而 α_6 与10G7均阳性的细胞是定向祖细胞，体外培养证实这类细胞增殖能力有限；而 α_6 阴性的细胞其角蛋白 K10 则呈阳性表达，说明 α_6 阴性的细胞是有丝分裂后的终末分化细胞。所以，他们认为，可以利用 α_6 整合素与10G7的单抗来区分表皮干细胞、定向祖细胞和终末分化的表皮细胞。

另外，随着分化程度的不同，表皮细胞表达不同的角蛋白，因而角蛋白也可作为表皮干细胞、定向祖细胞、终末分化细胞的重要鉴别手段。表皮干细胞表达角蛋白 19（keratin 19，K19），定向祖细胞表达角蛋白5和角蛋白14（keratin 5、keratin 14，K5、K14），而终末分化的表皮细胞则表达角蛋白1和角蛋白10（keratin 1、keratin 10，K1、K10）。实验证明，表皮基底层中K19与 β_1 整合素表达均为阳性的细胞是标志滞留细胞，具有表皮干细胞的慢周期性。一般认为毛囊的隆突部表皮干细胞及胎儿、新生儿表皮基底层表皮干细胞均表达K19，成人无毛发皮肤如手掌、脚掌部位基底层的表皮干细胞K19表达阳性，但有毛发皮肤基底层中的表皮干细胞K19的表达则为阴性。又有实验发现，毛囊隆突部表皮干细胞表达角蛋白15（keratin15，K15），而且在表皮干细胞的分化过程中，K15表达的减少比K19表达的减少更早，K15阴性而K19阳性的细胞可能是"早期"定向祖细胞，故K15可能较K19在鉴别毛囊的隆突部表皮干细胞更有意义。

此外，由于表皮干细胞对Ⅳ型胶原、纤维粘连素及细胞外基质的黏附性大，所以表皮干细胞对细胞外基质的黏附速度要比表皮中其他类型细胞快。表皮干细胞的这一特性对于它们的分离和鉴定也很有帮助。

第四节　表皮干细胞的分化调控

表皮干细胞的分化是被预先程序化调控还是受周围环境因素调控一直是一个有争论的话题，但表皮干细胞所处的微环境［又称为干细胞壁龛（niche）］对表皮干细胞分化调控的影响是客观存在的。表皮干细胞的分化受表皮干细胞与其他细胞（包括间质细胞如成纤维细胞、肥大细胞等）之间和细胞与细胞外基质间相互作用的影响。细胞因子在细胞与细胞外基质之间、细胞与细胞之间的信息传递中起重要作用，这些细胞因子包括白细胞介素（interleukin，IL）、干细胞生长因子、表皮细胞生长因子、成纤维细胞生长因子、肝细胞生长因子等。细胞与细胞间相互调控的信息还可通过细胞间连接的 β 连环蛋白来传递。此外，细胞外基质成分的改变也会影响表皮干细胞的分化，整合素在其中起重要作用。当表皮干细胞微环境发生改变如细胞遭受损伤时，胞外某些信息可通过整合素 $\alpha_5\beta_1$、$\alpha_v\beta_5$ 及 $\alpha_v\beta_6$ 将信号传递给表皮干细胞，以触发跨膜信号转导，调控表皮干细胞的基因表达。这一过程不仅可以改变表皮干细胞的分裂方式，而且也激活表皮干细胞的多向分化的潜能，使表皮干细胞产生一种或多种定向祖细胞，以适应组织修复的需要。因此，整合素 $\alpha_5\beta_1$、$\alpha_v\beta_5$ 及 $\alpha_v\beta_6$ 也被称为创伤愈合过程中的应急受体（emergency receptor）。此外，成熟的表皮细胞在生长环境发生改变时还可能会发生逆分化。实验发现，将在体内已经不表达整合素而表达角蛋白 K10 的终末细胞分离进行体外培养时，这类细胞又可表现出显著的增殖能力，这与在创伤修复过程中已分化的基底层上部的表皮细胞可重新获得增殖能力相似。

人们发现，表皮干细胞脱离干细胞群进入分化阶段的一个重要表现是通过 c-Myc 诱导使表皮干细胞表面整合素水平降低，表皮干细胞与基底膜脱黏附。因而，整合素的表达水平及表皮干细胞的黏附特性可能是维持干细胞群落所必需的条件。整合素调控多种干细胞的分化，其中表皮干细胞与胞外基质黏附能力的缺失是终止表皮干细胞进行自我更新而使它们进行分化的强刺激因素。将 β_1 整合素缺失的小鼠胚胎干细胞与表达野生型 β_1 整合素的干细胞相比，发现野生型干细胞能分化出完整的表皮细胞谱系，而 β_1 整合素缺失的小鼠胚胎干细胞则不能产生分化的细胞。同样，当细胞外基质不存在时，也促使表皮干细胞及定向祖细胞的分化，使表皮干细胞退出干细胞群落。此外还有实验发现，细胞外基质具有修饰 β_1 整合素表达与激活的作用。因而各种损伤因素引起的细胞外基质变化都可对表皮干细胞的生物学行为产生作用。丝裂原活化蛋白激酶（mitogen activated protein kinase，MAPK）在 β_1 整合素调控表皮干细胞增殖分化的信号转导通路中起重要作用。有人将结构域阴性的 β_1 整合素的突变体转染进入培养的人表皮干细胞，以干扰表皮干细胞 β_1 整合素的功能，降低 β_1 整合素的黏附性，结果发现，转染成功的表皮干细胞表面 β_1 整合素水平及表皮干细胞与Ⅳ型胶原的黏附性明显降低，MAPK 活性减弱，细胞的克隆形成能力明显下降，增殖潜能丧失，表现出定向祖细胞的特征。但通过超表达野生型 β_1 整合素或激活 MAPK，则可上调上述表皮干细胞中 β_1 整合素的表达，恢复表皮干细胞的黏附性及增殖潜能。

第五节　表皮干细胞的应用前景

由于皮肤干细胞终生存在，维持皮肤的更新，且表皮干细胞的遗传信息可以传给子代细胞，因而表皮干细胞不仅可以再生皮肤修复缺损，还可用来研究特定基因的作用以及某些疾病发病的基因机制，同时也可以来对一些遗传性皮肤病进行基因治疗，包括导入标志性基因或一个异源基因，使细胞内原有基因过度表达（增加功能），或基因敲除（失去功能）以及诱导某个基因的突变等。

1. 组织工程皮肤的构建

近年来，皮肤创伤的修复已从早期的自体皮肤移植和同种异体皮肤移植发展到现在的合成的和组织工程生产的生物皮肤替代物移植。组织工程皮肤具有广阔的应用前景。但是，早先的组织工程皮肤是通过培养角质形成细胞来获得的，而角质形成细胞的增殖活力有限，较难得到充足的种子细胞，使组织工程皮肤的生产和应用很受限制，而皮肤干细胞是一种具有无限增殖能力的细胞，因此有望解决组织工程皮肤的种子细胞来源匮乏的问题。

2. 创伤修复中的应用

由于皮肤干细胞具有极强的自我更新能力，可直接应用于皮肤及口腔黏膜创面，促进创伤的愈合修复（图 8-2）；另外，由于眼角膜细胞是由角膜干细胞（属于表皮干细胞）分化而来的，在维持角膜的形态及功能中起重要作用，因而表皮干细胞在对角膜的创伤修复中也可能会起到一定的作用。

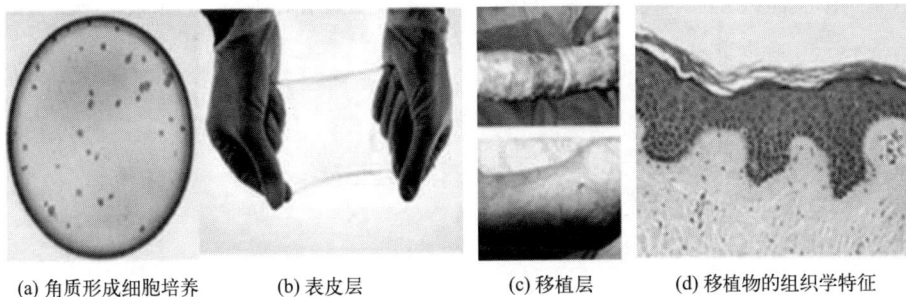

(a) 角质形成细胞培养　　　(b) 表皮层　　　(c) 移植层　　(d) 移植物的组织学特征

图 8-2　培养的上皮细胞移植治疗烧伤（Lapouge et al，2008，略改）

3. 基因研究及遗传性疾病的治疗

由于皮肤干细胞的终生存在性，在研究特定基因的作用及某些皮肤病的基因机制方面，可起到重要作用。另外，可利用基因转染皮肤干细胞，对其进行基因水平的改造，对遗传性皮肤病及某些全身性遗传性疾病进行基因治疗。

4. 细胞谱系的研究

表皮干细胞首先向定向祖细胞分化，继而分化为分裂后细胞、终末分化细胞，可为研究细胞谱系提供便利的模型。

参考文献

Arwert E, Hoste E, Watt F, 2012. Epithelial stem cells, wound healing and cancer. Nat Rev Cancer, 12(3): 170-180.

Barker N, Tan S, Clevers H, 2013. Lgr proteins in epithelial stemcellbiology. Development, 140(12): 2484-2494.

Blais M, Parenteau-Bareil R, Cadau S, et al, 2013. Concise review: tissue-engineered skin and nerve regeneration in burn treatment. StemCells Transl Med, 2(7): 545-551.

Cangkrama M, Ting S B, Darido C, 2013. Stem Cells behind the Barrier. Int J Mol Sci, 14(7): 13670-13686.

Dahl M V, 2012. Stem cells and the skin. J Cosmet Dermatol, 11(4): 297-306.

Doma E, Rupp C, Baccarini M, 2013. EGFR-ras-raf signaling in epidermalstem cells: roles in hair follicle development, regeneration, tissue remodeling and epidermal cancers. Int J Mol Sci, 14(10): 19361-19384.

Forni M F, Trombetta-Lima M, Sogayar M C, 2012. Stem cells in embryonic skin development. Biol Res, 45(3): 215-222.

Gandarillas A, 2012. The mysterious human epidermalcell cycle, or an oncogene-induced differentiation checkpoint. Cell Cycle, 11(24): 4507-4516.

Glick A B, 2012. The role of TGFβ signaling in squamous cell cancer: Lessons from Mouse Models. Journal of Skin Cancer, 2012(17): 249063.

Huang S, Kuri P, Aubert Y, et al, 2021. Lgr6 marks epidermal stem cells with a nerve-dependent role in wound re-epithelialization. Cell Stem Cell, 28(9): 1582-1596.

Inui S, Itami S, 2013. Androgen actions on the human hair follicle: perspectives. Exp Dermatol, 22(3): 168-171.

Kulukian A, Fuchs E, 2013. Spindle orientation and epidermal morphogenesis. Philos Trans R Soc Lond B Biol Sci, 368(1629): 20130016.

Lapouge G, Blanpain C, 2008. Medical applications of epidermal stem cells [M/OL]. Cambridge (MA): Harvard Stem Cell Institute.

Li J, Zhen G, Tsai S Y, et al, 2013. Epidermalstem cells in orthopaedic regenerative medicine. Int J Mol Sci, 14(6): 11626-11642.

Liu S, Zhang H, Duan E, 2013. Epidermal development in mammals: key regulators, signals from beneath, and stem cells. Int J Mol Sci, 14(6): 10869-10895.

Niessen M T, Iden S, Niessen C M, 2012. The in vivo function of mammalian cell and tissue polarity regulators——how to shape and maintain the epidermal barrier. J Cell Sci, 125(Pt 15): 3501-3510.

Sennett R, Rendl M, 2012. Mesenchymal-epithelial interactions during hair follicle morphogenesis and cycling. Semin Cell Dev Biol, 23(8): 917-927.

Shen Q, Jin H, Wang X, 2013. Epidermal stemcells and their epigenetic regulation. Int J Mol Sci, 14(9): 17861-17880.

Won D J, Chang H Y, 2008. Skin tissue engineering [M/OL]. Cambridge (MA): Harvard Stem Cell Institute.

思考题

1. 表皮层和真皮层都存在干细胞，请问二者有何不同？
2. 表皮干细胞的突出特征是什么？
3. 表皮干细胞有何具体的应用？试举例说明。

第九章
肌肉干细胞

临床上，许多骨骼肌严重损伤患者的预后往往很难令人满意；许多遗传性疾病，如进行性肌营养不良症，机体不能产生正常的基因产物，导致骨骼肌细胞严重的功能障碍。传统的治疗方法不能改变严重损伤肌肉组织的纤维化、脂肪化结局，也不能让有自身基因缺陷的肌肉组织通过自身的再生来修复功能缺陷。心肌细胞是终末分化细胞，不能再生，心肌梗死后坏死的心肌必然被纤维组织代替，当前内外科治疗均不能修复及逆转已经坏死的心肌，坏死的部分经过心脏重构，最终不可避免地发展为缺血性心力衰竭，其5年生存率不及50%。此外，血管、食管、输尿管、膀胱、小肠、尿道等肌性管道的修复和生理性重建也均是现代外科难以解决的问题。近年来干细胞研究的蓬勃开展以及组织工程技术的应用，为临床上这些难题的解决提供了新思路，已成为研究的热点方向。

第一节　三类肌肉细胞概述

肌肉细胞是源自中胚层的具有收缩能力的细胞。肌肉组织主要由肌细胞组成，肌细胞间有少量结缔组织、丰富的血管和神经纤维。肌细胞内存在大量细丝状的肌原纤维。根据肌肉组织的形态与功能特点，可将肌肉组织分为骨骼肌、心肌和平滑肌三大类。与此相应，肌肉细胞也分为三种，即骨骼肌细胞、心肌细胞和平滑肌细胞。

从发生学上看，骨骼肌细胞的起源首先是由中胚层细胞分化为梭形的成肌细胞。成肌细胞中央有一个椭圆形的核，可进行有丝分裂。许多个成肌细胞相互融合在一起，形成一个长条管状细胞，即肌管细胞，其内部有数个乃至十余个细胞核，呈串珠样排列在肌管细胞中央。随着肌管细胞内肌原纤维的数量增加，这些细胞核逐渐向周缘移动，这样，肌管细胞便成为一般意义上的骨骼肌细胞。成熟的骨骼肌细胞是一种有丝分裂后细胞，不能再进行有丝分裂。在骨骼肌细胞的表面，紧贴着一种扁平的有突起的细胞，该种细胞能够进行有丝分裂，具有移动性，称为肌卫星细胞（muscle satellite cell）。肌卫星细胞是骨骼肌的干细胞，亦可看成储备的成肌细胞。幼年时肌卫星细胞较多，成年后逐渐减少。当肌肉受到损伤时，受损部位的肌卫星细胞能够转化为成肌细胞进行分裂，并进一步分化为骨骼肌细胞，填补受损部位。

心肌细胞主要存在于心脏和接近心脏的大血管近段。体外培养的心肌细胞能进行节律性搏动，可见突起，彼此相连成网。心肌细胞内一般仅有一个椭圆形的核，位于中央。心肌细胞和骨骼肌细胞都有横纹，所以，它们合称为横纹肌。心肌细胞来自早期胚胎存在于心管周围的间充质干细胞，这些间充质干细胞进行旺盛的有丝分裂，并且在出生几天后即迅速丧失增生能力成为终末分化细胞。一般认为，成体动物及人的心肌细胞无再生能力，损伤的心肌细胞主要由周围的结缔组织所替代，从而形成永久性瘢痕。

平滑肌存在于血管的管壁及某些内脏器官。另外，皮肤的竖毛肌、瞳孔开大肌、括约肌、睫状肌等也是平滑肌。平滑肌细胞是没有横纹的细胞，有一个椭圆形或杆状的细胞核，位于细胞的中央。平滑肌细胞也由间充质干细胞分化而来，在内脏管壁或血管壁创伤愈合过程中，平滑肌的再生能力很强，主要来自周围结缔组织中的间充质干细胞。

在胚胎发育过程中，骨骼肌、平滑肌和心肌三种肌组织的发育都经历了由间充质干细胞分化为成肌细胞，再进一步分化为成熟肌细胞的过程。大约在孕龄 12 周时，胚胎形成肌管前体。随后肌管融合成肌纤维，继续分化为特定的肌纤维类型。出生后，肌肉组织发育使每个肌纤维肥大，肌管和肌纤维都处于合胞体状态，胞核处于分裂期后。骨骼肌纤维中单个成熟肌细胞可含有多达上千个细胞核，而且这些细胞核均不具有分裂能力。机体内的肌细胞数目出生后基本上保持恒定，肌肉的生长仅仅是由于肌纤维自身体积的增加。肌纤维具有不同的生理、生化及形态特征，而这些特征大多在胚胎发育时期即已确定。胚胎时期的肌细胞，由于细胞核位于细胞的中央，被称为肌管细胞（myotube），是由多个成肌细胞相互融合而成的。肌管细胞按其形成的先后顺序，可分为初级肌管细胞（primary myotube）和次级肌管细胞（secondary myotube）。每一块肌肉的绝大多数（90% 以上）肌纤维来自次级肌管细胞。已有研究证实，后期成肌细胞可融入初级和次级肌管细胞，而早期成肌细胞仅存在于初级肌管细胞内。成肌细胞也被分为三类：存在于初级肌管细胞形成期的为早期成肌细胞；存在于次级肌管细胞形成期的为后期成肌细胞；存在于出生后肌肉组织中的称为肌卫星细胞。随着年龄的增长，成肌细胞逐渐减少。在成人肌肉组织中，心肌和平滑肌组织都不含成肌细胞，只有骨骼肌中含有少量成肌细胞（每 20 个核中有一个肌卫星细胞）并以肌卫星细胞的形式存在。肌卫星细胞是出生后肌肉组织中唯一的一类具有分裂能力的肌源性细胞。哺乳动物的肌卫星细胞大约为 $25\mu m \times 4\mu m \times 5\mu m$，位于肌纤维的肌膜与基底膜之间，光镜下可通过免疫双标技术将其与肌细胞核区分开来。肌卫星细胞具有两种功能：一是融入已形成的肌纤维中，参与肌肉的正常发育；二是当肌肉受损伤时，参与其修复过程。即肌卫星细胞具有迁移能力，当某部位肌肉受损伤时，邻近的肌卫星细胞可迅速聚集到该区进行修复。然而，由于肌卫星细胞的数目及分裂能力有限，严重肌损伤的修复往往是不完全的。

第二节　肌肉干细胞的生物学特性

研究表明，在成体哺乳动物骨骼肌中有少量肌肉干细胞，是骨骼肌发育和再生过程中的储备细胞群，肌肉干细胞的数目随年龄的增长逐渐下降。肌肉干细胞可被激活、增殖形成纺锤形的单核成肌细胞，并融合、分化为多核肌管，在机体内能融入邻近肌纤维中，促进正常肌纤维的生长和受损肌纤维的再生；同时，肌肉干细胞能够进行自我更新，不断补充肌肉干细胞储备库。因此，肌肉干细胞在出生后骨骼肌的损伤修复和维持中起着重要的作用。

在生理状态下，成年骨骼肌中未分化的肌肉干细胞呈单核小圆球形，核较小，核异染色质含量较高，细胞器较少，核质比相对较高，分布于成熟的多核肌管外周肌纤维的肌膜和基底膜之间，在邻近毛细血管、肌核和运动神经元接头等位置，肌肉干细胞的密度较高。肌肉干细胞的形态学特征与其所处的静息、激活或增殖等功能状态一致，一旦肌肉干细胞被激活，激活、增殖的肌肉干细胞在肌纤维表面肿胀凸起，且细胞质沿细胞的一极或双极延伸并伸出突起，由静息时的小圆球形细胞变成为激活、增殖后的梭形细胞。伴随着有丝分裂活动的进行，肌肉干细胞核的异染色质含量降低，细胞核质比降低，细胞器的含量也逐渐提高。

到目前为止，人们发现，肌肉干细胞至少有三类，它们均为骨骼肌来源的干细胞，包括肌卫星细胞、背主动脉壁中的细胞和"侧群细胞"。一旦骨骼肌组织受到损伤，肌卫星细胞就会被激活，大量分裂、增殖，相互融合形成再生肌纤维。因此，肌卫星细胞在肌肉再生、肌肥大和出生后肌肉的生长过程中起着重要的作用。近年来，随着细胞生物学的迅猛发展和组织工程学的兴起，在对一些医学界较为棘手的疾病如心肌梗死、进行性肌营养不良症及动力性瘫痪等的研究领域中，肌卫星细胞因其在应激状态下特有的成肌能力而受到重视。

关于肌肉干细胞的特异性标志及鉴定研究，对于阐明肌肉干细胞的发育起源、细胞周期调控及其生长和再生过程中的分子调节机制非常重要。但迄今为止，有关静息状态下的以及激活的肌肉干细胞、增殖子代细胞的基因表达特性的研究尚未完全清楚。目前，c-Met、Pax7 和 M-钙黏蛋白（M-cadherin）等是较为公认的静息状态下肌肉干细胞的特异性标志、而 Myf5、MyoD 和结蛋白（desmin）等则是激活、增殖状态下的肌肉干细胞的特异性标志。

另外，肌肉干细胞对生理性刺激和病理性刺激都会作出相应的反应。

① 对生理性刺激的反应。肌肉干细胞接受的生理性刺激主要包括肌肉肥大性刺激和肌肉萎缩性刺激等两类刺激。负荷或耐受锻炼等都属于肌肉肥大性刺激，而后肢悬吊去负荷、机体的衰老或肌营养不良等都属于肌肉萎缩性刺激，肌肉干细胞在以上生理性刺激下增殖、分化能力会发生明显的改变。如肥大性刺激导致 IGF-1 的表达上调，从而增强肌肉干细胞的激活、增殖和融合形成再生肌纤维；相反，去负荷和肌营养不良等肌肉萎缩性刺激，可引起肌肉干细胞激活、增殖和分化能力的降低。

② 对病理性刺激的反应。肌肉干细胞接受的病理性刺激主要包括去神经损伤和肌病。大量的研究证明，与具有完整神经——肌接头的对照组相比，长期去除神经支配的肌肉组织中，肌肉干细胞含量明显降低，并且，肌肉干细胞激活、增殖和最终分化形成再生肌纤维的潜能也被削弱。此外，大多数肌病伴有骨骼肌结构或细胞骨架蛋白的分子突变发生，进行性假肥大性肌营养不良（Duchenne's muscular dystrophy，DMD）是一种最普遍的也是破坏性最大的肌营养不良病，这种疾病的恶化并导致死亡的根本原因就是肌肉干细胞丧失了激活、增殖和最终分化形成再生肌纤维的正常潜能。

第三节　肌肉干细胞的增殖与分化调控

肌肉干细胞的增殖和分化同样也受到一系列精细而且复杂的调控，在肌肉干细胞的增殖和分化调控机制中，很多转录因子和细胞因子都发挥重要的调控作用。

一、MyoD 家族 bHLH 转录因子的调控作用

自 1987 年发现 MyoD 以来，大量的研究揭示了 MyoD 家族的 bHLH 转录因子对胚胎期骨骼肌的发育和成年肌肉干细胞的增殖分化起着关键的调控作用。成肌调节因子（myogenic regulatory factors，MRFs）包括 Myf5、MyoD、肌细胞生成素（myogenin）和 MRF4 等，尽管这些 MRFs 共有一个同源的 bHLH DNA 结合域，但由于它们分子的 N 端和 C 端存在序列差异性，使不同的成肌调节因子之间呈现功能差异。在胚胎期，MRFs 中的 Myf5 和 MyoD

决定着肌前体细胞的成肌谱系特异性，而 myogenin 和 MRF4 则促进迁徙到生肌节和肢芽中的肌前体细胞终末分化为具有收缩功能的肌纤维。在成年骨骼肌中，成肌调节因子决定着肌肉干细胞的激活、增殖和终末分化，其中 Myf5 和 MyoD 决定着肌肉干细胞能否激活、增殖成为具有组织特异性的成肌细胞，而 myogenin 和 MRF4 则发挥着调节成肌细胞进一步终末分化为肌管肌纤维的功能。

二、生长因子的调控作用

许多生长因子也参与了肌肉干细胞增殖和分化的调控，但这些生长因子中，仅有少数生长因子的基本作用及其机制被阐明（图 9-1）。目前，较为公认的对肌肉干细胞增殖和分化具有调控作用的生长因子主要包括：胰岛素样生长因子（IGF-Ⅰ和 IGF-Ⅱ），肝细胞生长因子，成纤维细胞生长因子，转化生长因子等。

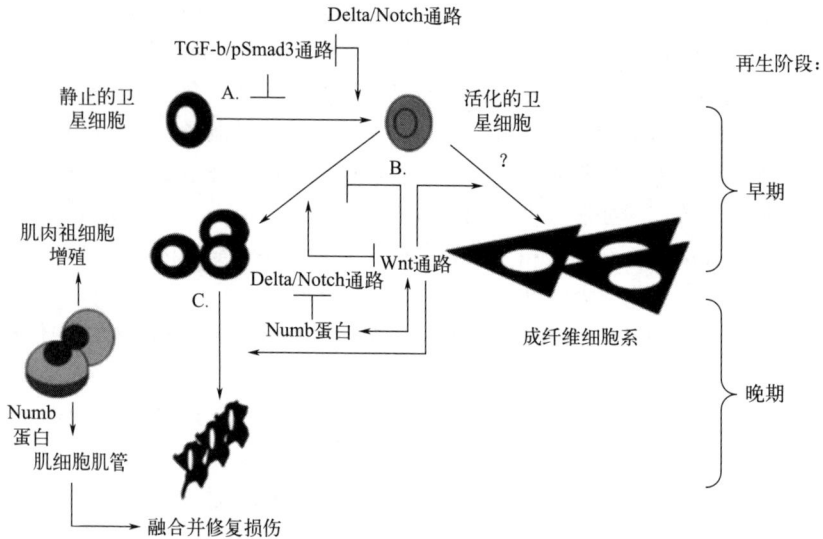

图 9-1　调控肌源细胞命运的信号通路网络（Silva et al, 2008, 略改）

第四节　体外培养的不同类型肌肉细胞的鉴定

一、成肌细胞的鉴定

体外培养的成肌细胞，可以通过它们的细胞形态来初步鉴别。成肌细胞贴壁后绝大多数为梭形，少数有突起，呈不规则状，营养良好时（如在培养基中加入 15%～20% 的胎牛血清），成肌细胞以分裂、增殖为主。一旦细胞长满整个培养瓶，产生接触抑制，增殖将明显受到抑制，表现为相邻细胞相互融合，形成肌小管，即表现出分化倾向。降低培养液中营养条件，如血清浓度不超过 5%，能明显促进分化，使单位数目的细胞形成肌小管的比例增加。初始形成的肌小管的多个细胞核沿细胞中心排列，形成中心核链，而合成的少量肌原纤维则位于周边。随着分化的继续，肌原纤维大量生成，逐渐占据细胞中的部位，迫使中心核链的核移向周边，即形成幼稚肌纤维。电子显微镜下观察，分裂增殖早期的骨骼肌细胞核含核仁

1～3个，胞浆中有不规则分布的束状平行排列的肌丝，并有少量幼稚线粒体，部分区域肌丝尚未形成。早期细胞胞浆内有长梭形高电子密度结构，呈散在分布；晚期细胞胞浆肌丝更丰实，但无明显肌节形成，可以见到分化较成熟的线粒体、糖原和游离核糖体聚集于肌束周边，使丰实的肌丝呈束状平行排列。

另外，我们可以根据不同成肌细胞中磷酸肌酸激酶（phosphocreatine kinase，PCK）的主要种类不同来鉴定细胞类型。磷酸肌酸激酶主要存在于骨骼、心肌、平滑肌和脑组织中，主要有 PCK-MM、PCK-MB 和 PCK-BB 三种不同的同工酶。PCK-MM 主要存在于骨骼肌中，除心肌中还存在一部分外，其他组织含量很少。PCK-MB 主要存在于心肌中，含量为心肌总PCK 的 14%，其他组织几乎不存在。PCK-BB 则存在于平滑肌、神经与脑组织中，其他主要器官如肝、肾、肺和红细胞中 PCK 含量很低。正常血清中绝大部分为 PCK-MM，含有少量的PCK-MB，不超过 5%，PCK-BB 在正常人血清中含量微乎其微，用一般方法检测不到。因此，我们可以利用不同成肌细胞中 PCK 的主要种类不同，用生化分析仪测定体外培养细胞上清液中各种 PCK 同工酶来鉴定细胞种类。此外，人们还常用 α-肌动蛋白（α-actin）作为检测骨骼肌细胞的特异性指标。他们通常采用 RT-PCR 的方法，首先在基因库中查到 α-肌动蛋白基因并用 Picker-3 进行引物设计，然后提取培养细胞的总 RNA，再行 RT-PCR，从而测定细胞中 α-肌动蛋白的表达。还有人通过组织化学或免疫化学染色法检测 α-肌动蛋白、肌球蛋白及其前体蛋白来鉴定成肌细胞。

二、心肌细胞的鉴定

心肌细胞在离体培养体系中培养 4h 后，在光学显微镜下可观察到心肌细胞开始贴壁生长，细胞初为圆形，后为梭形，单个细胞开始搏动，继而细胞逐渐在瓶壁表面铺展，并伸出伪足，形成不规则的星形。随着细胞不断分裂、增殖，细胞数量逐渐增多，细胞伸出伪足相互接触并交织成网，在培养第 3～4d 可形成细胞单层或细胞簇，表现为呈放射状排列的同心圆状。应用过碘酸希夫反应（periodic acid-Schiff stain，PAS）染色法可显示心肌细胞中的糖原颗粒，以鉴别心肌细胞和间质细胞。透射电镜下，培养的心肌细胞中游离核糖体、糖原及线粒体较丰富，粗面内质网可见，但滑面内质网稀少。培养数天后，通过透射电镜观察，可见到与体内心肌闰盘相似的结构，还可见 T 管存在。

自发性、节律性搏动是体外培养心肌细胞的重要特征，是反映细胞功能的一项重要观测指标。因此，真实、准确地观测搏动的变化（包括频率、节律、强度及范围等）是十分必要的。可采用倒置显微镜下摄像或由显微镜、光电转换、放大、滤波、监测记录组成的心肌细胞搏动检测记录装置，描记心肌细胞的搏动情况。

在原代培养的心肌细胞中，细胞单层有自发性同步搏动，在光镜下清晰可见。心肌细胞在培养过程中，随着细胞间逐渐融合，亦常见整瓶心肌细胞的同步化搏动。心肌细胞同步化搏动形成并不需要在心肌细胞间的直接接触，即使夹杂其他细胞，也能形成同步化搏动。例如，在培养的乳鼠心肌细胞之间，通过中间细胞株如 FL 细胞或 HeLa 细胞形成细胞连接时，亦可发生同步搏动，这主要可能是通过细胞间电偶联实现的。

一般认为，培养心肌细胞的电生理特性有反分化的现象，即心肌细胞经培养后，其电生理特性有逆回到幼稚水平的倾向。培养心肌细胞的搏动，经一定时间后停搏，与培养过程中心肌细胞内部代谢的改变有关，特别是与一些酶的活性改变有关。其中，ATP 酶活性状态与培养的心肌细胞搏动关系最大，在心肌细胞搏动时，ATP 酶的活性始终处于高水平，为心肌细胞的搏动提供足够的能量。在心肌细胞搏动即将停止时，培养的心肌细胞中一系列酶的活性都会发生变化，例如，ATP 酶活性降到最低水平；苹果酸脱氢酶、异柠檬酸脱氢酶、磷酸肌酸激酶等酶的活性也降低；己糖磷酸激酶水平基本不变；6-磷酸葡萄糖脱氢酶的酶活性增加。这些酶活性变化的原因，主要是心肌在缺氧条件下的代谢适应。在培养的心肌细胞中，用 ^{3}H-胸腺嘧啶脱氧核苷掺入后，发现培养第 3～4d，其摄取量达到高峰，细胞分裂最快，而此时脂蛋白脂酶（lipoprotein lipase，LPL）活性却为低水平，说明这个时期的心肌细胞代谢主要是以核酸和蛋白质的合成代谢为主，而在培养第 5d 后，^{3}H-胸腺嘧啶脱氧核苷的摄取量下降，LPL 活性上升，说明心肌细胞的代谢转变为氧化为主，细胞逐渐进入永久的 G_1 期，心肌细胞就逐渐从成肌细胞变为无分裂能力的肌细胞。

三、平滑肌细胞的鉴定

1. 倒置相差显微镜观察

一般来说，从非胚胎动物获得的平滑肌细胞在培养 7d 以上后多呈条形或梭形，细胞内有一个卵圆形或腊肠形的细胞核，核中包含 2 个或 2 个以上的核仁。多种组织来源的内脏平滑肌细胞均可见每分钟 1～8 次的自发性收缩。血管平滑肌细胞一般无自发性收缩。自发性收缩的特性是平滑肌细胞与平滑肌组织中其他类型细胞，如成纤维细胞、内皮细胞的重要区别。

体外培养的平滑肌细胞，当细胞长满瓶底时，可见到平滑肌细胞典型的生长形式，即细胞呈梭形，平行生长，束状排列，密集与稀疏处相互交错呈"峰谷"状，峰处为多层的细胞，谷处没有细胞或仅 1～3 层细胞。这样的特征使得我们很容易就能将平滑肌细胞与成纤维细胞区别开来，因为成纤维细胞在培养体系中表现为"同心圆"状的生长形式。

2. 电子显微镜观察

在电子显微镜下，具有收缩功能状态的内脏平滑肌细胞中，多具有直径 12～18nm 的粗肌丝，这是平滑肌细胞的重要特征。血管平滑肌细胞中粗肌丝并不多见。原代培养的平滑肌细胞，最初 1 周以"收缩型"为主，以后逐渐向"合成型"转化而大量增生。"收缩型"细胞是平滑肌细胞的典型表现，胞浆中主要是大量特征性的肌丝，成束状排列，与细胞长轴平行，肌束之间可见密体，细胞膜附近有时可见平滑肌细胞特有的密斑和吞饮小泡，此时的细胞具有收缩功能。

3. 荧光抗体检测

平滑肌细胞还可以通过荧光抗体检测法来鉴别。该方法采用可被荧光素标记的抗平滑肌肌球蛋白、肌动蛋白、原肌球蛋白以及 100A 肌丝 55kDa 蛋白质等平滑肌细胞所特有的蛋白质分子的抗体，检测和鉴别培养体系中的平滑肌细胞。该方法可以有效地将平滑肌细胞与来自于同源组织的内皮细胞及成纤维细胞区别开来。

参考文献

Almada A, Wagers A, 2016. Molecular circuitry of stem cell fate in skeletal muscle regeneration, ageing and disease. Nat Rev Mol Cell Biol, 17(5): 267-279.

Boppart M D, De Lisio M, Zou K, et al, 2013. Defining a role for non-satellite stem cells in the regulation of muscle repair following exercise. Front Physiol, 4: 310.

Briggs D, Morgan J E, 2013. Recent progress in satellite cell/myoblast engraftment——relevance for therapy. FEBS J, 280(17): 4281-4293.

Carlson M E, Hsu M, Conboy I M, 2008. Imbalance between pSmad3 and Notch induces CDK inhibitors in old musclestemcells. Nature, 454(7203): 528-532.

Cerletti M, Jurga S, Witczak C A, et al, 2008. Highly efficient, functional engraftment of skeletal musclestemcellsin dystrophic muscles. Cell, 134(1): 37-47.

Collins C A, Zammit P S, Ruiz A P, et al, 2007. A population of myogenic stem cells that survives skeletal muscle aging. StemCells, 25(4): 885-894.

Demontis F, Piccirillo R, Goldberg A L, et al, 2013. Mechanisms of skeletal muscle aging: insights from Drosophila and mammalian models. Dis Model Mech, 6(6): 1339-1352.

Fujimaki S, Machida M, Hidaka R, et al, 2013. Intrinsic ability of adult stem cell in skeletal muscle: an effective and replenishable resource to the establishment of pluripotent stem cells. Stem Cells Int, 2013: 420164.

Kharraz Y, Guerra J, Mann C J, et al, 2013. Macrophage plasticity and the role of inflammation in skeletal muscle repair. Mediators Inflamm, 2013: 491497.

Langsdorf A, Do A T, Kusche-Gullberg M, et al, 2007. Sulfs are regulators of growth factor signaling for satellitecelldifferentiation and muscle regeneration. Dev Biol, 311(2): 464-477.

Le Grand F, Rudnicki M, 2007. Satellite andstemcellsin muscle growth and repair. Development, 134(22): 3953-3957.

Modder U I, Khosla S, 2008. Skeletal stem/osteoprogenitor cells: current concepts, alternate hypotheses, and relationship to the bone remodeling compartment. J Cell Biochem, 103(2): 393-400.

Muñoz-Cánoves P, Scheele C, Pedersen B K, et al, 2013. Interleukin-6 myokine signaling in skeletal muscle: a double-edged sword?FEBS J, 280(17): 4131-4148.

Silva H, Conboy I M, 2008. Aging and stem cell renewal [M/OL]. Cambridge (MA): Harvard Stem Cell Institute.

Tetta C, Consiglio A L, Bruno S, et al, 2012. The role of microvesicles derived from mesenchymal stem cells in tissue regeneration; a dream for tendon repair? Muscles Ligaments Tendons J, 2(3): 212-221.

Weil B R, Canty J M Jr, 2013. Stem cell stimulation of endogenous myocyte regeneration. Clin Sci (Lond), 125(3): 109-119.

Yang B, Zheng J H, Zhang Y Y, 2013. Myogenic differentiation of mesenchymal stem cells for muscle regeneration in urinary tract. Chin Med J (Engl), 126(15): 2952-2959.

Yin H, Price F, Rudnicki M A, 2013. Satellite cells and the muscle stemcell niche. Physiol Rev, 93(1): 23-67.

Zhang Y, Lahmann I, Baum K, et al, 2021. Oscillations of Delta-like1 regulate the balance between differentiation and maintenance of muscle stem cells. Nat Commun, 12(1): 1318.

思考题

1. 肌肉干细胞在成体肌肉再生过程中的作用是什么？
2. 肌肉干细胞的微环境（niche）是如何影响其自我更新和分化能力的？
3. 肌肉干细胞移植在临床治疗中的潜力和挑战是什么？

第十章
脂肪干细胞

成人在营养过剩的情况下，脂肪组织将会增多。脂肪组织的增多不仅表现为脂肪细胞体积的增加，也表现为脂肪细胞数量的增加，由此我们可以得出一个结论，在成体脂肪组织中存在着至少一个可以分化为成熟脂肪细胞的干细胞池。早在 20 世纪 60 年代，Rodbell 等即从脂肪组织中分离出成熟的脂肪细胞和可以分化为脂肪细胞的前脂肪细胞。20 世纪 80 年代，Bukowiechi 等发现，在脂肪基质组织中存在着不同成熟阶段的细胞，其中基质-血管细胞（SV 细胞）被认为是脂肪祖细胞，SV 细胞经冷驯化处理后，可以诱导分化为成熟的脂肪细胞。近年来，很多人开始了从废弃的脂肪组织中提取干细胞的研究。于是，脂肪来源的干细胞研究者日益增多，已有多个研究小组从脂肪组织成功地分离出和骨髓来源的间充质干细胞类似的干细胞，一般认为这种干细胞是中胚层来源的。所以将其称为脂肪来源的间充质干细胞［adipose-drived mesenchymal stem cell，或称 PLA 细胞，意指吸脂制备的干细胞（processed lipoaspirate）］，又叫作前脂肪细胞（preadipocyte）。在本章中，我们将这种脂肪来源的具有间充质干细胞特征的细胞称为脂肪来源的成体干细胞（ADSC）或脂肪来源的间充质干细胞，简称脂肪干细胞。

因为脂肪组织来源丰富，提取方便，所以，从脂肪组织中提取成体干细胞的研究逐渐被不同国家的研究者所重视（图 10-1）。目前，从成体脂肪组织中分离出来的成体干细胞具有

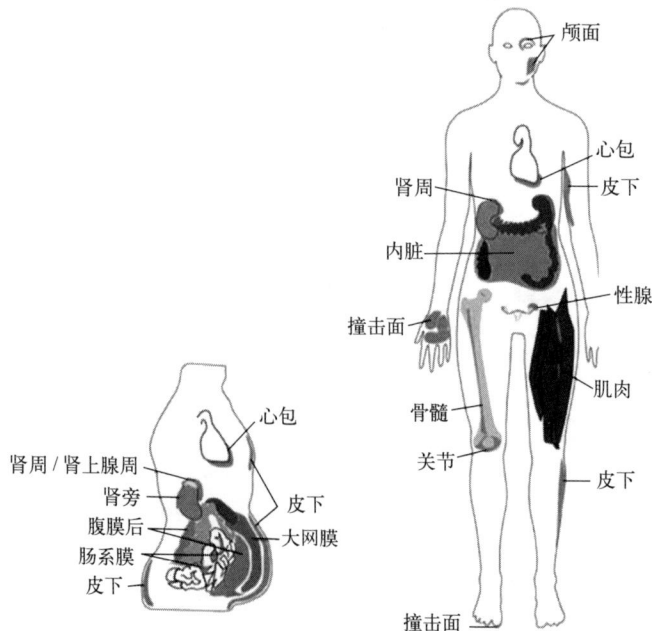

图 10-1 人体内脂肪分布（Cook et al，2008，略改）

和骨髓来源的间充质干细胞相似的形态学和生物学特点以及类似的免疫表型，并且已经证实，从成体脂肪组织中分离出来的成体干细胞在体外具有向脂肪、软骨、成骨、神经、心肌等多种细胞分化的能力，使用的诱导分化体系和骨髓来源的间充质干细胞相似。所以从成体脂肪组织中获取成体干细胞的研究为组织工程提供了新的种子细胞来源，其临床应用前景十分广阔。

第一节　脂肪干细胞的生物学特性和多系分化能力

一、脂肪干细胞的生物学特性及分子标志

体外培养的脂肪干细胞呈纤维母细胞样贴壁生长，其中只有很少的细胞处于分裂期，超过 85% 的细胞都处于 G_0/G_1 期。多个独立的研究小组用流式细胞仪和免疫组织化学染色的方法分析了脂肪干细胞的表面标志，结果基本相同，总结如下：脂肪干细胞表达黏附分子 CD9、CD29、CD49d、CD54、CD105、CD106、CD166；受体分子 CD44、CD71；酶分子 CD10、CD13 和 CD73；Ⅰ和Ⅲ型胶原、骨桥蛋白、CD90、CD146 等细胞外基质蛋白和糖蛋白；细胞内 α 平滑肌肌动蛋白；补体调节蛋白 CD55 以及Ⅰ型组织相容性抗原 HLA-ABC。而不表达黏附分子 CD11b、CD18、CD50、CD56、CD62；不表达造血细胞和血管内皮细胞的标志，如 CD14、CD31、CD45；且不表达Ⅱ型组织相容性抗原 HLA-DR。

二、脂肪干细胞的多系分化能力

脂肪干细胞具有多系分化能力，在特定的体内外诱导分化环境中，脂肪干细胞可以向骨骼肌、心肌、软骨、神经、脂肪、成骨、造血、血管内皮、表皮等细胞分化。

1. 向骨骼肌细胞分化

以 IMDM（Iscove's modified Dulbecco's medium）为基础培养基，加入 10% 胎牛血清和 5% 马血清，50μmol/L 氢化可的松（hydrocortisone）可诱导脂肪干细胞向骨骼肌细胞分化，在诱导的第 6 周用免疫组织化学染色法检验骨骼肌细胞特异性抗体 MyoD 和骨骼肌肌球蛋白重链（myosin heavy chain）的抗体均为阳性，并用 RT-PCR 验证诱导后的细胞有 MyoD 和骨骼肌肌球蛋白重链基因表达，从而证明了脂肪干细胞可以分化为骨骼肌细胞。

2. 向心肌细胞分化

2003 年，Rangappa 等以 RPMI 为基础培养基，加入 5-氮胞苷（5-azacytidine）诱导培养脂肪干细胞，1 周后，细胞的形态发生了改变，2 周后，细胞变成了圆形外观，而对照组仍表现为纤维样细胞，3 周后，细胞出现自发性搏动，2 个月后，免疫组织化学染色证明肌球蛋白重链、α-肌动蛋白（α-actin）和肌钙蛋白-I（troponin-I）阳性，由此证实了脂肪干细胞具备向心肌细胞分化的潜能。

3. 向软骨细胞分化

Winter 等分离出骨髓和脂肪来源的间充质干细胞，同时用含转铁蛋白、地塞米松和转化生长因子 β 的软骨诱导分化体系培养，结果证实骨髓和脂肪来源的间充质干细胞均能向软骨分化：阿尔新兰染色和Ⅱ型胶原免疫组织化学染色呈阳性，但在培养 2 周以后发现脂肪来源的间充质干细胞不如骨髓来源的间充质干细胞分化得完全。更为重要的是，Hui 等于 2008 年发现，成人脂肪来源的成体干细胞在 NOD/SCID 小鼠体内也可以分化为具有软骨细胞表型的

细胞，该项研究为脂肪来源的成体干细胞在修复体内大的软骨缺损方面的应用奠定了基础。

4. 向神经细胞分化

2002 年，Safford 等将人和鼠脂肪干细胞用氯化钾（KCl）、丙戊酸、丁基羟基茴香醚（butylated hydroxyanisole，BHA）、氢化可的松和胰岛素等诱导后，产生类神经元样的细胞，其中鼠脂肪干细胞诱导24h 后用免疫组织化学染色法检验，GFAP、nestin 和 Neu N 均为阳性，人脂肪干细胞诱导 24h 后，高水平表达 IF-M、NeuN 和 nestin。Western 印迹法检测蛋白质表达也得出了相同的结果。

Zuk 和 Ashjian 等用 β-巯基乙醇诱导人脂肪干细胞向神经方向分化，30min 后即有 10% 左右的细胞出现神经元样形态，3h 后 70% 的细胞呈神经元样表型。免疫组织化学染色 NSE 阳性，但是诱导后的细胞不表达成熟神经细胞的标志 NAP-2 和 NF-70，显示脂肪干细胞仅被诱导为早期阶段的神经细胞。

5. 向脂肪细胞分化

Zuk 等采用地塞米松、胰岛素、异丁基-甲基黄嘌呤（isobutyl methylxanthine）、吲哚美辛（indometacin）等诱导人脂肪干细胞向脂肪细胞分化，并采用油红 O 染色和 RT-PCR 检测脂蛋白脂酶的表达，均证明这种干细胞可以分化为成熟的脂肪细胞。并且，大量的动物实验已经证实，当存在合适的生物支架材料时，脂肪干细胞在体内可以形成新的脂肪库。此外，2004 年，Ogawa 等分别从雌性和雄性的绿色荧光蛋白（green fluorescent protein，GFP）转基因小鼠的腹股沟脂肪组织中分离出干细胞，在脂肪诱导分化体系中培养 2 周，用实时定量 PCR（real-time qPCR）来测定 PPAR-gamma2（adipocyte specific peroxisome proliferator activated receptor gamma2）的基因表达，发现雌性小鼠 PPAR-gamma2 的基因表达水平是雄性小鼠的 2.89 倍，从而证明脂肪干细胞的成脂分化能力还有性别上的差别。

6. 向成骨细胞分化

Zuk 等于 2002 年用 1,25-二羟维生素 D_3，诱导脂肪干细胞向成骨细胞方向分化，他们进行了诱导后总钙测定，并采用 RT-PCR 检测 OC、CBFA、AP、ON、OP、BMP-2、CNI 等基因的表达，发现这些基因的表达均为阳性，Western 印迹检测 ON、OM、CMI 蛋白质表达，结果亦为阳性。说明脂肪干细胞在合适的诱导体系中可以向成骨细胞方向分化。另外，Hicok 等于 2004 年发现，脂肪干细胞可以定植于免疫缺陷的小鼠体内，6 周后可以在新形成的骨骼中检测到脂肪干细胞分化生成的骨细胞。

7. 向造血细胞分化

2003 年，Cousin 等以 C57 雄性小鼠的脂肪干细胞，经尾静脉注射输注给预先经致死剂量（10Gy）照射的 C57 雌性小鼠，受体小鼠造血功能完全恢复，RT-PCR 检测 Y 染色体的 *sry* 基因，在受体小鼠的骨髓、脾脏和外周血中均可以检测到供体来源的细胞，阳性的 RT-PCR 结果可以持续到 10 周以上，证明供体来源的脂肪与细胞在受体小鼠中可以稳定存在，并可能已经分化为不同系的血液细胞。但是，Cousin 等利用流式细胞仪检测他们从脂肪分离得到的成体干细胞，发现这些细胞的表面标志 CD45 为 14.2%±6.2%，CD34 为 3.5%±1%，与其他学者的结果不一致，究其原因，可能是因为 Cousin 等是直接测定从脂肪分离出来的干细胞，而 Zuk 等测定的是去除悬浮细胞后剩下的贴壁细胞，所以 Cousin 等使用的细胞中不能完全排除存在循环系统中的造血干 / 祖细胞的可能性。

8. 向血管内皮细胞分化

2004 年，Planat-Benard 和 Miranville 等先后证实，在体外用半固体培养基培养脂肪干细胞，在加入血管内皮生长因子（vascular endothelial growth factor，VEGF）和干细胞生长因子（stem cell growth factor，SCGF）的情况下，脂肪干细胞可以分化为具有血管内皮细胞表型的细胞

[表达 CD31 和 von Willebrand factor（vWF）]并可以形成类似血管网的结构。在体内，脂肪干细胞可以诱导小鼠缺血的肌肉血管新生并分化为血管内皮细胞。

9. 向表皮细胞分化

2004 年，El-Ghalbzouri 等发现，成人脂肪干细胞在体外培养体系中可以诱导分化为表皮细胞，但是，与表皮干细胞在相同诱导条件下诱导分化的结果相比，有很大的不同，脂肪干细胞诱导生成的表皮细胞出现真皮基质收缩，角化细胞分泌角蛋白 17 增多，Ⅸ型胶原沉积减少等差别。

第二节　脂肪干细胞的分离、培养与鉴定

一、脂肪干细胞的分离、培养

脂肪组织一般来源于接受吸脂术的成人，即在常规麻醉下，皮肤切口 1cm 左右，采用医用钝尖插管分裂脂肪组织，同时使用生理盐水及血管收缩剂（肾上腺素）以降低出血量及防止血细胞的污染，吸出的脂肪用无菌的 PBS 平衡盐溶液冲洗以去除血细胞和局麻药，然后用 0.075% 的 Ⅱ 型胶原酶消化，37℃，30min 以去除细胞外基质，然后用含 10%FBS 的 DMEM（Dulbecco's modified Eagle medium）完全培养基终止胶原酶的作用，250g 离心 10min，去除上清液，用含 10% 胎牛血清的 DMEM 重悬细胞沉淀，然后用 0.16mol/L 的 NH_4Cl 溶解剩余的红细胞，离心洗涤，过 200 目铜网，制备成单个核细胞悬液。

用含 10%FBS 的 DMEM 重悬细胞，细胞的种植密度为 10000 个 /cm²，置入 37℃，5%CO_2 的培养箱中培养，12h 后用 PBS 冲洗，去除未贴壁的细胞，此后每 3d 半量换液一次，细胞达到 80% 汇合（confluence）时，用胰蛋白酶——乙二胺四乙酸二钠盐（EDTA-2Na）消化，传代。此时，培养体系中的脂肪干细胞呈纤维细胞样生长。脂肪来源的单个核细胞一般被认为是一个混合的细胞群体，其中含有中胚层来源的成体干细胞、内皮细胞、成熟的平滑肌细胞、成熟的纤维细胞和前脂肪细胞等。2001 年，Hedrick 等采用间接免疫荧光法及流式细胞仪技术证明了这个细胞群体的组成。他们应用了针对各种细胞的特异性单克隆抗体进行鉴定：① anti-SMA，用于分辨平滑肌细胞；② anti-FVⅢ，用于分辨内皮细胞；③ anti-SO_2，用于分辨梭形细胞及间充质来源的成体干细胞。结果显示，SMA 阳性的细胞占 29.2%±2.1%；FVⅢ 阳性的细胞占 24.9%±8.2%；SO_2 阳性的细胞占 58.0%±12.8%。一般情况下，成熟的细胞在传代过程中会逐渐丢失，但是为了得到纯度较高的干细胞，还应该对获得的细胞进行筛选，一般可以用 CD105 磁珠进行筛选，筛选后成体干细胞的纯度可以达到 90% 以上，或者利用极限稀释法挑选单细胞来源的克隆，从而得到更为纯净的成体干细胞。

二、脂肪干细胞的鉴定

1. 形态学

培养的脂肪干细胞大部分于 24h 内即贴壁，在倒置显微镜下观察，贴壁细胞呈圆形，有小的胞浆突起。72h 后，大多数细胞呈梭形，有胞浆突起，一周后，脂肪干细胞的形态以梭形细胞为主，胞浆丰富，核大，核染色质细，核仁明显，细胞呈克隆样生长。传代后，于光镜下可见成纤维样细胞形态，细胞呈平行排列生长或漩涡状生长，和骨髓来源的间充质干细

胞在形态学上基本没有区别。

2. 细胞周期

大部分细胞应该处于 G_0/G_1 期。

3. 免疫学表型

脂肪干细胞的表型，主要表现为 CD29、CD44、CD105、CD166 等阳性，而其他的系特异性表型如 CD3、CD4、CD8、CD14、CD19、CD20、CD33、CD34、CD45、CD31 等则为阴性。

4. 多系分化能力

脂肪干细胞具有多系分化的能力，至少可以向两系分化。实验一般首先分离培养脂肪干细胞，然后用特定的诱导分化体系诱导脂肪干细胞向特定的细胞系分化，然后比较和鉴别分化前后这种特定分化细胞系特定基因的表达，一般采用免疫组织化学染色、RT-PCR、Western blot 等方法来鉴定。

第三节　脂肪干细胞的应用前景

脂肪组织是成体干细胞的丰富来源。成体干细胞作为细胞治疗的种子细胞，由于较少存在伦理问题，为许多临床难以治疗的疾病带来了新的希望。

1. 用于辅助或替代骨髓移植治疗

对于白血病患者而言，骨髓移植是目前疗效比较确切、技术相对成熟且根治希望最大的一种治疗方法。我国每年新增白血病病例约有 4 万～5 万人，需要进行骨髓干细胞移植的患者约有 2.5 万到 3 万人，但是，由于骨髓供者很少，现有骨髓库规模也较小，要想找到与患者主要组织相容复合体（MHC，在人类则是 HLA）匹配的适合移植的骨髓供体的概率很小，这个问题极大地限制了骨髓移植技术在临床的应用。间充质干细胞联合骨髓移植可以弥补单独使用骨髓移植的供体不足的缺点。首先，间充质干细胞具有抑制免疫的功能，有利于促进供体稳定植入，减少骨髓移植后移植物抗宿主病的发生，从而使半相合骨髓移植成为可能。其次，间充质干细胞可以改善受者骨髓的微环境，促进造血干细胞的生长和分化。

脂肪来源的成体干细胞移植的优势在于，首先，供体干细胞受组织配型的限制较少，免疫排斥反应较低，甚至在将来等技术成熟后，可以使用自体来源的脂肪干细胞进行移植；其次，脂肪组织来源丰富，取材方便；另外，与骨髓相比，脂肪组织不易受到肿瘤细胞污染，更容易进行体外净化。

2. 用于组织工程的种子细胞

骨、软骨、神经和肌肉等组织缺损后的修复非常困难，一直是难以解决的问题。以干细胞为基础的组织工程的出现，为上述疾病的治疗带来了新的希望。组织工程通常联合应用成体干细胞、生物材料和细胞因子来修复和再生损伤的组织和器官，其关键问题是组织工程的种子细胞应该来源于人类，能够进行体外扩增，并具有多系分化的能力。

脂肪干细胞具有的优势是：①脂肪组织抽取比较容易，只需要进行局部麻醉；②脂肪组织中的间充质干细胞含量丰富；③可以使用自体的脂肪干细胞作为供体细胞，从而有效避免令人棘手的免疫排斥反应问题。利用脂肪干细胞修复组织缺损有两种可能的途径：①利用脂肪干细胞和支架在体外构建组织或器官，再移植到缺损的部位；②将支架和脂肪干细胞直接注射到组织缺损的部位。

3. 作为基因治疗的载体

自 1989 年基因治疗进入临床试验以来，相关研究取得了很大的进展。为了使治疗基因在患者体内能够长期表达，宿主细胞必须能够在患者体内自我更新或保持永生。所以，干细胞成了基因治疗理想的宿主细胞。随着对成体间充质干细胞研究的不断深入，间充质干细胞因为其具有获取及体外培养扩增较为容易，易被外源性基因转染，且可以在体内高效、长期地表达等优势，被认为是一种理想的基因治疗的靶细胞。

腺病毒、反转录病毒和慢病毒是基因治疗的三种常用的载体，其中，慢病毒具有较高的转染效率，并可以将治疗基因整合到宿主的基因组中，从而可以长期表达治疗基因。有人发现，先用慢病毒载体将外源性治疗基因转入脂肪干细胞，再把脂肪干细胞诱导分化为脂肪细胞和成骨细胞后，仍有外源性治疗基因的表达。因此，脂肪干细胞和慢病毒载体联合应用在将来很可能是基因治疗的一个非常重要的途径。

4. 用于心肌梗死后心功能不全的治疗

随着人们生活水平不断提高，人们的饮食条件越来越好，人们的营养越来越丰富甚至发生过剩，心脑血管疾病的发病率也越来越高，例如，近年来，心肌梗死的发病率逐年上升。而心肌梗死一旦发生，临床治疗往往很麻烦，患者的预后往往很差，很容易发展为心功能不全。对于心肌梗死后心功能不全的治疗，应用干细胞移植来替代已不可逆坏死的心肌细胞，为心肌功能的恢复提供了有效的手段。人们发现，骨髓和脂肪来源的成体干细胞均可以在体内外分化为具有心肌细胞表型的细胞，并有自发搏动，它们向心肌分化的潜能类似于胚胎干细胞。理想的用于心功能不全移植治疗的干细胞应该易于获得和扩增，没有或只有较低的免疫排斥反应，最重要的是，应能与原有的心肌细胞融合并建立电学联系，否则，移植入的细胞反而可能成为异位的兴奋点。胎儿或成人的心肌干细胞能与原有的心肌建立电联系，但增殖能力有限，且不易获得；平滑肌干细胞和骨骼肌干细胞等虽增殖能力强，但没有证据显示它们能与原有的心肌细胞建立缝隙连接。所以，成体干细胞应用于心肌梗死后的心功能不全的治疗还有很长的路要走，但无论如何，在这个领域，各种成体干细胞，包括脂肪干细胞在内，仍具有十分重要的潜力。

参考文献

Baer P C, Geiger H, 2012. Adipose-derived mesenchymal stromal/stemcells: tissue localization, characterization, and heterogeneity. Stem Cells Int, 2012: 812693.

Barba M, Cicione C, Bernardini C, et al, 2013. Adipose-Derived Mesenchymal Cells for Bone Regereneration: State of the Art. Biomed Res Int, 2013: 416391.

Cook A, Cowan C, 2008. Adipose. StemBook [M/OL]. Cambridge (MA): Harvard Stem Cell Institute.

Cousin B, André M, Arnaud E,et al, 2003. Reconstitution of lethally irradiated mice by cells isolated from adipose tissue. Biochem Biophys Res Commun, 301(4): 1016-22.

Di Franco S, Bianca P, Sardina D S, et al, 2021. Adipose stem cell niche reprograms the colorectal cancer stem cell metastatic machinery. Nat Commun, 12(1): 5006.

Elman J S, Li M, Wang F, et al, 2014. A comparison of adipose and bone marrow-derived mesenchymal stromal cell secreted factors in the treatment of systemic inflammation. J Inflamm (Lond), 11(1): 1.

Gimble J M, Bunnell B A, Chiu E S, et al, 2011. Concise review: Adipose-derived stromal vascular fraction cells and stem cells: let's not get lost in translation. Stem Cells, 29(5): 749-754.

Gimble J M, Bunnell B A, Frazier T, et al, 2013. Adipose-derived stromal/stemcells: a primer. Organogenesis, 9(1): 3-10.

Gimble J M, Bunnell B A, Guilak F, 2012. Human adipose-derivedcells: an update on the transition to clinical translation. Regen Med, 7(2): 225-235.

Gimble J M, Grayson W, Guilak F, et al, 2011a. Adipose tissue as a stem cell source for musculoskeletal regeneration. Front Biosci (Schol Ed), 3(1): 69-81.

Gimble J M, Guilak F, Bunnell B A, 2010. Clinical and preclinical translation of cell-based therapies using adipose tissue-derived cells. Stem Cell Res Ther, 1(2): 19.

Gimble J M, Nuttall M E, 2011b. Adipose-derivedstromal/stemcells (ASC) in regenerative medicine: pharmaceutical applications. Curr Pharm Des, 17(4): 332-339.

Hicok K C, Du Laney T V, Zhou Y S, et al, 2004. Human adipose-derived aduit stem cells produce osteoid in vivo. Tissue Engineering, 10(3-4): 371-380.

Hui T Y, Cheung K M, Cheung W L, et al, 2008. In vitro chondrogenic differentiation of human mesenchymal stem cells in collagen microspheres: influence of cell seeding density and collagen concentration. Biomaterials, 29(22): 3201-3212.

Hutton D L, Logsdon E A, Moore E M, et al, 2012. Vascular morphogenesis of adipose-derived stem cells is mediated by heterotypic cell-cell interactions. Tissue Eng Part A, 18(15-16): 1729-1740.

Kapur S K, Wang X, Shang H, et al, 2012. Human adipose stem cells maintain proliferative, synthetic and multipotential properties when suspension cultured as self-assembling spheroids. Biofabrication, 4(2): 025004.

MacIsaac Z M, Shang H, Agrawal H, et al, 2012. Long-term in-vivo tumorigenic assessment of human culture-expanded adipose stromal/stemcells. Exp Cell Res, 318(4): 416-423.

Sowa Y, Imura T, Numajiri T, et al, 2013. Adipose stromal cells contain phenotypically distinct adipogenic progenitors derived from neural crest. PLoS One, 8(12): e84206.

Strong A L, Semon J A, Strong T A, et al, 2012. Obesity-associated dysregulation of calpastatin and MMP-15 in adipose-derived stromal cells results in their enhanced invasion. Stem Cells, 30(12): 2774-2783.

Uezumi A, 2023. Adipose tissue boosts muscle regeneration by supplying mesenchymal stromal cells. Nat Rev Endocrinol, 19(6): 317-318.

Zanetti A S, Sabliov C, Gimble J M, et al, 2013. Human adipose-derived stem cells and three-dimensional scaffold constructs: a review of the biomaterials and models currently used for bone regeneration. J Biomed Mater Res B Appl Biomater, 101(1): 187-199.

Zhang X, Semon J A, Zhang S, et al, 2013. Characterization of adipose-derivedstromal/stemcells from the Twitcher mouse model of Krabbe disease. BMC Cell Biol, 14: 20.

Zuk P A, Zhu M, Ashjian P, et al, 2002. Human adipose tissue is a source of multipotent stem cells. Mol Biol Cell, 13(12): 4279-95.

思考题

1. 脂肪干细胞由于其来源丰富，提取方便，在基础和临床应用中有其不可多得的优势，请简述其提取及培养方法。

2. 脂肪干细胞的生物学特性有哪些？请简要说明。

3. 与其他成体干细胞相比，脂肪干细胞有何应用优势？

第十一章
肝脏干细胞和胰腺干细胞

第一节　肝脏干细胞

    1944 年，Opie 在致癌物饲养的大鼠肝脏中发现了肝脏卵圆细胞（hepatic oval cell，HOC）并首先对其进行了描述。之后，Faber（1956 年）在研究大鼠肝脏癌变机制时首先提出了肝脏卵圆细胞概念。1958 年，Wilson 和 Leduc 在研究小鼠营养不良性肝损伤的修复机制中发现，增殖的毛细胆管细胞（终末胆管细胞）也具有干细胞样特性，可分化为肝细胞及胆管细胞。于是，他们首次提出，肝脏内可能存在具有双向或多向分化潜能的肝脏干细胞（hepatic stem cell，HSC）。随后许多学者在诱导肝癌的大鼠动物模型上对肝脏干细胞进行了大量研究。目前，大家一致认为，肝脏卵圆细胞具有干细胞样特性，可分化为肝细胞及胆管细胞，是具有双向或多向分化潜能的肝脏干细胞。

一、肝脏干细胞的定义及其表面标志

    研究表明，有多种细胞类型符合肝脏干细胞的特征，如胚胎肝脏发育过程中出现的胎肝干细胞，成年肝脏内存在的肝脏卵圆细胞等，在特定条件下，它们均具有无限增殖能力及双向或多向分化潜能。因此从广义上讲，肝脏干细胞并非特指某一种类细胞，而是与肝脏胚胎发育及再生有关的各类具有干细胞特性的细胞类型的总称。甚至许多非肝脏源性的干细胞（如骨髓造血干细胞等）在一定条件下也可诱导分化为肝细胞，所以，这些非肝脏源性的干细胞也同样可被视为肝脏干细胞。

    肝脏干细胞目前尚无特异性标志物，但已筛选出一些高度表达的标志物，如肝脏卵圆细胞分化为肝细胞过程中常表达甲胎蛋白（α-fetoprotein，AFP）和白蛋白。此后，随着进一步分化，甲胎蛋白将不再表达。此外，肝脏卵圆细胞分化为肝细胞过程中，同时还可表达上皮角质素（CK8、CK9 等）、间充质波形蛋白、干细胞因子及其受体 C-kit 等，通过标记细胞骨架（OV-6）可以识别大多数肝脏卵圆细胞，通过标记干细胞标志物 OC_2 和 OC_3 可识别肝脏卵圆细胞亚群。

二、肝脏干细胞的来源

    一般认为，肝脏干细胞的来源为多源性，大致上可以分为肝源性肝脏干细胞和非肝源性肝脏干细胞两大类。

1. 肝源性肝脏干细胞

（1）成体肝脏干细胞

正常成体肝脏处于相对静止状态，分裂相很少，分裂指数为 1/40000 ~ 1/20000。肝脏更新一次约需一年时间，如果肝脏严重受损，则肝内大量肝细胞增生，间质细胞与细胞外基质也相继修复，在肝脏修复过程中，除成熟的肝细胞以外，肝脏干细胞也发挥了重要作用。成体肝脏干细胞来自成熟个体，本身即有完善的功能，如能取自患者自身，则在移植治疗时，可以有效避免免疫排斥反应，因此成体肝脏干细胞备受关注。许多研究证实，成体哺乳动物肝脏内存在肝脏卵圆细胞（其实质是位于肝脏小叶间胆管及小叶内胆管，即 Hering 管处的胆管上皮细胞），正常情况下，这些肝脏卵圆细胞处于休眠状态，严重肝脏损伤伴肝功能紊乱如大面积肝细胞坏死和 / 或摄入大量肝脏毒性物质时，这些肝脏卵圆细胞活化移出并分化成熟为肝细胞和胆管上皮细胞，补充丢失或死亡的细胞。这种肝脏卵圆细胞，具有独特的细胞形态，细胞大小不等且体积较小，约为正常肝细胞的 1/4 至 1/2 大小，整个细胞大部分为卵圆形细胞核所占据，核染色质分散而均匀，以常染色质为主，核仁小，细胞质少，内质网、线粒体和核糖体不发达，表现为原始幼稚未分化细胞的超微结构特点；在酶化学、免疫组织化学、生物化学和分子生物学等方面同时兼备肝细胞和胆管上皮细胞的特点，既可向肝细胞分化又可向胆管细胞分化，在小鼠身上移植时可转化为肝细胞。

（2）胚胎肝干细胞

由于成体动物肝脏中干细胞含量非常少，有人将研究方向转向胚胎肝脏。实验研究表明，鼠类的胎肝中肝脏卵圆细胞含量相对较高，大鼠胚龄 9.5 ~ 15d（小鼠胚龄 8.5 ~ 15d）时，肝细胞中大部分被认为是肝脏干细胞，例如，2001 年，Suzuki 等采用荧光激活细胞分类法从小鼠胎肝中分离到一种增殖能力强的细胞，体外培养时可形成较大集落，提示小鼠胎肝中存在高增殖潜能的肝脏干细胞；2000 年，Dabeva 等自 IV 型二肽酶（dipeptidyl peptidase，DPP）阳性的 Fischer 344 大鼠肝脏分离出的胎肝干细胞经门静脉移植给 DPP IV 阴性 2/3 肝叶切除 / Retrorsine 处理的 Fischer 344 大鼠，1 个月后也表现出肝细胞及胆管细胞 DPP IV 阳性显形，并形成肝细胞索和小胆管样结构；对于人类而言，人胎肝内存在双向分化的肝祖细胞，随着其向肝细胞或胆管细胞的分化，特异性细胞表型也发生相应变化；Malhi 等也从人胎肝中分离出一种上皮祖 / 干细胞，表现出很强的增殖能力，在联合免疫缺陷小鼠体内可分化为成熟肝细胞，很多其他学者的研究也得出了相同的结论。

2. 非肝源性肝脏干细胞

事实上，来源于各种组织的成体干细胞并未定型，如果它们处于适当的微环境，它们将分化为其他类型的细胞，干细胞生物学家将这种现象称为成体干细胞的可塑性（plasticity），也可称为干细胞横向分化。研究表明，多种组织来源的成体干细胞可横向分化为肝脏干细胞。

（1）骨髓 / 造血干细胞

越来越多的证据表明，骨髓 / 造血干细胞参与了肝脏再生过程，骨髓 / 造血干细胞在体内可演变为肝脏干细胞、肝细胞及胆管细胞，可补充部分肝实质细胞，这种现象称为转分化。因此，骨髓 / 造血干细胞被称为肝外源性肝脏干细胞或非肝源性肝脏干细胞。研究表明，肝脏卵圆细胞和造血干细胞有许多共同的细胞表面标志。1999 年，Petersen 等设计了 3 组实验以证实大鼠骨髓干细胞能在宿主肝脏内分化为肝脏卵圆细胞：A 组将雄性大鼠骨髓干细胞移植给预先接受放射线照射处理的雌性大鼠，B 组将 DPP IV 阳性大鼠骨髓干细胞移植给 DPP IV 阴性 2/3 肝叶切除 /2-AAF 处理的大鼠，C 组将 Brown-Norway 大鼠（不表达 MHC-II L21-6 抗原）肝脏移植给 Lewis 大鼠（表达 MHC-II L21-6 抗原），经 Y 染色体、DPP IV、L21-6 抗原检测表明，受体大鼠肝内增生的肝脏卵圆细胞一部分来源于供体骨髓造血干细胞。Alison

及 Theise 的研究也证实了人骨髓干细胞向肝脏干细胞转化的可能性。

（2）胰腺上皮细胞

1997 年，Dabeva 等将从大鼠胰腺分离的胰腺上皮细胞（pancreatic epithelial cell）移植给近亲大鼠肝脏，结果证实，胰腺上皮细胞在受体大鼠肝内可分化成肝细胞，并可整合到肝小叶结构中并表达特异性蛋白。Krakowski 等在 1999 年的研究发现，胰腺上皮细胞在体外培养时可以诱导分化为肝细胞，说明在胰腺内的胰腺上皮细胞实质上是成体干细胞。

（3）胚胎干细胞

胚胎干细胞具有体外无限扩增的能力，并且能被诱导生成机体各种类型的细胞，包括肝细胞，甚至可以形成复杂的组织和器官（图 11-1、图 11-2）。

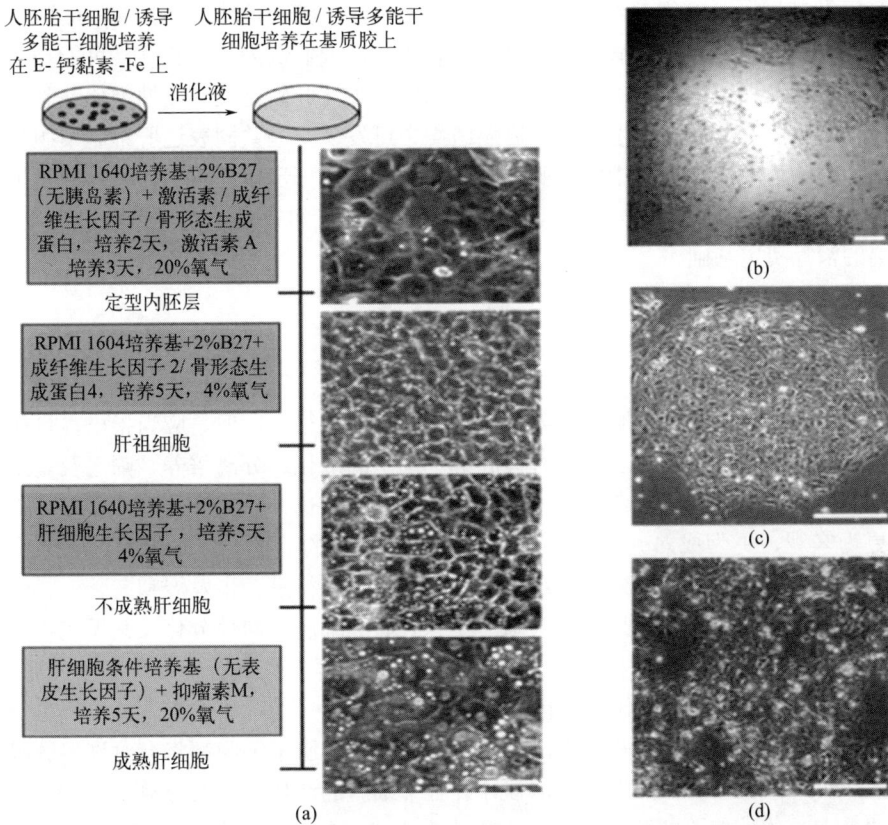

图 11-1　ESC/iPSC 向肝细胞分化的步骤（Zorn，2008，略改）

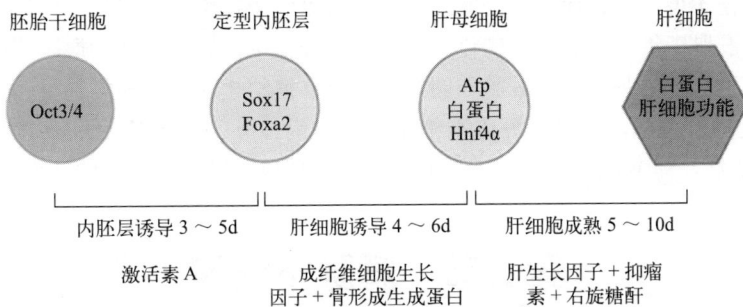

图 11-2　ESCs 向肝细胞分化的流程（Zorn，2008，略改）
Afp—甲胎蛋白；Hnf4α—肝细胞核因子 4α

三、人肝脏干细胞的研究

　　人肝脏干细胞的研究尚处于初步阶段。近年来的研究表明，肝脏干细胞和肝脏多种病理生理过程密切相关，有关肝脏发育的"流动肝"（streaming liver）假说得到证实。该假说认为，在肝脏发育过程中，以肝板形态作为轨道，新生肝细胞呈向心性从门静脉区移行至中央静脉区，最终因凋亡死亡。该假说从细胞发育角度解释了门静脉周围区和中央静脉周围区肝细胞活力及功能的差异；实验和临床研究发现，亚急性肝坏死和暴发性肝功能衰竭均有肝实质细胞大量坏死导致其本身增殖能力受损。肝脏的再生往往以胆管肝细胞（即肝脏卵圆细胞）增殖分化为特征；急、慢性乙型病毒性肝炎及丙型肝炎均可见典型或非典型胆小管增生，其特点为汇管区及其周围、纤维结缔组织间隔等部位出现大量胆小管样结构，即肝脏卵圆细胞。并且，肝脏卵圆细胞的数量与病变的程度呈显著相关，人们认为，Hering 管可能是人肝脏干细胞起源、分化及滞留的场所；酒精性肝病、原发性胆汁肝硬化及原发性硬化性胆管炎等疾病的患者均可见肝脏卵圆细胞增生；人肝癌组织中可发现一些共同表达肝细胞及胆管细胞标志的细胞，与啮齿类动物模型中的肝脏卵圆细胞相似，进一步研究表明，肝癌的发生与肝脏干细胞的增生和分化受阻有关，因此，肝脏干细胞的研究可有助于阐明肝脏肿瘤发生机制，并为肝癌的治疗奠定基础。

四、问题及展望

　　目前，人们对于肝脏干细胞的研究正在如火如荼地进行中，但是应当指出，目前有关肝脏干细胞的研究尚存在以下问题：①有关肝脏干细胞的活化、分离培养、筛选及鉴定等方法学上的研究尚未成熟，各家学者的技术操作及结果分析上也并非完全一致，所以，需要建立一系列更为客观、更为成熟并被大众认可的肝脏干细胞的活化、分离培养、筛选及鉴定方法；②人类肝脏干细胞研究尚处于初级阶段，研究方法有待进一步发展和完善；③肝源性与非肝源性肝脏干细胞之间的关系尚未明确；④肝脏卵圆细胞多向性分化及其调控机制尚不完全清楚；⑤肝脏卵圆细胞特异标志物的研究尚不完全；⑥有关肝脏干细胞在多种肝脏生理、病理生理及肝脏相关疾病中的作用有待进一步阐明。

　　我们相信，随着研究的不断深入，无论何种来源的肝脏干细胞都将会对许多肝脏疾病有良好的治疗作用。从当前研究水平看，预计肝脏干细胞的活化方法及分离培养程序仍将是近期研究的重点；体外培养的肝脏干细胞为生物型人工肝的生产提供了一种新的干细胞来源，肝脏干细胞强大的增殖能力为解决用于移植的干细胞的增殖困难及供体缺乏提供了新思路；肝脏干细胞移植不但可以替代坏死的肝组织，还可以刺激宿主肝组织再生以达到自身修复的目的，利用肝脏干细胞向肝细胞转化的潜力启动肝再生，以治疗各种原因所致的急性或亚急性肝坏死；通过体外基因修饰肝脏卵圆细胞，再移植给相应基因缺陷的受体肝脏以分化为具有正常功能的肝细胞，所以，肝脏干细胞可以作为体外基因治疗用以改善肝脏代谢疾病（如肝豆状核变性，即 Wilson's 病等）的良好载体。所以，肝脏干细胞的应用前景十分广阔。

第二节　胰腺干细胞

　　糖尿病是严重影响人类健康的主要疾病之一，胰岛 β 细胞功能的绝对或相对低下导致胰岛素分泌不足和糖代谢紊乱是引起糖尿病的重要原因；传统的药物和注射胰岛素治疗，不仅给患者带来很大痛苦，对社会和家庭也是沉重的负担。胰岛 β 细胞移植的研究为糖尿病的替代治疗提供了新的希望。2000 年，Shapiro 等将健康成人的胰岛 β 细胞移植到患者肝脏门脉系统中，同时使用三种非皮质激素类免疫抑制剂，可以使 1 型糖尿病患者完全停用胰岛素超过 1 年。然而，由于胰岛 β 细胞供体的严重缺乏及同种异体间存在的免疫排斥反应等问题，胰岛 β 细胞移植的应用受到了很多限制。因此，人们开始把目光投向胰腺干细胞，希望通过对胰腺干细胞的研究，为糖尿病的胰岛 β 细胞移植治疗提供新的细胞来源。

一、胰腺干细胞的定义及胰腺发生

胰腺干细胞一般是指未达终末分化状态，能产生胰岛组织或者指起源于胰岛组织，具有自我更新能力的未定型细胞。2003 年，Lechner 等指出了胰腺干细胞应满足的特征。①具有体外克隆生长特性，并有一些可供分离鉴定的细胞标志。②能体外分化为具有胰岛素分泌功能的胰岛 β 细胞。除了分泌胰岛素，同时还应该表达胰岛 β 细胞的其他标志如 Pdx/Ipf1、葡萄糖转运子（GLUT2）、葡萄糖激酶（GK）或分化为其他具有相应功能的内分泌细胞。③能通过电镜超微结构分析鉴定由胰腺干细胞分化而来的胰岛 β 内分泌细胞中含有胰岛素分泌颗粒。④由胰腺干细胞分化而来的胰岛 β 内分泌细胞具有全面的生理功能。⑤胰腺干细胞能在糖尿病患者体内生长并增殖，发挥调节血糖的作用；去除移植的胰腺干细胞一段时间后，糖尿病症状恢复。

要想获得胰腺干细胞并维持胰腺干细胞的体内表型，我们必须首先了解胰腺的发育过程（图 11-3）。胰腺的发育是由一系列细胞外信号及细胞内基因表达协调作用的结果，组织学上包括胰芽的形成、胰腺早期发育、胰岛细胞的分化等几个方面。

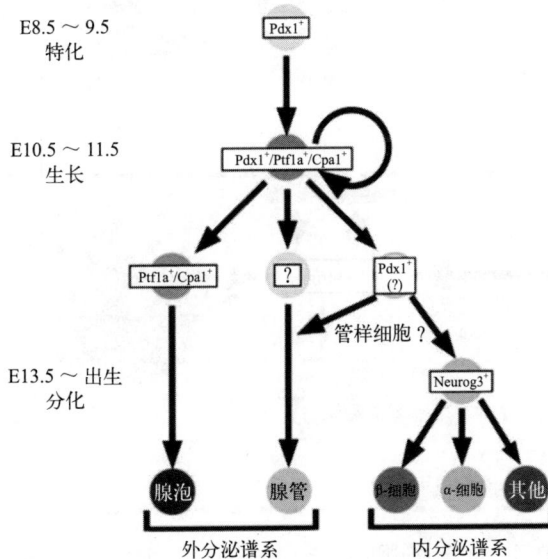

图 11-3　小鼠胰腺各系发育（Murtaugh et al，2008b，略改）

在大鼠胚胎 8.5d，位于前肠和中肠交界区的内胚层组织具有发育为成熟胰腺的潜能，即为胰芽。抑制 shh 信号及 Ihh 信号对胰芽的形成是必需的，否则胰芽将向原始肝脏发育，另外，Pdx-1 对胰腺的早期发育有着重要的作用。而背胰芽的发育还需 HB9 转录因子参与。原始胰芽形成后，表达 Pdx1 的胰腺祖细胞呈上皮样状态，称之为早期胰腺上皮细胞。这些早期胰腺上皮细胞能分化并生长成为成熟胰腺的所有细胞类型，包括胰腺外分泌细胞、内分泌细胞及导管上皮细胞。早期胰腺上皮细胞均表达 Pdx1 和 HB9，但研究也发现，即使缺乏这两个因子，早期胰腺上皮细胞也能正常分化为不同类型的胰腺细胞。因此，要决定早期胰腺上皮细胞的分化方向则需借助 Pdx1 和 HB9 以外的其他因子。

现已发现，神经元素 3（neurogenin3，Ngn3）于胚胎 9.5d 开始表达，为胰腺内分泌细胞的定向分化因子，Ngn3 的激活决定早期胰腺上皮细胞向内分泌细胞生长及内分泌腺的分化。而 Notch 信号激活及 P48 的表达，伴随 Ngn3 表达抑制，则决定早期胰腺上皮细胞向外分泌细胞定向分化。Ngn3 本身不能决定胰岛细胞分类。与胰腺发育中胰岛细胞的分化相关的转录因子可分为早期表达因子及晚期表达因子，前者包括 Pax4、Nkx2.2、Nkx6.1 等，后者包括 Pax6、Isl1、HB9 及 Pdx1。这些转录因子均含有同源结构域，在胰岛细胞的分化过程中起着一定作用，但目前尚未证实这些转录因子与决定内分泌细胞分化方向之间的必然联系。目前较为肯定的是，同源结构域因子 Pax4 选择性在未成熟胰腺中表达，促进胰岛 β 细胞及 δ 细胞的发生（图 11-4）。在胚胎第 15d，胰腺内分泌细胞形成高峰期前不久，Pax4 即在胰腺中表达，至胰腺发育成熟后即消失，说明 Pax4 对胰岛 β 细胞及 δ 细胞的发生具有重要作用，但单独 Pax4 还不足以促进 Ngn3 阳性内分泌前体细胞向胰岛 β 细胞或 δ 细胞分化。另外，胰岛 α 细胞的晚期分化则还需 POU 同源结构域因子 Brn4 参与，Brn4 在成熟的胰岛非 β 细胞中表达，其中最主要限于 α 细胞，并调节胰高血糖素的基因表达。

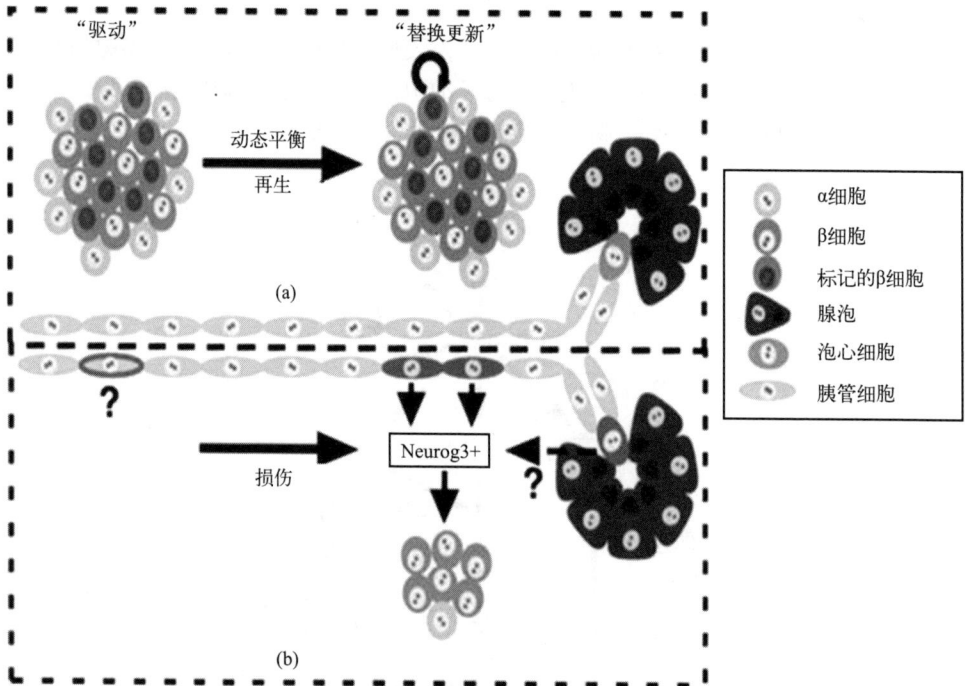

图 11-4　新生 β 细胞的来源（Murtaugh et al，2008b，略改）

二、胰腺干细胞的分子标志

胰腺干细胞有一系列的分子标志，这些分子标志对胰腺干细胞的基础和临床研究有着重要意义。

1. 胰腺内分泌相关干细胞的标志

胰腺内分泌相关干细胞的标志包括胰腺发生相关的标志分子、胰腺内分泌干细胞表达的相关标记和内分泌激素。下面分别加以介绍。

（1）胰腺发生相关的标志分子

包括转录因子、神经巢蛋白、PGP9.5、Notch 信号、Bcl-2 等。

① Pdx1。Pdx1 是一种同源框转录因子（homeobox transcription factor），即胰十二指肠同源异型盒基因 1（pancreatic and duodenal homeobox 1），编码胰腺十二指肠同源框蛋白 1，又称 Ipf1、Idx1、Iuf1。一系列研究表明，Pdx1 是胰腺发育及胰岛素基因转录表达的关键性转录因子，即 Pdx1 决定胰腺前体细胞向胰岛 B、A、D 细胞（或分别称为胰岛 β 细胞、α 细胞和 δ 细胞）的分化；Pdx1 对于肠内胚层背胰芽和腹胰芽的生长、分化起重要作用；早期胰腺表达的 Pdx1 对胰腺上皮的形成和分化是必需的；所有胰腺细胞均来源于 Pdx1 阳性表达的前体细胞。Pdx1 是最先发现的胰腺发育决定基因，随着胰腺的发育，Pdx1 的表达逐渐减弱，反之，如果 Pdx1 表达缺失，将导致机体胰腺无法形成。Docherty 等的研究也证实，小鼠 Pdx1 基因的纯合子缺失或发生突变会导致小鼠的胰腺无法形成。

② Msx2。与 Pdx1 类似，Msx2 也是含同源异型转录因子家族中的一个成员，对胰腺发育过程中组织和器官发生有关键作用。作为胰腺发育和再生过程中内分泌干细胞的一个标志物，Msx2 在胰腺胚胎发育过程中有显著的表达，主要表达于导管上皮细胞和内分泌细胞起始处。

③ Ngn3。Ngn3 即神经元素 3（neurogenin3），是胰腺发育过程中短暂表达的蛋白，可能是胰腺内分泌细胞系的定向因子，且在成熟胰岛中不表达。用 PDX1 启动子促进转基因小鼠体内早期胰腺前体细胞中 Ngn3 表达，会导致分化形成的内分泌细胞数量增加，而外分泌细胞数量减少。反之，Ngn3 缺失的纯合子小鼠体内，胰岛细胞和巢蛋白（nestin$^+$）胰岛前体细胞在发育各阶段都缺失。Lee 等认为，Ngn3 基因与胰岛分化有密切关系，因为 Ngn3 基因缺陷小鼠不能表达胰岛其他特异性转录因子，包括 Islet1、Pax4、Pax6，而缺乏 Pax6、NeuroD1、Nkn6.1 或 Nkx2.2 的动物胰腺中表达 Ngn3，表明 Ngn3 位于这些因子的上游，且对启动内分泌细胞分化必不可少，而分化后期 Ngn3 关闭。Gasa 通过表达的腺病毒感染胰腺导管细胞，建立了体外分化调控模型，发现 Ngn3 和 NeuroD1 活化胰岛内分泌分化的基因并不重叠，表明 *ngn3* 和 *neuroD1* 这两个基因的表达产物蛋白在胰岛发育活动中具有不同的功能。Mellitzer 等通过将 cDNA 插入前体细胞的 3′ 端非翻译区，通过 EYFP 定位 *ngn3* 基因表达，发现内分泌前体细胞在缺乏间充质信号刺激情况下，可在体外扩增，并且向胰岛内分泌细胞分化。Leon 等采用含 Nkx6.1 前体基因的质粒转染鼠胚胎干细胞，然后利用抗新霉素基因筛选 Nkx6.1 阳性细胞，发现这些 Nkx6.1 阳性细胞能够分泌胰岛素，并且，分泌的胰岛素注入糖尿病模型鼠体内，可使糖尿病鼠血糖恢复正常。

④ 其他转录因子。Foxα_2：胰岛内分泌细胞的关键调控因子是 *forkhead* 基因的表达产物 Foxα_2。Guo 等的研究发现，Foxα_2 可被 Foxd3 激活，而被 Oct3/4 抑制。内胚层的分化可通过抑制 Oct3/4 表达实现。Foxα_2 关键参与肺、肝、胰等的分化和发育。缺乏编码 Foxα_2 的基因，鼠将不能产生前、中肠内胚层。此外，Hnf 也是胰岛内分泌细胞的重要调节因子。Hnf4 参与肝脏、肠、胰的分化，Hnf4 缺失可致年轻人成熟期发病的糖尿病（maturity onset diabetes mellitus in young，MODY1）。Hnf1α（Tcf1）、Hnf4 或 Foxα_2 及 Pdx-1 双杂合缺失，导致胰岛 β 细胞功能缺陷，提示这些基因构成胰岛 β 细胞发育的基因网络。*Hnf6* 基因阴性鼠，会表现出腹胰发育缺陷及胆管发育异常。*Hnf6* 基因需 Ngn3 激活，自身又可激活 Foxα_{2a}。Pax：Pax4 和 Pax6

同属 Pax 基因家族,其在胰腺内分泌细胞分化中起关键作用。Sosa 等将 Lac-Z 插入 *pax* 基因中作标记,发现 Pax4 失活的新生鼠经过免疫组织化学染色法检测显示缺少胰岛 β 细胞和 δ 细胞,α 细胞排列不规整。而 Pax6 缺失,则胰岛 α 细胞缺失,而 β 细胞和 δ 细胞却可出现。由此推断,Pax6 是胰岛 α 细胞发育所必需的,而非 β、δ 细胞发育所必需。

⑤ 神经巢蛋白。巢蛋白(nestin)是细胞内一种中间丝蛋白,在神经干细胞中特异性表达。在胚胎发育过程中,巢蛋白主要在迁移和增殖过程中表达,并且,巢蛋白主要在胚胎中具有向神经外胚层、内胚层、中胚层分化潜能的前体细胞中表达。在成体组织中,巢蛋白主要局限在再生组织中。尽管迄今为止什么因素调控巢蛋白尚不清楚,但可以肯定的是,巢蛋白的表达意味着干细胞向多系分化和再生的潜能。胰腺与神经系统具有相似的发育控制机制,巢蛋白可能起着促进胰腺内分泌干细胞分化的作用,胰腺干细胞也可能来源于神经前体细胞。2001 年,Zulewski 等证实,在不成熟的不表达胰腺内分泌激素的胰腺细胞亚群中有巢蛋白表达,胚胎大鼠、成年大鼠和小鼠以及成人的胰岛中有巢蛋白表达阳性的细胞亚群;另外,成年大鼠胰腺导管的局部区域也有巢蛋白表达阳性的细胞。利用 RT-PCR 技术和免疫细胞化学染色法证明,在体外,从巢蛋白表达阳性的胚胎干细胞中可以培育出大量的表达胰岛素的细胞团,说明巢蛋白阳性的胚胎内分泌细胞前体细胞与胰腺干细胞有密切联系,但未能确定与胰岛细胞和导管细胞相联系的细胞标志物。根据以上研究,胰腺中巢蛋白主要在胰岛及胰腺导管中表达,可以作为胰腺干细胞的选择标准。

然而,对于巢蛋白的真正功能目前还有争议。例如,Kania 等汇集了多种小鼠胚胎干细胞向胰岛样簇的培养方法,发现了许多矛盾的地方,提示应该避免选择和富集 nestin 阳性的细胞,因为这些细胞在分化为胰岛之前已经具备了神经细胞的命运。因此,关于 nestin 与胰腺内分泌发生的关系还需进一步研究。

⑥ PGP9.5。PGP9.5 为泛素(ubiquitin)化羧基末端羟化同工酶家族中的一员,无论是中枢神经系统还是周围神经系统的发育全过程中都有高水平表达。因此,PGP9.5 首先被认为是神经前体细胞和神经细胞分化的标志。Yokoyama 等发现,在胚胎 11.5d 和 17.5d,PGP9.5 均有强表达,并且有实验表明,部分 PGP9.5 的表达与胰岛素和胰高血糖素分泌一致。而成体动物随着胰腺成熟,PGP9.5 的表达逐渐下调。

⑦ Notch 信号。由于胰腺内分泌细胞在分子特征的某些方面与神经元类似,有人认为它们是由共同的祖细胞,通过 Notch 信号再由不同的途径分化产生的。Notch 通路在进化上高度保守,它通过调节细胞—细胞间的相互作用,使细胞的分化和自我更新处于平衡状态进而控制分化过程。在对动物模型鼠的研究中发现,当胰腺干细胞缺乏 δ 样基因-1(delta like gene-1,Dlg-1)及细胞内介质 RBP-Jκ 时,将导致胰腺内分泌细胞分化加速。同样,激活 Notch3 以抑制 Notch 信号通路,以及表达 Ngn3 的条件下,也将导致胰腺内分泌细胞分化加速。进一步研究发现,在发育的胰腺中,Ngn3 可被视为原始内分泌细胞基因,而 Notch 信号则是决定胎儿胰腺的内、外分泌细胞形成的临界信号。但对 Notch 信号目前研究内容尚少,故尚不能进行定论。

⑧ Bcl-2。Bcl-2 为凋亡抑制因子,具有调节胰腺组织分化的作用。在小鼠胚胎胰腺导管上皮细胞有表达,但在成熟胰岛中却没有表达。说明小鼠胚胎胰腺导管上皮细胞是胰腺干细胞。Bcl-2 可能参与干细胞的分化过程,并可作为胰腺干细胞辅助的细胞标志。

(2)胰腺内分泌干细胞表达的相关标记

① 细胞角蛋白。在胰腺发育过程中,胰腺的内分泌细胞来自于细胞角蛋白(cytokeratin)阳性的内胚层上皮细胞,而且胰腺的内分泌细胞又有高水平的细胞角蛋白表达,故人们认为,细胞角蛋白可作为胰腺干细胞的表面标志物。通过对鼠的胰腺干细胞免疫组织化学染色

法分析，发现并证实细胞角蛋白 20（K20）和 Bcl22 可作为胰腺干细胞的特异性表面标志物。人们通过免疫组织化学染色法测定了不同时期的胎胰的细胞角蛋白 19（K19）和突触素，发现在妊娠 12～14 周时，K19 呈阳性反应，当胎儿出生后则消失，故认为 K19 可作为人胰腺干细胞的标志。但另有学者报道，在成人胰腺导管内皮细胞上细胞角蛋白亦可出现阳性反应，所以细胞角蛋白的可靠性尚需进一步证实。

②β-半乳糖苷酶。β-半乳糖苷酶（β-galactosidase，β-gal）在人胚胎胰腺导管上皮细胞中有高水平表达，且 β-半乳糖苷酶只在胚胎导管上皮细胞中具有活性，在成熟胰腺导管上皮细胞中则没有活性，所以，β-半乳糖苷酶可作为胰岛干细胞的又一个分子标志。

③端粒酶。端粒酶是增加染色体末端端粒序列长度的一种核糖核蛋白，其参与维持端粒的长度。一般情况下，细胞的生理年龄可以通过测定细胞染色体中端粒序列的长度来作出判定。端粒酶的表达与人细胞的永生化高度相关。人们确定了人胚胎干细胞高度表达端粒酶活性，端粒酶只在生殖细胞和胚胎干细胞中有高水平表达，而在成熟细胞中则缺乏活性，因而，端粒酶可作为干细胞的一个特定标志。细胞的端粒酶活性测定在胰腺干细胞中尚无报道，其是否有助于对胰腺干细胞的确认尚需进一步证实。

④ kit 基因。Kit 为酪氨酸激酶受体的配体，kit 基因在造血干细胞及血管内皮细胞表达。有研究人员在 2001 年发现，Kit 参与了 INS-1 细胞胰岛素分泌过程中的信号转导，可导致信号调节蛋白的磷酸化。同时，在鼠胰岛中检测到了 Kit 的 mRNA，发现 Kit 在胰腺 β 细胞中可特异性表达，而在胰腺其他的内分泌细胞和外分泌细胞上则无明显表达。通过观察胰腺发育，发现胚胎 14.5d 时，在胰岛素、胰高血糖素表达细胞上都有 Kit 表达，在不表达内分泌标记的上皮细胞也发现 Kit 的表达，因而认为 kit 基因阳性细胞可能为内分泌前体细胞中一部分。Kit 可能为胰岛 β 细胞亚群的标志物。2004 年，Yashpal 检测了 c-Kit 及巢蛋白在胎胰及成体胰腺的表达，发现二者的表达具有一定的趋势：出生前后二者表达均有明显的差异，但胚胎期 c-Kit 表达形成的细胞系与巢蛋白表达形成的细胞系不同。c-Kit 及巢蛋白均为鼠胰腺干细胞的标记，利用它们表达的变化可以适时、恰当地鉴别并分离胰腺干细胞。

⑤葡萄糖转运体 2。葡萄糖转运体 2（glucose transporter 2，GLUT2）可在大鼠胚胎的背胰芽和腹胰芽细胞中检出，并在以后的胰芽发育过程中持续存在。孕后 17d，可检测到细胞内表达 GLUT2 和胰岛素，以后，这些细胞聚集形成胰岛的 β 细胞群，而那些将转变成腺泡细胞的细胞将不再表达 GLUT2。

⑥波形蛋白。Schmied 等在 2000 年将长期培养的胰岛细胞去分化得到未分化的导管样上皮细胞，这些导管样上皮细胞可分化成胰腺内分泌细胞和胰腺外分泌细胞，并限制性表达波形蛋白（vimentin），所以波形蛋白可以作为胰岛干细胞的一个分子标志。

⑦酪氨酸羟化酶。酪氨酸羟化酶（tyrosine hydroxylase，TH）是一种儿茶酚胺神经元的标记物。在大鼠胰腺发生中，酪氨酸羟化酶的表达出现发育依赖性变化，第 16d 胚胎的导管细胞表达 TH，但在成熟的胰岛内分泌细胞中难以检测到 TH，胎儿和刚出生幼儿的胰岛细胞和一些导管细胞呈 TH 免疫组织化学阳性反应。成年大鼠胰腺中，TH 仅在胰岛 β 细胞中表达。TH 的这种表达模式可用于鉴别胰岛内分泌前体细胞。

（3）内分泌激素

胰岛素、胰高血糖素、生长抑素和胰多肽等内分泌激素，是分别由胰岛中 β 细胞、α 细胞、δ 细胞和 PP 细胞分泌的，可用作胰腺干细胞的标志。但是，检测上述内分泌激素不利于分离早期的胰腺干细胞。

2. 胰腺外分泌相关干细胞的标志

首推 P48，P48 能影响和控制胰腺外分泌酶的外分泌特异基因的表达，对于胰腺外分泌细胞的分化增殖是必要的。

三、胰腺干细胞的诱导分化

研究发现，胰腺干细胞分化为胰岛 β 细胞或变成可分泌胰岛素的细胞克隆，必须在诱导体系中配合使用多种细胞因子、营养物质、烟酰胺等。许多细胞因子可以促进新生胰岛在体外进一步分化成熟，其中，FGF 信号通路参与了胰岛 β 细胞的成熟、终末分化、出生后的扩增过程及刺激胰岛素释放。虽然目前尚未发现对胰腺干细胞分化和发育进行调控的关键因子，但是，多种细胞因子的联合应用研究已经取得一些进展，如 HGF、分散因子和细胞外基质联合应用，能够使人胎胰生长增加 30 倍。

胰岛 β 细胞是一种营养物质感受器，各种营养物质对于胰岛 β 细胞的增殖和分化均有重要意义。尤以葡萄糖为甚。葡萄糖是调控胰岛 β 细胞基因表达的主要因素，血糖增高能够促进胰岛 β 细胞的生长，采用适当浓度的葡萄糖可以达到促进胰岛 β 细胞基因表达和增加胰岛素分泌的效果。

烟酰胺是一种主要的胰腺内分泌细胞分化诱导剂。研究发现，胎儿的胰岛前体细胞经过烟酰胺处理后，胰岛素基因 DNA 含量增加 2 倍，胰岛素分泌增加 3 倍；胰岛样细胞团在烟酰胺的作用下胰岛素分泌峰值可以提高 4 倍。

四、胰腺干细胞与疾病

胰腺干细胞是胰腺存在和更新的结构基础，许多胰腺疾病的发生和发展都与胰腺干细胞有着密切的联系。

1.胰腺干细胞与肿瘤

胰腺癌是临床常见的一种恶性肿瘤。胰腺癌的组织发生过程尚不清楚。实验表明，大部分胰腺癌发生在胰岛之间，所以，胰腺癌很可能是从胰腺干细胞而来。对于发生在胰腺导管细胞之间的肿瘤来说，肿瘤细胞可能来源于祖细胞。最近，有人采用人和大鼠胰岛干细胞的体外培养体系研究证实，胰岛干细胞有转化成恶性细胞的潜能，并且，胰岛干细胞转化成恶性肿瘤细胞的概率较高，胰腺癌的发生可能与胰岛内某些胰岛干细胞处于高浓度生长因子环境下发生癌变有关，这些生长因子包括胰岛素、胰岛素样生长因子和转移生长因子等。发生在胰岛之间和发生在胰腺导管细胞之间的肿瘤有显著不同，发生在人和鼠导管细胞之间的肿瘤生长缓慢，保留相当一段时间的导管细胞特征，所以，恶性程度较低，相反，发生在胰岛之间的胰腺肿瘤生长较快，恶性程度较高。

2.胰腺干细胞与其他疾病

胰腺干细胞在胰腺的肿瘤发生，自身免疫病如胰岛素依赖型糖尿病（1 型糖尿病）、先天性胰腺畸形，胰腺损伤，急、慢性胰腺炎等引起的胰腺组织和器官修复过程中起重要作用。胰腺干细胞在一定条件下可以转变为胰腺内分泌细胞或胰腺外分泌细胞，维持胰腺内各种细胞数量的相对平衡。

五、胰腺干细胞在糖尿病治疗中的应用

糖尿病的发病率正在逐年提高，对于糖尿病的治疗，除了传统治疗方法外，移植能够分

泌胰岛素的胰岛素分泌细胞也是一个很有前途的治疗方法。胰岛素分泌细胞一般通过生物工程技术获取。一般来讲，应用生物工程技术获取胰岛素分泌细胞可从以下几个途径进行：①胰腺导管干细胞移植；②胚胎干细胞移植；③利用基因工程技术，将胰腺导管干细胞和胚胎干细胞诱导分化成胰岛素分泌细胞再移植。但是，该项研究目前仍处于实验室研究的初级阶段，并不是最终的成果。

1. 胰腺导管干细胞的应用

Peck 和 Ramiya 首先从胰腺导管中分离、纯化得到胰腺导管干细胞，经体外诱导培养最终形成了胰岛样细胞。Bonner 发现，角质化细胞生长因子（keratinocyte growth factor，KGF）和烟碱（nicotine）对胰腺导管干细胞分化为胰岛产生作用。Ramiya 也报道，他们从胰腺导管上皮细胞诱导分化得到"产生胰岛的干细胞"（islet producing stem cell，IPSC），这些细胞呈较典型的胰岛样结构，并对高浓度葡萄糖有胰岛素释放应答反应，免疫组织化学染色证实这些细胞中有胰岛素和胰高血糖素的表达，RT-PCR 显示这些细胞能表达许多胰岛细胞的标志性基因，如胰岛素基因，胰高血糖素基因，生长抑素基因，葡萄糖转运体 2（GLUT2）基因及谷氨酸脱羧酶基因等。将分化成熟的胰岛细胞移植到 NOD 鼠体内，可有效降低鼠血糖浓度，完全逆转其糖尿病状态。并且，由 IPSC 可诱导分化得到"产生胰岛的细胞"（islet producing cell，IPC），IPC 可分化成有组织结构的胰岛细胞团，包括胰岛 A、B、D 细胞，并表达一系列胰岛标志，能够分泌胰岛素，并且其分泌胰岛素的功能受葡萄糖诱导。将这些细胞移植到 NOD 鼠体内，可稳定其血糖水平。

2. 胚胎干细胞的应用

长期以来，关于从胚胎干细胞制备胰岛素分泌细胞的研究一直吸引了很多研究者的注意。Naujok 等 2009 年将胚胎干细胞体外扩增后，筛选巢蛋白阳性细胞，加入碱性成纤维细胞生长因子（basic fibroblast growth factor，bFGF）及 B27 和尼克酰胺（nicotinamide），最终诱导成为能分泌胰岛素的胰岛样结构，将这种胰岛样结构植入糖尿病模型小鼠体内，可使模型小鼠血糖降低且促进血管形成，只是胰岛素分泌量较低。Soria 等在 2005 年也从胚胎干细胞诱导分化得到可分泌胰岛素的细胞，他们的方法是，先将胚胎干细胞在含有白血病抑制因子但无饲养层细胞的培养体系中培养，此时，培养的胚胎干细胞中有 Pdx1 表达；然后，将上述胚胎干细胞改在无白血病抑制因子的培养体系中培养，促进胚胎干细胞增殖分化为拟胚体，再在无血清培养体系中培养，提高巢蛋白阳性细胞的比例，并加入碱性成纤维细胞生长因子继续培养，最终得到类胰岛组织细胞。这些类胰岛组织细胞能够表达鼠胰岛素 I 和 II，而且其胰岛素的表达受葡萄糖诱导，此外，这些类胰岛组织细胞还表达胰岛淀粉多肽（islet amyloid polypeptide）、葡萄糖转运体 2 等胰岛细胞标志。但将这些类胰岛组织细胞移植入糖尿病模型小鼠后，未能使其血糖正常化。

参考文献

Agarwal S, Holton K L, Lanza R, 2008. Efficient differentiation of functional hepatocytes from human embryonic stem cells. Stem Cells, 26(5): 1117-1127.

Azuma H, Paulk N, Ranade A, et al, 2007. Robust expansion of human hepatocytes in Fah-/-/Rag2-/-/Il2rg-/- mice. Nat Biotechnol, 25(8): 903-910.

Basma H, Soto-GutierrezA, Yannam G R, et al, 2009. Differentiation and transplantation of human embryonic stem cell-derived hepatocytes. Gastroenterology, 136(3): 990-999.

Bonner-Weir S, Weir G C, 2005. New sources of pancreatic β-cells. Nat Biotechnol, 23(7): 857-861.

Brennand K, Huangfu D, Melton D, 2007. All beta Cells Contribute Equally to Islet Growth and Maintenance. PLoS Biol, 5(7): e163.

Burlison J S, Long Q, Fujitani Y, et al, 2008. Pdx-1 and Ptf1a concurrently determine fate specification of pancreatic multipotent progenitor cells. Dev Biol, 316(1): 74-86.

Cai J, DeLaForest A, Fisher J, et al, 2008. Protocol for directed differentiation of human pluripotent stem cells toward a hepatocyte fate. StemBook [M/OL]. Cambridge (MA): Harvard Stem Cell Institute.

Cai J, Zhao Y, Liu Y, et al, 2007. Directed differentiation of human embryonic stem cells into functional hepatic cells. Hepatology, 45(5): 1229-1239.

Cho C H, Parashurama N, Park E Y, et al, 2008. Homogeneous differentiation of hepatocyte-like cells from embryonic stem cells: applications for the treatment of liver failure. FASEB J, 22(3): 898-909.

Delaforest A, Nagaoka M, Si-Tayeb K, et al, 2011. HNF4A is essential for specification of hepatic progenitors from human pluripotent stem cells. Development, 138(19): 4143-4153.

Desai B M, Oliver-Krasinski J, De Leon D D, et al, 2007. Preexisting pancreatic acinar cells contribute to acinar cell, but not islet beta cell, regeneration. J Clin Invest, 117(4): 971-977.

Dhawan S, Georgia S, Bhushan A, 2007. Formation and regeneration of the endocrine pancreas. Curr Opin Cell Biol, 19(6): 634-645.

Guo Y, Costa R, Ramsey H, et al, 2002. The embryonic stem cell transcription factors Oct-4 and FoxD3 interact to regulate endodermal-specific promoter expression. Proc Natl Acad Sci U S A, 99(6): 3663-3667.

Hao E, Tyrberg B, Itkin-Ansari P, et al, 2006. Beta-cell differentiation from nonendocrine epithelial cells of the adult human pancreas. Nat Med, 12(3): 310-316.

Hay D C, Zhao D, Fletcher J, et al, 2008. Efficient differentiation of hepatocytes from human embryonic stem cells exhibiting markers recapitulating liver development in vivo. Stem Cells, 26(4): 894-902.

Kopp J, Grompe M, Sander M, 2016. Stem cells versus plasticity in liver and pancreas regeneration. Nat Cell Biol, 18(3): 238-245.

Krakowski M L, Kritzik M R, Jones E M, et al, 1999. Pancreatic expression of keratinocyte growth factor leads to differentiation of islet hepatocytes and proliferation of duct cells. Am J Pathol, 154(3): 683-691.

Kroon E, Martinson L A, Kadoya K, et al, 2008. Pancreatic endoderm derived from human embryonic stem cells generates glucose-responsive insulin-secreting cells in vivo. Nat Biotechnol, 26(4): 443-452.

Lenzen S, 2008. The mechanisms of alloxan- and streptozotocin-induced diabetes. Diabetologia, 51(2): 216-226.

Michalopoulos G K, 2007. Liver regeneration. J Cell Physiol, 213(2): 286-300.

Murtaugh L C, 2007. Pancreas and beta-cell development: from the actual to the possible. Development, 134(3): 427-438.

Murtaugh L C, 2008a. The what, where, when and how of Wnt/β-catenin signaling in pancreas development. Organogenesis, 4(2): 81-86.

Murtaugh L C, Kopinke D, 2008b. Pancreatic stem cells. StemBook [M/OL]. Cambridge (MA): Harvard Stem Cell Institute.

Rashid S T, Corbineau S, Hannan N, et al, 2010. Modeling inherited metabolic disorders of the liver using human induced pluripotent stem cells. J Clin Invest, 120(9): 3127-3136.

Sarkar S A, Kobberup S, Wong R, et al, 2008. Global gene expression profiling and histochemical analysis of the developing human fetal pancreas. Diabetologia, 51(2): 285-297.

Schwartz R E, Trehan K, Andrus L, et al, 2012. Modeling hepatitis C virus infection using human induced pluripotent stem cells. Proc Natl Acad Sci U S A, 109(7): 2544-2548.

Shan J, Schwartz R, Ross N, et al, 2013. Identification of small molecules for human hepatocyte expansion and iPS differentiatidn. Nat Chem Biol, 9(8): 514-520.

Shim J H, Kim S E, Woo D H, et al, 2007. Directed differentiation of human embryonic stem cells towards a pancreatic cell fate. Diabetologia, 50(6): 1228-1238.

Shiraki N, Umeda K, Sakashita N, et al, 2008. Differentiation of mouse and human embryonic stem cells into hepatic lineages. Genes Cells, 13(7): 731-746.

Si-Tayeb K, Lemaigre F P, Duncan S A, 2010a. Organogenesis and Development of the Liver. Dev Cell, 18(2): 175-189.

Si-Tayeb K, Noto F K, Nagaoka M, et al, 2010b. Highly efficient generation of human hepatocyte-like cells from induced pluripotent stem cells. Hepatology, 51(1): 297-305.

Song Z, Cai J, Liu Y, et al, 2009. Efficient generation of hepatocyte-like cells from human induced pluripotent stem cells. Cell Res, 19(11): 1233-1242.

Spence J R, Wells J M, 2007. Translational embryology: Using embryonic principles to generate pancreatic endocrine cells from embryonic stem cells. Dev Dyn, 236(12): 3218-3227.

Stanger B Z, Tanaka A J, Melton D A, 2007. Organ size is limited by the number of embryonic progenitor cells in the pancreas but not the liver. Nature, 445(7130): 886-891.

Sullivan G J, Hay D C, Park I H, et al, 2010. Generation of functional human hepatic endoderm from human induced pluripotent stem cells. Hepatology, 51(1): 329-335.

Teta M, Rankin M M, Long S Y, et al, 2007. Growth and regeneration of adult beta cells does not involve specialized progenitors. Dev Cell, 12(5): 817-826.

Xu X, D'Hoker J, Stange G, et al, 2008. Beta cells can be generated from endogenous progenitors in injured adult mouse pancreas. Cell, 132(2): 197-207.

Yusa K, Rashid S T, Strick-Marchand H, et al, 2011. Targeted gene correction of α1-antitrypsin deficiency in induced pluripotent stem cells. Nature, 478(7369): 391-394.

Zorn A M, 2008. Liver development. StemBook [M/OL]. Cambridge (MA): Harvard Stem Cell Institute.

Zulewski H, Abraham E J, Gerlach M J, et al, 2001. Multipotential nestin-positive stem cells isolated from adult pancreatic islets differentiate ex vivo into pancreatic endocrine, exocrine, and hepatic phenotypes. Diabetes, 50(3): 521-33.

思考题

1. 胰腺干细胞在胰腺发育和疾病中的作用是什么？其在糖尿病治疗中有哪些潜在应用？
2. 设计一个实验，对胰腺干细胞和肝脏干细胞进行区分。
3. 分析不同类型的肝脏干细胞在肝脏生理和病理条件下的作用差异。

第十二章
小肠黏膜干细胞

胃肠道器官是人体消化和吸收的重要场所。食物在胃肠道内分解、消化和吸收，提供人体必需的营养。小肠黏膜是吸收的关键部位，研究显示，小肠黏膜细胞在人的一生中需要分裂数千次，也就是说，每隔 3～4 天，人小肠黏膜细胞就需要更新一遍。在小肠黏膜细胞更新过程中，小肠黏膜干细胞在维持小肠黏膜细胞的动态平衡和数量的相对恒定中扮演了十分重要的角色。临床上，许多与小肠有关的疾病的临床治疗面临着许多困难，比如，在短肠综合征和放射性肠炎的治疗中，虽然肠内和肠外营养的综合治疗目前可以有效缓解甚至治愈某些患者，但是有些难治性的患者仍然难以达到良好的治疗效果，所以，对于此类疾病，寻找一种新的治疗手段成为一种需要。在研究中有人发现，位于小肠隐窝部位的潘氏细胞的上缘，相当于小肠隐窝位置的第 4～5 层的位置上的小肠黏膜干细胞在调节和保持小肠黏膜细胞的数量和应对外源性刺激的反应和应答中发挥着重要的作用。目前，与其他组织器官来源的成体干细胞的研究相比，对于小肠黏膜干细胞研究相对较少。而小肠黏膜干细胞在发现和研究小肠黏膜的作用方面又具有重要和无可替代的作用，所以，事实上，加强对小肠黏膜干细胞的生物学特性和临床应用等方面的研究也是十分重要的。

第一节　小肠黏膜干细胞的概念

在小肠黏膜细胞的更新中，维持小肠黏膜细胞的动态平衡和数量的相对恒定中扮演着重要角色的是小肠黏膜干细胞。早在 1970 年，Withers 等在通过对经过射线照射的小鼠小肠的研究中就发现，射线照射后的小鼠小肠黏膜细胞逐渐发生脱落，而幸存下来的小鼠小肠隐窝中的某些细胞可以逐渐分化和生成新的黏膜细胞并执行相应的小肠黏膜细胞的分泌和吸收的功能，这些幸存下来的细胞其实就是小肠黏膜干细胞。在以后的研究中发现，小肠黏膜干细胞在小肠中的位置相对恒定，主要位于小肠隐窝中潘氏细胞之上，在小肠的绒毛和隐窝的细胞分层上位于相当于从隐窝的底部算起第 4～5 层的位置。Potten 等 1985 年通过 ^{3}H-胸苷标记技术证实，和其他组织来源的成体干细胞一样，小肠黏膜干细胞通常保持未分化的状态并且"隐居"在小肠隐窝中。当小肠黏膜上的一部分细胞发生衰老和死亡时，该过程中产生的有关信号将会刺激和诱导小肠黏膜干细胞作出反应，于是，一直"隐居"的小肠黏膜干细胞开始发生不对称分裂，即一个小肠黏膜干细胞分裂产生一个子代小肠黏膜干细胞和一个子代前体细胞，分裂出来的该前体细胞逐渐继续分化，其在小肠隐窝中的位置也随之逐渐上移，随着分化过程的继续，该前体细胞位置逐渐上移至绒毛的顶端（图 12-1）。关于小肠黏膜干细胞的数量，有研究认为，在小肠的每个隐窝部位有 4～5 个干细胞，但也有研究认为，在小肠的每个隐窝部位有将近 16 个干细胞。还有研究显示，在小肠的不同部位，小肠黏膜干细胞的数量是不同的。关于小肠黏膜干细胞的功能的研究，有研究显示，在经过一定剂量的射线照射的小鼠的肠管中幸存下来的单个黏膜干细胞甚至可以再生出一个完整的隐窝。另外，小肠黏膜干细胞还可受到其他类型细胞的影响，例如，小肠隐窝周围的小肠固有层中的成纤维细胞可以通过旁分泌的方式释放一些活性物质，这些活性物质可以通过作用于黏膜干细胞的居所，即干细胞龛来影响小肠黏膜干细胞的活动。现已证实，这些活性物质对于处于干细胞龛中的黏膜干细胞维持固有的未分化状态和潜在的增殖能力发挥着重要的作用。

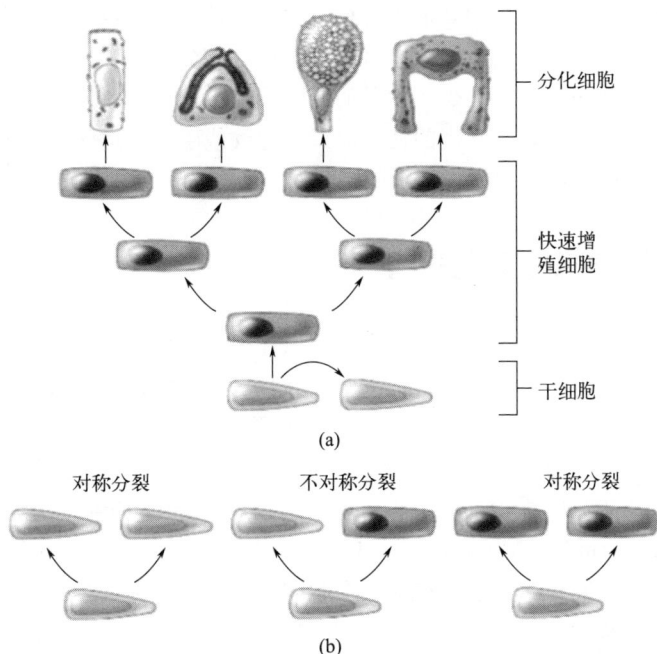

图 12-1　胃肠组织内干细胞驱动的组织更新
（Rao et al，2010，略改）
（a）干细胞在自我更新的同时，通过不对称细胞分裂迅速产生分裂增殖的过渡扩增（TA）子细胞；
（b）成体干细胞可能遵循的 3 种细胞分裂模式

第二节　小肠黏膜干细胞的分离与鉴定

一、小肠黏膜干细胞的分离

在关于小肠黏膜干细胞的研究中，首要的问题就是要能够有效分离出小肠黏膜干细胞并通过一定的手段加以确认。目前，在干细胞研究领域，干细胞的分离手段主要是采用流式细胞分离技术或根据所要分离干细胞特定的表面抗原标志来使用预先结合好相应抗体的分离磁珠等手段进行分离。1999 年，Slorach 等通过对肠管进行机械研磨和酶消化，然后通过离心，得到类器官片段（organoid pellet），进一步，他们将类器官片段在体外进行培养从而得到细胞克隆。另外，他们通过相关的免疫组织化学染色法验证了可以使用体外培养的方式实现细胞增殖。他们还将类器官片段种植在小鼠的背部，生长出的新生物含有上皮样结构并且通过免疫组织化学染色法也得以证实。同样，在类器官片段的体外培养体系中，将类器官片段种植在 Matrigel 胶中，加入一定的细胞因子，这些类器官片段能够生长出一种管腔样结构。

Slorach 等认为，类器官片段中主要含有小肠黏膜干细胞和前体细胞。

对于小肠黏膜干细胞的分离和鉴定，迄今为止，因为还没有真正确定的小肠黏膜干细胞的特定的细胞表面标志物，所以，还没有很完善的公认的好的分离和鉴定方法。在现有的涉及小肠黏膜干细胞的分离技术中，有人根据生命活性越强的细胞越能够排除 Hoechst 33342 这样的细胞学特性，从小肠中使用流式细胞技术分离出小肠的侧群细胞即 SP（side population，侧群）细胞，并认为从小肠中分离出来的 SP 细胞具有一定的造血潜能。但在该研究中未对分离出来的细胞群体的其他表面标志进行分析，并且也未对分离出来的细胞群体在小肠黏膜修复中的形态学和功能学方面进行相关探讨和分析。除此之外，在有效分离小肠黏膜干细胞方面，其他的报道还很少。主要的原因就在于，目前还没有一种标志物被认为是小肠黏膜干细胞所特有，所以，常规的使用流式细胞仪或磁珠分选法分离和鉴定干细胞的技术受到了很大制约，最终也在很大程度上限制了对小肠黏膜干细胞的研究。

二、小肠黏膜干细胞的表型分析

在现有的关于小肠黏膜干细胞特定的表面抗原标志的研究中，有人根据公认的小肠黏膜干细胞所处的部位分离得到了小肠黏膜干细胞，并且已经证实，从公认的部位得到的小肠黏膜干细胞高度表达 intergrin-β_1、Musashi-1 和 Hes-1 等抗原，但遗憾的是，由于 Musashi-1 抗原并不只是在小肠黏膜干细胞上特异性表达，在有关的神经细胞上也有相应的表达，并且，人们发现，其他上皮来源的组织细胞上也可以表达相关的 intergrin-β_1。所以，将小肠黏膜干细胞高度表达的 intergrin-β_1、Musashi-1 和 Hes-1 等抗原作为小肠黏膜干细胞的特定标志不是很理想。眼下，寻找可能存在的小肠黏膜干细胞的特异性表面标志物是将来研究中的重要方向之一。如果能够寻找到有关小肠黏膜干细胞的特异性表面标志物，人们就可以通过流式细胞仪或磁珠分选等方法对小肠黏膜干细胞进行有效的分离和鉴定，这对于未来小肠黏膜干细胞的研究具有十分重要的意义。

第三节　小肠黏膜干细胞的分化

小肠黏膜上皮细胞能够终身不断地进行自我更新，该功能主要是依靠小肠隐窝处的小肠黏膜干细胞持续增殖、分化进而取代外层终末分化细胞来完成。而肠壁外层细胞的死亡和脱落与小肠黏膜干细胞的分裂增殖及分化之间又维持一定的平衡。目前，在临床上，各种创伤造成的肠黏膜损伤尚缺乏有效的治疗手段。在肠道遭受损伤后，小肠黏膜干细胞的分裂开始加快，起到促进创伤修复的作用。关于小肠黏膜干细胞诱导分化的研究，Zoghbi 于 2001 年做了大量的工作，她们发现，编码转录因子并且能够控制神经细胞发育的 Math1 基因也能调节小肠黏膜干细胞分化成为肠道分泌细胞，Math1 基因对于干细胞来源的三种肠道细胞的分化都是必需的。事实上，她们在早期的工作中曾经揭示过，Math1 基因在调控神经细胞分化过程中具有重要作用，包括 Math1 基因对内耳中感觉细胞的分化调节作用。Zoghbi 表示，在这些早期研究中，她们曾在肠道中检测到 Math1 基因的表达，但是，她们当时对这一基因在肠道中的作用并不清楚。不过她们知道，胃肠道有自身的一套神经系统，由此她们曾经猜想，Math1 基因可能对胃肠神经系统的组成有重要的作用。为了确定这一基因的功能，她们利用了转基因小鼠技术将 Math1 基因编码区替换成编码某种酶的基因片段，这样，在发育的小鼠胚胎中，只有这种转基因获得成功的酶基因得到表达的细胞才能被染上颜色。令人吃惊的是，在胃肠神经系统中，她们没有检测到 Math1 基因的表达，反而在肠道上皮细胞中发现了 Math1 基因表达的踪迹。实验发现，共有三种肠道分泌细胞表达 Math1 基因，它们分别是：杯状细胞（分泌食物蠕动所需黏液）、内分泌细胞（分泌消化功能调节肽）及潘氏细胞（Paneth cell，分泌抗菌肽）。来源于同一干细胞系的吸收性肠上皮细胞（absorptive enterocytes）中未发现 Math1 基因的表达。并且，她们还发现，在 Math1 基因缺失的情况下，上述三种分泌细胞都消失了。这说明 Math1 基因对于肠道干细胞的基本分化十分重要。Math1 基因阴性的祖先细胞只能产生吸收细胞，Math1 基因阳性的细胞则可以分化出杯状细胞、内分泌细胞和潘氏细胞。Zoghbi 说："研究者们从前人的工作中知道一种干细胞分化出了所有的这些细胞类型，但是现在我们知道，Math1 基因很可能在决定肠道干细胞分化为小肠分泌细胞还是吸收细胞的过程中起着关键作用。"另外的研究揭示，Math1 基因产生的蛋白质似乎调节着 Delta-Notch 信号通路，这一信号通路控制着内分泌细胞的分化。Zoghbi 认为，Math1 基因功能的发现对于揭示肠道干细胞是如何分化的这一问题帮助非常大。"几个月以前，我们只是知道在肠道中有一种能自我更新的干细胞，这种干细胞能分化出不同的细胞类型"，Zoghbi 说，"但是我们不知道是什么使得干细胞能分化出黏液分泌细胞或是肽链分泌细胞或是吸收细胞。现在，Math1 基因功能的发现使我们开始逐步了解与这一涉及多个基因的分化过程相关的一系列调控因素"。Zoghbi 等人的这项研究在临床上也有很大的意义。肠道细胞一方面在处理人体从食物中吸收的营养物质的过程中起着重要的作用，同样，在机体对抗感染产生响应的过程中也十分重要。所以，可以想象，对这些肠道细胞的深入研究将会导致临床上针对某些疾病如肠易激综合征和其他肠道异常性疾病的新的治疗方法的出现。同时，因为这些肠道细胞依靠信号调节通路来执行各种功能，对这些信号通路的研究将有助于结肠癌等疾病发病机制的研究。Zoghbi 认为，深入探讨肠道干细胞的调控机制将会促进受损肠道组织重生这一治疗方法的发展。Zoghbi 说："虽然达到那一步还有很长一段路要走，但是我们仍然能够设想用调控因子来刺激蛰伏的干细胞使之生长分化，从而取代那些受损的肠道细胞。"Zoghbi 还认为，她们所能了解到的与诱发肠道干细胞分化相关的分子事件很可能也适用于机体其他干细胞的分化过程。金蕴韵等又发现，Hippo 信号通路在肠道干细胞增殖与分化中也具有重要作用，Hippo 信号通路能够调节 Brahma 蛋白切割，从而调控 Brahma 复合物在肠道干细胞的增殖及分化的作用。Brahma 是染色质重塑复合物 SWI/SNF（switch/sucrose non-fermentable）的催化亚单位，具有 DNA 依赖的 ATP 酶活性，并能够通过调节染色质的结构来影响基因的表达。金蕴韵等在 2013 年通过一系列遗传学、分子生物学和细胞生物学手段发现，Brahma 在果蝇肠道干细胞的增殖以及肠上皮细胞的分化过程中起重要作用，并且参与调节肠的修复再生。在进一步的研究中，研究人员还发现，Brahma 复合物与 Hippo 信号通路转录复合物 Yorkie-Scalloped 相互作用介导了 Yorkie-Scalloped 复合物的活性，从而维持肠道干细胞以及前体细胞的增殖能力。另外，研究人员还发现，Hippo 信号通路可以通过激活含半胱氨酸的天冬氨酸蛋白水解酶（caspase3）切割 Brahma 蛋白，从而调节 Brahma 蛋白水平。

第四节　小肠黏膜干细胞的研究及其应用

一、小肠黏膜干细胞的调节通路

目前已经发现的对肠黏膜上皮细胞可能具有影响的细胞内信号转导途径有 PI_3K 途径、

MAPK 途径及 Wnt/β-catenin/Tcf 信号转导途径等。多种激酶和目的基因的产物或转录因子如 P70S6 激酶、PDK1 激酶、Cdx1 基因产物、E2F 转录因子等，也对肠黏膜上皮细胞的生物学功能具有重要的调节作用。目前研究较多的是 Wnt 信号通路，高水平的 Wnt 信号表达的细胞趋向于凋亡，中等水平的 Wnt 信号主要表达在小肠隐窝的小肠黏膜干细胞位置，而趋向于分化的细胞的 Wnt 信号强度是低水平的。Korinek 等还发现，Tcf-4 转录因子缺失的小鼠肠道干细胞区将缺失，这类小鼠往往在小肠黏膜发育成熟前死亡。而 Notch 信号通路中的 Hes-1 作为转录抑制物在未分化细胞中高表达，Hes-1 信号表达的减弱被认为是干细胞开始分化并趋向于成熟的标志。在外源性刺激的作用下，这些信号分子的细胞内水平、核内水平及其活性如何变化，以及这些信号分子是如何相互作用和相互影响的，进而发挥对隐窝细胞生物学行为的调节作用等问题的阐明，对于小肠黏膜干细胞的研究特别是在小肠黏膜干细胞的生物学调节上是非常重要的。

二、与小肠有关的干细胞的研究

与其他组织和器官相比，人们对小肠干细胞的研究相对较少，所以相关资料也较少。有研究证实，在预先接受大剂量辐射照射的小鼠模型中，从尾静脉注射的骨髓来源的间充质干细胞可以在受体鼠体内分化成脑细胞、脾脏细胞、小肠黏膜细胞、肝细胞和肾脏细胞等多种组织来源的细胞，并具有相应的各种细胞功能。骨髓来源的间充质干细胞虽然可以转化成小肠黏膜细胞，但是没有证据显示骨髓来源的间充质干细胞能合成或转化成小肠黏膜干细胞。研究结果显示，在受到射线照射的小鼠的小肠固有层中有超过 70% 的成纤维细胞来源于移植的骨髓间充质干细胞，从这个实验推断，骨髓来源的间充质干细胞转变成生成小肠固有层中的成纤维细胞群体的分化能力很强，但是，转变成小肠黏膜干细胞的概率非常低。还有研究显示，从小肠中分离出来的干细胞，在使用 Hoechst 33342 染料染色后进行流式细胞分选的侧群细胞具有表达 CD45 的现象，显示其具有一定的造血能力。但是，到目前为止，关于小肠黏膜干细胞的真正来源还未见报道。

三、小肠疾病的治疗以及干细胞治疗的前景

在临床实践中，人们经常面临许多复杂的小肠疾病，其中必然牵涉到小肠黏膜细胞的再生和修复问题。小肠黏膜细胞的再生与修复是一个复杂和困难的问题，而努力恢复小肠黏膜的完整与促进小肠黏膜功能的改善是治疗小肠疾病的首要问题。围绕着这一问题，人们在临床实践中已经开展了许多治疗方面的研究和实践，并取得了可喜的成绩。在这方面，我国科学家们也已经取得了令世人瞩目的成就，例如，在治疗短肠综合征（short-bowel syndrome）以及治疗手术造成的肠瘘方面，以中国人民解放军东部战区总医院黎介寿院士为代表的全军普通外科研究所采用肠内和肠外营养等多种手段，在治疗短肠综合征和肠瘘等临床上最为困难的小肠疾病方面取得了显著的治疗效果，在国际和国内都处于领先的地位，其研究成果《肠功能障碍的治疗》荣获 2010 年国家科学技术进步一等奖。并且，在黎介寿院士的带领下，人们围绕着小肠黏膜的功能障碍和修复开展了大量的研究工作，并提出由于小肠黏膜干细胞在小肠黏膜的修复与再生中发挥着决定性的作用，因而，在将来的临床治疗中，如果能够有效地提取小肠黏膜干细胞用于临床上难治性小肠疾病的治疗，可能会在该类疾病的治疗上取得重大进展。

参考文献

Barker N, Tan S, Clevers H, 2013. Lgr proteins in epithelial stem cell biology. Development, 140(12): 2484-2494.

Bitar K N, Raghavan S, 2012. Intestinal tissue engineering: current concepts and future vision of regenerative medicine in the gut. Neurogastroenterol Motil, 24(1): 7-19.

Clevers H, 2013. The intestinal crypt, a prototype stem cell compartment. Cell, 154(2): 274-284.

Finkbeiner S R, Spence J R, 2013. A gutsy task: generating intestinal tissue from human pluripotent stem cells. Dig Dis Sci, 58(5): 1176-1184.

Hayakawa Y, Nakagawa H, Rustgi A K, et al, 2021. Stem cells and origins of cancer in the upper gastrointestinal tract. Cell Stem Cell, 28(8): 1343-1361.

Ishizuya-Oka A, Hasebe T, 2013. Establishment of intestinal stem cell niche during amphibian metamorphosis. Curr Top Dev Biol, 103: 305-327.

Jiang H, Edgar B A, 2012. Intestinal stem cell function in Drosophila and mice. Curr Opin Genet Dev, 22(4): 354-360.

Jin Y, Xu J, Yin M X, et al, 2013. Brahma is essential for Drosophila intestinal stem cell proliferation and regulated by Hippo signaling. Elife, 2: e00999.

Korinek V, Barker N, Moerer P, et al, 1998. Depletion of epithelial stem-cell compartments in the small intestine of mice lacking Tcf-4. Nat Genet, 19(4): 379-383.

Micchelli C A, 2012. The origin of intestinal stem cells in Drosophila. Dev Dyn, 241(1): 85-91.

Moossavi S, Zhang H, Sun J, et al, 2013. Host-microbiota interaction and intestinal stem cells in chronic inflammation and colorectal cancer. Expert Rev Clin Immunol, 9(5): 409-422.

Morral C, Ayyaz A, Kuo H C, et al, 2024. p53 promotes revival stem cells in the regenerating intestine after severe radiation injury. Nat Commun, 15(1): 3018.

Olsen A K, Boyd M, Danielsen E T, et al, 2012. Current and emerging approaches to define intestinal epithelium-specific transcriptional networks. Am J Physiol Gastrointest Liver Physiol, 302(3): G277-G286.

Rao J N, Wang J Y, 2010. Regulation of Gastrointestinal Mucosal Growth. San Rafael (CA): Morgan & Claypool Life Sciences.

Shi Y B, Hasebe T, Fu L, et al, 2011. The development of the adult intestinal stem cells: Insights from studies on thyroid hormone-dependent amphibian metamorphosis. Cell Biosci, 1(1): 30.

Sipos F, Galamb O, 2012. Epithelial-to-mesenchymal and mesenchymal-to-epithelial transitions in the colon. World J Gastroenterol, 18(7): 601-608.

Slorach E M, Campbell F C, Dorin J R, 1999. A mouse model of intestinal stem cell function and regeneration. J Cell Sci, 112 Pt 18: 3029-3038.

Stelzner M, Helmrath M, Dunn J C, et al, 2012. NIH Intestinal Stem Cell Consortium. A nomenclature for intestinal in vitro cultures. Am J Physiol Gastrointest Liver Physiol, 302(12): G1359-G1363.

Sun G, Shi Y B, 2012. Thyroid hormone regulation of adult intestinal stem cell development: mechanisms and evolutionary conservations. Int J Biol Sci, 8(8): 1217-1224.

Tesori V, Puglisi M A, Lattanzi W, et al, 2013. Update on small intestinal stem cells. World J Gastroenterol, 19(29): 4671-4678.

Tsubouchi S, Potten C S, 1985. Recruitment of cells in the small intestine into rapid cell cycle by small doses of external gamma or internal beta-radiation. Int J Radiat Biol Relat Stud Phys Chem Med, 48(3): 361-369.

Wang Y, Poulin E J, Coffey R J, 2013. LRIG1 is a triple threat: ERBB negative regulator, intestinal stem cell marker and tumour suppressor. Br J Cancer, 108(9): 1765-1770.

Yang Q, Bermingham N A, Finegold M J, et al, 2001. Requirement of Math1 for secretory cell lineage commitment in the mouse intestine. Science, 294(5549): 2155-2158.

思考题

1. 请简述小肠黏膜干细胞的概念及其特点。
2. 请简要介绍一下小肠黏膜干细胞的分布特点。
3. 小肠黏膜干细胞的分化特点是什么？

第十三章
干细胞因子

干细胞因子（stem cell factor，SCF），又称肥大细胞生长因子（MGF）、Kit 配体（KL）及青灰因子（steel factor，SLF）。它们是由骨髓微环境中的基质细胞产生的一种酸性糖蛋白，是一种重要的造血因子。对正常造血细胞、肥大细胞、黑色素细胞、生殖细胞的增殖和分化以及肿瘤细胞的增殖和恶性演进等都起着重要的调节作用。干细胞因子是一种多能细胞因子，因其作用于多谱系造血细胞，并能促进造血细胞的增殖，所以，临床上常用于治疗因放疗、化疗及骨髓功能衰竭等引起的难治性贫血等血液病及脐带血的培养；在抗急性辐射损伤及基因治疗等方面也有较好的应用前景。

第一节　干细胞因子的基因、结构及其性质

自 1990 年美国 3 个研究小组几乎同时报道发现干细胞因子以来，世界各地对于干细胞因子进行了广泛而深入的研究，取得了很大进展。

一、干细胞因子的基因、结构和理化性质

在 Williams 等于 1990 年首先发现小鼠干细胞因子后，又相继鉴定了人、大鼠和犬的干细胞因子，并对它们的基因、cDNA、mRNA 和蛋白质分子等都作了详细的研究。小鼠、大鼠和人的干细胞因子和 cDNA 的同源性分别为 95% 和 83%。其中小鼠干细胞因子基因系由第 10 对染色体上的青灰位点（steel locus，SL）编码，因此小鼠干细胞因子又被称为青灰因子，人的干细胞因子基因位于 12q（22 ～ 24）。干细胞因子基因至少有 6 个外显子，DNA 序列已测定，全长 543kb。在人类，干细胞因子 mRNA 编码表达 248 个氨基酸残基构成的蛋白质分子，所以，编码表达 248 个氨基酸残基的干细胞因子 mRNA 又称为 SCF248，其第 6 个外显子中有一蛋白质切割位点。由此，mRNA 表达 165 个氨基酸残基构成的可溶性干细胞因子。另外，编码 220 个氨基酸残基的干细胞因子 mRNA（SCF220），其第 6 个外显子中没有蛋白切割位点。由此，mRNA 表达膜结合型干细胞因子。对于鼠类而言，可溶性干细胞因子可由 SCF248 在第 6 外显子切割或 SCF248 和 SCF220 的第 7 外显子切割而成。膜结合型干细胞因子由 SCF220 表达。两种形式的干细胞因子均有生物学活性。鼠和人干细胞因子对人造血干细胞几乎有相等的生物学活性，但对鼠造血干细胞，鼠干细胞因子比人干细胞因子生物效应强 800 倍。研究发现，从动物组织中分离得到的干细胞因子分子质量约为 28 ～ 36kDa，而从干细胞因子基因开放读码框分析，干细胞因子的分子质量约为 18.5kDa。产生这种差异的原因可能是基因翻译后加工不同或糖基化程度不同。干细胞因子在其翻译后

加工过程中，其糖基连在肽键的 N 和 O 基团上，分子质量 31 ～ 36kDa，由非共价结合的两个相同亚基组成。等电点（pI）为 3.8。干细胞因子共有 273 个氨基酸残基。−25 ～ −1 为信号肽，+1 ～ +189 为膜外功能区，+190 ～ +216 为跨膜区，+217 ～ +248 为胞浆功能区。鼠与人的干细胞因子有 83% 的同源性。用糖苷酶处理天然干细胞因子，其分子质量逐渐减小，完全处理后得到的干细胞因子分子质量约为 18 ～ 19kDa，与基因分析所得到的干细胞因子分子质量基本一致。天然干细胞因子呈酸性，有可能存在二聚体。在体内还表现为高度糖基化，但分析认为，糖基化对干细胞因子来说，可能并不是必需的，因为基因工程产品和天然干细胞因子均具有相同的高生物活性。

二、干细胞因子的生物学活性

基因重组干细胞因子和天然干细胞因子有着相同的生物学活性。两种形式的干细胞因子对造血都起重要作用。但 Dolci 等 2001 年发现，结合型干细胞因子比可溶性干细胞因子支持造血的作用持续时间要长几个星期，并且，对干细胞存活的刺激作用以结合型干细胞因子为强。可溶性干细胞因子则短暂激活 c-kit 受体，诱导细胞表面 c-kit 受体下调更为迅速。

干细胞因子和其他细胞因子一起诱导干细胞和祖细胞增生、延长干细胞和祖细胞存活期并引起干细胞和祖细胞动员。干细胞因子可增加红系爆式集落形成单位（burst forming unit-erythroid，BFU-E）、粒细胞 / 巨噬细胞系集落形成单位（colony-forming unit-granulocyte/macrophage，CFU-GM）和粒细胞系 / 红细胞系 / 巨核细胞系 / 单核-巨噬细胞系集落形成单位（colony-forming unit-granulocyte/erythroid/macrophage/megakaryocyte，CFU-GEMM）的生成；虽然干细胞因子的受体在祖细胞上无显著不同，但干细胞因子诱导红系祖细胞增生比粒-单系祖细胞强，究其原因，可能是其他特异性因素影响了祖细胞对干细胞因子的反应性。Mauch 等 1995 年报道，干细胞因子和 IL-11 合用增加长期骨髓增殖细胞从骨髓动员到鼠的脾脏中或脾脏已切除的鼠的血液中。Yonemura 等认为，在体外，干细胞因子不能单独维持干细胞数量，它们在体内维持干细胞数量稳定的作用是干细胞因子和其他细胞因子相互作用的结果。在体外，干细胞因子和 IL-7 协同作用，可以促进前体 B 细胞增生。Takeda 等认为，体内 B 细胞发育的主要控制因素不是 c-kit 和干细胞因子相互作用，而是另一种受体型酪氨酸激酶，这种受体型酪氨酸激酶对 B 细胞发育的作用比 c-kit 的作用更重要。

研究发现，干细胞因子可直接作用于富集的造血干细胞，加速其进入细胞周期。单用干细胞因子可短时维持小鼠造血干细胞的长期增殖能力，提示干细胞因子能促进造血干细胞在体外的存活。将重组干细胞因子用于小鼠和狒狒体内，可使小鼠和狒狒外周血中的 CFU-GM 和 BFU-E 增加 10 ～ 100 倍。在正常情况下，不进入外周血液循环的较原始的造血干细胞（CFU-mix）在 7/7 狒狒的外周血中均被检出；在骨髓中，细胞数量增加了 100% ～ 200%，CFU-GM、BFU-e 和 CFU-mix 的绝对数值也明显增加，表明干细胞因子具有扩增造血祖细胞的作用。

干细胞因子在造血干细胞（CD34$^+$ 细胞）向红系血细胞增殖分化的过程中起重要作用。有人在体外定向诱导 CD34$^+$ 细胞为红系集落形成细胞的研究中，向培养体系中加入干细胞因子和 EPO，在培养的 4 ～ 21d，都能检测到抗凋亡蛋白 Bcl-x（L）表达增加，而凋亡蛋白 Bax 表达则下降，说明干细胞因子和 EPO 能在 CD34$^+$ 细胞向红系血细胞增殖分化的过程中具有抗凋亡作用。另有研究发现，干细胞因子能够促进幼红细胞中胎血红蛋白 F（fetahemoglobin F）含量增多并呈现显著的剂量依赖性。

干细胞因子与 hG-CSF 合用，可使外周血中性粒细胞和血源性的 CFU-S 增加。研究发现，给大鼠静脉注射 rhSCF，会使骨髓中的中性粒细胞释放，造成外周血中性粒细胞数量增加，rhSCF 与低浓度 rhIL-3 或 rhGM-CSF 联合应用研究表明，rhSCF 能够降低 rhIL-3 及 rhGM-CSF 刺激正常人粒系造血所需的阈浓度。提示，体内骨髓基质细胞产生的干细胞因子在机体早期造血过程中起重要作用。研究证实，巨核细胞和血小板表面都存在干细胞因子受体，并且，干细胞因子对巨核细胞增殖、分化和产生血小板的影响大于对其他细胞的影响。Kie 等 2002 年将 rhSCF 用于正常人骨髓中巨核细胞的体外培养。结果证明，无论是单独应用还是分别与 GM-CSF、IL-3 或 IL-6 等联合应用，rhSCF 都能明显刺激巨核细胞在体外增殖。

干细胞因子在肥大细胞的发育和存活中起关键作用。小鼠干细胞因子的基因缺失导致小鼠结缔组织和黏膜表面肥大细胞缺乏。因为干细胞因子容易引起肥大细胞脱粒，所以，应用干细胞因子时一般要减少剂量。Nocka 等发现，与二硫化物相偶联的二聚体干细胞因子刺激细胞增生的作用比普通干细胞因子的作用强 10 ~ 20 倍。但引起肥大细胞脱粒的作用并不比普通干细胞因子强。

干细胞因子既有化学激动性，也有化学趋化性。膜结合型干细胞因子能促进造血干细胞回到骨髓。静脉输注 kit+ 造血干细胞后发现，kit+ 造血干细胞沿着干细胞因子的浓度梯度迁移到骨髓。这是由于 kit+ 造血干细胞黏附到骨髓基质细胞表面的干细胞因子上而引起。Kim 等认为，骨髓基质细胞源性的干细胞因子-1（SDF-1）只有化学趋化性，它作为生理抗移动因子，可以抑制造血干细胞移出骨髓。应用干细胞因子、促血小板生长因子（TPO）、IL-12、IL-3 等预先处理冷冻保存的骨髓干细胞后再将骨髓干细胞移植给鼠，其对受体鼠血小板和中性粒细胞的恢复作用比采用未经这些因子预先处理过的骨髓干细胞移植的作用提早 3 ~ 6d。在鼠模型中，人们发现，受体鼠在应用 5-FU 后给予干细胞因子注射，可以使受体鼠体内的造血干细胞从静止期进入细胞周期。这样受者本身的造血干细胞对 5-FU 敏感，更易于被杀死，从而为后续的将供者骨髓干细胞移入受者提供了稳定的内环境，有利于骨髓干细胞移植手术的成功。

第二节　干细胞因子及其受体介导的细胞内信号转导

干细胞因子受体是由原癌基因 *CKIT* 编码的一种具有酪氨酸激酶活性的跨膜蛋白 c-Kit，其分子质量为 117 ~ 145kDa。c-Kit 受体由胞外结构域、单一的短跨膜区和胞内结构域三部分构成。干细胞因子与 c-Kit 之间的特异性结合可以触发 c-Kit 的同源二聚体化以及其细胞膜内酪氨酸残基的磷酸化，产生停泊位点，从而获得捕获含有 SH2 结构域的信号分子的能力，此外，干细胞因子与 c-Kit 之间的特异性结合还能直接激活蛋白激酶 C、MAP 激酶、Rac1、JNK、Raf-1、JAK2 等，通过多种信号因子的参与，将细胞外的信号转导到细胞内部，引发某些特定基因的特异性表达。越来越多的研究表明：SCF/c-Kit 下游的信号转导过程非常复杂，该过程是通过各种底物激酶的酪氨酸磷酸化和丝 / 苏氨酸激酶磷酸化的共同参与和整合，并且存在着许多信号转导途径之间的串话作用（cross-talking），从而精确地调控干细胞的分化和增殖，其具体机制近年来一直是信号转导研究中的热点问题。下面是对 SCF/c-Kit 介导的细胞内信号转导机制的总体介绍。

一、Jak/STAT 信号转导途径

Jak 激酶是一种非跨膜酪氨酸激酶，它可以与干细胞因子受体的胞内结构域偶联，在干细胞因子与干细胞因子受体结合后，Jak 激酶能被迅速活化，激活信号蛋白 STAT，使之进入

细胞核，并诱导目的基因的表达。Jak 激酶家族共有 4 个成员：Jak1、Jak2、Jak3 和 TYK2。研究表明，干细胞因子可以诱导 Jak2 与 c-Kit 偶联，从而激活 Jak2，激发最强烈的细胞增殖反应。而 Jak2 缺陷型小鼠在子宫中死亡时所处的胚胎发育阶段与 c-Kit 或 SCF 缺陷型小鼠相一致，进一步证明 Jak2 对干细胞因子诱导的正常造血细胞的增殖、分化具有重要的影响。STAT 分子除了通过 Jak 激酶被激活外，还可以被 c-Kit 受体直接激活。当干细胞因子刺激表面表达有 c-Kit 受体的骨髓干细胞和成纤维细胞时，c-Kit 胞内的不同结构域分别诱导 STAT1α、STAT5A 和 STAT5B 与之发生偶联磷酸化，而其他的 STAT 蛋白在干细胞因子刺激下不能被募集活化。其中，STAT1α 以同源二聚体形式与 c-Sis 一起可诱导 DNA 元件（SIE）结合，STAT5 蛋白以 STAT5A/STAT5B 或 STAT5/STAT1α 异源二聚体形式与 β-酪蛋白启动子的催乳素诱导元件结合。实验研究还表明，缺失 Jak 激酶插入区的 c-Kit 缺失突变体不能激活 STAT 信号转导，进一步证实了 c-Kit 受体酪氨酸激酶活性对 STAT 激活的重要性。

二、PI$_3$K 信号转导途径

干细胞因子等细胞因子在刺激某些靶细胞时，可以通过 c-Kit 直接快速激活磷脂酰肌醇 3 激酶（PI$_3$K），也可以通过 Shc、Rac、Ras 和 Rho 激酶等途径来激活或增强 PI$_3$K 的活性。PI$_3$K 是一种由调控亚基 p85 和催化亚基 p110 组成的异源二聚体，属多基因家族。在造血干细胞中有 3 种 p110 的异构体（α、β、δ）表达，其中 δ 构型的 p110 只在造血干细胞中表达。当干细胞因子与 c-Kit 结合时，c-Kit 的受体酪氨酸激酶磷酸化，c-Kit 激酶插入区的第 719 位酪氨酸残基将与 PI$_3$K 的 p85 亚基结合，使 p85 亚基磷酸化，并进一步激活 p110 催化亚基。大量的研究发现，当将 c-Kit 第 719 位酪氨酸残基（Y）突变为苯丙氨酸残基（F）时，c-Kit 既失去了与 PI$_3$Kp85 亚基偶联的能力，又丧失了干细胞因子介导的使 PI$_3$K 活性增加的能力，但是，第 719 位酪氨酸残基（Y）突变为苯丙氨酸残基（F）后，对 c-Kit 的自动磷酸化的活性没有损伤。激活的 PI$_3$K 又能激活下游的信号分子 p70 核糖体 S6 激酶（p70 ribosomal S6 kinase，p70S6K）、蛋白激酶 B（PKB 也叫 Akt）和 NF-κB。此外，Hunter 等通过构建 c-Kit Tyr719 → Phe 突变（就是将 c-Kit 第 719 位酪氨酸残基突变为苯丙氨酸）的纯合体小鼠，发现这种突变完全阻断了 c-Kit 介导的 PI$_3$K 信号转导途径，并且使 Akt 活性降低了 90%。虽然该型小鼠在造血作用和黑色素生成中未表现出缺陷，但随着精原干细胞增殖的减少和随后精原细胞凋亡的增加，雄性小鼠精子细胞生成受阻最终导致不育，而该型的雌性小鼠生殖功能正常。提示 SCF/c-Kit 信号转导途径在精子生成的生理和病理过程中也起着非常重要的作用。

三、Src 家族激酶

目前已发现的酪氨酸蛋白激酶 Src 家族的成员有：Src、Yes、Fgr、Fyn、Lck、Lyn、Blk 和 Hck。研究发现，对干细胞因子反应的细胞系和正常的干细胞中都存在 Lyn 的高表达。用 GST 融合蛋白进行体外研究证明：Lyn 通过 SH2 结构域与人的 c-Kit 的近膜区序列 568Y*VY* 磷酸化酪氨酸的多肽序列结合并发生特异性的偶联磷酸化，使 Lyn 的激酶活性增加，在干细胞因子介导的细胞增殖中发挥作用。另外，Fyn 也能结合相当于人 c-Kit 568Y*VY* 磷酸化酪氨酸的多肽序列。一种广泛表达的酪氨酸激酶 Csk 和与 Csk 有相似酶活性的激酶 CHK（Csk homologous kinase）可以通过磷酸化 Src 家族成员高度保守的 C-末端酪氨酸残基而下调 Src 家族成员的活性，但对 c-Kit 自动磷酸化却没有明显的作用。CHK 在巨核细胞、自然杀伤细胞和脑组织中均具有组成性表达，干细胞因子能够诱导 CHK 表达，但对 Csk 的表达没有影响。磷酸多肽研究提示，CHK 与人 c-Kit 上第 568 和 570 位磷酸化酪氨酸残基位点发生偶联，而该位点也能与 Lyn 和 Fyn 偶联，这可能是下调 SCF/c-Kit 激酶活性的一种机制。另外，最新的研究发现，Src 家族激酶还在干细胞因子诱导的 c-Kit 运输中发挥作用。正常情况下，当 c-Kit 与干细胞因子结合后，形成的 SCF/c-Kit 复合物快速内化，以减少细胞对 SCF 的反应。这种内化以及细胞受体的运输可能还是全面激活与受体偶联的信号转导通路所必需的。而 Src 家族激酶抑制剂 PPI 可以阻断干细胞因子诱导的造血干细胞表面 SCF 受体 c-Kit 的成帽和 c-Kit 的内化，而 c-Kit 仍能与网格蛋白偶联，说明 c-Kit 在进入网格蛋白包被小窝过程中并不依赖于 Src 家族激酶的作用。c-Kit 进入网格蛋白包被小窝的具体作用机制还不清楚，尚需进一步的研究。

四、Ras/Raf/MEK/ERK 信号转导途径

在 SCF 与 c-Kit 结合而诱导的干细胞增殖反应中，Ras 蛋白的激活是其中的一个重要环节。由 SCF 介导的 c-Kit 自动磷酸化能捕获多种含有 SH2 结构的信号分子与 c-Kit 形成复合物，其中，含 SH2 结构域的蛋白酪氨酸磷酸酶-2（SHP-2）和 Shc 的酪氨酸残基首先被磷酸化，然后偶联 Grb2 和 Grap。Grb 家族成员又与一种鸟苷转换因子 Sos 偶联，使 Sos 和 Ras 共定位，从而增加 Ras 的活性。SCF 还能诱导含有 SH2 结构域的磷酸化酪氨酸蛋白 SHIP 与 Shc 偶联。SHIP 具有 5-磷酸酶活性，是一种造血的负调控因子。研究还发现，一种 GTPase 激活蛋白核因子也参与调节 SCF 激活的 Ras 活性。

很多研究证明，Raf-1 这种丝/苏氨酸激酶也参与了 SCF 引发的磷酸酪氨酸激酶信号转导事件，在 SCF 的作用下，Raf-1 的丝/苏氨酸激酶活性明显增加。SCF 还能增加 MEK1、MEK2 和 MAPK 的酪氨酸磷酸化并提高 MEK1、MEK2 和 MAPK 的激酶活性，再依次磷酸化并激活 ERK1 和 ERK2，最后激活转录因子从而激活相应的基因，所以，Raf-1 提供了一条由 SCF 诱导 c-Kit 激活而引发的"级联效应"（cascade effect）信号转导途径：Ras → Raf → MEK → ERK →其他激酶或转录因子，并且该信号转导途径的激活可以通过多种机制进行调节。

五、干细胞因子信号转导中的负调控因子

SHP-1 是一种广泛表达在造血干细胞内的酪氨酸磷酸酶（PTPase），对多种生长因子和细胞因子引发的干细胞有丝分裂信号进行负调控，尤其是在调节造血干细胞的生长和发育过程中起着关键的作用。研究表明，c-Kit 与 SCF 结合后与 SHP-1 偶联并发生去磷酸化的细胞内反应。现已知，鼠 c-Kit 的受体近膜区磷酸化的 569 位的酪氨酸残基是 SHP-1 选择性结合的主要位点，另外，567 位的磷酸化的酪氨酸残基也可与 SHP-1 结合。对真性红细胞增多症的病因研究发现：对于真性红细胞增多症患者的红系祖细胞而言，尽管在干细胞因子的量和与干细胞因子受体 c-Kit 的亲和力都没有增加的情况下，患者的红系祖细胞对几种生长因子的促有丝分裂作用仍然高度敏感。实验表明，近 60% 的患者在红细胞克隆形成单位中 SHP-1 的表达减弱。另一种蛋白酪氨酸磷酸酶 SHP-2 也能负调控 c-Kit 介导的信号转导。干细胞因子刺激使 SHP-2 通过 567 位磷酸化酪氨酸残基与 c-Kit 受体偶联并负调控 c-Kit 介导的信号转导。此外，有人分别将转染的小鼠 pro-B 细胞系 Ba/F3 中 c-Kit 受体的 567 和 569 位酪氨酸残基突变为苯丙氨酸残基，SHP-1 和 SHP-2 与 c-Kit 的偶联能力都明显下降，Ba/F_3 细胞在 SHP 的作用下出现过度增殖。另有研究表明，SHP-2 对红系和髓系细胞的发育具有重要的作

用，它在早期造血过程中是一种正向调控因子，在进一步分化的细胞中则是一种负向调控因子。此外，蛋白激酶C（PKC）也能负调控干细胞因子介导的细胞增殖。PKC 在体内和体外均可使 c-Kit 第 741 位和第 746 位的丝氨酸残基磷酸化，突变这两个位点的丝氨酸残基既提高了 c-Kit 的激酶活性，又促进了 PI$_3$K 与 c-Kit 受体的偶联，从而使干细胞因子介导的细胞增殖增加，同时降低了细胞的运动性。研究发现，PKC 介导的 c-Kit 受体丝氨酸磷酸化降低了捕获含有 SH2 结构域的信号分子与 c-Kit 偶联的能力，但不影响干细胞因子诱导的 Raf-1 和 ERK$_2$ 的激活。

综上所述，近年来的研究证明，SCF/c-Kit 能够激活多种信号转导途径，而且由于许多信号分子的细胞特异性，决定了细胞内环境的复杂性和特异性，也决定了在不同的细胞，SCF/c-Kit 产生不同的生物学结果（如细胞的生存、分化、增殖或凋亡）。尤其是 c-Kit 受体在造血系统中，不同细胞系之间和相同细胞系但不同分化阶段之间分布上的差异，以及干细胞因子与其他生长因子的协调作用，使得该信号转导途径更为复杂。关于这方面的研究，对于阐明各种生长因子对静止期干细胞的协同刺激作用机制和造血过程的一些基本问题，从而为人们从阻断或激活某些信号转导途径入手来设计新型药物，将具有重要的理论意义和深远的应用前景。

第三节　干细胞因子的临床应用

由于干细胞因子与各系造血干细胞生长发育密切相关，且与多种细胞因子具有协同作用，因而 SCF 在治疗某些顽固性贫血及抗辐射方面表现出较好的应用价值，而且，在哺乳动物模型中，长期应用 SCF，亦未发现 SCF 有明显毒副作用。因而我们有理由相信，SCF 在临床医学上具有广阔的应用前景。

1. 用于某些贫血性疾病的治疗

目前，已经有人开始研究 SCF 在红系相关疾病中的治疗作用，他们根据 SCF 及其配体在红系增殖、分化中的重要作用，将 SCF 和 EPO 联合应用，用于贫血的治疗。SCF 和一些细胞因子合用，可使一些遗传性贫血患者的体外造血干细胞培养集落数增加。例如 SCF 可协同 IL-3 和 EPO 刺激一些贫血患者骨髓中 BFU-E 的生长，在体外，对 SCF 和 EPO 协同效应有反应的贫血症还有镰状细胞贫血和再生障碍性贫血。尤其重要的是，SCF 和 EPO 不仅能刺激 BFU-E 数量和大小的增加，而且还能诱导集落中红细胞 HbF 的水平升高。新近研究表明，SCF 在刺激 HbF 的合成和扩增合成 HbF 的细胞中起着比 EPO 更为重要的作用。

2. 用于放、化疗后机体造血机能的恢复及抗急性辐射损伤

SCF 与其他因子合用还可用于放、化疗后机体造血机能的恢复和骨髓移植前在患者体内外扩增造血干细胞。动物实验发现，在放疗前使用 SCF 处理小鼠可以有效防止放疗诱发的小鼠死亡；当 SCF 活性受到抑制时，实验动物对辐射诱导死亡的敏感性明显增加；化疗前，用 SCF 处理可以促进造血干细胞进入细胞分裂的 S 期；化疗后，小鼠经 SCF 处理可以加速白细胞和血小板数量的恢复。在急性大剂量辐射损伤前后给小鼠注射 SCF，发现小鼠的存活率都明显提高；并且，大剂量辐射照射后用 SCF 处理，可以刺激存活的干细胞增殖、分化，导致生成的 CFC-GM 增加，从而增加骨髓和外周血细胞数量。

3. 用于脐带血以及胚胎干细胞的体外培养

SCF 还可以应用于脐带血以及胚胎干细胞的体外培养。由于人脐带血中含有大量造血干细胞，所以，脐带血可以作为移植所需造血干细胞的细胞来源。体外培养和增殖脐带血造血

干细胞可以用于血友病以及各种贫血病的临床治疗，也可以应用于放化疗所致患者血细胞减少的辅助治疗。利用 SCF、IL-6 等可以使造血干细胞在 7 个月的培养时间内增殖 1 亿倍。而在含有 EPO、IL-1、IL-3、IL-6、G-CSF、SCF 的短期培养过程中，CFU 的数目可以在 1 周左右的时间里增加 6 ~ 8 倍。体外培养造血干细胞的成功将使得人们对于许多血液系统疾病进行造血干细胞移植治疗成为可能。

4. 在基因转移以及基因治疗中的应用

通过对从小鼠体内获得的造血干细胞的研究发现，SCF 和 G-CSF 的处理可以增加造血干细胞对逆转录病毒介导的基因转移过程的敏感性，因而采用 SCF 和 G-CSF 对宿主细胞进行处理，可以作为基因治疗中提高转化效率的一种有效方法。另外，在腺病毒载体上，偶联 SCF 抗体并对造血干细胞进行定向基因转移的技术以及利用 SCF 可以结合 EPO 受体的特性通过反转录病毒介导的基因转移方法也均已获得成功。综上所述，SCF 是一种作用于造血干细胞的多能细胞因子，它可协同多种造血干细胞因子，促进造血干细胞的增殖和分化。此外，SCF 在临床医学中还具有广泛的潜在应用价值，例如，它的协同效应对降低临床上采用细胞因子治疗疾病时普遍存在的副作用问题也具有十分重要的意义。值得注意的是，多数急性髓细胞性白血病患者的肿瘤细胞和部分实体瘤细胞上也有 c-Kit 受体表达。SCF 在体外可促进一些肿瘤细胞增殖，因而使用 SCF 时，还要考虑是否会引起肿瘤细胞增生。

虽然干细胞因子的研究已经很深入，但迄今为止，仍有很多尚未解决的问题。例如，① SCF 和其受体 c-Kit 相互作用触发细胞内变化的具体机制有待继续阐明；② SCF 的基础研究较多，临床应用不够广泛，对再生障碍性贫血症的治疗效果尚不确定；③ SCF 在体外能引导载体转染，但在体内是否也能引导载体转染尚缺乏证据。

参考文献

Airiau K, Mahon F X, Josselin M, et al, 2013. PI3K/mTOR pathway inhibitors sensitize chronic myeloid leukemia stem cells to nilotinib and restore the response of progenitors to nilotinib in the presence of stem cell factor. Cell Death Dis, 4: e827.

Baba H, Uchiwa H, Watanabe S, 2005. UVB irradiation increases the release of SCF from human epidermal cells. J Invest Dermatol, 124(5): 1075-1077.

Bedell M A, Copeland N G, Jenkins N A, 1996. Multiple pathways for Steel regulation suggested by genomic and sequence analysis of the murine Steel gene. Genetics, 142(3): 927-934.

Benson D M Jr, Yu J, Becknell B, et al, 2009. Stem cell factor and interleukin-2/15 combine to enhance MAPK-mediated proliferation of human natural killer cells. Blood, 113(12): 2706-2714.

Berlin A A, Hogaboam C M, Lukacs N W, 2006. Inhibition of SCF attenuates peribronchial remodeling in chronic cockroach allergen-induced asthma. Lab Invest, 86(6): 557-565.

Da Silva C A, Reber L, Frossard N, 2006. Stem cell factor expression, mast cells and inflammation in asthma. Fundam Clin Pharmacol, 20(1): 21-39.

Dolci S, Pellegrini M, Di Agostino S, et al, 2001. Signaling through extracellular signal-regulated kinase is required for spermatogonial proliferative response to stem cell factor. J Biol Chem, 276(43): 40225-40233.

Driskill J H, Pan D, 2023. Control of stem cell renewal and fate by YAP and TAZ. Nat Rev Mol Cell Biol, 24(12): 895-911.

Hutt K J, McLaughlin E A, Holland M K, 2006. Kit ligand and c-Kit have diverse roles during mammalian oogenesis and folliculogenesis. Mol Hum Reprod, 12(2): 61-69.

Kent D, Copley M, Benz C, et al, 2008. Regulation of hematopoietic stem cells by the steel factor/KIT signaling pathway. Clin Cancer Res, 14(7): 1926-1930.

Kie J H, Yang W I, Lee M K, et al, 2002. Decrease in apoptosis and increase in polyploidization of megakaryocytes by stem cell factor during ex vivo expansion of human cord blood CD34$^+$ cells using thrombopoietin. Stem Cells, 20(1): 73-79.

Kitadate Y, Jörg D J, Tokue M, et al, 2019. Competition for Mitogens Regulates Spermatogenic Stem Cell Homeostasis in an Open Niche. Cell Stem Cell, 24(1): 79-92.

Lewis A, Wan J, Baothman B, et al, 2013. Heterogeneity in the responses of human lung mast cells to stem cell factor. Clin Exp Allergy, 43(1): 50-59.

Liu K, 2006. Stem cell factor (SCF)-kit mediated phosphatidylinositol 3(PI3) kinase signaling during mammalian oocyte growth and early follicular development. Front Biosci, 11: 126-135.

Matlaf L A, Harkins L E, Bezrookove V, et al, 2013. Cytomegalovirus pp71 protein is expressed in human glioblastoma and promotes pro-angiogenic signaling by activation of stem cell factor. PLoS One, 8(7): e68176.

Mauch P, Lamont C, Neben T Y, et al, 1995. Hematopoietic stem cells in the blood after stem cell factor and interleukin-11 administration: evidence for different mechanisms of mobilization. Blood, 86(12): 4674-4680.

Miranda L F, Rodrigues C O, Ramachandran S, et al, 2013. Stem cell factor improves lung recovery in rats following neonatal hyperoxia-induced lung injury. Pediatr Res, 74(6): 682-688.

Pradier A, Tabone-Eglinger S, Huber V, et al, 2014. Peripheral blood CD56 bright NK cells respond to stem cell factor and adhere to its membrane-bound form after upregulation of c-Kit. Eur J Immunol, 44(2): 511-520.

Reber L, Da Silva C A, Frossard N, 2006. Stem cell factor and its receptor c-Kit as targets for inflammatory diseases. Eur J Pharmacol, 533(1-3): 327-340.

Roskoski R Jr, 2005. Signaling by Kit protein-tyrosine kinase——the stem cell factor receptor. Biochem Biophys Res Commun, 337(1): 1-13.

Sharma S, Gurudutta G U, Satija N K, et al, 2006. Stemcellc-KIT and HOXB4 genes: critical roles and mechanisms in self-renewal, proliferation, and differentiation. Stem Cells Dev, 15(6): 755-778.

Xiang F L, Lu X, Liu Y, et al, 2013. Cardiomyocyte-specific overexpression of human stem cell factor protects against myocardial ischemia and reperfusion injury. Int J Cardiol, 168(4): 3486-3494.

思考题

1. 什么是干细胞因子？它们有何生物学功能？

2. 干细胞因子在临床上有何应用价值？

3. 除了本章提到的干细胞因子，你还知道其他的干细胞因子吗？请至少列举一项并概括其调控机制。

第十四章
干细胞微环境

第一节　干细胞微环境假说

　　干细胞微环境的概念起源可追溯至 20 世纪初期人们对发育生物学的探索。彼时，研究者们已洞悉干细胞的行为不仅受遗传密码支配，亦深受其所处微环境的影响。当干细胞脱离天然微环境，其自我更新潜能或特性将受到影响。不同微环境信号影响干细胞子代的不同细胞命运。然而，直至 20 世纪 80 年代末至 90 年代初，伴随干细胞分离与培养技术的飞跃，科学家才开始系统性地探查干细胞与微环境之间的内在联系。1997 年，美国国家科学院院士 Irving L. Weissman 及其团队首先提出了"干细胞微环境"（stem cell microenvironment）概念，强调特定生态位环境对干细胞自我更新与分化的重要性。后续研究逐渐揭示了干细胞微环境的复杂度与多样性，以及其在组织稳态维护与疾病发生发展中扮演的关键角色，这一概念的提出，标志着干细胞生物学步入崭新时代，激发了全球学者对干细胞微环境调控机制的广泛探索与深入剖析。

　　干细胞微环境，亦称为干细胞生态位（stem cell niche），代表着一个高度协调的微生态系统，其在干细胞的存续、自我更新与分化潜能的调控中扮演着中心角色。这一概念凸显了干细胞并非孤立存在，而是嵌入于一个由多种细胞类型、细胞外基质（ECM）以及信号分子构成的错综复杂的网络之中，此网络对干细胞的生物学特性施加了精妙的调控，不仅影响干细胞的自我维持，还决定着干细胞向特定细胞谱系分化的命运。

　　干细胞微环境利用其精细结构特性，对干细胞的自我更新、分化及迁移能力实施精密调控。细胞外基质（ECM）不仅为干细胞提供物理支撑，还通过与特定信号分子的结合，影响干细胞的行为模式。微环境中的相邻细胞，如成纤维细胞、免疫细胞及支持细胞，通过直接接触或分泌因子与干细胞交流，传递关键信号。生长因子、细胞因子及其他信号分子构成了微环境内的信息传递网络，指引干细胞的增殖与分化方向。微环境的物理条件，包括硬度、pH 值、氧气水平乃至空间尺寸，对干细胞活性与发育轨迹产生深远影响。例如，当微环境空间受限，不足以容纳新增干细胞时，细胞分裂产生的两个子代中，其中一个可能因失去微环境的自我更新信号而启动分化程序。反之，若微环境空间充足，两个新生细胞均能保留其干性特质，继续参与微环境的自我更新循环。

　　干细胞微环境的动态平衡是组织发育、损伤修复及疾病进展中的关键。以骨髓为例，特定的微环境支持造血干细胞的长期存活及分化，以满足机体对血细胞的持续需求。同样，皮肤干细胞微环境精细调控着表皮的周期性更新及创伤愈合过程。鉴于此，干细胞微环境的研究对于深化干细胞生物学理解，以及基于干细胞的疗法开发，具有不可估量的价值。

第二节　干细胞微环境的结构组成

干细胞微环境是由细胞外基质、相邻细胞、各种信号分子以及物理化学条件等共同构成的多功能网络，接下来我们依次介绍干细胞微环境的结构组成。

一、细胞外基质（ECM）

细胞外基质（extracellular matrix，ECM）构成了干细胞微环境的物理框架，它是由一系列蛋白质和多糖构成的网络，包括胶原蛋白、弹性蛋白、纤连蛋白、层粘连蛋白及糖胺聚糖等。ECM 不仅为干细胞提供了物理支撑，还作为信号分子的载体，通过细胞表面的整合素等受体与干细胞相互作用，影响干细胞的黏附、迁移和分化能力。ECM 的硬度和结构特性对干细胞的命运有着决定性的影响，比如，较硬的 ECM 倾向于促进细胞的分化，而较软的 ECM 则可能支持干细胞的自我更新。

二、干细胞微环境的细胞成分

干细胞微环境中存在着多种不同的细胞类型，干细胞与其他细胞的接触对干细胞的自我更新和分化起着重要作用，这些细胞通过间隙或黏附连接、直接的细胞-细胞接触及可溶性因子的分泌与干细胞进行交流。例如，支持细胞如成纤维细胞和小胶质细胞可以分泌生长因子，促进干细胞的增殖和分化；免疫细胞，如巨噬细胞和 T 细胞，则参与干细胞微环境的免疫调节，影响干细胞的存活状态；血管内皮细胞通过形成血管网络，确保干细胞微环境的血液供应，提供必要的氧气和营养物质，同时也参与维持微环境的稳态和干细胞的生理功能。

三、细胞因子及信号通路

干细胞微环境富含多种生长因子和细胞因子，如成纤维细胞生长因子 (FGF)、Wnt 蛋白、骨形态生成蛋白（BMP）、转化生长因子 β（TGF-β）和 Notch 信号通路的成员。这些分子通过激活特定的信号转导途径，调控干细胞的增殖、分化和迁移。趋化因子如基质细胞衍生因子 1（SDF-1）在干细胞归巢和动员过程中发挥关键作用，引导干细胞向损伤部位迁移，促进组织修复。

微环境中的信号分子主要是通过旁分泌效应激活某些信号通路，从而影响干细胞的命运。在干细胞微环境功能中发挥关键作用的主要信号通路包括 Wnt/β-catenin、BMP 和 Notch 信号通路。其中，Wnt 和 BMP 通路至关重要，有效控制干细胞的自我更新和向特定细胞谱系的分化，并且在无脊椎动物和哺乳动物的干细胞微环境中高度保守。Wnt 信号通路在 Wnt 受体配体与细胞表面受体 Fzd 结合时启动，激活后诱导细胞内蛋白质的磷酸化，从而防止 GSK3β 磷酸化 β-catenin，未磷酸化的活性 β-catenin 转移到细胞核并表达靶基因。Wnt/β-catenin 通路在组织特异性上对干细胞产生不同的影响。在骨髓微环境中，Wnt 信号通路介导造血干细胞的自我更新和增殖，并通过抑制间充质干细胞（MSCs）向软骨细胞和脂肪细胞的分化以及促进成骨细胞的分化来控制骨生成。在皮肤中，Wnt 信号刺激多能上皮干细胞的分化和毛囊形态发生。在大脑中，Wnt 通路产生的活性 β-catenin 有助于神经干细胞群体的扩展。此外，其他信号通路如 hedgehog（Hh）和基质细胞衍生因子 1（SDF-1）信号也在特定细胞谱系的干细胞微环境的功能中起着重要作用。

四、物理化学条件

干细胞微环境的物理化学条件对其功能有着直接影响。机械力，如 ECM 的硬度和拉伸力，可以改变干细胞的形态并影响其分化方向。氧气和营养物质的供给水平对干细胞的代谢和分化至关重要，低氧环境（缺氧）可诱导干细胞保持未分化状态，而充足的营养则支持其增殖和分化。pH 值的微小变化也会影响干细胞对外界信号的感知和响应。

五、小分子代谢物

代谢产物，如乳酸、酮体和特定氨基酸，作为信号分子参与干细胞微环境的调控。这些小分子可以影响干细胞的能量状态和分化潜能，甚至在某些情况下充当信号转导的介质，影响干细胞的决策过程。

干细胞微环境并非静止不变，而是随着个体发育、组织损伤修复及疾病进程而动态变化。例如，在伤口愈合过程中，ECM 的重构和生长因子的分泌模式会迅速调整，以适应组织修复的需求。这种动态变化对干细胞的命运产生深远影响，决定了干细胞的自我更新、分化或凋亡。

第三节　组织干细胞微环境的研究应用

干细胞微环境的结构组成是一个多维度、多层次的复杂体系，涵盖了从物理结构到生物分子的广泛领域。深入研究这些组成元素及其相互作用，不仅能够揭示干细胞行为的基本规律，还为干细胞疗法的设计和组织工程的应用提供科学依据。

在许多疾病的发生和发展过程中，组织干细胞微环境的失调扮演着核心角色。例如，癌症中的肿瘤微环境不仅支持癌细胞的生长和侵袭，还可能诱导干细胞样特征，促进肿瘤的复发和提高其耐药性。自身免疫病中，异常的免疫微环境导致干细胞功能障碍，影响组织修复。通过研究这些疾病状态下干细胞微环境的变化，科学家们能够揭示疾病的根本原因，为开发靶向治疗策略提供理论依据。

干细胞的治疗潜力在再生医学中引起了极大的关注。再生医学的关键策略依赖于将干细胞移植到受损和功能退化的组织或器官中，能够长期存活并实现功能修复和替代。干细胞微环境可以通过施加各种信号影响干细胞的功能和行为，这使其成为治疗性调控干细胞行为的重要潜在切入点。通过在体外构建类似体内微环境的条件，科学家们能够培养和扩增干细胞，诱导其定向分化，最终用于组织工程和移植治疗。例如，通过模拟骨髓微环境，可以提高造血干细胞的移植成功率；在皮肤再生中，重建适当的微环境能够加速伤口愈合，减少瘢痕形成。糖尿病和肥胖患者表现出骨骼肌细胞的再生潜力受损，从而导致伤口愈合无效。在这种情况下，基于肌肉干细胞（muscle stem cells，MuSCs）微环境的治疗方法可以恢复肌肉细胞的再生，这对糖尿病患者可能有广泛的益处。

参考文献

Bardelli S, Moccetti M, 2017. Remodeling the Human Adult Stem Cell Niche for Regenerative Medicine Applications. Stem Cells Int, 2017: 6406025.

Ferraro F, Celso C L, Scadden D, 2010. Adult stem cels and their niches. Adv Exp Med Biol, 695: 155-68.

Hirakawa H, Gao L, Tavakol D N, et al, 2023. Cellular plasticity of the bone marrow niche promotes hematopoietic stem cell regeneration. Nat Genet, 55(11): 1941-1952.

Madl C M, Heilshorn S C, 2018. Engineering Hydrogel Microenvironments to Recapitulate the Stem Cell Niche. Annu Rev Biomed Eng, 20: 21-47.

Méndez-Ferrer S, Michurina T V, Ferraro F, et al, 2010. Mesenchymal and haematopoietic stem cells form a unique bone marrow niche. Nature, 466(7308): 829-834.

Sasaki N, Sachs N, Wiebrands K, et al, 2016. Reg4$^+$ deep crypt secretory cells function as epithelial niche for Lgr5$^+$ stem cells in colon. Proc Natl Acad Sci U S A, 113(37): E5399-407.

Singh A, Yadav C B, Tabassum N, et al, 2019. Stem cell niche: Dynamic neighbor of stem cells. Eur J Cell Biol, 98(2-4): 65-73.

Tierney M T, Gromova A, Sesillo F B, et al, 2016. Autonomous Extracellular Matrix Remodeling Controls a Progressive Adaptation in Muscle Stem Cell Regenerative Capacity during Development. Cell Rep, 14(8): 1940-1952.

Wagers A J, 2012. The stem cell niche in regenerative medicine. Cell Stem Cell,10(4): 362-369.

思考题

1. 干细胞微环境的基本组成部分有哪些？这些组成部分如何协同作用以维持干细胞的自我更新和分化能力？

2. 从干细胞分化和增殖的角度，阐述细胞外基质（ECM）是如何影响干细胞的。

3. 分析再生医学中干细胞微环境工程的应用，举例说明干细胞微环境在疾病中的变化及其对疾病进展的影响。

第十五章
间充质干细胞来源的胞外囊泡

第一节　间充质干细胞来源的胞外囊泡概述

胞外囊泡（extracellular vesicles，EV）是多种细胞分泌的双层脂膜结构的小囊泡，其直径在 30 ～ 5000nm。这些囊泡包含着细胞内的多种生物活性分子，包括蛋白质、核酸和脂质，可以在细胞之间传递信息。胞外囊泡在细胞间通信、疾病发展和治疗等领域具有广泛的研究与应用价值，可能会成为生物标志物、药物传递系统及疾病治疗的潜在靶点。

一直以来研究人员根据 EV 的大小和生物合成方式不同将其分为三大类：来自细胞内途径的较小尺寸的外泌体（exosomes）（30 ～ 100nm），来自细胞质膜脱落的中等尺寸的微囊泡（microvesicles，MV）（100 ～ 1000nm），以及来自细胞凋亡的较大尺寸的凋亡小体（apoptotic body）（1000 ～ 5000nm）。外泌体是最小的分泌囊泡，它们是由细胞内溶酶体系统的多泡体（MVB）的膜内陷而形成的，在 MVB 和质膜融合后，外泌体被释放到细胞外环境中。微囊泡是由细胞膜向外出芽生成的，这一过程也是受到调控的，细胞表面受体被激活、细胞凋亡或细胞内钙离子浓度增高均可诱发微囊泡的产生。凋亡小体是细胞凋亡过程中通过起泡产生的。凋亡小体可水平传递 DNA、致癌基因，或在被吞噬细胞摄入时呈递 T 细胞抗原决定簇，进而发挥免疫抑制作用。EV 在大小和内容物种类等方面是非常异质的，由于缺乏可靠的工具和特定的标志物来区分 EV 亚型，而且它们的物理尺寸也有重叠，EV 的良好分类至今仍是一个持续的挑战。

有鉴于此，国际胞外囊泡研究协会（ISEV）在 2018 年和 2023 年针对囊泡研究颁布了《胞外囊泡研究国际指南（MISEV2018/2023）》，提出了胞外囊泡及功能的最低实验要求，并建议使用基于以下内容的 EV 亚型的操作术语。有关 EV 分型的第一种方式是根据 EV 的物理特征，如大小［"小 EV"（<200nm）和"中 / 大 EV"（>200nm）］或密度（低、中、高，每个范围都有定义）；第二种方式是根据生化成分（CD63+/CD81+-EV，Annexin A5 染色的 EV 等）；第三种方式是对条件或起源细胞的描述［肾小球足细胞 EV、缺氧 EV、大的癌小体（large oncosomes）、凋亡小体等］。一般而言，ISEV 建议使用通用术语"EV"及该术语的可操作性扩展，而不是那些定义不一致且有时具有误导性的术语。表 15-1 列出了胞外囊泡的命名法和相关术语。

间充质干细胞（mesenchymal stem cell）是一种成体干细胞，能够进行更新，是组织平衡和再生的重要参与者，具有免疫调节和组织修复等多种功能，所以已经被越来越多地用于临床试验，以治疗与炎症和组织损伤有关的多种疾病，如移植物与宿主疾病、骨科损伤和心脏及肝脏疾病等等。最近的证据表明，它们的有益作用至少部分经它的旁分泌途径来发挥效果。

表 15-1　胞外囊泡命名法和相关术语

术语	定义	应用提示
胞外囊泡（EV）	从细胞中释放出来的颗粒，以脂质双分子层为界，不能独立复制	建议使用
非囊泡状细胞外颗粒	从细胞中释放出来的多分子集合体，没有脂质双分子层	建议使用
细胞外颗粒	细胞外所有粒子的总称，包括胞外囊泡（EV）和非胞外囊泡颗粒（non vesicular extracellular particles，NVEP）	建议使用
胞外囊泡类似物（EV mimetic）	通过直接人工操作产生的类胞外囊泡颗粒。相对于"类外泌体囊泡"和暗示特定生物生成相关特性的类似术语，这一术语更受欢迎	建议使用
人工细胞衍生囊泡	实验室在诱导细胞破坏（如挤压）的条件下生产的 EV 模拟物	建议使用
合成囊泡	由分子成分从头合成或作为混合实体（如脂质体与原生 EV 之间的融合）制成的 EV 拟态物	建议使用
小胞外囊泡（操作术语）	根据分离出的颗粒直径，小的 EV 通常被描述为直径小于200nm。不过，测量直径与具体的表征方法有关	建议使用，但需谨慎
大胞外囊泡（操作术语）	根据分离出的颗粒直径，大型 EV 通常被描述为直径大于200nm。不过，测量直径与具体的表征方法有关	建议使用，但需谨慎
其他的操作术语	物理特征：如直径，小胞外囊泡（sEV）、大胞外囊泡（lEV）；密度，低、中、高（规定范围）。生化成分：如含有蛋白质等特定（大）分子。细胞来源和/或生成 EV 的条件：强调生物生成特定方面的术语，如分子机制、能量依赖性（或缺乏能量依赖性）及与应激或死亡相关的母细胞功能状态	建议使用，但需谨慎
外泌体（exosome）	生物发生相关术语，表示来自内体系统。除非能证明其亚细胞来源，否则所研究的很可能是广泛的 EV 群体，而不是特指外泌体。外泌体是小型 EV 的一种亚型，内体腔内囊泡的直径通常小于200nm	除非能证明亚细胞来源，否则不鼓励使用
核外颗粒体（ectosome）	生物发生相关术语，表示来自质膜。除非能证明其亚细胞来源，否则所研究的很可能是广泛的 EV 群体，而不是特定的核外颗粒体。核外颗粒体的大小范围很广，包括与外泌体相似的大小	除非能证明亚细胞来源，否则不鼓励使用
微囊泡（microvesicle）	生物发生相关术语，表示来自质膜。不过，从历史上看，该术语经常被用来指代大型 EV 或所有 EV，无论其亚细胞来源如何。因此，该术语可能会引起混淆	不鼓励使用
外泌体样囊泡	由于"外泌体"是一个与生物发生相关的术语，表示源自内泌体系统，因此不鼓励使用该术语和类似术语来表示合成的 EV 类似物	不鼓励使用

　　间充质干细胞 EV（MSC-EV）的功能是间充质干细胞作为组织基质支持细胞的生物学作用的延伸，与它们的细胞来源一样，间充质干细胞 EV 帮助维持组织平衡，使细胞能够恢复关键的细胞功能并发挥修复和再生的作用。在临床治疗中使用间充质干细胞衍生的 EV 来代替间充质干细胞移植提供了许多潜在的优势；EV 疗法增加了受损组织的可及性，培养的间充质干细胞直径约为20μm，因此容易被循环捕捉和清除，而 EV 明显更小，并已证明可

通过肺循环和血脑屏障运输；MSC 在体外培养过程中可能发生变化，使其成为 NK 细胞和巨噬细胞的清除目标，EV 由于其膜组织相容性复合物的低表达，更有可能避免免疫排斥；EV 也比 MSC 更容易修饰以封装所需的治疗载体，并且比细胞更容易储存，因为它们在冷冻和解冻时更稳定。由于诸多优势，基于间充质干细胞衍生的 EV 的治疗开始被探索，作为间充质干细胞移植的替代疗法。

第二节　间充质干细胞来源的胞外囊泡的内容物及研究

所有的 EV 都具有供体细胞的典型特征成分，其中包括蛋白质（四链蛋白、附件蛋白、热休克蛋白等）、脂质（糖脂、鞘磷脂、胆固醇）、遗传物质［DNA、tRNA、mRNA、miRNA、小的和长的非编码 RNA（分别为 sncRNA 和 lncRNA）］和小分子代谢物（氨基酸、ATP、酰胺、糖等）。关于 EV 中内容物含量的主要数据库是 ExoCarta。ExoCarta 的最新版本包括来自超过 286 个外泌体的调查列表，这些列表按照国际胞外囊泡协会对外泌体定义的最低实验要求进行了注释：数据包括 41860 个蛋白质、1116 个脂质分子和超过 7540 个 RNA。其他数据库包括 Vesiclepedia 和尿液外泌体蛋白质数据库。EV 蛋白具有多种功能，如靶向／黏附、抗凋亡、膜融合、信号转导、代谢和结构动力学等，根据蛋白质组学研究，从不同细胞类型分离的外泌体含有特定的蛋白质组，这取决于分泌的细胞类型；外泌体还包括参与特定细胞功能的蛋白质，例如，MHC Ⅱ类分子大量存在于外泌体中；各种细胞类型的外泌体的蛋白质组也分为若干信号分子和酶复合物。

脂类是 EV 膜中研究最少但最关键的成分，EV 含有大量的脂质，包括糖磷脂、鞘氨醇、胆固醇和磷脂酰丝氨酸；脂质不仅在 EV 膜的结构中发挥重要作用，而且还促进 EV 的形成及其释放到细胞外环境中。EV 主要含有单不饱和脂肪酸、多不饱和脂肪酸和饱和脂肪酸，不过 EV 的脂质成分取决于其母细胞。此外，外泌体还可以运输几种生物活性脂类和脂类代谢相关的酶，脂肪酸如花生四烯酸、白三烯、前列腺素、磷脂酸、二十二碳六烯酸和溶血磷脂酰胆碱。

EV 的另一个重要内容物是 RNA，促使 EV 作为细胞内通信的媒介和各种信号通路的组成部分出现。MSC-EV 中的 RNA 封闭在富含胆固醇的磷脂中，这就意味着 EV 中的 RNA 只有在十二烷基硫酸钠（SDS）为基础的裂解缓冲液、胆固醇的螯合剂、环糊精和磷脂酶 A2 的存在下才容易被 RNA 酶（RNase）降解。对 MSC-EV 进行 RNA 的检测发现其中主要由短 RNA（＜ 300nt）组成，但未见有 28S 和 18S RNA。EV 的一个重要作用机制是通过内含的微 RNA（microRNA、miRNA、miR）进行转录后的基因调控，microRNA 是长度约为 22 个核苷酸的小的内源性 RNA 分子。miRNA 已被证明在促进健康和引发疾病中起着关键作用，包括癌症、心血管疾病和伤口愈合。对 MSC-EV 中 miRNA 的组成与其细胞 miRNA 的比较分析显示，来自 MSC 的 106 种 miRNA 没有在 MSC-EV 中分泌，这些结果表明，间充质干细胞是通过一个调节过程来分泌经过精密选择的 miRNA 群体的。

MSC-EV 可以作为一种智能药物递送的方法，通过运输外源化合物和生物分子，用于再生医学的应用。与合成纳米颗粒、脂质体、单分子和细胞相比，MSC-EV 具有许多潜在的治疗优势。这源于它们诸多的有益特性，如更小的尺寸、更低的复杂性、没有细胞核（从而防止肿瘤转化）、更高的稳定性、更容易生产、更长的保存时间，以及有可能装载蛋白质、小分子或 RNA 以传递生物大分子等等优点。MSC-EV 也可以被改造成显示不同的抗体或表面受体，将治疗载荷运送到特定的器官、组织和细胞。此外，MSC-EV 可承载众多类型的生物分子，使它们能够同时参与各种治疗方法，而这是传统的小分子无法实现的。

第三节　间充质干细胞来源的胞外囊泡的治疗作用

MSC 来源的 EV 被发现能够促进组织修复和再生。通过携带多种生长因子和细胞因子，EV 能够促进受损组织的再生，并在伤口愈合、心血管疾病、神经退行性疾病、骨骼肌损伤等多种疾病模型中展现出显著的治疗效果。此外，EV 还能够调控炎症反应，减轻组织损伤引起的炎症，有助于改善疾病的病理过程。除了在组织修复中的作用外，MSC 来源的 EV 还表现出显著的免疫调节效果。EV 能够调节多种免疫细胞的活性，抑制炎症因子的释放，促进免疫耐受，从而在自身免疫病、移植排斥等疾病治疗中展现出潜在的应用前景。此外，EV 还能够通过调节免疫细胞的活性，减轻过度免疫反应引起的组织损伤，为炎症性疾病的治疗提供新思路。

一、在伤口愈合中的作用

已发现 EV，特别是 MSC-EV 通过它们所含的蛋白质和 RNA，对多种疾病有很大的治疗潜力。此外，由于 EV 是其母体细胞的代表，随着细胞环境的改变，EV 也随之改变。因此，EV 的数量和内容可以作为疾病中生理条件变化的生物标志物。皮肤损伤通常是阳光、寄生虫或外部损伤等因素造成的，这些因素往往导致开放性皮肤伤口感染；皮肤损伤的愈合包含了多个步骤，分为四个重叠的阶段，止血、炎症、增殖、成熟/重塑。在第一阶段，即止血阶段，血小板形成血凝块以防止血液流失；同时，血小板分泌激素、细胞因子和趋化因子，包括 TGF-β、表皮生长因子（EGF）等等相关的因子，以吸引炎症细胞。炎症是伤口愈合的第二步，在受伤后 24 小时内开始，中性粒细胞渗入伤口并产生分泌物，以吸引和激活促炎症 M1 巨噬细胞，M1 巨噬细胞吞噬病原体，并清除凋亡细胞，然后包括 STAT3 的产物促进 M1 巨噬细胞极化为抗炎的 M2 巨噬细胞，从而刺激炎症的解决。然后，随着成纤维细胞在伤口边缘增殖，还有角质细胞参与，增殖开始，VEGF 和 FGF 水平的增加刺激了血管生成，这是一个形成新血管的过程，将必要的营养物质、氧气和生长因子输送到受损组织，成纤维细胞分泌不成熟的Ⅲ型胶原蛋白，形成新的细胞外基质，然后分化成肌成纤维细胞，这些细胞具有收缩能力，将伤口的边缘拉在一起。最后，在成熟阶段，以前的 ECM 被各种酶降解，包括基质金属蛋白酶和血浆蛋白原激活剂，因为Ⅲ型胶原被成熟的Ⅰ型胶原所取代，与伤口愈合的其他阶段相比，瘢痕的重塑是一个较长的过程，经过数月或数年，瘢痕组织达到最终的外观。在伤口愈合过程中，这些阶段的适当顺序、时间和调节是至关重要的，这种进展的任何延误都会导致慢性溃疡或肥厚性瘢痕的形成，这方面的主要风险因素是生理基础条件的不足，如衰老、糖尿病和顽固性感染。

此外，现已发现 MSC-EV 可通过携带可溶性因子和代谢物，在该过程中发挥重要作用，特别是 MSC-EV 中携带的生长因子和 microRNA，作为慢性皮肤溃疡和肥厚性瘢痕的治疗方法在伤口愈合不同阶段发挥着不同的作用。MSC-EV 还可以靶向几种途径，包括磷脂酰肌醇 3 激酶（PI$_3$K）/AKT、ERK 和 STAT3，这些途径通过对下游靶点如肝细胞生长因子（HGF）、胰岛素样生长因子-1、神经生长因子（NGF）和基质细胞衍生因子的调节来促进和加速伤口愈合。除了通过下游过程激活生长因子，不同来源的 MSC-EV 中已经发现有生长因子如血管内皮细胞生长因子（VEGF）、肝细胞生长因子（HGF）和血小板衍生生长因子（PDGF）。MSC-EV 通过其对生长因子的影响，拥有促进细胞增殖和分化调节的特性，同时具有高免疫调节、免疫抑制和血管生成活性等，这在细胞培养和动物模型中都得到了证实。因此，现已确定 MSC-EV 为炎症的一个重要调节器，MSC-EV 能促进巨噬细胞的极化，并减弱细胞因子的分泌，以减轻组织炎症反应。这些影响可以部分通过 microRNA 来解释，因为 microRNA 如 miR-132 在炎症期间高度上调，可以通过调节 Toll 样受体（TLR）诱导 M2 巨噬细胞极化。总的来说，MSC-EV 对增殖、胶原蛋白沉积和血管生成显示出明显的有益影响，甚至在慢性伤口和糖尿病等疾病并发的状态下也是如此。EV，特别是 MSC-EV，在促进快速和有效的伤口愈合方面显示出巨大的潜力，在动物模型中已被证明可以促进胶原蛋白的合成以及成纤维细胞和角质细胞的增殖和迁移。MSC-EV 的这些作用，部分是 MSC-EV 对靶细胞内 microRNA 水平和蛋白酶活性的调节。目前，研究人员正在开发更多利用 MSC-EV 的创新性方法，例如将 MSC-EV 纳入凝胶中，然后将其应用于损伤部位，这种治疗方法已被证明比单一地直接给予外泌体更有益，因为它具有缓慢、稳定的输送速度。这些材料增加了治疗选择的灵活性，因为水凝胶可用于从基本皮肤损伤到深层神经损伤的伤口。在伤口愈合策略的继续发展中，MSC-EV 的广泛适用性和治疗效果在扩大伤口愈合技术的前景和效率上能发挥更大的作用。

二、在心血管损伤相关疾病中的作用

心血管疾病，如心力衰竭和冠状动脉疾病，是全世界发病和死亡的主要原因之一。传统的心血管疾病治疗方法主要包括移植治疗，然而，接受移植是一个非常漫长的过程，而且部分治疗方法的临床疗效有限。因此，新疗法的开发和验证至关重要，目前有一些基于细胞的治疗干预措施已经开始用于治疗心血管相关疾病。尽管这些治疗方法很有前景，但它们也面临着一些严峻挑战，如移植率低、移植细胞存活率低、可能引发肿瘤和免疫排斥等。这些基于细胞的治疗方法主要是通过移植细胞的自分泌和 / 或旁分泌作用，其中就包括通过 EV 来实现心肌保护功能。EV 在生理和病理的心血管过程中的主要作用，包括调节血管生成、心肌细胞肥大、心脏纤维化、血压控制和抗凋亡作用，这些作用现已成为共识。此外，心肌细胞、内皮细胞、心脏成纤维细胞都是组成心脏的重要细胞，都会释放 EV，可能也有利于心血管疾病的修复。

在心肌梗死的治疗中，越来越多的证据表明，给予 MSC-EV 可以加强心脏修复。从 miR-146a 修饰的脂肪源性间充质干细胞获得的外泌体已被证明可以通过抑制促炎症细胞因子（IL-6、IL-1β 和 TNF-α）的释放来抑制局部炎症反应，从而减轻急性心肌梗死（MI）诱发的心肌损伤；同时还通过下调 EGFR1，阻止心肌细胞凋亡，从而改善心脏功能。经阿托伐他汀（ATV）处理的间充质干细胞的外泌体通过降低 IL-6 和 TNF-α 水平、促进血管生成和防止 MI 后的细胞凋亡来改善心脏功能障碍和减少梗死面积，其中含有丰富的 lncRNA H19，可调节 miR-675 的表达并且激活促血管生成因子。MSC-EV 在治疗动脉粥样硬化方面的前景也得到了研究。MSC-EV 可以通过诱导 M1 → M2 巨噬细胞极化，在阻止动脉粥样硬化的进展中起到保护作用，这种作用也显示在不同的缺血再灌注（I/R）损伤的动物模型中。综上所述，尽管这些关于心血管疾病的初步研究有很好的结果，但在 MSC-EV 治疗能够完全达到有用的临床效果之前，仍有许多问题必须得到解答。

三、在神经损伤相关疾病中的作用

脊髓损伤是脊柱损伤中最严重的并发症，它往往会导致受伤段以下的肢体出现严重的功能障碍，不仅会给患者带来严重的生理和心理伤害，也会给整个社会带来巨大的经济负担。到目前为止，脊髓损伤的治疗仍然是临床医生面临的巨大挑战。MSC 已被广泛用于治疗神经损伤，但其效果并不明显，主要原因是间充质干细胞常滞留于肺血管系统中，同时其作用机制尚不清楚。MSC-EV 能减轻脊髓损伤后的病理变化，包括改善运动功能、血流和缺氧；此外，MSC-EV 可以改善内皮调节血流的能力，维持血脊髓屏障，消除水肿，下调 MMP2、Bax、HIF-1α 和 Aquaporin-4 的表达，并上调 Bcl-2 的水平，减少细胞凋亡。在自身免疫性脑脊髓炎引起的脊髓损伤小鼠模型中，MSC-EV 能够通过减少炎症来保护神经，并促进血管生成；MSC-sEV 在 IFN-γ 的刺激下降低了实验性自身免疫性脑脊髓炎（EAE）小鼠的临床评分，缓解了脱髓鞘和神经炎症，并增加了脊髓中 Treg 细胞的数量。研究发现 miR-21-5p 是 MSC-sEV 中最丰富的 miRNA 之一，miR-21-5p/FasL 信号通路被认为是 MSC-sEV 改善运动功能和抑制脊髓损伤中细胞凋亡的一个潜在机制。总的来说，这些结果表明，MSC-sEV 可以抑制神经炎症，促进脊髓损伤的神经再生。低氧缺血与早产婴儿的死亡密切相关。MSC-sEV 在治疗缺氧缺血性损伤方面具有神经保护的潜力，全身给予 MSC-sEV 可以促进早产儿在缺氧缺血后脑功能的恢复，并防止结构损伤。据报道，miR-133b 是参与增强脑损伤中大脑恢复的重要机制，MSC 在缺血的脑组织中重新平衡 miR-133b 的表达；缺血环境导致 MSC-sEV 中 miR-133b 的大量表达，并通过抑制 Ras 同源家族成员的表达，促进神经元的生长。创伤性脑损伤是世界范围内神经外科的一种常见损伤。目前还没有有效的药物来减少创伤性脑损伤的死亡率和改善功能恢复。细胞疗法，包括 MSC，已显示出对创伤性脑损伤的治疗的有效性。最近的研究表明，MSC-sEV 可以减少创伤性脑损伤小鼠模型的认知障碍，EV 可能更安全，并且不会诱发微血管栓塞，这可能为创伤性脑损伤的临床治疗开辟新的方向。

四、在肺部损伤相关疾病中的作用

进行性低氧血症和呼吸窘迫等症状是急性呼吸窘迫综合征的临床表现。其临床特征包括肺泡上皮细胞和毛细血管内皮细胞的损伤，导致弥漫性肺间质和肺泡水肿。

SC-EV 疗法具有调节免疫和炎症的能力，并且可以防止感染和再生引起的肺部损伤。研究人员发现给因细菌性肺炎而受伤的小鼠注射 MSC-EV，可部分通过分泌角质细胞生长因子（KGF）提高其存活率，并减少炎症细胞、细胞因子、蛋白质和细菌的流入。在猪流感病毒模型中，气管内注射 MSC-sEV 明显减少了被感染猪 12 小时后鼻拭子中病毒的检出数量，并下调了病毒相关的促炎性细胞因子；组织病理学结果显示，MSC-sEV 可以减少流感病毒造成的猪的肺部损伤。

肺纤维化是正常肺组织结构变化和功能丧失的一种严重疾病。研究人员发现 MSC-sEV 通过系统地调节单核细胞的表型，可以有效地防止或逆转博来霉素诱导的肺纤维化。肺动脉高压通常是一种渐进的、最终致命的疾病。脂肪来源的间充质干细胞（ADMSC）和 ADMSC 来源的 sEV（ADMSC-sEV）对肺动脉高压有保护作用，研究人员发现 MSC-sEV 恢复了与肺动脉高压相关的线粒体功能障碍；MSC-sEV 能改善能量平衡和改善 O_2 消耗，这对增强肺动脉高压组织的线粒体功能起着一定作用。支气管肺发育不良，在早产婴儿中发病率很高，患有呼吸窘迫综合征等疾病的早产儿患支气管肺发育不良的风险也会增加。尽管临床治疗有所改善，但支气管肺发育不良的发病率并没有下降。MSC-sEV 不仅能在新生儿期有效预防支气管肺发育不良的发生，还能对已发生该种疾病的婴儿和儿童的心肺并发症起到控制和潜在逆转的作用。MSC-sEV 对肺部巨噬细胞表型的影响是其通过调节高氧诱导的支气管肺发育不良的治疗效果的基础，早期干预和减缓高氧诱发的早期炎症阶段对维持正常的肺部发育至关重要。

五、总结

近年来的研究表明，MSC-EV 对包括慢性伤口愈合、神经系统损伤和心血管功能障碍等疾病显示出巨大的治疗潜力，同时 MSC-EV 可以通过基因工程将不同的治疗分子输送到所需的目标。尽管 MSC-EV 在一些疗法中取得了重大成就，但挑战依然存在。MSC-EV 可以避免免疫反应，穿透血脑屏障，并避免迁移过程中被 RNA 酶降解。这些特点使它们成为有吸引力和有前途的药物递送工具。虽然在 MSC-EV 中发现了许多蛋白质、RNA、脂质和代谢酶，但对其功能和分类机制知之甚少，其内容物也高度依赖于周围环境和宿主细胞的代谢状态。自然、生理水平的小囊泡是否在体内发挥病理或调节作用仍然不明确。尽管有一些关于慢性伤口愈合和皮肤再生的外泌体研究，但 MSC-EV 在这些过程中的确切分子机制和作用还需要进一步研究。

首先，为了更好地利用 MSC-EV，需要对 MSC-EV 的生物生成、细胞摄取和运输等方面进行广泛研究。另一方面，涉及再生医学中使用 MSC-EV 的关键技术平台也需要进一步完善，如分离、纯化、优化、标准化、质量控制等方面。在临床转化应用中，MSC-EV 的制备方法也应该是标准化的，以确保 EV 的纯度、可重复性和功能特性的维持。作为 EV 制剂临床使用的前提条件，必须建立质量控制标准，对特定疾病的生物治疗活性应该在严格的生物测定中单独测试。作为一种无细胞疗法，MSC-EV 能最大限度地减少活细胞相关的安全问题，同时 MSC-EV 在大脑、心脏、肝脏、肺部、皮肤和骨骼疾病方面具有治疗潜力。其次，分离的 MSC-EV 的纯度和质量控制的指导方针和标准将是建立临床级 EV 生产平台的主要挑战。标准化和改进的 EV 分离和储存协议，以及可量化的、强大的和可重复的检测，将有助于预测 MSC-EV 的治疗能力，并推动 MSC-EV 从实验室向临床的应用。总的来说，不同来源的 MSC-EV 在再生医学和组织修复领域均具有巨大的潜力。

参考文献

de Couto G, Gallet R, Cambier L, et al, 2017. Exosomal MicroRNA Transfer Into Macrophages Mediates Cellular Postconditioning. Circulation, 136(2): 200-214.

Hogan S E, Rodriguez Salazar M P, Cheadle J, et al, 2019. Mesenchymal stromal cell-derived exosomes improve mitochondrial health in pulmonary arterial hypertension. Am J Physiol Lung Cell Mol Physiol, 316(5): L723-L737.

Huang P, Wang L, Li Q, et al, 2020. Atorvastatin enhances the therapeutic efficacy of mesenchymal stem cells-derived exosomes in acute myocardial infarction via up-regulating long non-coding RNA H19. Cardiovasc Res, 116(2): 353-367.

Gorabi A M, Kiaie N, Barreto G E, et al, 2019. The Therapeutic Potential of Mesenchymal Stem Cell-Derived Exosomes in Treatment of Neurodegenerative Diseases. Mol Neurobiol, 56(12): 8157-8167.

Khatri M, Richardson L A, Meulia T, 2018. Mesenchymal stem cell-derived extracellular vesicles attenuate influenza virus-induced acute lung injury in a pig model. Stem Cell Res Ther, 9(1): 17.

Liu T, Zhang Q, Zhang J, et al, 2019. EVmiRNA: a database of miRNA profiling in extracellular vesicles. Nucleic Acids Res, 47(D1): D89-D93.

Mansouri N, Willis G R, Fernandez-Gonzalez A, et al, 2019. Mesenchymal stromal cell exosomes prevent and revert experimental pulmonary fibrosis through modulation of monocyte phenotypes. JCI Insight, 4(21): e128060.

Monsel A, Zhu Y G, Gennai S, et al, 2015. Therapeutic Effects of Human Mesenchymal Stem Cell-derived Microvesicles in Severe Pneumonia in Mice. Am J Respir Crit Care Med, 192(3): 324-336.

Riazifar M, Mohammadi M R, Pone E J, et al, 2019. Stem Cell-Derived Exosomes as Nanotherapeutics for Autoimmune and Neurodegenerative Disorders. ACS Nano, 13(6): 6670-6688.

Wang X, Chen Y, Zhao Z, et al, 2018. Engineered Exosomes With Ischemic Myocardium-Targeting Peptide for Targeted Therapy in Myocardial Infarction. J Am Heart Assoc, 7(15): e008737.

Welsh J A, Goberdhan D C I, O'Driscoll L, et al, 2024. Minimal information for studies of extracellular vesicles (MISEV2023): From basic to advanced approaches. J Extracell Vesicles, 13(2): e12404.

Zhou X, Chu X, Yuan H, et al, 2019. Mesenchymal stem cell derived EVs mediate neuroprotection after spinal cord injury in rats via the microRNA-21-5p/FasL gene axis. Biomed Pharmacother, 115: 108818.

思考题

1. 什么是胞外囊泡？它们是如何形成的？
2. 胞外囊泡中有哪些主要的内容物类型？
3. 已知间充质干细胞来源的胞外囊泡有哪些治疗作用？
4. 如果你是一名研究人员，你会如何设计一个实验来研究胞外囊泡对间充质干细胞分化的影响？

第十六章
肿瘤干细胞

　　肿瘤干细胞是近年来生物医学刊物出现频率较高的一个新词汇。事实上，恶性肿瘤来自干细胞是 150 年前就已出现的一种假说。关于肿瘤的传统理论认为，肿瘤的发生和发展是全部肿瘤细胞共同增殖的结果，所有的肿瘤细胞都具有无限增殖的潜能。但随后，人们在关于白血病的研究中发现，仅有约 1% 的白血病细胞可以在体外克隆增殖；在异种移植实验中，仅有 1%～4% 的白血病细胞可以在非肥胖性糖尿病 / 重症联合免疫缺陷小鼠（NOD/SCID 小鼠）脾脏内形成肿瘤。1977 年，Hamburger 等在肺癌、卵巢癌和神经细胞瘤等实体瘤的研究中也发现了相同的现象，并首次明确提出了"肿瘤干细胞学说"，该学说认为，在肿瘤组织中存在着少数具有干细胞性质的细胞群体，这些细胞具有自我更新能力和多向分化潜能，被称为肿瘤干细胞（tumor stem cell，TSC），又称为癌干细胞（cancer stem cell，CSC）。肿瘤起源于少数具有自我更新能力和多向分化潜能的 TSC，TSC 可能是恶性肿瘤复发和转移的根本原因。1997 年 Bonnet 等首次从人急性髓细胞性白血病（acute myelogenous leukemia，AML）中分离出了表型为 $CD34^+CD38^-$ 的白血病干细胞（leukemic stem cell，LSC），第一次证实了 TSC 的存在。他们的研究发现，接种 $CD34^+CD38^-$ 细胞到 NOD/SCID 小鼠体内即可形成肿瘤，而 $CD34^-CD38^+$ 细胞则不能形成肿瘤。但令人遗憾的是，该发现一直没有引起多大关注。直到 2003 年，AlHajj 等从乳腺癌组织中分离出表型为 $CD44^+CD24^{-/low}$ $Lineage^-$ 的乳腺癌干细胞，这是全世界首次在实体瘤中发现了 TSC 的存在，人们才又开始关注人实体瘤中肿瘤干细胞是否存在的问题。

　　尽管早在 1997 年 Bonnet 从人急性髓细胞性白血病患者体内获得的白血病干细胞的"干细胞特征"证据很充分，但肿瘤细胞群体（肿瘤细胞系、白血病、实体肿瘤组织等）中是否普遍存在肿瘤干细胞，目前还没有定论。迄今已报道的存在肿瘤干细胞（包括干细胞样细胞"stem-like cell"，肿瘤起始细胞"tumor-initiating cell"等）的人实体瘤有：脑瘤、乳腺癌、室管膜瘤、皮肤癌、前列腺癌、视网膜母细胞瘤、肺腺癌、结肠癌、卵巢癌、胰腺癌、肝母细胞瘤等。另外，Setoguchi 等 2004 年发现，很多肿瘤细胞系中持续存在肿瘤干细胞，同年，Kondo 等证实，大鼠胶质瘤细胞系 C6 中分离的侧群细胞（SP 细胞）在体内外可分化为神经元和胶质细胞，提示 C6 中的 SP 细胞属于典型的干细胞样细胞，也就是肿瘤干细胞。上述研究证据表明，大多数肿瘤细胞群中的确存在肿瘤干细胞，只是关于不同肿瘤中干细胞的研究进展不尽相同，有些尚未报道。

第一节 肿瘤干细胞的特征

一、自我更新能力

肿瘤干细胞具有自我更新能力，能够通过不对称分裂方式进行自我更新。认识正常干细胞自我更新的调节机制是理解肿瘤干细胞增殖机制的基础，因为肿瘤通常被认为是自我更新失控所致的疾病。有人认为，肿瘤干细胞具有的自我更新的特性是造成肿瘤复发、转移及预后不良的主要原因。正常的干细胞通过不对称有丝分裂，在实现自我更新的同时，也有序地进行分化和进入细胞周期，这样的有序增殖对于机体在生命过程中维持稳态（homeostasis）起了不可替代的作用。不同组织中的干细胞究竟是自我更新还是向特定细胞类型分化，取决于该干细胞的内在能力及其干细胞龛（niche）细胞的作用。而肿瘤干细胞则通过自我更新维持着肿瘤的持续生长（图 16-1）。

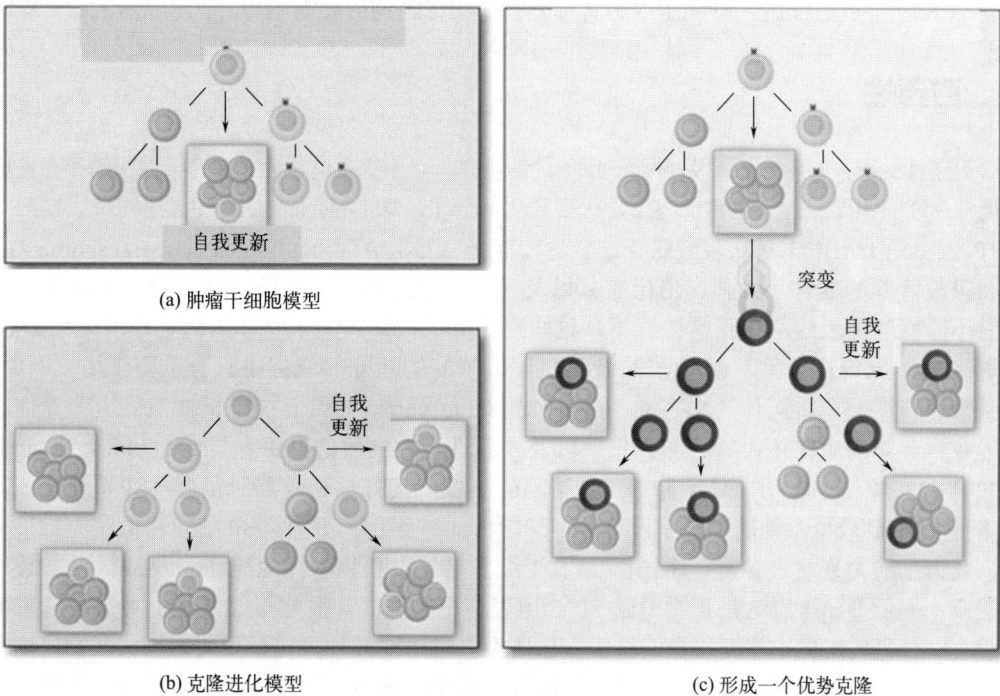

(a) 肿瘤干细胞模型

(b) 克隆进化模型

(c) 形成一个优势克隆

图 16-1　肿瘤持续生长的本质（Wu，2008，略改）

二、高致瘤性

肿瘤干细胞的致瘤性因肿瘤种类的不同差别较大，肿瘤干细胞的致瘤性大小主要从以下两个方面进行评价：一是肿瘤干细胞的体外克隆形成能力（clonogenicity），即源自原发性肿瘤组织或肿瘤细胞系的肿瘤干细胞在软琼脂（softagar）或基底膜类似物（matrigel）上形成的克隆数目及克隆大小；二是肿瘤干细胞在免疫缺陷动物体内的肿瘤形成能力（tumorigenicity），即将分选的相同数量的肿瘤干细胞和肿瘤非干细胞分别原位或异位接种免疫缺陷动物，观察动物在相同时间内成瘤情况（统计成瘤动物数，比较形成肿瘤的大小等）。迄今为止，已经报道的成瘤性最强的是脑瘤干细胞，按每只 NOD/SCID 小鼠接种 100 个 CD133$^+$ 肿瘤干细胞，结果在接种后 6 个月内形成肿瘤；而每只接种十万个 CD133$^-$ 普通肿瘤细胞的小鼠在相同时间内未形成肿瘤。乳腺癌干细胞也具有很强的成瘤性，200 个 ESA$^+$CD44$^+$CD24$^{-/low}$ 乳腺癌干细胞可以在 NOD/SCID 小鼠体内形成肿瘤；而 10000 个 ESA$^-$CD44$^+$CD24$^{-/low}$ 普通乳腺癌细胞在相同时间内未形成肿瘤，同样数量的 5000 个 ESA$^+$CD44$^+$CD24$^{-/low}$ 干细胞形成肿瘤的时间要比 ESA$^-$CD44$^+$CD24$^{-/low}$ 普通肿瘤细胞早 2～3 周。以上实验结果说明，肿瘤干细胞比普通肿瘤细胞具有更高的成瘤潜能。

三、分化潜能

分化潜能（differentiation potential）也是肿瘤干细胞的重要特征之一。肿瘤干细胞在体外及体内都具有分化的能力，其子代细胞应呈现分化特征的表型及其相应的标志。以肝癌为例，肝癌的干细胞从理论上讲应该能够分化成具有 AFP、albumin（白质白）、CK8、CK18、CK7、CK19 等肝脏细胞（肝细胞或胆管细胞）分化标志物的癌细胞。

四、耐药性

耐药性（drug resistance）是肿瘤干细胞的特性之一。不少报道认为，肿瘤干细胞的存在是肿瘤化疗失败的主要原因。正常情况下，大多数耐药分子，如 P-glycoprotein（P-糖蛋白）、MRP$_1$、MRP$_2$ 及 Bcrp1/ABCG$_2$（三磷酸腺苷结合盒转运蛋白 G$_2$，ATP-binding cassette transporter G$_2$）等在吸收营养的器官（如肺、消化道）以及代谢和排泄器官（如肝、肾）等的上皮细胞中均有不同程度的表达，在正常情况下，这些耐药分子在体内对于机体内的生理屏障（如血-脑屏障、血-脑脊液屏障、血-睾屏障及胎盘屏障等）的功能的维持中具有重要作用。例如，三磷酸腺苷结合盒转运体（ATP-binding cassette transporters）具有调节机体消化道营养物质的吸收、营养物质在体内的分布、代谢以及外源性毒性物质的分泌和排泄的功能。Zhou 等 2002 年的实验结果表明，只剔除 Bcrp1 基因的小鼠，其骨髓和骨骼肌侧群（SP）细胞，即 SP 细胞将明显减少，骨髓中几乎没有 Lin$^-$c-Kit$^+$Sca-1$^+$ 细胞，并且，SP 细胞移植实验结果表明，其再生能力衰竭，并且，Bcrp1$^{-/-}$ 造血干细胞对抗癌药物米托蒽醌（mitoxantrone）敏感性提高，提示 Bcrp1 表达是正常骨髓 SP 细胞表型所必需的。肿瘤干细胞膜上多数表达三磷酸腺苷结合盒转运体家族膜蛋白，这类蛋白质大多可运输并外排包括代谢产物、药物、毒性物质、内源性脂类物质、多肽、核苷酸及固醇类等多种物质，使许多对普通肿瘤细胞具有抑制或杀伤作用的化疗药物却对肿瘤干细胞杀伤作用明显减弱。也就是说，肿瘤干细胞往往对许多的化疗药物具有耐药性。Bcrp1/ABCG$_2$ 是目前研究常用的肿瘤干细胞耐药靶标。相信随着对于 Bcrp1/ABCG$_2$ 等肿瘤干细胞耐药靶标研究的不断深入，未来的肿瘤化疗策略必将会有更为光明的前景。

第二节　肿瘤干细胞与肿瘤的发生

在肿瘤组织中，肿瘤干细胞的数量很少，只有这些含量很少的肿瘤干细胞才能形成肿瘤。1961 年 Chester Southam 和 Alexander Brunschwig 发现，将从患者体内分离出来的肿瘤细胞再种植到该患者的皮下，肿瘤细胞的肿瘤形成能力低下，只有超过 1000000 的肿瘤细胞才能启动肿瘤的形成；1963 年，Robert Bruce 等发现，只有 1%～4% 的移植的鼠淋巴瘤细胞能在受体动物的脾脏形成集落；1973 年，Ernest McCuloh 等发现只有 1/10000～1/100 的鼠骨髓瘤细胞能在体外形成集落；1985 年，Jim Griffin 等发现，急性髓细胞性白血病细胞在甲基纤维素存在的形成集落能力低下，并且在多种实体瘤中也得到类似的结果，如 Anne Hamburger 和 Sydney Salmon 发现，1/5000～1/1000 实体瘤细胞如肺癌、卵巢癌及脑肿瘤细胞能形成集落。这些实验结果均说明，只有少量的肿瘤细胞能引发肿瘤，这些能够引发肿瘤的肿瘤细胞就是肿瘤干细胞。事实上，肿瘤干细胞的假说源于 150 多年前病理学家 Rudolph Virchow 和 Julius Cohnheim 提出的肿瘤的发生源于成体内剩余的处于休眠状态的胚胎组织。这种假说源于胚胎干细胞与某些肿瘤细胞如恶性畸胎瘤细胞的组织学特性的相似性，以及两者均具有的无限增殖能力和多向分化的潜能。尽管两者在细胞分化的结果上有差别，胚胎干细胞能够分化为各种类型的组织细胞，而肿瘤组织出现分化能力障碍，表现为不能成功地分化为各种终末细胞。所以，Van R. Pottter 和 Barry Pierce 分别在 20 世纪 70 年代和 80 年代将肿瘤的概念进行了修正，认为肿瘤组织实际上就是发生了分化、发育和成熟障碍的干细胞。

关于肿瘤的发生机制，一种假设认为，肿瘤是由一群异质性的细胞组成，里面有一小群肿瘤干细胞，它们专门负责肿瘤的生长和传代。另一种假设是随机的模型，这种模型认为，所有的肿瘤细胞都有能力自我更新和重建肿瘤，但是任何一个肿瘤细胞在适当的环境下进入细胞周期导致肿瘤发生的概率很低。要区分这两种理论模型，必须根据免疫表型（即特定的细胞表面标志物）或者功能特性来纯化同质性的细胞并进行长期的功能分析。功能评估不仅要评估肿瘤干细胞形成新肿瘤的能力，而且要评估肿瘤干细胞重新形成与原代肿瘤完全一样表型的子代肿瘤的能力。因为血液系统的细胞很适合体外实验研究，加上 20 世纪 80 年代至 90 年代抗体技术的不断发展和日趋成熟，Irving Weissman 等通过对各种血细胞的表型进行研究从而阐明了血液系统的个体发生学，他们的研究发现了血液系统各系血细胞的表型标志物并阐明了造血干细胞的全部发育过程，事实上，这样的研究方法也可以借用到恶性血液系统疾病的个体发生学。另一种大力促进了白血病和其他肿瘤干细胞研究的实验技术就是高速多参数的流式细胞仪，该实验技术主要根据各种荧光标记的特异性抗体识别各种细胞（包括肿瘤干细胞）表面的特定抗原来确认和分离不同的细胞群。该技术通过激发光的激发，荧光标记的抗体能产生特定波长的荧光，从而可以检测并计算出表达相应特定抗原标志物的细胞群。另外，通过对电压的控制，可以分离带正电的荧光标记的复合物，使表达特定抗原的细胞能被收集和纯化并进行进一步分析。

在基于各种现代实验技术的细胞亚群分析和免疫表型分析的研究基础上，人们普遍认为，肿瘤其实就是一种干细胞发生功能异常而导致的疾病，肿瘤的发生和生长主要源于少部分具有自我更新能力的肿瘤干细胞。正常干细胞和肿瘤干细胞均首先在血液系统肿瘤中被发现。血液系统的恶性肿瘤性疾病的发生是目前研究得最透彻，也是最方便进行实验和临床研究的疾病，例如，对白血病干细胞生物学的研究已经非常深入和成熟，该领域的研究能够为其他肿瘤干细胞的研究提供范例。另外，更好地阐明正常干细胞和肿瘤干细胞之间的关系，将有利于我们利用干细胞自我更新的程序进行某些组织的再生，而不会导致肿瘤的发生，并通过干扰肿瘤干细胞的自我更新来治疗肿瘤。Dick 于 2003 年利用严重免疫缺陷鼠（SCID 小鼠）和非肥胖型糖尿病联合免疫缺陷鼠（NOD/SCID 小鼠）率先进行了肿瘤干细胞异体移植的研究。他们将正常的人干细胞和未分离的白血病细胞分别通过尾静脉输注进入预先经过亚致死剂量辐射处理过的 NOD/SCID 小鼠体内，结果发现，移植的正常的人干细胞和未分离的白血病细胞都能在 SCID 小鼠体内生长，这些移植细胞的后代可通过流式细胞仪检测出来。另外，在小鼠体内，所有成熟的血细胞系，除了 T 细胞外，都是移植的正常干细胞生成的，而白血病细胞在小鼠体内则重构了人白血病。他们将这些能够在受体小鼠体内诱导血液系统发育的正常的人干细胞和未分离的白血病细胞分别称为"SCID 重建细胞"和"SCID 白血病启动细胞（SL-IC）"。并且，他们又从 7 个不同 AML 亚型中分离 CD34⁺CD38⁺ 和 CD34⁺CD38⁻ 白血病干细胞亚群。他们再将这两群细胞同样经尾静脉输入预先经亚致死剂量放射处理的 NOD/SCID 小鼠体内，4～8 周后，根据人的特异性 DNA 序列检测移植细胞，再根据 CD45 的表达情况，从小鼠骨髓中分离获得来源于人的细胞，并重新植入第二个受体小鼠体内。结果表明，能成功植入受体鼠体内的人 AML 的白血病干细胞是 CD34⁺CD38⁻ 的亚群。另外，这些细胞能诱发产生不同亚型的白细胞 AML，在第二代受体鼠内的白血病仍然与人白血病一致，说明白血病干细胞具有长期自我更新的能力。基于这些发现，作者提出，白血病干细胞与正常的血液系统类似，也是分级组成的。这个模型认为，白血病干细胞负责其自身的自我更新并且产生克隆性的只能增殖但不能自我更新的祖细胞。且基于白血病干细胞和造血干细胞在结构和表型上具有相似性，他们认为，白血病干细胞很可能是由造血干细胞转化而来的。类似的研究发现，携带 BCR-ABL 融合基因的急性淋巴细胞性白血病中，白血病启动细胞的表型为 CD34⁺CD38⁻，在 B 细胞前体淋巴细胞性白血病中，白血病启动细胞的表型为 CD34⁺CD10⁻CD19⁽⁺/⁻⁾。另一种与融合基因 BCR-ABL 相关的肿瘤是慢性粒细胞白血病（chronic myelocytic leukemia，CML），也属于干细胞异常性疾病，BCR-ABL 基因的转录子在造血系统各系血细胞包括 CD34⁺ 的血细胞中常见。

这些关于白血病干细胞的研究结果都与正常造血干细胞的特点相似，说明发生了癌变的白血病细胞很可能来自造血干细胞。然而，本身没有自我更新能力的祖细胞也能在细胞恶性转化的过程中通过激活癌基因的途径重新获得自我更新的能力。有实验表明，没有自我更新能力的祖细胞通过流式细胞仪纯化并转入 MLL-ENL 或 MOZ-TIF2 癌基因后，就能在体外重新获得自我更新能力，包括获得能够在没有实质性细胞支持的甲基纤维素的培养基中长期形成克隆以及在液体培养基中也能生长的能力。MLL 是一种涉及染色体重建的组蛋白甲基转移酶，MOZ 和 TIF2 都是转导共激活子。另外，这些转导的细胞还能通过细胞移植在受体小鼠中形成 AML 并传递给下一代小鼠。此时，白血病的发生并不是因为基因插入的突变引起，因为单纯转导 MOZ-TIF2 并不能诱发白血病表型的出现。当然，也并不是所有的癌基因都能逆转祖细胞的自我更新能力，例如，转导 BCR-ABL 就不能使已定型的祖细胞重新获得自我更新的能力。因此，也有很多证据说明，定型的祖细胞也可以是导致肿瘤发生的肿瘤干细胞的起源细胞。肿瘤干细胞跟正常干细胞类似，能够维持肿瘤细胞的生长和播散。某些肿瘤的异质性的产生有可能是不同的环境和持续的突变造成的。1994 年，Dick 等率先成功地从急性髓细胞性白血病患者体内分离出传说中的肿瘤干细胞，这是第一个被分离和鉴定的肿瘤干细胞，随后，一系列肿瘤干细胞被成功地分离和鉴定，包括急性淋巴细胞性白血病、慢性粒细胞白血病、多发性骨髓瘤、结肠癌、乳腺癌、脑肿瘤、头颈部肿瘤、肺癌、胰腺癌、黑色素瘤、肾肿瘤和肝癌等。

第三节　肿瘤干细胞的信号通路

Yamashita 和 Lemischka 等概括了几个与正常干细胞自我更新及干细胞池（stem cell pool）的正常维持相关的信号转导通路，包括 Wnt/β-catenin、Notch、Hedgehog（Hh）、PTEN/Akt、

TGF-β 及 Bmi-1 等。其中，Wnt/β-catenin 通路已被证实在胚胎形成、成体组织稳态的维持中发挥着非常关键的作用；Notch 通路在决定乳腺组织干细胞命运中也发挥重要作用；而 Hedgehog（Hh）则更是在从果蝇到人类的多种物种进化过程中非常保守的信号通路。这些信号通路大多在肿瘤的发生、发展甚至肿瘤干细胞的自我更新过程中依然发挥作用。目前，已被证实与肿瘤干细胞密切相关的信号转导途径有：Wnt/β-catenin、Notch 和 Hedgehog（Hh）。Kucia 等归纳了基质细胞衍生因子-1-趋化因子受体-4 轴（SDF-1-C-XCR4 轴）的分子运输是造血干细胞归巢（homing）和肿瘤干细胞转移的基本分子调节机制的证据。Dvorak 于 2006 年发现，胚胎干细胞和肿瘤干细胞中也存在 FGF-2 通路。迄今为止，人们对于肿瘤干细胞信号转导通路的研究还很初步，对于正常干细胞和肿瘤干细胞中信号转导途径的异同及其功能性调节机制了解尚少。该领域的研究值得进一步深入，因为这些问题的解决将为临床有效治疗肿瘤，尤其是对于针对肿瘤干细胞的抗肿瘤药物的设计具有重要意义。

第四节　肿瘤干细胞与肿瘤耐药

恶性肿瘤的治疗方法主要有手术、化疗和放疗三种，其中，化疗在恶性肿瘤的治疗中发挥着举足轻重的作用。但是，肿瘤的化疗经常面临一个令人棘手的难题，就是肿瘤细胞出现耐药现象，很难通过化疗将肿瘤细胞全部杀死，从而导致难以彻底治愈肿瘤。化疗失败的主要原因是肿瘤多药耐药性（multiple drug resistance，MDR）的产生——即肿瘤细胞对一种化疗药物产生耐药性的同时，对结构和作用机制完全不同的其他化疗药物也会产生交叉耐药。肿瘤干细胞理论认为，肿瘤干细胞（TSC）参与了肿瘤的多药耐药。常规的化疗药物只能杀死普通肿瘤细胞，却无法杀死 TSC，因而导致化疗失败及肿瘤的复发和转移。TSC 的肿瘤多药耐药性机制主要有以下三方面。

（1）高水平表达 ABC 转运蛋白

ABC 转运蛋白是一类跨膜蛋白，其分子结构由 6 个由疏水性氨基酸残基组成的跨膜结构和 1 个 ATP 结合域构成。ABC 转运蛋白可通过水解 ATP 释放的能量，将糖、蛋白质、毒素和药物等多种物质主动转运到细胞外。肿瘤干细胞表面高表达 ABC 转运蛋白，使得肿瘤干细胞可以将化疗药物逆浓度梯度由细胞内转移到细胞外，从而避免了化疗药物对肿瘤干细胞的杀伤作用。这是肿瘤多药耐药性产生的主要原因。目前发现的与 TSCs 耐药有关的 ABC 转运蛋白主要有 P-糖蛋白（P-gp）、多药耐药相关蛋白（MRP）和乳腺癌耐药蛋白（BCRP）。现已证实，P-糖蛋白的高水平表达是产生肿瘤多药耐药性的主要机制，并且在白血病、结肠癌、肝癌等多种肿瘤组织中均发现了 P-糖蛋白呈阳性表达，P-糖蛋白表达水平的高低还揭示了肿瘤的预后及复发的可能性。

（2）部分肿瘤细胞处于细胞生长周期的 G_0 期

临床上常用的肿瘤化疗药物很多是周期时相特异性化疗药物。这些药物只能杀死处于有丝分裂期且增殖活跃的肿瘤细胞，而 TSC 多处于细胞生长周期的 G_0 期，增殖不活跃，因而，这些化疗药物对 TSC 的杀伤作用往往不大。停药后 TSC 一旦受到适当刺激便可重新进入细胞分裂周期，继续分裂增殖生成新的肿瘤细胞，造成肿瘤复发。

（3）凋亡抑制

TSC 高度表达 bcl-2 基因家族的 bcl-2、bcl-x 和 bcl-w 等抗凋亡基因，使得通过诱导肿瘤细胞凋亡达到治疗目的的化疗药物无法发挥作用，从而导致肿瘤耐药性的产生。核转录因子

（NF）-κB、突变的 *p53* 基因及 *c-myc* 基因等也通过上调抗凋亡基因的表达等多种途径抑制了 TSCs 的凋亡。

第五节　肿瘤干细胞的分离培养与鉴定

将肿瘤干细胞从整个肿瘤组织中准确地分离纯化、培养和鉴定是研究肿瘤干细胞最基本的前提。然而，由于肿瘤干细胞模型是最近几年新提出的理论，对肿瘤干细胞的研究尚处于初级阶段，因而对肿瘤干细胞的分离培养和鉴定也尚未形成完善成熟的标准体系。对肿瘤干细胞的研究必然要考虑到其所具有的特点：类似于正常组织的干细胞，肿瘤干细胞可以自我更新，具有无限增殖潜能；可以分化产生各种异质性的肿瘤细胞，具有致瘤性的能力。多年来对肿瘤的深入研究已证实，肿瘤组织本身具有异质性的特点，肿瘤细胞的异质性表现在不同亚克隆的肿瘤细胞在侵袭能力、生长速度、对激素的反应和对抗癌药物的敏感性等方面存在差异。同时，根据肿瘤干细胞模型理论，不仅肿瘤细胞具有异质性，而且异质的肿瘤细胞之间，它们的功能也是异质性的。如 Mehrotra 等于 1995 年对急性髓细胞性白血病的研究证明，仅占肿瘤组织极少比例的肿瘤干细胞表达不同的细胞表面标志分子，并可以引发同样类型的肿瘤再生。因此，对肿瘤干细胞的分离和鉴定的基本思路是：根据其特殊的表面标志分子进行分选，从原生癌分离得到肿瘤干细胞，经有限稀释后，移植到没有免疫能力的实验动物体内，肿瘤干细胞仍然能够形成肿瘤。

一、肿瘤干细胞的分离与纯化

TSC 的分离、纯化和鉴定是 TSC 研究的前提和基础。但由于 TSC 在肿瘤组织中所占的比例很小，而且目前从形态学上很难区分 TSC 和普通肿瘤细胞，所以现在仍有很多 TSC 没有被分离出来。目前 TSC 的分离纯化方法主要有以下三种。

1. TSC 特异性表面标志法

根据 TSC 的表面标志（膜蛋白、黏附分子及受体蛋白等）与一般肿瘤细胞的差异，采用正常干细胞/祖细胞的标志物或与肿瘤的发展转移有关的标志物，通过荧光激活细胞分选法（fluorescence activated cell sorting，FACS）和免疫磁珠激活分选法（magnetic activated cell sorting，MACS）分选 TSC。FACS 分选法是利用 TSC 和普通肿瘤细胞结合荧光素标记抗体能力的差异进行分选，该方法特异性强，敏感性高，是目前应用最为广泛的 TSC 分离技术。例如，Dalerba 等于 2007 年将人结肠癌组织解离为单细胞悬液，采用 CD44 和上皮细胞黏附分子 EpCAM 做标记，利用 FACS 法成功分选出了表型为 EpCAM^{high}CD44^{+} 的结肠癌干细胞。免疫磁珠激活分选法是通过 TSC 表面抗原与包被在磁珠表面的特异性单抗发生特异性结合的特性来分选肿瘤干细胞。该方法对肿瘤干细胞的损伤小，不会影响肿瘤干细胞的功能和活力，而且成本较低，是目前国内应用较为广泛的 TSC 分离技术。

2. Hoechst 33342 染料法

Hoechst 33342 染料法是利用 TSC 具有的侧群干细胞（SP 细胞）特性来分选 TSC 的方法。SP 细胞是 Goodell 等于 2005 年采用 DNA 染料 Hoechst 33342 分选小鼠造血干细胞时发现的一群染色偏淡的细胞群体。SP 细胞表面高度表达 ABC 转运蛋白，能将染料 Hoechst 33342 从 SP 细胞内主动转运到细胞外，从而在流式细胞检测中表现为不着色。实验发现，SP 细胞不但具有自我更新能力和多向分化潜能等干细胞的一般特性，还具有比其他非 SP 细胞更强的侵袭性及活体成瘤能力，提示 SP 细胞中可能含有大量的 TSC。目前，人们已经从胶质瘤、肺癌、乳腺癌等多种肿瘤组织中分离出了 SP 细胞。

3. 悬浮培养法

悬浮培养法是一种利用 TSC 在无血清培养体系中能悬浮生长并形成肿瘤干细胞球的特性来分选 TSC 的方法。Singh 等于 2004 年采用该方法得到了表型为 CD133$^+$ 的脑肿瘤干细胞克隆形成的神经球样集落，Ponti 等于 2005 年在无血清培养体系中得到了表型为 CD44$^+$CD24$^-$Cx43$^-$ 的乳腺癌干细胞球。

二、肿瘤干细胞的鉴定

当从普通肿瘤细胞中分离出肿瘤干细胞后，需要通过一系列的细胞生物学鉴定，来确定分离得到的这些细胞确实具有普通肿瘤细胞所不具备的特殊的自我更新和分化能力。TSC 的鉴定主要依据 TSC 的一般生物学特征、细胞表面标志物、多向分化潜能和致瘤能力等几个方面来进行。

1. 一般生物学特征

（1）肿瘤干细胞的形态学观察

细胞的形态学观察主要借助光学显微镜甚至电子显微镜来观察细胞的一般形态，如细胞大小、形状、核质比例、染色质和核仁大小及多少，以及细胞骨架的排列等。培养的肿瘤干细胞在形态学上往往呈多角形，大小异质性明显，核质比例倒置，有丰富的三极或多极有丝分裂，核仁清晰且多个，微丝、微管排列紊乱。

（2）细胞生长特性

细胞生长特性分析主要检测细胞的生长曲线，细胞核分裂指数、倍增时间以及细胞周期等。肿瘤干细胞一般倍增时间较短，细胞生长密度增加，细胞核分裂指数较高，并具有无限增殖能力和较强侵袭能力等特性。

（3）核型分析

核型分析主要检测细胞的核型特点，染色体数量，有无标记染色体、染色体带型等。肿瘤干细胞核型分析的特点主要会表现出染色体数目和结构异常，大多为异倍体，并可出现异常的标记染色体。

（4）组织化学染色检测

对细胞的组织化学染色检测主要是检测细胞内一系列酶或蛋白质的量或活性变化，例如，检测细胞内脱氧核糖核酸、碱性磷酸酶等的量或活性变化。肿瘤干细胞通过组织化学染色法检测往往会出现脱氧核糖核酸、碱性磷酸酶和磷脂增多，碱性磷酸酶活性下降，乳酸脱氢酶和琥珀酸脱氢酶活性也有所改变。

2. 形成肿瘤能力鉴定

对肿瘤干细胞的形成肿瘤能力鉴定主要包括体外实验和体内实验两个方面。

（1）体外实验

通常采用经典的软琼脂克隆形成实验，肿瘤干细胞在软琼脂培养基上能形成克隆，而普通肿瘤细胞则不能形成克隆。

（2）体内实验

对肿瘤干细胞的体内研究不能在人体进行，否则将有违伦理。所以，对人来源的肿瘤干细胞的各种体内研究必须在动物身上进行。对于这样的研究，实验动物的选择至关重要。传统上，人原生实体瘤组织干细胞的异种移植检测是在裸鼠体内进行的，这些小鼠虽然在理论上不含 B 淋巴细胞和 T 淋巴细胞，但是仍然存在 NK 细胞，所以仍然具有一定的免疫功能，仍然会造成异种移植肿瘤形成的差异，从而干扰对实验结果的准确判断和分析。而 NOD/SCID（非肥胖型糖尿病 / 重症联合免疫缺陷）小鼠是一种比裸鼠免疫功能缺陷更为严重的实验用小鼠，通过把人来源的肿瘤组织块移植到 NOD/SCID 小鼠体内而建立的异种属移植模型可以更好地满足实验的需要。采用动物成瘤性实验，人们会发现，接种 TSC 到 NOD/SCID 小鼠体内能形成肿瘤，而接种普通肿瘤细胞则不能形成肿瘤。

3. 分化能力鉴定

将肿瘤干细胞接种到放在 24 孔细胞培养板中的多聚 L-鸟氨酸包被的盖玻片上，每孔加有合适的培养基。每 2 天更换培养基。7 天后用此盖玻片进行免疫细胞化学染色分析。免疫细胞化学染色分析的操作流程如下：首先，对未经分化的肿瘤干细胞进行染色。简而言之，4% 多聚甲醛固定细胞后，加入适当浓度的一抗进行孵育，再加入合适的二抗进行孵育。以上抗体都直接偶联有不同的荧光染料。然后，对已经发生分化的肿瘤细胞免疫染色：原代肿瘤培养 2 天后进行分化能力分析；分化 7 天后按照上述方法进行免疫细胞化学染色分析。用 4′, 6-二脒基-2-苯基吲哚（4′, 6-diamidino-2-phenylindole）复染细胞，每个样本进行至少 5 个视野内的细胞核计数。并对采用每种抗体染色的细胞进行计数，然后加以平均并估计发生分化的细胞所占细胞总数的比例。

4. 细胞表面标志鉴定

对于分离得到的肿瘤干细胞，根据已知的肿瘤干细胞表面标志的组合进行鉴定最为可靠，也最为方便。首先用直接偶联有不同荧光染料的针对肿瘤干细胞的不同表面标志的抗体对肿瘤干细胞进行染色，然后通过流式细胞仪进行鉴定。

综上所述，对肿瘤干细胞的鉴定是在研究肿瘤异质性和信号通路上迈进了一大步，代表了肿瘤研究的一个新纪元的开始。根据这些知识，人类就有可能研究设计出特异性针对肿瘤干细胞并将其彻底消灭的临床治疗方法。

第六节　干细胞与肿瘤干细胞的关系

随着对干细胞和肿瘤干细胞研究的不断深入，越来越多的证据表明，干细胞与肿瘤干细胞之间存在着密切的联系。

一、正常干细胞与癌变

正常干细胞能否发生癌变？癌症是否来自正常干细胞？癌症是由于体内正常细胞的恶变引起已经成为公认的事实，但是正常细胞处于分化的哪一阶段能够发生癌变是生命科学领域至今尚未解决的问题。原则上，分化程度越高的细胞越不容易发生癌变，分化程度愈低的细胞则越易于发生癌变。例如，终末分化的细胞很难发生癌变。所以，干细胞很可能是最容易发生恶变的起始细胞。最近有些研究证实，至少有一部分正常成体干细胞在体内的特定环境下可直接恶变成肿瘤，如美国马萨诸塞大学医学院（USA University of Massachusetts Medical College）的学者 Houghton 等于 2005 年用异源性骨髓移植试验证实，在小鼠幽门螺杆菌感染合并胃溃疡小鼠模型中，在预先采用致死剂量的放射线完全破坏受体鼠骨髓的情况下，移植的供体骨髓干细胞在受体鼠体内可以直接恶性转化成癌细胞并形成胃癌；证实胃癌细胞其实是来源于骨髓源性干细胞的突变。这一发现被发表于当年的《科学》杂志上。此外，小鼠正常支气管肺泡上皮干细胞可转化为肺腺癌。对于肿瘤干细胞的真正来源，美国波士顿 Dana-Farber 癌症研究所的 Polyak 和 Hahn 教授于 2006 年总结了三种假设：①组织内成体干细胞发生的一次突变，导致它们不对称分裂的调控异常，这些突变干细胞的子代细胞继而获得其他突变，从而形成恶性转化细胞；②正常成体干细胞只有获得更多突变的组合才能形成肿瘤干细胞，即起始的肿瘤干细胞已经具有了多种突变；③癌变起始于成体干细胞子代细胞的突变，这些子代细胞属于定向祖细胞，甚至是已经发生部分分化的细胞。由于细胞突变打乱了这些子代细胞的分化程序，从而这些子代细胞去分化变为类似干细胞行为的细胞。支持该假设的最典型证据是，果蝇卵巢中的正常 TA 细胞保留了通过去分化而逆转成为干细胞的能力。以上三种假设，目前均未有最终的定论，均有待更多证据的支持。需要指出的是，人类恶性肿瘤的基因突变谱型远比想象的要复杂，如 p53 基因的突变率远比先前的报道低，其他基因的突变率也是如此。由于不同组织来源的恶性肿瘤，甚至同种但发生在不同患者之间的恶性肿瘤均有差异，所以，迄今为止尚无完整的恶性肿瘤的基因突变的谱型。因此，要确定癌变及肿瘤干细胞中基因突变的谱型以及进行相关基因突变资料的积累都很困难。

二、肿瘤干细胞及其小生态环境

1. 正常干细胞及其小生态环境

干细胞的小生态环境（niche，简称"小生境"，又叫龛）是支持干细胞的特殊的微环境，其作用是滋养干细胞并保持干细胞的稳态。niche 包括来自间叶组织的细胞，如成纤维细胞（小肠、皮肤及毛囊）、成骨细胞（骨髓）等。血管内皮组成的血管床及基质也参与了这种特定的微环境（microenvironment）的形成。目前，皮肤毛囊 Budge 干细胞、小肠黏膜隐窝（crypt）干细胞、骨髓造血干细胞相关小生态环境的研究已有明显的进展。niche 既保护正常干细胞不受各种信号的干扰，同时又防止干细胞的过度增殖。

2. 肿瘤干细胞及其龛

从正常成体干细胞与其龛（niche）的关系，可以推测肿瘤干细胞的存活、增殖和分化与正常干细胞类似，受到其相应的 niche 的支持与调控。当然，正常成体干细胞与肿瘤干细胞与各自的 niche 之间的关系也可能存在区别，比如，两者与各自的 niche 之间的相互作用机制可能有所不同，一方面，正常成体干细胞的 niche 在维持成体组织中成体干细胞的存续及抑制成体干细胞的增殖与分化和防止成体干细胞的恶变等过程中起着重要作用，同时，正常成体干细胞的 niche 也为组织再生（regeneration）过程中成体干细胞的分裂提供瞬时信号（transient signals）。干细胞增殖的启动与抑制之间的平衡是干细胞存续与组织再生保持稳态的关键，而肿瘤干细胞的 niche 则似乎是保护和支持肿瘤的发生发展所必需的结构与功能单元（图 16-2）。另一方面，由于在肿瘤长期的发生发展过程中，肿瘤干细胞积累了很多基因突变，而正常成体干细胞则没有发生基因突变。所以，干细胞 niche 对正常干细胞与肿瘤干细胞的研究均属十分重要的领域，尤其是肿瘤干细胞 niche 和正常干细胞 niche 功能的异同，值得深入研究。

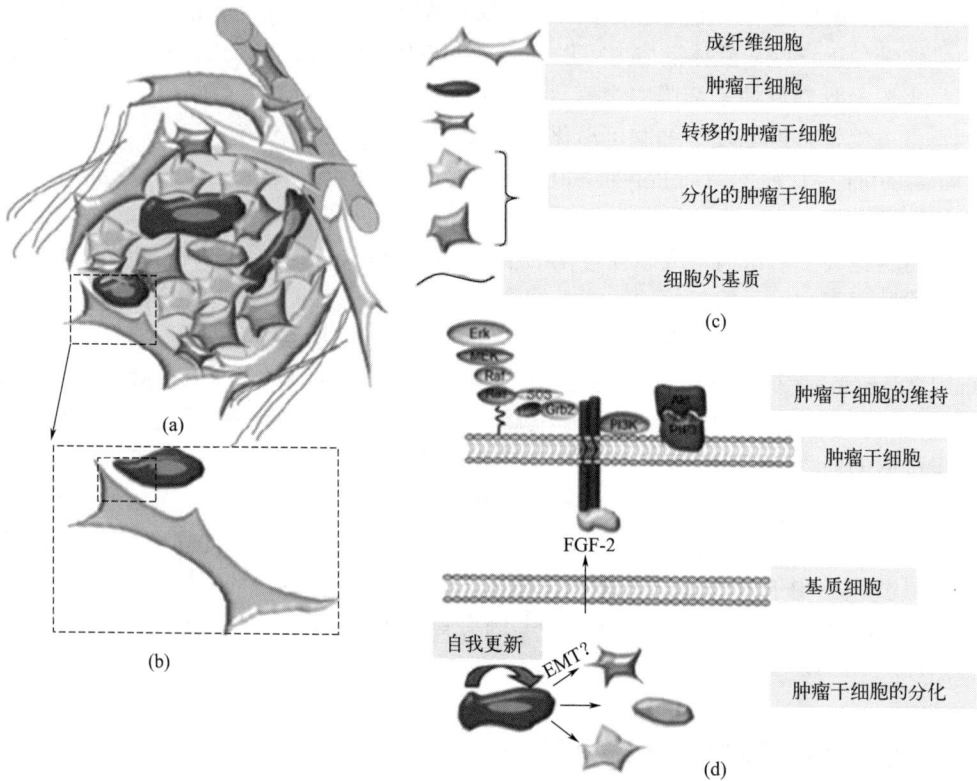

图 16-2   肿瘤干细胞 niche（Turksen，2013，略改）

第七节   肿瘤干细胞研究的意义与展望

TSC 理论的提出是肿瘤研究领域中的重大突破，使科学家们对肿瘤的发生发展过程有了一个全新的认识，为肿瘤发病机制的研究及临床治疗提供了新思路。目前，人们已经从多种肿瘤组织中分离鉴定出了 TSC，对 TSC 生物学特性和耐药机制的研究对于肿瘤的诊断水平的提高和治疗方法的改进和创新很有意义。当前，针对 TSC 产生了许多新的肿瘤治疗方法，例如，针对 TSC 表面特定分子的靶向治疗，采用 ABC 转运蛋白抑制剂来抑制 ABC 转运蛋白的活性，采用促进 TSC 分化的药物来促进 TSC 分化，等等。这些治疗方法虽然已经取得了一定进展，但还有待于进一步的完善。

虽然目前已经有越来越多的证据支持 TSC 理论，但是，关于 TSC 的研究中仍然存在着许多问题。首先，并不是所有肿瘤组织中都已经分离得到了 TSC；其次，TSC 分离和鉴定的技术仍不完善；再次，还没有确定的 TSC 特异性表面标志；最后，对 TSC 调控机制的研究还不够深入。只有解决了这些问题，人类才有可能真正攻克肿瘤这个医学难题。肿瘤干细胞假说提出了只有一小部分肿瘤干细胞可以产生肿瘤并维持肿瘤的生长及异质性，与肿瘤的发生、转移以及复发有着直接的联系，该假说为肿瘤的临床治疗提供了全新的视角。要想彻底地根除肿瘤，需要彻底消灭肿瘤干细胞，同时，又要尽量避免对正常的细胞和成体干细胞构成伤害，人们在对急性白血病以及一些实体瘤的研究中发现，肿瘤干细胞对常规肿瘤治疗手段具有耐受性，因此，发展肿瘤干细胞的筛选鉴定方法，进一步开发出只针对肿瘤干细胞的特定药物以及治疗方法对于肿瘤的临床治疗具有重要的意义。

　　尽管人们目前对肿瘤干细胞的起源仍有争议，对各种肿瘤的看法也不尽相同，认识也还有待深入，但有一点已成共识，那就是：肿瘤干细胞在肿瘤的发生、发展、转移、复发及预后中都起着重要的作用。正常组织中，肿瘤干细胞通过基因突变的积累导致其恶性转化，以致形成肿瘤，这一点已基本上被人们所普遍接受。很多实验证据表明，肿瘤干细胞自我更新分子调节机制的失控将导致肿瘤的发生。所以，阐明干细胞尤其是肿瘤干细胞的自我更新、分化发育的分子调控机制，对于骨髓移植、干细胞治疗、组织工程研究及肿瘤临床治疗都十分重要。今后肿瘤干细胞的研究需着重解决的几个关键问题是：①肿瘤干细胞特异性分子标志物（specific molecular marker）的确定；②肿瘤干细胞保持沉默和启动复制的分子调控机制；③肿瘤干细胞 niche 的本质及 niche 和肿瘤干细胞的相互作用与机制；④正常成体干细胞恶性转化为肿瘤干细胞的分子机制；⑤肿瘤干细胞耐药机制的进一步证实及阐明；⑥针对肿瘤干细胞的治疗措施的研发，等等。我们相信，随着技术的不断进步和研究的不断深入，肿瘤干细胞特异性标志物及相关信号转导通路将会被发现和阐明。这对于肿瘤的预防、早期诊断、高效药物治疗、转移复发预防及预后判断等诸多方面均将具有重要的实际意义。

参考文献

李锦军，顾健人，2006. 癌干细胞研究进展 . 生命科学，18(4): 333-338.

Adams J M, Strasser A, 2008. Is tumor growth sustained by rare cancerstemcellsor dominant clones? Cancer Res, 68(11): 4018-4021.

Antoniou A, Hébrant A, Dom G, et al, 2013. Cancer stemcells, a fuzzy evolving concept: A cell population or a cell property?Cell Cycle, 12(24): 3743-3748.

Bapat S A, Mali A M, Koppikar C B, et al, 2005. Stem and progenitor-like cells contribute to the aggressive behavior of human epithelial ovarian cancer. Cancer Res, 65(8): 3025-3029.

Beier D, Hau P, Proescholdt M, et al, 2007. CD133(+) and CD133(−)glioblastoma-derived cancerstemcellsshow differential growth characteristics and molecular profiles. Cancer Res, 67(9): 4010-4015.

Biernacki M A, Marina O, Liu F, et al, 2007. Proteomics to identify novel immune-targeted CMLstemcellantigens. Blood, 110: 1799.

Chu X, Tian W, Ning J, et al, 2024. Cancer stem cells: advances in knowledge and implications for cancer therapy. Signal Transduct Target Ther, 9(1): 170.

Dalerba P, Dylla S J, Park I K, et al, 2007. Phenotypic characterization of human colorectal cancer stem cells. Proc Natl Acad Sci U S A, 104(24): 10158-10163.

Dvorak P, Dvorakova D, Hampl A, 2006. Fibroblast growth factor signaling in embryonic and cancer stem cells. FEBS Lett, 580(12): 2869-2874.

Fan Y L, Zheng M, Tang Y L, et al, 2013. A new perspective of vasculogenic mimicry: EMT and cancer stemcells (Review). Oncol Lett, 6(5): 1174-1180.

Goodell M A, McKinney-Freeman S, Camargo F D, 2005. Isolation and characterization of side population cells. Methods Mol Biol, 290: 343-352.

Houghton J, Wang T C, 2005. Helicobacter pylori and gastric cancer: a new paradigm for inflammation-associated epithelial cancers. Gastroenterology, 128(6): 1567-1578.

Kitanaka C, Sato A, Okada M, 2013. JNK Signaling in the Control of the Tumor-Initiating Capacity Associated with Cancer StemCells. Genes Cancer, 4(9-10): 388-396.

Kondo T, Setoguchi T, Taga T, 2004. Persistence of a small subpopulation of cancer stem-like cells in the C6 glioma cell line. Proc Natl Acad Sci U S A, 101(3): 781-786.

Landen C N, Birrer M J, Sood A K, 2008. Early events in the pathogenesis of epithelial ovarian cancer. J Clin Oncol, 26(6): 995-1005.

Li C, Heidt D G, Dalerba P, et al, 2007. Identification of pancreatic cancer stem cells. Cancer Res, 67(3): 1030-1037.

Mazurier F, Doedens M, Gan O I, et al, 2003. Rapid myeloerythroid repopulation after intrafemoral transplantation of NOD-SCID mice reveals a new class of human stem cells. Nat Med, 9(7): 959-963.

Mehrotra B, George T I, Kavanau K, et al, 1995. Cytogenetically aberrant cells in the stem cell compartment (CD34+lin-) in acute myeloid leukemia. Blood, 86(3): 1139-1147.

Ono M, Maruyama T, Masuda H, et al, 2007. Side population in human uterine myometrium displays phenotypic and functional characteristics of myometrial stem cells. Proc Natl Acad Sci U S A, 104(47): 18700-18705.

Patrawala L, Calhoun T, Schneider-Broussard R, et al, 2005. Side population is enriched in tumorigenic, stem-like cancer cells, whereas ABCG2+ and ABCG2- cancer cells are similarly tumorigenic. Cancer Res, 65(14): 6207-6219.

Polyak K, Hahn W C, 2006. Roots and stems: stemcells in cancer. Nat Med, 12(3): 296-300.

Ponti D, Costa A, Zaffaroni N, et al, 2005. Isolation and in vitro propagation of tumorigenic breast cancer cells with stem/progenitor cell properties. Cancer Res, 65(13): 5506-5511.

Razavipour S F, Yoon H, Jang K, et al, 2024. C-terminally phosphorylated p27 activates self-renewal driver genes to program cancer stem cell expansion, mammary hyperplasia and cancer. Nat Commun, 15(1): 5152.

Rossi D J, Jamieson C H, Weissman I L, 2008. Stem cells and the pathways to aging and cancer. Cell, 132(4): 681-696.

Setoguchi T, Taga T, Kondo T, 2004. Cancer stemcells persist in many cancer cell lines. Cell Cycle, 3(4): 414-415.

Singh S K, Hawkins C, Clarke I D, et al, 2004. Identification of human brain tumour initiating cells. Nature, 432(7015): 396-401.

Szotek P P, Pieretti-Vanmarcke R, Masiakos P T, et al, 2006. Ovarian cancer side population defines cells with stem cell-like characteristics and Müllerian Inhibiting Substance responsiveness. Proc Natl Acad Sci USA, 103(30): 11154-11159.

Turksen K, 2013. Stem Cell Niche: Methods and Protocols (Methods in Molecular Biology). Clifton: Humana Press.

Wu C J, 2008. Immunologic targeting of the cancer stem cell [M/OL]. Cambridge (MA): Harvard Stem Cell Institute.

Yagi H, Kitagawa Y, 2013. The role of mesenchymal stemcells in cancer development. Front Genet, 4: 261.

Yilmaz A F, Saydam G, Sahin F, et al, 2013. Granulocytic sarcoma: a systematic review. Am J Blood Res, 3(4): 265-270.

Zhang S, Balch C, Chan M W, et al, 2008. Identification and characterization of ovarian cancer-initiating cells from primary human tumors. Cancer Res, 68(11): 4311-4320.

思考题

1. 请比较肿瘤干细胞和肿瘤细胞的相同点与不同点。

2. 肿瘤干细胞的发现对肿瘤的临床治疗有何重要意义？试举例说明。

3. 肿瘤干细胞理论认为，肿瘤干细胞是肿瘤治疗时出现耐药性的重要原因。针对肿瘤细胞的耐药性，你有更好的解决办法吗？

第十七章

干细胞与再生医学

随着干细胞领域研究的不断发展，人们对干细胞的认识越来越深入，对干细胞在临床应用中的巨大潜在价值的认识也越来越深刻，在此基础上，一种全新的医疗技术终于诞生了，它就是再生医学。所谓再生医学（regenerative medicine，RM），是指利用生物学及工程学的理论方法，促进机体组织和器官的自我修复与再生，或通过构建新的组织与器官，来修复、再生和替代已受损的组织和器官的医学技术。这一技术领域涵盖了干细胞技术、组织工程和基因工程等多项现代生物工程技术，力图从各个层次寻求组织和器官再生修复和功能重建的可能性。干细胞与再生医学是近年来方兴未艾的生物医学新领域，具有重大的临床应用价值，其主要目标在于利用干细胞的增殖、分化与组织再生，促进机体创伤修复及治疗各种疾病（图 17-1）。干细胞与再生医学将改变传统医学中对于坏死性和损伤性疾病的治疗手段，为疾病的机制研究和临床治疗带来革命性变化。近年来，干细胞与再生医学领域的国际竞争日趋激烈，已成为衡量一个国家生命科学与医学发展水平的重要指标。

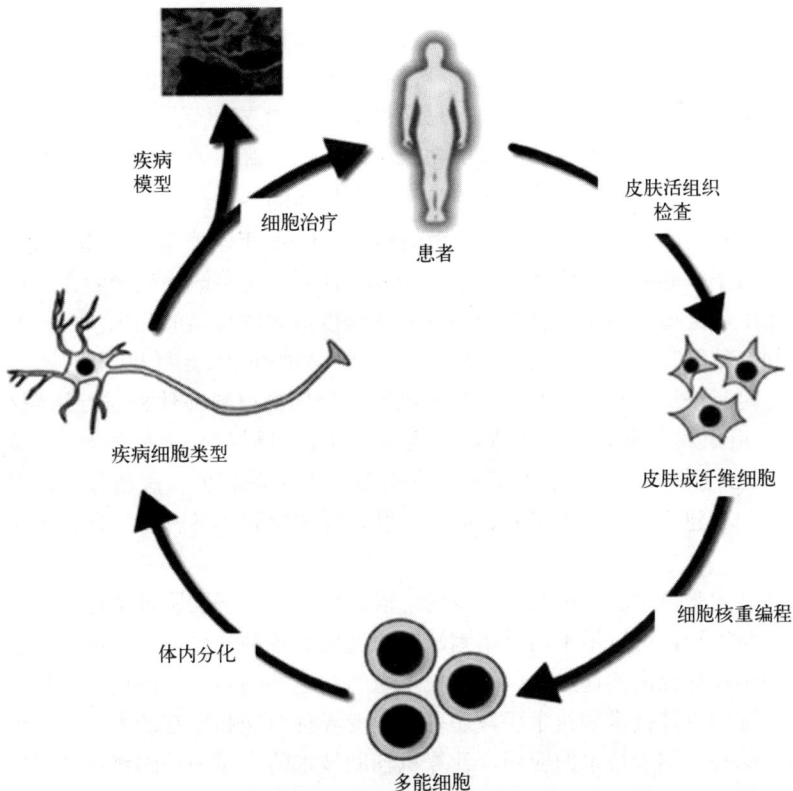

图 17-1　再生医学的步骤（Rodolfa，2008，略改）

我国是世界上的人口大国，由创伤、疾病、遗传和衰老等多种因素造成的组织、器官缺损、衰竭或功能障碍的患者也位居世界之首，以药物治疗和手术治疗为两大基本支柱的经典医学治疗手段已不能满足临床医学的巨大需求。而基于干细胞的修复与再生能力的再生医学，有望为解决人类面临的很多重大医学难题作出巨大贡献，并将引发继药物治疗和手术治疗之后的新一轮医学革命。

第一节　再生医学的概念与研究概况

事实上，再生医学的概念有广义再生医学和狭义再生医学之分。从广义上讲，可以认为再生医学是一门研究如何促进组织器官创伤与缺损的生理性修复以及如何进行组织器官再生与功能重建的新兴学科。通俗地讲，广义的再生医学就是指通过对机体正常器官、组织和细胞的特性、功能、创伤修复与再生机制及干细胞分化机制等领域的研究，来寻找有效的生物治疗方法，促进机体患病器官、组织或细胞的自我修复与再生，或通过构建新的器官与组织，以维持、修复、改善或恢复损伤器官和组织的功能的生命科学。从狭义上讲，再生医学是指利用生命科学、材料科学、计算机科学和生物工程学等各学科的原理与方法，研究和开发用于替代、修复、改善或再生人体各种组织器官的工程技术，其技术和产品可用于因疾病、创伤、衰老或遗传等多种因素所造成的机体组织器官缺损或功能障碍的再生治疗。

一、再生医学的研究现状

再生医学是在生命科学、材料科学、工程学、计算机技术等多种学科的飞速发展和日益交融的基础上逐渐发展起来的一门新兴学科，是人类医学发展史上的又一次飞跃。再生医学的发展同时也带动了上述各学科向应用领域的发展以及交叉合作。干细胞具有再生机体各种组织器官的潜能，因而，干细胞技术成为了再生医学的基础。干细胞是一群尚未完全分化的细胞，它们就像是万能细胞，在特定条件下可以向机体的各种组织细胞分化，在生命体的胚胎发育、组织更新和修复过程中扮演着关键的角色。1968 年，美国明尼苏达大学医学中心首次采用骨髓造血干细胞移植，成功治疗了一例先天性联合免疫缺陷病患者。目前，干细胞移植技术在临床上已经可以用于多种传统治疗方法难以治愈的疾病的临床治疗，并且，和干细胞相关的各种基础研究，也几乎已经涉及人体所有种类的细胞、组织和器官。

组织工程是指采用各种种子细胞（如干细胞）和生物材料在体外进行组织和器官构建，再造各种人工组织或器官。组织工程涉及生命科学、材料学和工程学等多个领域。目前，多种生物材料已经成功地应用于人工骨骼和关节、人工晶状体、医用导管、人工心脏瓣膜以及血管支架的构建，另外，人造肺、心脏、肝、肾和角膜等各种人工器官也正处于大力研发之中。

基因工程技术是再生医学中必不可少的手段。例如，对干细胞甚至已经分化成熟的体细胞进行基因重新编程，可以用于治疗基因缺陷所造成的各种遗传性疾病或恶性肿瘤。人工器官中的种子细胞往往也需要通过基因工程技术重新构建并向特定方向诱导分化。结合基因打靶技术以及干细胞克隆技术等技术手段还可以改变异种组织和器官的表型，使得异种移植有望成为可能。此外，纳米技术的应用、计算机辅助技术的应用和基因修饰技术的应用，对再生医学的发展都有促进作用。

二、再生医学与干细胞的关系

成体干细胞是非常有价值的研究对象。与胚胎干细胞相比，成体干细胞的优势在于不但来源广泛而方便，而且没有伦理学的争议，所以，成体干细胞在临床应用上具有更为广阔的应用前景。未来，成体干细胞在各种疾病的临床治疗应用研究中，很可能将率先在皮肤附件再生、心血管疾病治疗等几方面取得重大突破。目前，人们已初步观察到，在特定条件下，骨髓干细胞有可能分化变成汗腺、皮脂腺及毛囊等。近年来，中国医学科学院基础医学研究所赵春华教授提出了亚全能干细胞学说，该学说认为，这种亚全能干细胞刚脱离胚胎干细胞的特征，但又不是成体干细胞。已有实验证明，人体亚全能干细胞能够诱导分化为各种组织细胞，通过移植可参与受者组织的再生与修复，为恶性血液病、心血管疾病、糖尿病、肝功能衰竭等多种严重疾病拓展了新的治疗途径。

三、再生医学与组织工程的关系

组织工程最初是指体外构建组织或器官的相关理论和技术，现在它的内涵也在不断扩大，凡是能引导机体组织再生的各种技术和方法均被列入组织工程范畴内。目前，干细胞的培养、扩增与移植及整体肝脏的体外构建，已成为当前再生医学中的热点，例如，我国解放军总医院黄志强院士通过应用组织工程及相应的综合技术，对构建组织工程化肝脏的方法进行了很深入的研究并取得了很多成绩。但是，由于肝脏的结构和功能上的复杂性，该领域的研究仍然是世界性难题。组织工程的科学意义不仅在于提出了一个新的治疗手段，更主要的是提出了复制组织、器官的新理念，使再生医学面临重大机遇与挑战。

第二节　干细胞与再生医学的发展动向

一、再生医学的机遇与挑战

再生医学原先是指关于体内组织再生的理论、技术和外科操作；现在，它的内涵已不断扩大，包括组织工程、细胞和细胞因子治疗、基因治疗、微生态治疗等多个方面。国际再生医学基金会（IFRM）已明确地把组织工程定为再生医学的分支学科。据介绍，第一位提出"组织工程学"术语的是美籍华裔科学家冯元桢教授。组织工程学的基本原理是，从机体获取少量活组织的功能细胞，与可降解或被吸收的三维支架材料按一定比例混合，植入人体内的病损部位，最后形成所需要的组织或器官，以达到创伤修复和功能重建的目的（表17-1、表17-2）。

组织工程学的科学意义不仅在于提出了一个新的治疗手段，更主要的是提出了复制组织、器官的新理念，使再生医学面临重大机遇与挑战。一般情况下，组织工程学和再生医学没有严格区分。现在学术界认为，凡是能引导机体组织再生的各种技术和方法均被列入组织工程范畴内，如干细胞治疗、细胞因子和基因治疗。从外科学的发展历程来看，在先后经历了三个"R"阶段，即"切除（resection）、修复（repair）和替代（replacement）"之后，组织工程学的出现，意味着外科学已经进入第四个"R"的阶段，即"再生医学"的新阶段。"再生医学"将突破传统外科手术"拆了东墙补西墙"的治疗方式。据介绍，目前机体损伤和疾

表 17-1　天然生物材料（Willerth et al, 2008）

类型		应用
以蛋白质为基础的生物材料	胶原	骨，软骨，心脏，韧带，神经，脉管系统
	纤维蛋白	软骨，神经，脉管系统
	蚕丝	骨，软骨，肝脏
以多糖为基础的生物材料	琼脂糖	软骨，心脏，神经
	海藻酸盐	软骨，肝脏，神经，脉管系统
	透明质烷	脂肪，软骨，神经，皮肤，脉管系统
	聚氨基葡萄糖	骨，软骨，神经，皮肤

表 17-2　合成生物材料（Willerth et al, 2008）

类型		应用
以高分子物质为基础的生物材料	聚乳酸-羟基乙酸共聚物	脂肪，骨，软骨，肌肉，神经
	聚乙二醇	脂肪，骨，软骨，肝脏，心脏，神经
以多肽为基础的生物材料		骨，神经
以陶瓷为基础的生物材料		骨，软骨

病康复过程中受损组织和器官的修复与重建，仍然是生物学和临床医学面临的重大难题。借助于现代科学技术的发展，使受损的组织器官获得完全再生，或者在体外复制出所需要的组织或器官进行替代性治疗，已经成为生物学、基础医学和临床医学关注的焦点。据报道，全世界每年约有上千万人遭受各种形式的创伤，有数百万人因在疾病康复过程中重要器官发生纤维化而导致功能丧失，有数十万人迫切希望进行各种器官移植。但令人遗憾的是，一方面，目前的组织器官修复无论是体表还是内脏，仍然停留在瘢痕愈合的解剖修复层面上，离人们所希望的"再生出一个完整的健康器官"差距甚远；另一方面，器官移植作为一种替代治疗方法，尽管有其巨大的治疗作用，但它仍然是变相的"拆了东墙补西墙"的有损伤和有代价的治疗方法，而且，由于受到伦理以及机体免疫排斥等诸多因素的限制，很难完全满足临床救治的需要。

20世纪90年代以来，随着细胞生物学、分子生物学、免疫学及遗传学等各基础学科的迅猛发展，以及干细胞和组织工程技术在现代医学基础和临床的应用研究的不断进步，现代再生医学在血液病、肌萎缩、脑萎缩等多种疾病的治疗方面显示出良好的发展前景。我国组织工程学自学科建立以来，发展速度很快，目前已经在动物身上成功构建了多种再生组织（图17-2、图17-3），有些再生组织（如人工软骨、人工皮肤等）已作为产品上市，预计不久的将来，会有更多的组织工程产品问世。但是，构建不同的具有正常生理功能的器官，特别是重要的生命器官如心脏和肝脏等，难度却非常大，甚至最终是否能够真正获得成功，目前还不清楚。

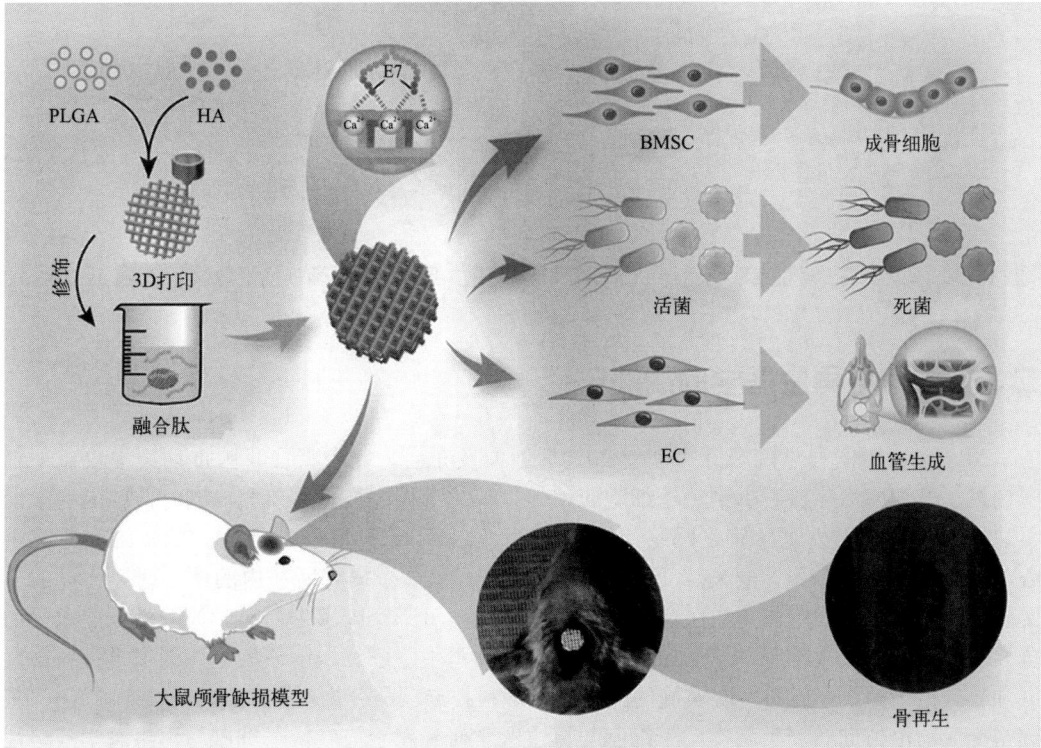

(a) PLGA/HA复合支架修复骨缺损示意图

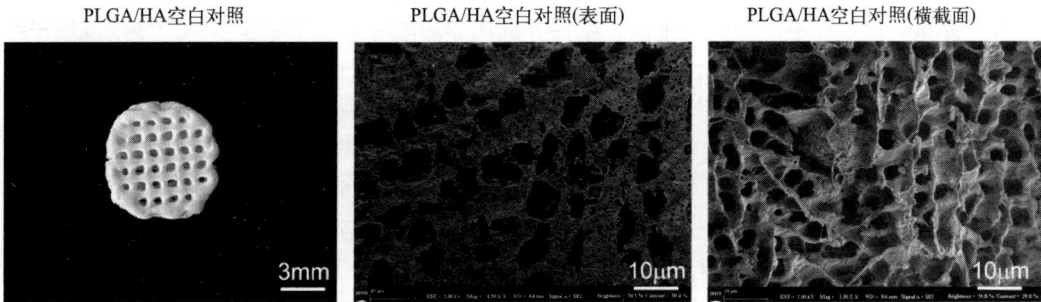

PLGA/HA空白对照　　　　　PLGA/HA空白对照(表面)　　　　PLGA/HA空白对照(横截面)

(b) 不同截面的PLGA/HA支架内部结构的SEM图像

图 17-2　PLGA/HA 复合支架修复骨缺损（Liu et al, 2024）

PLGA：聚乳酸-羟基乙酸共聚物；HA：透明质酸；BMSC：骨髓间充质干细胞；EC：内皮细胞

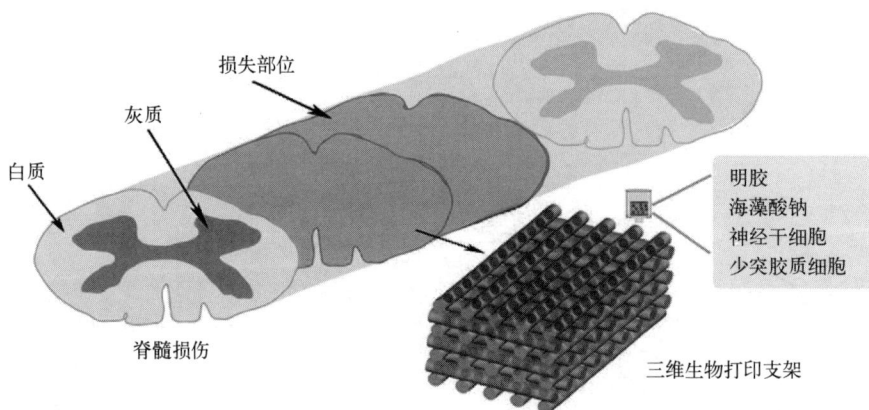

图 17-3　海藻酸钠 / 明胶支架结合神经干细胞和少突胶质细胞治疗脊髓损伤示意图（Liu et al, 2022）

二、干细胞与再生医学的战略研究

2011 年，中国科学院召开"创新 2020"新闻发布会，宣布将在我国推动集中攻克干细胞调控、干细胞治疗核心机制、干细胞应用体系等关键核心技术的研究，同时，中国科学院将建立干细胞与再生医学研究网络，设立北京、上海、广州和昆明四个大的干细胞研究中心，实现包括生命科学、材料学、化学、生物力学等 17 个研究所在内的核心研究力量的交叉整合。当前，干细胞与再生医学的研究已经成为衡量一个国家生命科学与医学发展水平的重要指标。世界上大部分发达国家已经将干细胞与再生医学领域的研究列为国家重大科技发展项目。据了解，中国科学院实施的战略性先导科技专项，分为"前瞻战略科技专项"和"基础与交叉前沿方向布局"两类，干细胞与再生医学研究属于前者。干细胞与再生医学战略性先导专项，将在细胞谱系的建立与发育调控、功能性细胞获得的关键技术、人工组织器官构建、干细胞应用策略等 4 个方面进行综合研究，重点阐明肝脏、神经系统等重要组织器官的正常发育和病理过程中干细胞的来源、维持、分化和功能等重要生物学基本问题，发现干细胞调控的重要机制，发展功能性细胞获得的关键技术，研发干细胞因子药物以及干细胞功能调控药物，并建立干细胞应用标准体系。我国干细胞与再生医学的研究，无论是规模还是整体水平，与世界前沿均有一定差距。目前，制约我国干细胞与再生医学研究的瓶颈问题是，干细胞重大基础科学理论尚未阐明、干细胞治疗的核心机制尚待研究、干细胞规范化应用体系尚待完善、集成研究系统尚未形成。干细胞与再生医学战略性先导专项的实施，将推动我国建立国际先进的干细胞与再生医学研究平台和基地，提升我国该领域研究的原始创新能力。干细胞与再生医学将可能帮助人类实现修复遭受创伤和发生病变的组织，从而治愈终末期疾病的梦想。

三、再生医学的未来发展

由于世界上大部分发达国家已经将干细胞与再生医学领域的研究列为各自国家的重大科技发展方向，并且，随着我国干细胞与再生医学战略性先导专项的实施，这些因素都必然会极大地推动全世界关于干细胞和再生医学的研究。关于干细胞和再生医学未来的发展方向，有关专家提出了以下建议。

① 需要进一步明确再生医学要解决的问题是什么。只有明确了再生医学需要解决的科学问题，才有可能在再生医学的基础理论方面获得突破并为将来的进一步发展打下基础。专家们认为，再生医学的科学问题实际上是发育生物学所面临的问题，其核心就是细胞的增殖、诱导分化与调控机制。将再生医学的基础研究、产业化和企业生产这三阶段相衔接，才可能将目前的个体化治疗引申到有统一标准的临床治疗。目前，我国再生医学的基础理论研究相对滞后与薄弱，一定程度上阻碍了临床的发展。虽然干细胞研究的临床前景很好，但很多人一考虑到干细胞移植后可能会癌变就退缩，这样的状况对于干细胞与再生医学的研究和发展十分不利，所以，关于这方面的研究，不仅需要科学家们的智慧，还需要科学家们的胆识，以及国家和社会在各个方面的理解和支持。

② 再生医学的发展必须坚持基础理论创新与解决临床实际问题相结合，多学科结合，走出一条以创新为基础，以服务患者为目的的科研之路。从总体上来说，再生医学上的问题更多的是应用研究，应多考虑临床的需求，研究的结果要能够服务于临床。目前，再生医学的一些领域，如组织工程与干细胞治疗等方面与临床的结合比较紧密，一些治疗方法和治疗产品已在临床得到应用并初步观察到一些成功的苗头，这是一个好的开端。但目前在再生医学基础理论尚没有完全突破的情况下，需不需要开展相关的临床治疗值得考虑。鉴于目前国内外的发展，可以首先选择一些治疗目的明确、易于观察，治疗手段方便的适应证开展研究。

③ 在临床观察中，要特别注意干细胞治疗的长期效应和可能的不良反应，主要是干细胞安全性和定向分化的问题。与拥有几千年历史的传统医药和几百年历史的化学制药相比，再生医学中的某些治疗方法，如干细胞治疗，生物产品治疗，基因技术以及组织工程技术等的发展历史仍然很短，只有几十年或十余年，因此在这么短的时间内，要确切评价一种新的治疗方法需要持更加慎重的态度，一方面我们要使这种治疗方法更具科学性，同时，在另一方面也必须切实保障患者的生命安全。

④ 注意伦理和道德问题。在开展再生医学研究时，必须考虑到研究可能涉及的伦理学问题。要重视立法，伦理法规要与国际接轨，在这个问题上，人们的意识往往滞后，做得还很不够。例如，有人想捐赠遗体，但找不到接受单位，而且器官移植操作程序不规范、很浪费，每次只取一个器官。在此，我们呼吁相关管理部门应尽快出台相应的伦理政策、法规，呼吁对遗体的捐赠立法。这些伦理学的问题有待我们在前进道路中逐步解决。

⑤ 目前，我国参与干细胞和再生医学研究的团队跨度比较大，需要做大量的基础性研究工作，在某些领域虽然建设发展很快，已很超前，但弱势需要加强，更需要有创新性，同时要有科学的认识过程，对发展有合理的预测。所以如何组建再生医学的优势团队，如何将各个领域的专家整合起来进行合作，以集中力量进行科学攻关和组织重大科技项目，均值得人们思考。

⑥ 再生医学的应用研究和产品概念的问题。国内对产品的概念没有很清楚的理解，如果企业能早些介入基础研究会有很好的效果，我国的科研人员也应加强对企业和产品的了解，使科研成果能够转化成生产力。

再生医学的核心和终极目标是修复或再生机体的各种组织和器官，解决因疾病、创伤、衰老或遗传等各种因素造成的组织器官缺损和功能障碍。可以想象，如果将来人类有能力对任何细胞都可以进行编程，并且可以随心所欲地对干细胞诱导分化，生产制造出任何一种人工器官，那么，人类的绝大多数疾病就可能能够彻底治愈，人类的长寿之梦将不再遥不可及。

参考文献

刘岱良，2008. 唤醒生命力：干细胞研究与再生医学. 上海：学林出版社.

裴端卿，朱洁滢，卢圣贤，2011. 不老之泉探秘：干细胞和再生医学. 广州：广东科技出版社.

吴祖泽，王立生，崔春萍，等，2014. 生命的曙光—再生医学发展与展望. 科学发展报告（2014）. 北京：科学出版社.

Ando T, Yamazoe H, Moriyasu K, et al, 2007. Induction of dopamine-releasingcellsfrom primate embryonicstemcellsenclosed in agarose microcapsules. Tissue engineering, 13(10): 2539-2547.

Angele P, Johnstone B, Kujat R, et al, 2008. Stemcellbased tissue engineering for meniscus repair. J Biomed Mater Res A, 85(2): 445-455.

Ashton R S, Banerjee A, Punyani S, et al, 2007. Scaffolds based on degradable alginate hydrogels and poly(lactide-co-glycolide) microspheres for stem cell culture. Biomaterials, 28(36): 5518-5525.

Benoit D S, Durney A R, Anseth K S, 2007. The effect of heparin-functionalized PEG hydrogels on three-dimensional human mesenchymalstemcellosteogenic differentiation. Biomaterials, 28(1): 66-77.

Buxton A N, Zhu J, Marchant R, et al, 2007. Design and characterization of poly(ethylene glycol) photopolymerizable semi-interpenetrating networks for chondrogenesis of human mesenchymalstemcells. Tissue engineering, 13(10): 2549-2560.

Chan B P, Hui T Y, Yeung C W, et al, 2007. Self-assembled collagen-human mesenchymal stem cell microspheres for regenerative medicine. Biomaterials, 28(31): 4652-4666.

Chen P Y, Huang L L, Hsieh H J, 2007a. Hyaluronan preserves the proliferation and differentiation potentials of long-term cultured murine adipose-derived stromal cells. Biochemical and biophysical research communications, 360(1): 1-6.

Chen S S, Fitzgerald W, Zimmerberg J, et al, 2007b. Cell-cellandcell-extracellular matrix interactions regulate embryonic stem cell differentiation. Stemcells, 25(3): 553-561.

Choi Y S, Park S N, Suh H, 2008. The effect of PLGA sphere diameter on rabbit mesenchymal stem cells in adipose tissue engineering. Journal of materials science, 19(5): 2165-2171.

Dionigi B, Fauza D O, 2008. Autologous Approaches to Tissue Engineering [M/OL]. Cambridge (MA): Harvard Stem Cell Institute.

Flynn L, Prestwich G D, Semple J L, et al, 2007. Adipose tissue engineering with naturally derived scaffolds and adipose-derived stem cells. Biomaterials, 28(26): 3834-3842.

Flynn L E, Prestwich G D, Semple J L, et al, 2008. Proliferation and differentiation of adipose-derived stem cells on naturally derived scaffolds. Biomaterials, 29(12): 1862-1871.

Garreta E, Gasset D, Semino C, et al, 2007. Fabrication of a three-dimensional nanostructured biomaterial for tissue engineering of bone. Biomolecular engineering, 24(1): 75-80.

Gerecht S, Burdick J A, Ferreira L S, et al, 2007. Hyaluronic acid hydrogel for controlled self-renewal and differentiation of human embryonic stem cells. Proc Natl Acad Sci U S A, 104(27): 11298-11303.

Graziano A, d'Aquino Cusella-De R, Angelis M G, et al, 2007. Concave pit-containing scaffold surfaces improvestemcell-derived osteoblast performance and lead to significant bone tissue formation. PLoS ONE, 2(6): e496.

Guarino V, Causa F, Ambrosio L, 2007. Bioactive scaffolds for bone and ligament tissue. Expert review of medical devices, 4(3): 405-418.

Hamada K, Hirose M, Yamashita T, et al, 2008. Spatial distribution of mineralized bone matrix produced by marrow mesenchymal stem cells in self-assembling peptide hydrogel scaffold. Journal of biomedical materials research, 84(1): 128-136.

Hannouche D, Terai H, Fuchs J R, et al, 2007. Engineering of implantable cartilaginous structures from bone marrow-derived mesenchymalstemcells. Tissue engineering, 13(1): 87-99.

Hofmann S, Hagenmuller H, Koch A M, et al, 2007. Control of *in vitro* tissue-engineered bone-like structures using human mesenchymal stem cells and porous silk scaffolds. Biomaterials, 28(6): 1152-1162.

Jin Y, Li S, Yu Q, et al, 2023. Application of stem cells in regeneration medicine. MedComm, 4(4): e291.

Kim W, Gwon Y, Park S, et al, 2022. Therapeutic strategies of three-dimensional stem cell spheroids and organoids for tissue repair and regeneration. Bioact Mater, 19: 50-74.

Liu S, Yang H, Chen D, et al, 2022. Three-dimensional bioprinting sodium alginate/gelatin scaffold combined with neural stem cells and oligodendrocytes markedly promoting nerve regeneration after spinal cord injury[J]. Regenerative Biomaterials, Volume 9, rbac038.

Liu Z, Tian G, Liu L, et al, 2024. A 3D-printed PLGA/HA composite scaffold modified with fusion peptides to enhance its antibacterial, osteogenic and angiogenic properties in bone defect repair, Journal of Materials Research and Technology, 30: 5804-5819.

Myers S R, Partha V N, Soranzo C, et al, 2007. Hyalomatrix: a temporary epidermal barrier, hyaluronan delivery, and neodermis induction system for keratinocyte stem cell therapy. Tissue engineering, 13(11): 2733-2741.

Rodolfa K T, 2008. Inducing pluripotency. [M/OL]. Cambridge (MA): Harvard Stem Cell Institute.

Willerth S M, Sakiyama-Elbert S E, 2008. Combining stem cells and biomaterial scaffolds for constructing tissues and cell delivery [M/OL]. Cambridge(MA): Harvard Stem Cell Institute.

思考题

1. 什么是再生医学？再生医学的主要目标是什么？

2. 干细胞应用于临床治疗的案例越来越多，与多技术联合应用更是为许多疑难杂症带来了治愈的希望。你知道有哪些涉及干细胞治疗的多技术联用的治疗方案吗？请举例说明。

3. 再生医学未来将持续发展，有极大的应用前景，那么你认为在再生医学发展过程中需要注意哪些问题呢？

第十八章
干细胞研究的相关实验技术

干细胞技术，常被称为再生医疗技术，是指通过对于干细胞进行分离、体外培养、定向诱导分化，甚至基因修饰等过程，在体外人工繁育出全新的、正常的甚至更年轻的细胞、组织或器官，并最终通过细胞、组织或器官的移植实现对临床疾病的治疗。干细胞技术是生物技术领域最具有发展前景和后劲的前沿技术，它已成为世界高新技术的新亮点，必将导致医学和生物学的一场革命。干细胞技术最显著的作用就是：能再造全新的、正常的甚至更年轻的细胞、组织或器官。由此，人类可以采用自身或他人的干细胞和干细胞衍生组织、器官替代业已病变或衰老的组织、器官，并可以广泛用于传统医学方法难以医治的多种顽症，诸如白血病、阿尔茨海默病、帕金森病、糖尿病、卒中和脊柱损伤等一系列目前尚不能彻底治愈的疾病的治疗。从理论上讲，应用干细胞技术能够治疗各种疾病，并且，与传统的治疗方法相比，应用干细胞技术治疗各种疾病具有很多无可比拟的优越性。本章将简单介绍干细胞的分离、培养及鉴定的基本技术与方法。

第一节　干细胞培养的基本技术与方法

一、干细胞的原代培养和传代培养

原代培养是指直接从机体取出细胞、组织或器官，让它们在体外培养体系中维持生长。原代培养的特点是：细胞或组织刚脱离机体，它们的生物性状尚未发生很大的改变，一定程度上可以反映它们在体内的状态，表现出原组织或细胞的特性，因此用于药物实验是极好的工具。常用的原代培养法有组织块培养法及消化培养法两种方法。

当离体培养的干细胞生长至单层汇合时，便需要进行传代培养，否则，干细胞会因为没有繁殖空间、营养耗竭而影响生长，甚至整片细胞脱落，直至死亡。传代培养一方面可以繁殖更多的细胞，另一方面是防止干细胞退化和死亡。关于干细胞传代的时间间隔，不同的干细胞之间有所区别，另外，也与再接种的干细胞数量有关。

二、干细胞的冻存和复苏

干细胞在不用或保种时，一般是将干细胞在液氮中冷冻保存。用这个方法既可以减少频繁传代过程中干细胞被污染的机会，而且也同时减少干细胞变异的机会。液氮中的温度是-196℃，干细胞在其中可以贮存的时间几乎是无限的。

干细胞在培养基中如果直接降温冷冻，细胞内、外环境中的水都会形成冰晶，能导致细胞损伤，直至引起细胞死亡。如果在培养基中加入细胞保护剂甘油或二甲基亚砜，可使冰点降低，在缓慢降温的条件下，能使细胞内的水分在冻结前透出细胞外，从而有效避免细胞遭受损伤。冻存的干细胞一般贮存在-130℃以下的低温中，这样能减少冰晶的形成。融解细胞时速度要快，使干细胞迅速度过最易遭受损伤的-5～0℃后，干细胞就能保持活性，再培养时仍能生长。

　　为了保持干细胞的最大存活率，冻存时要遵循"慢冻快融"的原则。标准的降温速度是-1～-2℃/min，当温度到达-25℃时，降温速度可加快至-5～-10℃/min，到-80℃时干细胞便可直接进入液氮。干细胞复苏时，最好在37℃水浴中30s内迅速将细胞融化。

三、培养干细胞的鉴定

　　一种新的细胞系，无论是从原代培养或从已经存在的细胞系衍生而来，都很难估计它未来的价值。通常经过一段时间的应用、传代以后，该细胞系真正的重要性才会体现出来。干细胞的真实性需要在获得细胞系时就要得到鉴定，并需要对细胞系进行经常性的鉴定。对于培养的干细胞的鉴定，主要有6个方面的要求：①证实干细胞来源的物种；②说明干细胞与来源组织的关系，确定干细胞的类型、功能状态及分化程度，如干细胞所处的分化阶段（如前体细胞阶段或分化阶段）；③确定细胞系是否转化，该细胞系是有限细胞系还是连续细胞系，细胞系是否表达恶性特征；④确定无细胞系交叉污染；⑤确定是否有迹象表明细胞系有遗传不稳定的倾向，是否易于转化和出现表型的多样性；⑥确定一组起源相同的细胞中的特定细胞系，挑选出的细胞系或杂交细胞系，都要提供该种细胞系独特特征的证明。

第二节　各类干细胞的分离、培养与鉴定

一、胚胎干细胞的分离、培养与鉴定

　　下面以小鼠胚胎干细胞为例，介绍胚胎干细胞的分离、培养和鉴定。

1. 饲养层细胞的准备

　　在培养体系中添加了各种辅助成分后，干细胞在没有饲养层细胞的情况下仍可生长。但是，也有许多实验室使用饲养层细胞。饲养层细胞的作用有两个方面，一方面是提供刺激干细胞增殖的各种细胞因子，另一方面，饲养层细胞可以保持干细胞的未分化状态。最常用的饲养层细胞为原代培养的小鼠胚胎成纤维细胞（mouse embryonic fibroblast，MEF）和小鼠成纤维细胞系 STO 细胞。

　　作为原代培养的饲养层细胞，MEF 刺激干细胞增殖的能力强而且可靠，易于培养且来源丰富。虽然 MEF 传代次数有限，但可以进行早期冻存并不断复苏使用，从而可以保证实验的长期需要。MEF 的缺点是无法耐受 G418 的筛选。替代的方法是从持续表达 neo 抗性的小鼠品系或转基因品系来分离培养 MEF。采用 STO 或 MEF 作为饲养层细胞使用时，必须首先应用丝裂霉素 C（mitomycin C）或 γ-射线处理，使 STO 或 MEF 失去有丝分裂能力。丝裂霉素 C 可使细胞 DNA 交联，从而阻断细胞的增殖。γ-射线使用较方便，也可有效避免丝裂霉素 C 对培养的干细胞的影响。

2. 小鼠胚胎干细胞的分离和培养

　　步骤如下：

① 取受孕 3.5d 的母鼠子宫（可用 129 或 ICR 品系小鼠），用 M16 培养液将胚胎从子宫内冲洗出来，用台氏液消化透明带后，将单个胚胎放置到铺有饲养层细胞并含有小鼠胚胎干细胞培养液的四孔皿内进行常规培养。胚胎干细胞培养液的配方如下：DMEM（高糖），15% 胎牛血清，0.1mmol/L β-巯基乙醇，0.1mmol/L 非必需氨基酸，2mmol/L 谷氨酰胺，50U/mL 青霉素，50μg/mL 链霉素，10^3U/mL LIF。

② 囊胚贴壁后 3 ～ 5d 会长出一个细胞团，细胞团内部细胞之间界限不清，细胞团周围可出现一层饲养层细胞。当细胞刚出现分化迹象时，用拉成尖头的巴氏吸管将细胞团切割成小块后接种到铺有新鲜饲养层细胞的四孔皿内（该步骤要避免混入饲养层细胞）。这种机械传代的方法一般要做 3 ～ 4 次以上。当有较多未分化的细胞团均匀分布在四孔皿内时，可改用胰蛋白酶消化的方法。

③ 当四孔皿内出现典型的鸟巢状干细胞克隆，且克隆均匀分布在四孔皿内后，可将细胞用 0.05% 胰蛋白酶-EDTA 消化后传代到 35mm 的培养皿内。同样，当 ES 细胞克隆均匀生长后可传代到 6cm 培养皿和 10cm 培养皿进行扩增，一般每 2 ～ 3d 传代一次，传代的细胞总量是：6cm 培养皿中接种 $2×10^5$ 个细胞；10cm 培养皿中接种 $1×10^6$ 个细胞。

④ 小鼠胚胎干细胞的冻存越早越好，一般在第 8 代左右即可开始。

3. 小鼠胚胎干细胞的鉴定

对于小鼠胚胎干细胞的鉴定，可以从形态学和组织化学等多个方面进行。首先，在光镜下，ES 细胞表现出核大，有一个或几个核仁，胞核中多为常染色质，胞质胞浆少，结构简单。体外培养时，细胞排列紧密，呈集落状生长。细胞克隆和周围存在明显界限，形成的克隆细胞彼此界限不清，细胞表面有折光较强的脂状小滴。细胞克隆形态多样，多数呈岛状或鸟巢状。小鼠 ES 细胞的直径约为 7 ～ 18μm，猪、牛、羊 ES 细胞的颜色较深，直径 12 ～ 18μm。其次，小鼠胚胎干细胞还可以通过组织化学染色法进行鉴定。小鼠胚胎干细胞能够表达表面抗原 SSEA-1 和 Oct3/4、Rex-1 等转录因子，在分化时，这些因子的表达都显著下降。如果采用碱性磷酸酶染色，ES 细胞呈现棕红色，而周围的成纤维细胞呈现淡黄色。再次，如果将小鼠 ES 细胞注射到免疫缺陷小鼠体内后可形成畸胎瘤，若畸胎瘤含有三个胚层来源的细胞，则可以认为小鼠 ES 细胞具有体内分化的多能性。最后，小鼠 ES 细胞能在体外发生自发分化或被诱导分化成特定类型的细胞，可采用免疫荧光染色的方法鉴别细胞的种类。此外，将小鼠 ES 细胞注射到不同品系的小鼠囊胚内可产生嵌合体，嵌合体的获得率和小鼠 ES 细胞的核型及其全能性有关。

二、间充质干细胞的分离、培养与鉴定

关于间充质干细胞的分离、培养与鉴定，我们以骨髓间充质干细胞为例进行介绍。

1. 骨髓单个核细胞的分离

步骤如下：①从髂骨或胸骨抽取供者骨髓，用肝素抗凝，摇匀，用 D-Hank's 液或生理盐水稀释骨髓 1 ～ 2 倍；②取 Ficoll-Hypaque 分离液（有成品供应，相对密度为 1.077±0.001），放入离心管中；③混匀稀释后的骨髓液，沿试管壁缓缓加入离心管，使骨髓液重叠于分离液上，稀释的骨髓液与分离液体积比例约为 2：1；④用水平离心机以 $900g$，室温，离心 30min，离心后离心管的内容物将分为三层，在上、中层液体的界面处可见到乳白色混浊的呈白膜状的单个核细胞层；⑤用毛细吸管轻轻插到单个核细胞层，沿试管壁周缘吸取单个核细胞层中的单个核细胞，移入另一试管中；⑥加入 5 倍以上体积 D-Hank's 液，混匀，离心，吸弃上清液，重复洗涤 2 次；⑦末次离心后，吸尽上清液。用干细胞原代培养液重悬细胞。

2. 骨髓间充质干细胞的原代培养

步骤如下：①原代培养 24h 后，半量换液，去除未贴壁的造血干细胞；②每 3 ～ 4d 换液一次；③7 ～ 10d 后，待细胞生长接近 80%～90% 汇合后，用 0.25% 胰蛋白酶（含 0.01%EDTA）消化，消化时间不超过 2min。目前，间充质干细胞培养液的配方并不统一，但不同的培养液培养的间充质干细胞都基本具备间充质干细胞的共同特征，原代培养液包括两种，分别是含血清培养液和无血清培养液。其中，含血清培养液是指补充 10%（或 20%）胎牛血清的基础培养液（包括 DMEM-LG、DMEM/DF12、RPMI1640）；无血清培养液则是指含 60%DMEM-LG 和 40%MCDB-201 的混合培养液，添加胰岛素 5μg/mL、0.1% 亚油酸—牛血清白蛋白、血小板衍生生长因子-BB 10ng/mL、碱性成纤维细胞生长因子 1ng/mL。

3. 骨髓间充质干细胞的传代培养

在传代培养过程中，接种密度是影响体外培养的间充质干细胞增殖潜能的重要因素。最近的研究结果显示，初始和传代的细胞接种密度对间充质干细胞的生物学特征有很重要的影响。低密度接种时（<1000 个 /cm²），间充质干细胞的增殖能力明显提高，而诱导细胞分化时则需要较高的细胞接种密度，这可能与分化时需要细胞与细胞间的相互作用有关。

间充质干细胞在体外可以稳定传代 20 至 30 代而保持细胞形态、免疫表型以及分化潜能不变，且不会发生染色体畸变，体外扩增的细胞重新移植回体内后也未见有肿瘤形成。

4. 间充质干细胞的鉴定

常用方法如下：

（1）根据一般生物学特性进行鉴定

首先，体外培养的骨髓来源的间充质干细胞贴壁生长，呈成纤维细胞样生长，细胞密度较高时排列成漩涡状或放射状。其次，间充质干细胞在体外适宜的培养条件下，具有成纤维细胞集落形成单位（colony-forming unit-fibroblast，CFU-F）的能力，能够大量扩增并保持多系分化潜能，其稳定扩增的代数应在 15 代以上。

（2）根据细胞表面标志进行鉴定

最常用的鉴定方法就是细胞表面的免疫学表型。尽管目前对于间充质干细胞的确切免疫学表型仍然存在争议，但一般认为，间充质干细胞表达黏附分子 CD9、CD29、CD49d、CD54、CD105、CD106、CD166；受体分子 CD44、CD71、CD90 及 CD146 等细胞外基质蛋白和糖蛋白，而不表达造血干细胞的表面标志，包括 CD34、CD45、GlyA 等。此外，间充质干细胞不表达 MHC Ⅱ 分子和 FasL，不表达或极低水平表达 MHC Ⅰ 分子，也不表达 B7-1、B7-2、CD40 和 CD40L。

（3）根据多系分化潜能进行鉴定

通过体外扩增培养得到的间充质干细胞具有很强的多系分化潜能，已经报道的结果显示，间充质干细胞具有向骨、软骨、脂肪、血管内皮、骨骼肌、心肌、肝组织和上皮组织等组织细胞分化的潜能。其中成骨、成软骨和成脂肪分化是间充质干细胞作为骨髓基质组织来源的间充质干细胞最基本的特征，因此在间充质干细胞的鉴定中，成骨、成软骨和成脂肪分化实验可以作为鉴定其多系分化潜能的标准。

（4）间充质干细胞支持造血功能的鉴定

骨髓间充质干细胞作为骨髓基质的前体细胞，在体内外均具有支持造血和促进造血的功能。除了通过提供细胞和细胞间的接触和分泌生长因子等机制来促进造血外，间充质干细胞还能够通过归巢受体吸引静脉输注的造血干细胞归巢到骨髓，促进造血干细胞植入并能加速造血恢复。

（5）间充质干细胞的低免疫原性和免疫调节功能

间充质干细胞的低免疫原性已经在同种异基因间及异种间的体内移植实验和体外的 T 淋巴细胞增殖实验得到证实。

三、造血干细胞的分离、培养与鉴定

1. 造血干细胞的分离纯化

造血干细胞存在于造血组织中，在成体动物，造血干细胞主要存在于骨髓，此外，脐带血也被认为是极具潜力的新的造血干细胞来源。造血干细胞的分离就是依据造血干细胞的一些重要的物理学特性（如造血干细胞体积小，浮力密度低）、化学特性（如能黏附于基质层和塑料培养瓶及植物凝集素等物质，而较成熟的祖细胞及成熟细胞则不能）和免疫表型特性（如表达 CD34）等特性，采用一种或几种方法相结合，从处于各个不同分化发育阶段的各种造血干细胞群组成的造血组织中分离出特定的造血干细胞群或亚群。目前常用的造血干细胞分离纯化方法见表 18-1，新的分离纯化方法仍在不断地开发和优化中。

表 18-1　造血干细胞分离纯化方法（赵春华，2006）

方法	原理	常用技术
物理学方法	干细胞体积小，浮力密度低	密度梯度离心，逆流离心淘洗，速度离心沉淀
化学方法	对特定物质的黏附性	塑料黏附，基质黏附，植物凝集素亲和
免疫学方法	表面标志特性	荧光激活细胞分选（FACS），免疫吸附分离（淘洗技术、免疫吸附柱色谱和磁珠分离）
生物学方法	干细胞处于 G_0 期，对细胞周期特异性的细胞毒性药物不敏感；活体染料拒染；高表达醛脱氢酶（ALDH）活性	细胞周期药物杀伤（如 5-FU 和 4-HC 等），Rhodamine 123 或 Hoechst 33342 染色，ALDH 荧光底物染色，结合 FACS 分选

造血干细胞的分离和纯化可分为阴性选择和阳性选择。阴性选择就是通过前述的各种方法减少或清除造血组织中处于较晚期的祖细胞、成熟血细胞及其他非目的细胞组分，从而间接富集或分离出所需的造血干细胞群。阳性选择就是应用特异性单克隆抗体如抗 CD34 抗原的单克隆抗体标记造血组织，使表达 CD34 抗原的造血干细胞与其单克隆抗体结合，然后通过 FACS 分选或免疫吸附法分离而直接获取所需的靶细胞如 CD34$^+$ 细胞。在实际工作中，往往将阴性选择与阳性选择方法综合应用，以获取高度纯化的造血干细胞。

2. 造血干细胞的培养和鉴定

对于造血干细胞的培养，通常采用的是体外培养法。体外培养法包括长期液体培养和集落培养。长期液体培养由基质细胞和造血干细胞组成。例如，作为研究造血过程的体外模型，用于研究髓系造血的 Dexter 培养和用于研究淋巴系造血的 Whifloek-Witte 培养即属于这一类培养类型。集落培养法，就是将细胞分散成单个细胞，然后接种于由软琼脂或甲基纤维素作支持介质的半固体培养基中，在适宜的条件下，培养的细胞形成细胞丛或集落，然后在低倍镜下计数，一个细胞丛或一个集落代表一个有增殖能力的前体细胞。

另外，根据培养体系中有无血清，体外培养法又分为有血清培养和无血清培养。血清中含有丰富的营养物质，有利于干细胞的增殖，但由于血清成分复杂，不利于实验结果的分析。所以，在进行细胞因子的分泌、作用及其机制等方面的研究时，就应该采用成分明确的无血清培养体系。

　　造血干细胞的鉴定方法很多，常用的是体外集落形成实验和体内造血重建实验。造血干细胞最根本的特征是，能够在体内长期或永久地重建造血。近年来，人们发展了多种体内实验来对造血干细胞进行测定，例如：①羊胎内移植；② NOD/SCID 小鼠体内移植等。其中，羊胎内移植结果最客观，但是操作烦琐，不易推广。NOD/SCID 小鼠体内移植的方法是基于统计学二项分布的原理，根据移植细胞数的不同及移植后受体鼠骨髓中人源血细胞的含量，推算待测样品中造血干细胞的含量。而体外集落形成实验除了进行集落计数外，主要还要进行集落性质的鉴定，包括：①活体观察集落的形态，因为各种造血干细胞形成的集落都有自己的形态特征；②化学染色，可取出单个集落或对整个培养皿中的细胞进行瑞氏-吉姆萨（Wright-Giemsa）或特殊的组织化学染色；③鉴定细胞表面抗原，造血干细胞定向分化为某一系的细胞必定伴随着该系细胞所特有的分化抗原的出现，所以，可用免疫组织化学染色法鉴定抗原；④遗传学检查，对于基因或染色体有特异性标志的细胞，如白血病细胞的集落培养，可应用原位杂交、染色体检测等遗传学手段来检测集落细胞是否具有原代细胞的特征。

四、神经干细胞的分离、培养及鉴定

　　要培养神经系统来源的神经干细胞，首先要从神经组织中分离获得神经干细胞，目前神经干细胞的分离方法主要有以下三种：无血清培养基自然筛选法、流式细胞术分选法、免疫磁珠分选法。对于神经干细胞的培养，常规使用的培养基为：DMEM/F12（1∶1）加上无血清营养添加剂 B27 和 bFGF，也有部分学者采用添加剂 N2 或 EGF 等。在此培养体系中，神经干细胞呈神经球状生长，即增殖的细胞不贴附于培养器皿上，而是圆形的细胞彼此黏附在一起，形成小球状悬浮于培养液中生长。

　　采用上述方案分离培养出呈浮球状生长的细胞群体之后，有必要对这些细胞进行鉴定，以确定是否为神经干细胞，鉴定的指标通常基于神经干细胞的几个特性，包括自我更新能力、特异性抗原 nestin 的表达和多向分化潜能，多采用细胞免疫化学染色的方法（包括免疫酶和免疫荧光染色等）进行。

五、胰腺干细胞的分离、培养及鉴定

　　分离胰腺干细胞的方法也有多种，传统的胰岛分离方法是，首先对胰腺组织机械分离或采用胶原酶消化，经 Ficoll 梯度离心机离心纯化后，离心管内上、中两层离心液内汇集有大量的导管上皮细胞，将这些导管上皮细胞置于特定的培养基中培养，就可获得功能性胰岛细胞。现在，也有人采用荧光激活细胞分选法，即流式细胞技术结合免疫荧光标记单克隆抗体技术分离法，此方法分离效率和细胞纯度显著提高，但需要掌握特异性较高的造血干细胞表面标志分子及其单克隆抗体。

　　胰腺、胰岛干细胞的鉴定主要分为两大部分。第一部分是检验是否具有胰腺、胰岛各个发育阶段相关的标志物，包括基因表型、转录因子、蛋白产物等；第二部分是检验是否具有干细胞的两大特性，即强劲稳定的增殖能力和分化成可以产生胰岛相关激素的内分泌细胞结构或功能团的能力：①增殖能力检验一般采用体外连续传代培养，功能良好的胰岛干细胞可以传代几十甚至上百代；②胰岛功能检验中最重要的是胰岛素的含量和功能的检验，主要分为体内实验和体外实验，体内实验多采用经典的糖尿病模型动物血糖实验，通过观测胰岛干细胞移植后动物血糖、体重等变化及检测动物体内胰岛素的含量来进行移植物性质和功能的鉴定，体外实验主要包括三方面：含有胰岛素的细胞的比例，体外培养干细胞分化的胰岛细胞分泌胰岛素的总量及体外培养后干细胞分化的胰岛细胞对葡萄糖的反应能力。

参考文献

卡尔森 (Bruce M Carlson)，2012. 干细胞技术（原版引进导读版）. 北京：科学出版社 .

罗伯特·兰扎，伊琳娜·克利曼斯卡娅，2011. 精编干细胞实验方法（中文版）. 刘清华，等译 . 北京：科学出版社 .

裴雪涛，2010. 再生医学：理论与技术 . 北京：科学出版社 .

王佃亮，2011. 干细胞组织工程技术：基础理论与临床应用 . 北京：科学出版社 .

杨晓凤，张素芬，郭子宽，2010. 干细胞应用新技术 . 北京：军事医学科学出版社 .

章静波，2011. 组织和细胞培养技术 . 2 版 . 北京：人民卫生出版社 .

赵春华，2006. 干细胞原理、技术与临床 . 北京：化学工业出版社 .

Alamdari O G, Seyedjafari E, Soleimani M, et al, 2013. Micropatterning of ECM Proteins on Glass Substrates to Regulate Cell Attachment and Proliferation. Avicenna J Med Biotechnol, 5(4): 234-240.

Chelluri L K, Deng W, 2012. Stem Cells and Extracellular Matrices (Colloquium Series on Stem Cell Biology). San Rafael (CA): Morgan & Claypool Life Sciences.

Chen K G, Mallon B S, McKay R D, et al, 2014. Human pluripotent stem cell culture: considerations for maintenance, expansion, and therapeutics. Cell Stem Cell, 14(1): 13-26.

Freshney R I, Stacey G N, Auerbach J M, 2007. Culture of Human Stem Cells (Culture of Specialized Cells). New York: Wiley-Liss.

Mather J P, 2008. Stem Cell Culture: Vol 86: Methods in Cell Biology. New York: Academic Press.

Ozturk S, Hu W S, 2005. Cell Culture Technology for Pharmaceutical and Cell-Based Therapies (Biotechnology and Bioprocessing). Boca Raton: CRC Press.

Stein G S, Borowski M, Luong M X, et al, 2011. Human Stem Cell Technology and Biology: A Research Guide and Laboratory Manual. New Jersey: Wiley-Blackwell.

West-Livingston L N, Park J, Lee S J, et al, 2020. The Role of the Microenvironment in Controlling the Fate of Bioprinted Stem Cells. Chem Rev, 120(19): 11056-11092.

Zhao T, Hong Y, Yan B, et al, 2024. Epigenetic maintenance of adult neural stem cell quiescence in the mouse hippocampus via Setdla. Nat Commun, 15(1): 5674.

思考题

1. 请分别简述干细胞原代培养与传代培养的概念及特点。
2. 如何鉴定干细胞？
3. 在干细胞体外培养的过程中，饲养层细胞的作用是什么？
4. 造血干细胞的分离纯化方法有哪些？

第十九章

干细胞研究的前景及面临的问题

纵观当今生物医学研究，干细胞研究无疑是最热门的领域。1998 年，威斯康星大学麦迪逊分校（University of Wisconsin-Madison）的 Thomson 等人首次成功地建立了人胚胎干细胞系。由于人胚胎干细胞系可以分化成人体的任何一种类型细胞并应用于临床移植，为临床上多种困扰人类多年的复杂的疾病的治疗提供了一种全新的疗法，因此，Thomson 的研究成果立即引起全世界科学界的巨大轰动，并掀起了关于干细胞研究的全球浪潮。2006 年，日本京都大学教授 Shinya Yamanaka（山中伸弥）等通过转染四种转录因子（Oct3/4、Sox2、Klf4 和 C-Myc）而成功地将小鼠成纤维细胞重编程为诱导多能干细胞。由于该方法解决了传统方法建立人特异多能干细胞系的很多致命缺点，例如，采用传统方法时面临效率低、需要大量的卵细胞等问题；建立人胚胎干细胞系需要破坏胚胎，存在伦理和道德争议；目前尚无通过核移植技术在人细胞进行多能干细胞建系获得成功的报道；等等。因此，山中伸弥的研究成果立即在全球掀起了 iPSC 研究的浪潮，使该领域成为热门中的热门。总之，干细胞研究是当前最热门、进展最快、最振奋人心的领域。

第一节　干细胞研究的现状

"干细胞"这个概念在 20 世纪初就有科学家曾经提出，然而，一直到 1963 年，加拿大研究员 Ernest A. McCulloch 和 James E. Till 才首次通过实验证实了干细胞的存在。他们发现，小鼠的骨髓细胞中存在可以重建小鼠整个造血系统的细胞，即造血干细胞。经过几十年的研究，造血干细胞已经是目前干细胞领域研究得最为清楚的方向，并为干细胞其他领域的研究提供了许多指导性意见。

一、不同类型干细胞的研究现状

干细胞具有多向分化潜能，根据各种干细胞所处发育阶段的不同，可以将干细胞分为胚胎干细胞和成体干细胞。胚胎干细胞的分化和增殖构成机体发育的基础，而成体干细胞的进一步分化则是机体组织和器官修复和再生的基础。

1. 胚胎干细胞

目前，关于胚胎干细胞领域的研究主要集中在以下几个大的方向：ES 细胞的自我更新机制；ES 细胞的定向分化（directed differentiation）机制；各种动物，尤其是人和某些高等动物的 ES 细胞系的建立；ES 细胞移植和细胞工程；ES 细胞定向发育成三维器官以及 ES 细胞移植的安全性问题。

（1）ES 细胞自我更新研究的进展

众所周知，啮齿类动物的胚胎干细胞需要白血病抑制因子（LIF）的存在，方能维持它们的自我更新能力而不发生分化，而人 ES 细胞自我更新能力的维持则不需依赖于白血病抑制因子的存在。LIF 的作用机制主要是通过活化下游的 STAT3 信号转导途径。同时 Oct3/4 也是重要的维持 ES 细胞自我更新能力的控制信号之一。最近一段时间里，人们在 ES 细胞自我更新能力机制方面的研究取得了一系列重大进展，例如，2013 年 5 月，有研究者发现了参与 ES 细胞自我更新调控的关键因子 Nanog，证明 Nanog 通过旁路途径来维持 ES 细胞的自我更新；不久前，《细胞》杂志报道，ES 细胞能在离体培养体系中保持自我更新，与 ES 细胞所处的微环境（microenvironment，即干细胞龛，niche）有关，单纯的 LIF，在无血清培养体系中，并不能阻止 ES 细胞向神经细胞的分化，因此该研究认为，可能还有其他细胞因子参与抑制 ES 细胞向神经细胞的分化。该发现为阐明 ES 细胞自我更新的机制又提供了新的线索。此外，华人科学家 Qi-Long Ying 发现了 LIF/STAT3 必须与 BMP/SMAD/ID 协同作用才能更有效地阻止 ES 细胞的分化，他们发现，LIF/STAT3 通路抑制 ES 细胞向外胚层和中胚层细胞分化；BMP/SMAD/ID 则抑制 ES 细胞向神经细胞分化。并且，Nanog 和 Oct3/4 也是维持 ES 细胞自我更新的重要因素。

（2）定向分化

ES 细胞自发向心肌细胞分化，但分化效率仍不是很高，目前尚很难使之完全实现定向分化，某些药物可以提高 ES 细胞向某一方向的分化率，例如维 A 酸、二甲基亚砜（DMSO）、H_2O_2、维生素 C、5-氮杂胞苷（5-azacytidine），以及一些细胞因子（如 BMP3、TGF、bFGF 等）。目前，如何使 ES 细胞完全定向分化也是 ES 细胞研究领域的难点之一。

（3）干细胞系的建立

关于干细胞系的建立，目前的焦点主要集中在人 ES 细胞系的建立。由于人胚胎来源困难，而且人 ES 细胞生长速度极慢，因此要想获得数量众多的、较高传代次数的 ES 细胞十分困难，而且，人 ES 细胞的培养难度也大。因此，近年来关于人 ES 细胞系建立的研究进展很慢。目前，NIH 已经注册登记的人 ES 细胞系共有 11 株，其中有 5 株由中国人自己建立，例如，盛惠珍等采用家兔去核卵细胞与人的体细胞核进行融合，成功地建立了人 ES 细胞系，但遗憾的是，他们只能证明已建立的该细胞系具有多能性，而无法证实其具有全能性。这种通过核移植策略建系的方法难度较大，一直被认为是可行但几乎不可能成功。在国外，有人在蛙等较低等动物细胞上也有通过类似方法成功建系的报道，但在人类则是第一次。另外，通过孤雌细胞建立人干细胞系是相对较为理想的一种建系方法，目前，国际和国内均有学者正在从事这方面的研究。

（4）构建人工器官

目前，国际上通常都是在一定形状的容器或支架上培养并定向分化 ES 细胞，使其生长出具有特征性三维结构的"人造器官"。事实上，人造器官与天然器官相比差距甚远。目前，人造器官还无法真正具有天然器官的立体结构和复杂功能。器官不仅仅是由一种类型的细胞构成，而是由多种类型细胞构成的、各类型细胞分工明确、相互配合并且功能协调的极为复杂的有机综合体，例如一个器官内，必须有纵横交错的血管，只有这些血管的存在才能供应器官的营养。所以，迄今为止，人们根本无法构建有机的三维器官，更不可能构建真正有功能的体外培养器官。但无论如何，关于人工器官的构建研究仍将是今后关于干细胞研究的重点。

（5）移植的安全性

主要包括干细胞移植后是否引起免疫排斥反应和是否会形成肿瘤两个方面。通过核移植或基因工程改造等技术手段能部分避免干细胞移植时产生的免疫排斥反应，但仍不能彻底解决这一问题。另外，由于干细胞具有全能性，因此，移植后的干细胞还存在分化为畸胎瘤等肿瘤细胞的可能，从而带来不良后果，这也是干细胞移植所必须考虑的问题。

2. 成体干细胞

成体干细胞是 20 世纪末、21 世纪初生物医学领域中的伟大发现，它们的发现，是对干细胞传统概念的一次重大变革。20 世纪末，一些极为普通的学者们报道，在许多成体组织中，存在一些特殊类型的细胞，它们在体外培养时可以被某些细胞因子诱导分化，变为和原组织类型完全不同的组织细胞。例如，有人在肌肉组织中发现了一类细胞，它们可以被诱导生成造血干细胞；有人在脂肪组织中发现了可以被诱导生成神经细胞的特殊细胞。可惜的是，当时的学者们对成体干细胞毫无概念，导致他们错误地认为他们的实验结果是组织细胞"横向分化"所造成的，最终导致他们对这些重大的发现得出了错误的结论。然而，这些学者们的划时代的贡献不可抹杀，他们发现了一个重大事实：原来，在成体组织中，仍然残存少量胚胎发育过程中存在的并且朝着各胚层定向和组织定向的各类干细胞。事实上，在胚胎发育的每个阶段，都有少部分各级干细胞，它们停止参与胚胎发育，都转入 G_0 期，既不增殖也不分化，仍然保持原来的干细胞基本特性。随着胚胎的不断发育和成长，那些停止参与胚胎发育的、处于静止状态并仍然保持原来的干细胞基本特性的各类成体干细胞，却依然遗留在机体的各种组织内。机体出生后，随着年龄的增长，各种成体组织中仍然可以保留少量各种类型的成体干细胞，并且它们的干细胞的基本特征仍不变。在体外培养体系中，当它们受到适当的细胞因子诱导刺激时，它们可以从 G_0 静止期转入细胞周期而增殖，并且分化成为各种组织定向干细胞。

然而，各种组织定向干细胞的分化，只能遵循着本组织的分化途径，进行有限的"多向分化"。例如造血干细胞的多向分化，仅限于髓系和淋巴系的造血细胞各支系的纵向分化。所以，组织定向干细胞的分化是有限的可塑性，它和胚层干细胞在本胚层内多向分化的可塑性不同，和原始的桑葚期胚胎干细胞可向各个胚层分化的可塑性更是完全不同。总之，组织定向干细胞的分化只能限于沿着本组织的各个支系纵向分化，其分化不会跨越本组织定向的限制，更不可能突破胚层源的界限。

事实上，正常的天然组织或器官，都不是由单一类型的细胞所构成的，而都包含了多种组织细胞和多种成体干细胞。例如，肌肉组织中不仅仅是肌肉细胞，脂肪组织中也不仅仅是脂肪细胞，其中还含有各种成体干细胞。缺乏这个新概念的学者们，在分析自己的研究结果时，没有考虑到体内成体干细胞的普遍存在，更没有抓住成体干细胞的重大发现，却得出离奇的"横向分化"的推论。这是一个很大的遗憾。况且，迄今为止，还没有任何可能性来进行这样一种实验，就是采用绝对纯化的正常的组织定向干细胞克隆来证明组织定向干细胞可以向非自身组织的方向进行横向分化，并且，在生物界或人类医学史上也从未出现过因"横向分化"所致的疾病或怪胎。所以，"横向分化"只不过是缺乏实践证明的幻想。各种作出"横向分化"推论的研究都无法排除一个可能，就是在体外诱导分化所得的某种组织细胞，其实是从培养体系中某些其他类别的成体干细胞经过正常的纵向分化而来。所以，"横向分化"的研究结果都存在一个根本性的缺憾，即当前缺乏一种可以有效地分离、鉴别或克隆各种各样的正常胚层干细胞和正常非造血组织干细胞的技术。因为各种正常非造血组织干细胞在形态学、细胞表型、密度和贴壁生长等方面的特征是相同的；而且它们高度的多向分化潜能，使人们想要克隆正常的组织定向干细胞的愿望不可能实现。事实上，在各成体组织中，只有分化受阻的恶变细胞才可以克隆成为纯一的细胞系，并且细胞可以无限增殖而不分化。在没有纯化的组织定向干细胞（例如神经干细胞、间充质干细胞、造血干细胞、血管内皮干细胞、肝脏干细胞等）的实验条件下，学者们往往都使用混杂有许多类别成体干细胞的不纯的干细胞样品进行实验，根本无法证实这些不同组织定向的干细胞是否会互相转化，所以，作出的推论往往都不可靠，并且缺乏科学依据。

成体干细胞种类很多，在体内的组织分布也很广泛，例如，骨髓组织中就蕴藏着许多类别的成体干细胞。20 世纪之前，人们只知道成体组织（如骨髓）中含有造血干细胞。事实上，造血干细胞是最早被发现的成体干细胞。由于缺乏体外诱导分化的技术和细胞因子，当时的人们根本不可能发现骨髓或其他成体组织中还含有来源于各个胚层的其他各类成体干细胞。所以长期以来，干细胞生物学的研究只限于研究造血干细胞，干细胞生物学实际上也只是属于实验血液学的范畴，在 20 世纪的文献中，只要讲到骨髓干细胞，不言而喻，就是指造血干细胞，似乎骨髓中只含有造血干细胞和支持造血的基质细胞，现在看来，这显然是错误的。骨髓中的成体干细胞有很多种，不仅包括造血干细胞和骨髓间充质干细胞等造血组织的干细胞，而且还有其他各个胚层来源的干细胞及其分化的后代干细胞等各类非造血组织的干细胞，如神经干细胞、肝脏干细胞等。人们将它们统称为"成体干细胞"。在这一领域，美国明尼苏达大学（University of Minnesota）的 C. M. Verfaillie 等于 2002 年做了大量的研究，有力地证明了成体干细胞的存在，否定了上述"横向分化"的假设。并且，他们给成体干细胞重新命名为"多向分化潜能成体祖细胞"（multipotential adult progenitor cell，MAPC）。但由于这个命名用词不完善，国际上多数学者仍旧沿用"成体干细胞"的命名。所以说，科学其实就是在不断地纠正错误的过程中发展起来的。

3. 诱导多能干细胞

与胚胎干细胞和成体干细胞相比，iPS 细胞都具有很大优越性。iPS 细胞不仅规避了胚胎干细胞研究过程中面临的伦理和法律等障碍，还消除了潜在的移植免疫排异反应，使干细胞研究的来源不受限，并且，与成体干细胞相比，iPS 细胞诱导多向分化的潜能明显更加宽广，所以，iPS 细胞在医学领域显示出其广阔的应用前景。但是，采用 iPS 细胞治疗人类疾病在目前仍存在很多挑战，在诱导 iPS 细胞时添加的 4 个"重新编程"基因都可能引发细胞癌变，而且获得 iPS 细胞的转化效率仍然比较低。因此，在诱导多能干细胞应用于人类治疗前，我们还需要首先解决这些及其他可能出现的问题。

4. 干细胞技术及其应用

干细胞技术及其应用被认为是 21 世纪的人类健康工程。作为细胞疗法中最有应用前景的疗法，干细胞的应用几乎覆盖了临床上绝大多数疑难病症，迄今为止，在美国登记注册的干细胞治疗临床试验已达 3200 多个。用于临床治疗的干细胞分为胚胎干细胞和成体干细胞两大类，目前已经进入临床试验的干细胞治疗主要包括以下几类。①造血干细胞移植，移植用的造血干细胞主要来自自体或异体的骨髓和血液，所以，也是一种成体干细胞。造血干细胞移植常常用于治疗血液疾病、自身免疫病、恶性肿瘤、血管性疾病等。②间充质干细胞移植治疗，间充质干细胞移植治疗主要是通过将不同组织来源的间充质干细胞在体外经过培养扩增后再输入患者体内，通过移植的间充质干细胞释放特殊的干细胞因子和免疫调节因子来发挥治疗作用。目前，间充质干细胞移植在临床上已经用于治疗自身免疫病、糖尿病、心脏病、肝病和神经系统疾病等。③胚胎干细胞移植，该方法主要是将胚胎干细胞定向分化为特定成体干细胞后再进行移植。目前，胚胎干细胞移植刚开始进入 Ⅰ 期临床试验。现已知，全球有近200 种干细胞产品正在研发之中，其中 30 多种已进入 Ⅱ / Ⅲ 期临床试验。资料表明，干细胞技术产品正在快速进入难治性疾病的临床应用之中，其中大部分产品是间充质干细胞。

我国是干细胞研究大国。早期在干细胞的临床应用中，国内许多医院采用造血干细胞、间充质干细胞作为医疗新技术，用于许多难治性疾病的探索性治疗，并且在血液病、自身免疫病、下肢缺血性疾病、糖尿病和神经系统疾病、恶性肿瘤等多种难治性疾病的治疗上已经取得良好的疗效，许多研究成果已经发表在国际权威学术杂志上。但对于没有规范管理的干细胞的临床应用，也存在许多争议。

我国政府相关部门清醒地认识到，加快干细胞技术的研究和临床应用，同时严格控制干细胞技术的滥用非常重要。促进干细胞临床应用及其产业的发展应遵循"发展和监管两手抓，两手都要硬"的原则。2015 年 7 月国家卫生计生委和食品药品监管总局发布了印发《干细胞临床研究管理办法（试行）》和《干细胞制剂质量控制及临床前研究指导原则（试行）》的通知，以干细胞研究项目备案和干细胞研究机构备案的管理模式，开始推动中国干细胞临床研究的规范化发展。截至 2023 年底，干细胞临床研究机构备案的一共有 140 余家，干细胞研究备案项目 120 余项。

在干细胞制品作为创新药物研发方向，也陆续推出相关的政策法规。2021 年国家药品监督管理局（国家药监局）发布了《人源性干细胞产品药学研究与评价技术指导原则》（征求意见稿），2023 年正式发布《人源干细胞产品药学研究与评价技术指导原则（试行）》和《人源性干细胞及其衍生细胞治疗产品临床试验技术指导原则（试行）》，2024 年《人源干细胞产品非临床研究技术指导原则》和《间充质干细胞防治移植物抗宿主病临床试验技术指导原则》发布，中国干细胞药物研发制度规范化建设进入新阶段，截至 2024 年 8 月国家药监局批准的临床试验默示许可的间充质干细胞临床试验研究有 60 余项，干细胞临床研究开始步入有序加速发展时期。

在国家全面规范化干细胞行业的努力下，我国的干细胞研究和新药研究近十年取得快速发展，目前在生物医药的干细胞药物研发方面，中国已经走在国际前列。

二、各国干细胞研究的现状

虽然早在 1970 年，小鼠胚胎干细胞就可以成功地在体外进行培养，但是干细胞的研究一直未引起人们足够的重视。20 世纪 90 年代后期，《自然》杂志先后发表了利用成体动物体细胞核移植技术克隆绵羊"多莉"和克隆鼠获得成功的报道，使发育生物学理论有了革命性的突破。特别是 1998 年 Thomson 实验室和 Shamblott 实验室分别成功地建立了人胚胎干细胞系，在全球掀起了继人类基因组计划之后的又一次生物医学的革命，使干细胞的基础和应用研究受到了世界各国政府和研究者的高度重视。为抢占这一科技制高点，世界各国纷纷投入大量的人力、物力和财力加紧研究开发，并取得应用性成果。特别是近年来，国际上干细胞基础研究领域的新成果层出不穷，其中在某些方面还取得了重大突破，吸引了科技界、产业界和政府机构的高度关注，并将成为今后相当长一段时期内的研究、开发和产业化热点。

1. 美国干细胞研究现状

在干细胞研究领域，美国始终保持着绝对领先的地位。从最初的骨髓移植算起，干细胞研究在美国已进行了 30 多年。美国在该领域的进展较快，目前，在美国已建立了 16 株人胚胎干细胞系，在胚胎干细胞的诱导分化、基因调控以及相关组织工程上均取得了一大批研究成果和专利。2002 年 4 月，美国国家卫生研究所决定拨款 350 万美元，资助 4 所机构进行人类胚胎干细胞研究。这是美国总统布什宣布允许有限支持人胚胎干细胞研究以来，美政府向该领域投入的首笔大额经费。2005 年 10 月，美国食品药品监督管理局（FDA）也已批准将神经干细胞移植入人体大脑。2006 年，财力雄厚的哈佛大学宣布正式启动通过克隆人类胚胎提取干细胞的研究项目，并投巨资建立美国最大的干细胞研究中心。2011 财年，美国国家卫生研究院（NIH）投入 3.58 亿美元支持成体干细胞研究。

2. 英国干细胞研究现状

2001 年 1 月，英国在世界上第一个将克隆研究合法化，允许科学家们培养和克隆胚胎以进行干细胞研究，并将这一研究定性为"治疗性克隆"。2005 年，英财政大臣称将建立全国性干细胞研究网络，以巩固英国在该领域的领先地位，2006 年，英国批准世界首个干细胞银行向各国科学家或实验室提供胚胎干细胞。2006 年，欧盟议会通过干细胞研究拨款法案，干细胞研究在欧盟从此拥有"合法身份"，英国前首相布莱尔在美国访问期间，曾经努力推动英国和加利福尼亚州加强干细胞研究的合作。

3. 日本干细胞研究现状

日本把干细胞技术视作在生命科学和生物技术领域赶超欧美国家的绝好机遇，在 2000 年启动的"千年世纪工程"中，日本政府将干细胞工程作为四大重点之一，于第一年度就投入了 108 亿日元的巨额。日本科学家在 iPS 细胞领域处于世界领先地位，日本政府同样决定加强对日本研究所和大学从事 iPS 细胞研究的支持，以便让他们在日本国内和其他国家中为日本在干细胞应用技术方法和思路方面取得专利，从而保护日本的国家利益。鉴于日本缺少海外专利系统经验，其文部科学省甚至鼓励聘用精通西方专利系统知识产权的、有海外工作经历的专家，对各研究机构提供专利应用战略咨询。

4. 其他国家干细胞研究现状

除了美国、英国和日本等发达国家对干细胞的研究非常重视外，德国、新加坡、澳大利亚等多个国家也把干细胞研究作为生物高技术研究的重点，不但制订了短期和长期的发展计划，而且投资建立了大批专业化干细胞工程技术研究中心。瑞典、巴西也于 2005 年通过立法继续支持干细胞研究。2000 年新加坡、澳大利亚也有培养成功人胚胎干细胞的相关报道。2006 年，澳大利亚众议院通过了一项新法案，通过了克隆人体胚胎干细胞研究的法令，从而使治疗性克隆研究合法化。印度药品管理局（DCGI）已经批准了干细胞产品的第一个临床试验，即通过一个联合的 I 期和 II 期临床试验，来观察干细胞产品能否使心肌梗死和重症肢体缺血患者受益。

5. 我国干细胞的研究现状

在这场干细胞研究与开发的国际竞争中，我国的反应较快。自 20 世纪 90 年代后期以来，干细胞研究一直受到我国政府和科学界的高度关注。1998 年起，科技部和国家自然科学基金委员会先后把干细胞研究作为我国科技发展的重点领域，并于 2000 年以来连续多年将干细胞研究列入"863""973"国家自然基金重点项目，投入大量资金资助。根据 PubMed 数据库的检索结果，以我国为第一承担单位发表的干细胞相关论文数量由 1998 年仅占全世界总数的 0.3%，上升到 2010 年的 7.5%。截至 2010 年 3 月，中国干细胞相关发明专利申请量和作为专利优先权国家的专利数量分别位居世界第 6 位和第 3 位。1986 年，中国医学科学院血液学研究所首次实行白血病患者自体干细胞移植。2002 年 7 月，中山大学第二附属医院干细胞中心在国内建立了第一个中国人胚胎干细胞系，使我国胚胎干细胞的研究步入了国际先进行列。2009 年，中国科学院动物研究所周琪研究员和上海交通大学医学院曾凡一研究员在世界上第一次获得了完全由 iPS 细胞制备的活体小鼠，有力地证明了 iPS 细胞具有真正的全能性。

近几年，中国科学家在干细胞基础研究方面更是涌现了很多突破性的研究成果。2022 年 3 月 21 日中国科学院等研究机构的研究人员在《自然》期刊上发表了题名为 "Rolling back of human pluripotent stem cells to an eight-cell embryo-like stage" 的文章。在世界上首次宣布发现了一种无转基因、快速和可控的方法，将人类多能干细胞转化为真正的 8 细胞阶段全能性胚胎样细胞（8-cell totipotent embryo-like cell），这就为器官再生和合成生物学的进步铺平了道路。2022 年 4 月 13 日，北京大学生命科学学院、北大- 清华生命科学联合中心邓宏魁研究团队在《自然》杂志在线发表了题为 "Chemical reprogramming of human somatic cells to pluripotent stem cells" 的研究论文，首次在国际上报道了使用化学小分子诱导人成体细胞转变为多潜能干细胞这一突破性研究成果。运用化学小分子重编程细胞命运（化学重编程），是继"细胞核移植"和"转录因子诱导"之后新一代的，由我国自主研发的人多潜能干细胞制备技术，为我国干细胞和再生医学的发展解决了底层技术上的"瓶颈"问题。2022 年 6 月 21 日，清华大学药学院院长丁胜教授团队在《自然》上发表题名为 "Induction of mouse totipotent stem cells by a defined chemical cocktail" 的文章，该研究确定了一种 3 个小分子组成的药物组合，能将小鼠多能干细胞（mPSCs）诱导成全能干细胞（totipotent stem cell）并保持稳定。该工作首次实现了从非生殖细胞体外诱导和维持真正的全能干细胞，代表了创造和理解生命的关键，具有从"0"到"1"的突破性意义。2023 年 3 月 20 日，北京大学邓宏魁研究组在国际学术期刊《细胞·干细胞》期刊上发表了题为 "Highly efficient and rapid generation of human pluripotent stem cells by chemical reprogramming" 的研究论文。该研究建立了新的化学重编程体系，更加快速和高效地将人成体细胞诱导为多潜能干细胞。化学重编程可以精确调控细胞命运，有望成为高效制备各种功能细胞类型的通用技术，为治疗重大疾病开辟了新的途径。

我国干细胞临床应用方面，临床研究最多、适应证最广的是间充质干细胞，主要组织来源包括骨髓、脐带、脂肪等。此外，通过基因修饰的造血干细胞治疗地中海贫血等遗传性疾病也已经开展临床试验。诱导多能干细胞目前尚无直接的临床应用，但其诱导分化的细胞，如诱导多能干细胞来源的 NK 细胞已经进入临床试验。

三、我国干细胞的研究与国外相比存在差距

近年来，虽然我国对于干细胞研究给予了大力支持，干细胞研究的各个方面也已经取得了较大进展，但是，与美国等发达国家相比，我国干细胞研究与产业化水平还存在较大差距。目前，我国干细胞的基础研究水平与国外差距较大。根据 Web of Science 数据库统计 2019—2023 五年间中美两国在干细胞领域的研究情况，以干细胞领域检索式如下：TS=("stem cell*" OR "progenitor cell*" OR "progenitor*" OR "mother cell*" OR "side population cell*")。文献类型限定为 Article 和 Review，检索、筛选得到中国、美国作为第一或通讯作者的相关论文分别有 41309 篇、36294 篇。中国相关论文整体呈增长趋势，由 2019 年度的6619 篇增长至 2023 年度的 9064 篇，增长了 37%，美国相关论文整体呈减少趋势，由 2019 年度的 7526 篇减少至 2023 年度的 6318 篇，减少了 16%；中国、美国作为第一或通讯作者发表的 CNS 论文（《细胞》《自然》《科学》，CNS）分别为 67 篇、409 篇，中美相关 CNS 论文整体均呈增长趋势。中国作为第一或通讯作者发表的 SCI 论文总数多于美国，但 CNS 顶刊论文数与美国相比还存在较大差距，论文质量有待进一步提升。

如表 19-1、图 19-1、图 19-2 所示，从被引频次分布上看，2019—2023 年中国作为第一或通讯作者发表的 SCI 论文篇均被引频次为 18.27，低于美国的 26.00，且各年度篇均被引频次均低于美国；2019—2023 年中国作为第一或通讯作者发表的 CNS 论文篇均被引频次为134.21，低于美国的 142.87，且 2022、2023 年度论文篇均被引频次也低于美国，论文的影响力有待进一步提升。

表 19-1　中国、美国干细胞领域 SCI、CNS 论文数及篇均被引频次对比（2019—2023 年度）

年份 / 年	SCI 论文数 / 篇		SCI 论文篇均被引 / 次		CNS 论文数 / 篇		CNS 论文篇均被引 / 次	
	中国	美国	中国	美国	中国	美国	中国	美国
2019	6619	7526	33.34	46.75	7	78	232.29	227.72
2020	7710	7762	27.80	36.54	16	87	254.50	249.36
2021	8369	7914	19.64	23.15	14	78	134.57	132.04
2022	9547	6774	11.54	13.29	16	77	67.50	75.04
2023	9064	6318	4.96	5.54	14	89	23.57	32.61
合计	41309	36294	18.27	26.00	67	409	134.21	142.87

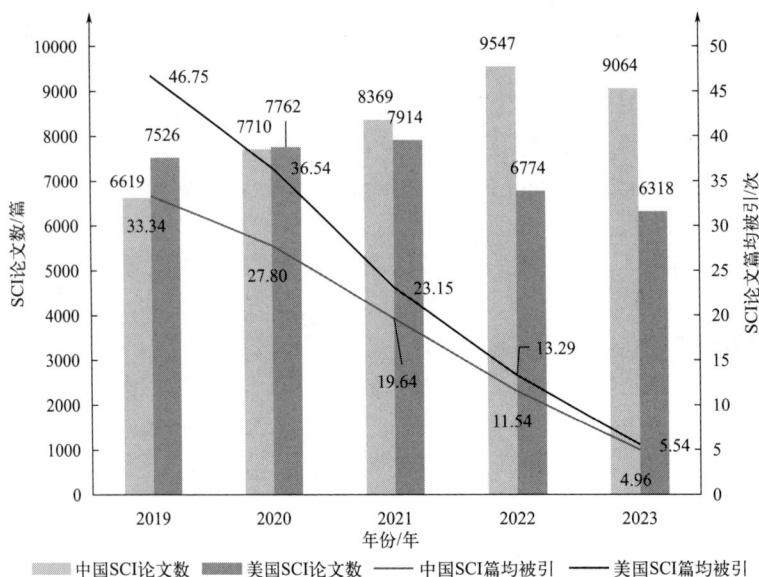

图 19-1　中国、美国干细胞领域 SCI 论文数及篇均被引频次对比（2019—2023 年度）

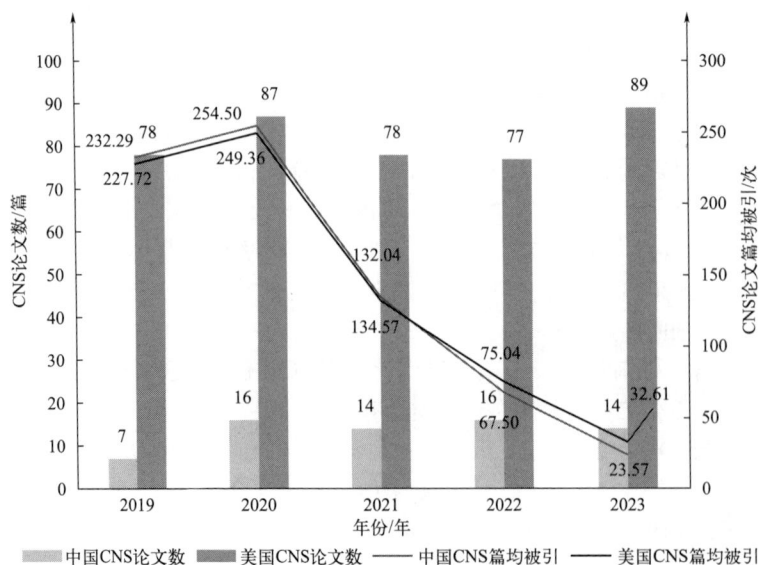

图 19-2　中国、美国干细胞领域 CNS 论文数及篇均被引频次对比（2019—2023 年度）

这些数据反映了我国干细胞的基础研究体量与美国等发达国家相比，差距正在缩小，但研究质量还有待进一步提升，基础研究能力将为我国干细胞产业的健康发展提供有力的支撑。

第二节　干细胞研究的前景

一、干细胞研究的临床应用

目前，对于干细胞尤其是胚胎干细胞的分离、鉴定、增殖、定向分化等方面的研究已成为细胞生物学乃至整个生命科学的主攻热点之一。在人类基因组工作框架完成之后，干细胞研究、组织工程研究将与后基因组计划相辅相成，成为 21 世纪生命科学研究领域中的重中之重。从理论上讲，干细胞可以用于各种临床疾病的治疗，但是有时它的应用却受到伦理学制约。虽然到目前为止，有关干细胞的研究已经做了大量的工作，但干细胞的研究中还有许多问题亟待解决。目前，对于干细胞的分离、鉴定、增殖、定向分化等的研究已成为细胞生物学乃至整个生命科学的热点领域，干细胞的医学应用更是对传统的临床治疗方式的一场革命。正因为如此，以干细胞应用为主体的众多生物技术公司在西方国家迅速成立并得到人们的普遍关注。可以预见，干细胞特性的逐步阐明将把我们带入一个医学的新纪元。

胚胎干细胞可以在体外无限增殖，同时保持其分化的全能性，就是从理论上讲，胚胎干细胞能够分化成机体的所有细胞类型。利用这种特性，可得到体外培养出的组织甚至器官，用于多种疾病的治疗。目前，关于这方面的动物实验研究有很多，例如，有人将小鼠胚胎干细胞注射到成年小鼠心脏后，注射的胚胎干细胞可与受体小鼠的心肌组织稳定整合；小鼠的胚胎干细胞还可分化为血管形成细胞；人胚胎干细胞在特定条件下也可分化为血管形成细胞，这种细胞有可能用于血管的重塑，来治疗动脉粥样硬化；还可能应用于心脏、脑或下肢的缺血区来治疗心绞痛、卒中和下肢动脉供血不足。另外，人胚胎干细胞在一定条件下还可分化为软骨细胞，将来有可能通过干细胞移植来治疗骨关节炎和风湿性关节炎。但是，应用胚胎干细胞治疗疾病还有很多问题尚未解决，比如，不同个体来源的胚胎干细胞其组织相容性复合物不尽相同，进行移植必然会引起免疫排斥反应；胚胎干细胞向各种组织功能细胞的分化条件尚不明了，目前在体外对胚胎干细胞进行定向诱导分化还有较大的随机性；另外，对胚胎干细胞的研究还存在伦理学的问题。因此，利用胚胎干细胞治疗疾病还需要较长的时间。

除胚胎干细胞外，成体几乎所有的组织和器官中都含有成体干细胞。成体干细胞具有一定的增殖能力，并保持分化的潜能。研究最早的成体干细胞是造血干细胞。利用其特异性表面抗原，用亲和吸附分选系统和磁性分选系统可以从骨髓、外周血和脐带血中分离纯化得到造血干细胞，目前，造血干细胞已经用于治疗白血病、再生障碍性贫血等血液系统疾病。研究较多的成体干细胞还有间充质干细胞。这种干细胞具有分化为多种结缔组织细胞包括软骨细胞、脂肪细胞、平滑肌细胞和骨细胞等的能力。间充质干细胞还具有免疫调节能力，对固有免疫和适应性免疫系统都有调节作用。基于间充质干细胞这些生物学特性，在临床上有广泛的适应证。目前在国家药品监督管理局申请的适应证包括了免疫相关性疾病、心脑血管疾病和呼吸系统疾病等。免疫相关性疾病，如急性移植物抗宿主病、慢性移植物抗宿主病、硬皮病、系统性红斑狼疮等，其中急、慢性移植物抗宿主病目前已经进入Ⅲ期临床研究。心脑血管疾病的适应证包括慢性心力衰竭、脑卒中、阿尔茨海默病等。呼吸系统疾病中，包括病毒导致的重症肺炎、间质性肺炎、慢性阻塞性肺气肿等。骨骼肌肉系统的适应证包括骨质疏松、股骨头坏死、膝关节炎等。消化系统适应证包括肛瘘、活动性炎症性肠病、肝炎肝硬化、肝衰竭等。

另外，有研究发现，间充质干细胞和造血干细胞共移植可提高后者的植入成功率。将体外扩增的人骨髓来源的间充质干细胞与人脐带血分离出的 $CD34^+$ 造血干细胞共移植到 NOD/SCID 小鼠，发现造血干细胞的植入率增加了 10～20 倍。神经干细胞也是干细胞和神经科学的研究热点。研究发现，在胎儿甚至成年人脑组织，以及外周神经系统中都存在神经干细胞。在体外可诱导神经干细胞的分化，例如，联合应用白细胞介素-1、2（IL-1、2）、胶质细胞衍生神经营养因子和白血病抑制因子等可诱导神经干细胞向多巴胺能神经元的分化。分化出来的神经元具有多巴胺免疫活性，并可检测到其他多巴胺能神经元的特征性标志物，如多巴胺、多巴脱羧酶和多巴胺转运载体，在形态上，分化出来的神经元也与脑内的多巴胺能神经元相似；胰岛素样生长因子-1、小剂量碱性成纤维生长因子 2（5μg/L）、BMP2、BMP4 等可刺激神经元的发生；用胶质细胞生长因子（GGF）可刺激外周神经系统干细胞分化成雪旺细胞。此外，目前对胰岛干细胞的研究也取得了一定的进展。美国科学家从未发病的 NOD 小鼠的胰腺导管分离出胰岛干细胞，在体外培养形成了含有 α、β、δ 内分泌细胞和未成熟胰岛细胞的胰岛样结构，有胰岛素或者胰岛素和胰高血糖素弱染色；将这种胰岛样结构移植到糖尿病 NOD 小鼠的肾被膜下，可有效降低糖尿病小鼠的血糖。在研究的 55 天内，所有的小鼠血糖控制良好且不依赖于胰岛素，而对照组的糖尿病小鼠都死于糖尿病并发症。该研究的发现，可能为治疗糖尿病及相关疾病提供了新的方法。

有关成体干细胞的另一个重大发现是其具有可塑性，例如，1999 年，美国贝勒医学院的 Goodell 等从成年小鼠的肌肉中分离出肌肉干细胞，并把它们移植到经致死剂量射线照射的骨髓细胞缺陷异体小鼠体内，结果发现移植的肌肉干细胞分化成为各种血细胞。而从胚胎和成年小鼠的前脑中分离到的神经干细胞移植到经射线照射的小鼠体内，也可形成多种血细胞类型，包括髓系和淋巴系细胞。另外的研究则发现，从儿童和成人骨髓分离到的骨髓干细胞可形成神经细胞和肝脏细胞的前体细胞及 3 种肌肉细胞——心肌、骨骼肌和平滑肌细胞。从成年小鼠脑内分离出的神经干细胞注射入鸡胚或者小鼠胚胎内，可形成嵌合体鸡和嵌合体小鼠，这些神经干细胞在嵌合体内除了分化为神经细胞外，还可以分化成为肌细胞、肝细胞、小肠上皮细胞等几乎所有胚层的细胞。成体干细胞可塑性的发现，从理论上改写了"组织特异性干细胞只能定向分化"的经典概念，并为疾病的治疗带来了新的希望。如果人类一旦可以对成体干细胞的可塑性特性进行随意调控，就可以利用患者非病变组织的成体干细胞替代病变组织的细胞从而治疗疾病，因而，可以从根本上避免异体移植而导致的免疫排斥反应。因此，成体干细胞必将具有广阔的临床应用前景。

但是，关于成体干细胞的实验技术还有很多问题未解决，例如，培养一段时间后，成体干细胞往往会失去分裂和分化的能力。这样的问题，需要通过进一步的研究来解决。迄今为止，有关成体干细胞可塑性的研究基本上都是仅仅停留在实验观察水平，对其精确的分化调控机制还缺乏了解，因此还不能准确调控成体干细胞向所希望的细胞类型分化，从而大大限制了成体干细胞技术的临床广泛应用。所以，人们必须对干细胞发育的分子调控机制做深入的探讨。这需要从细胞生物学、分子生物学和人类基因组、蛋白质组等多方面进行研究。目前，干细胞的临床研究已进入规范化高速进展阶段。干细胞生物工程研究也有所进展。如干细胞与材料结合治疗皮肤创伤、关节损伤等也进入临床试验阶段。总之，随着对干细胞和干细胞生物工程研究的不断深入，和对干细胞临床应用研究的进一步展开，可以预见，干细胞治疗将为人类战胜各种疾病开辟新的空间，并将引起整个医药事业的革命。

二、干细胞技术的基础应用研究

对于干细胞技术的未来发展前景很难预测。但干细胞技术的研发及应用可能表现出如下趋势。第一，诱导多能干细胞（iPS 细胞）技术仍然是未来干细胞技术发展的重点。由于该方法能理性化地改变细胞命运，进一步优化和创新的空间较大。其中，表观遗传学研究成果将有助于推动这一轮发展。第二，由于 iPS 细胞存在成瘤的安全隐患，开发出能消除该类隐患的其他技术仍然是未来干细胞技术发展的重点之一，包括直接诱导出组织与器官特异性干细胞，例如神经干细胞的技术等。第三，动物模型是未来干细胞研究的重要内容。通过动物模型的建立，为再生医学治疗的安全性和有效性提供可靠的保障。以再生能力很强的动物为模型了解机体组织细胞的再生过程，并探索如何给予特定的条件以促进组织细胞再生，也是未来干细胞研究的重要发展方向。第四，未来与干细胞技术相关的再生医学的发展将需要长期的、大规模的资金投入。预计到 2050 年，一些可移植细胞、组织和器官有望通过干细胞工程技术产生。

纳米技术作为 20 世纪 80 年代末逐步发展起来的一门新兴学科，在材料学、环境科学、生物医学、化学等方面都有着广阔的应用前景，为干细胞的研究和发展提供了新的契机。纳米技术的引入使得干细胞的研究得到了迅速发展，例如：功能化磁性纳米颗粒的开发提供了一种成本低、速度快、易于操作的从混合细胞中将目标干细胞分离的新方法；在纳米颗粒基础上建立的新型荧光和磁性标记方法更好地实现了干细胞的跟踪和成像；非病毒型纳米颗粒基因载体为干细胞转染开辟了新的思路。基于三维空间结构仿真模拟的纳米材料为干细胞的体外三维培养提供了良好载体。同时，鉴于纳米材料在干细胞研究中的潜在应用，其干细胞生物相容性问题也得到了高度重视。总之，纳米技术与干细胞研究的结合将会极大地推动人类更好地理解和控制干细胞命运并进一步开发新的干细胞技术，最终使干细胞在人类疾病的治疗与预防中发挥重要作用。目前，纳米技术在干细胞研究中的应用主要包括基于磁纳米技术的干细胞分离纯化，纳米颗粒用于干细胞的标记与成像，纳米材料作为载体向干细胞导入 DNA 及蛋白质等大分子物质以控制干细胞的增殖与分化，以及三维纳米结构控制干细胞增殖分化等方面。

第三节　干细胞研究面临的问题

干细胞的研究和应用，虽然在有效治疗人类疾病方面具有巨大的应用前景是不可否认的，但在其实际的研究过程中，仍存在很多问题。

一、干细胞研究的技术问题

在一定条件下，干细胞能够分化为机体内不同的细胞，甚至可以形成任何类型的组织和器官，以实现机体内部构建和自我康复。在过去的 20 多年中，随着体外培养技术、分离与纯化技术的提高以及对干细胞特征，如干细胞表面标志物等认识的不断加深，干细胞的基础与应用研究都有了突破性进展，部分干细胞技术已经开始应用于某些疾病的临床治疗，如糖尿病、心肌疾病、神经系统退行性疾病、骨关节疾病、肿瘤等。

尽管干细胞的相关研究成果已在临床医学领域显示出干细胞所具有的广阔的应用前景，

但关于干细胞的研究依然面临诸多挑战。无论是成体干细胞还是胚胎干细胞，其基础研究都与临床应用相距甚远，还难以实现人体干细胞向成熟器官发育的控制与调节以及体内植入与监测，干细胞的体外培养、分离纯化以及建立体外三维培养条件依然是组织工程的核心问题，例如：如何有效地模拟细胞在体内生长的三维状态、如何减少干细胞长时间培养过程中生长因子和诱导因子的丢失或活性的降低、如何分离数目很少的干细胞等等依然是干细胞培养领域棘手的难题；同时，如何高效率地将治疗基因运送到干细胞内以及如何进行高灵敏、实时、无损、原位的干细胞成像追踪等也都是干细胞研究中普遍关注的问题。而目前一些经典的技术方法也成为干细胞研究面临的重要瓶颈，因此，新技术的引入对于推动干细胞相关研究具有非常重要的意义。

目前，关于干细胞的许多作用机制尚未完全清楚，例如，在干细胞可塑性机制研究上还存在着分歧；体外大量扩增干细胞并诱导其分化是临床医学上应用的关键，干细胞在体内如何到达不同的目的地并分化为正确的细胞类型和数量，以及干细胞如何才能在正确的部位与正确的靶组织建立正确的联系而不会产生错误的连接等方面还知之甚少。关于干细胞的研究仍处在初始阶段，无论是成体干细胞还是胚胎干细胞的研究与临床应用之间还差距甚远。干细胞移植时易产生不适宜的分化，或者产生免疫排斥反应，给患者带来安全隐患。事实上，控制和调节人体胚胎干细胞向成熟器官的发育是非常复杂和困难的，现在人们所能掌握的技术还远远没有达到这个水平。

二、干细胞研究的伦理学问题

干细胞的研究和应用，还引发了若干社会、法律和伦理问题，使得干细胞治疗性研究受到限制。人体胚胎干细胞主要有三个来源：①从人工授精捐赠的多余胚胎中获取；②从死亡胎儿的原始生殖嵴中分离；③从体细胞通过核移植技术产生的胚胎中分离。胚胎干细胞的这三种来源均涉及人类的胚胎，从而引起了关于胚胎是否是生命、应不应该受到尊重等伦理学的争论，国际上不少国家特别是西方国家从伦理的角度反对利用人类胚胎进行干细胞的研究，这也是干细胞研究中人们所要面对的问题之一。

在西方国家，有不少人坚持认为胚胎就是生命，特别是一些基督教徒和神职人员以及反对堕胎的人员，他们认为这是亵渎神灵、侮辱生命的尊严，并且认为克隆人胚胎迟早导致克隆人的出现，故而表示强烈抵制和反对。女权运动者也从妇女，尤其是贫穷妇女的健康保健出发，对胚胎干细胞研究提出异议。并且，在过去几年中，有些西方国家曾经通过立法禁止或部分限制胚胎干细胞的研究，使得关于胚胎干细胞的各种研究举步维艰。进入 21 世纪，世界各国对人类胚胎干细胞研究有了比较明确的立场。例如，德国联邦议院在 2002 年 1 月 30 日通过法案，准许德国科学家在严格限制下进口胚胎干细胞用于科研目的。德国的这一法案对于干细胞研究加上了诸多限制，显得较为保守。在英国，克隆羊多莉之父英国苏格兰爱丁堡大学（The University of Edinburgh，Scotland）教授 Ian Wilmut 博士认为：克隆人体胚胎研究十分重要，可以为糖尿病、心肌梗死、肝硬化、帕金森病等疾病的治疗开辟新的道路。他说："伦理问题是肯定存在的，胚胎具有发育成一个个体的可能性，但胚胎还不是一个个体，还没有分化出神经系统，而神经系统是作为一个人的基本标志。因此，我认为可以利用胚胎干细胞进行治疗性研究。"2000 年以前，美国一些州曾经立法，禁止政府出资进行人类胚胎研究，议会也不允许将联邦政府的经费用于干细胞研究，但对私人出资研究并无限制。2000 年 4 月，美国 73 名世界著名科学家，其中包括 61 名诺贝尔奖得主，联名要求国会解除对胚胎干细胞研究的禁令。2001 年 8 月 9 日，美国政府终于开始准许使用政府经费进行人体胚胎干细胞研究。

近年来，世界各国对于胚胎研究的立场呈现出多样性和复杂性，主要焦点集中在"14 天规则"的讨论与调整。

人类胚胎的生殖克隆和延长体外培养超过 14 天或形成原始条纹（即"14 天规则"）是不被允许用于人胚胎干细胞研究的。1984 年沃诺克委员会在首次体外受精实践后发布的报告中体现了这一点，14 天规则排除了在条纹形成点或 14 天之后的完整植入前人类胚胎的培养（Warnock，1985）。英国早在 2000 年底就通过立法，允许克隆早期胚胎进行 ES 研究，胚胎研究以 14 天为界限。我国科技部和卫生部联合发布的《人胚胎干细胞研究的伦理指导原则》（2003.12）也规定 ES 研究不能超过 14 天。在 2016 年 ISSCR（International Society for Stem Cell Research，国际干细胞研究学会）发布的干细胞研究规范中还重申"14 天规则"。但一些科学组织和学者一直讨论是否需要延长人类胚胎研究的"14 天规则"。支持者认为延长这一规则有助于更深入地理解人类发育的早期阶段，增加对妊娠丢失、出生缺陷的认识，并有助于疾病治疗和人类后代的健康。反对者则质疑体外人胚胎研究的准确性，并担心这可能导致道德滑坡效应。2021 年 ISSCR 对此规范进行了更新，将 14 天规则从第 3 类禁止活动中删除了。学者们从科学、伦理和政策的角度对人胚胎研究进行了全面的讨论，强调需要调整"14 天规则"以适应科技发展和社会认知的变化。一部分学者基于尊严的立场对人胚胎研究给予激烈的反对，认为胚胎应被视为具有尊严的人类，不应被破坏。而另一些学者则认为，过分强调尊严会阻碍生命科学技术的发展，认为生命科学技术的进步更有利于人类健康和自主发展。随着生命科学技术的发展，对于胚胎研究的伦理和法律挑战也在不断变化，需要在促进研究和回应伦理关切之间取得平衡。

这些立场和趋势反映了全球范围内对于胚胎研究的复杂态度，既有对科技进步的期待，也有对伦理底线的坚守。各国和科学界正在努力寻找在尊重生命尊严和推动科学发展之间取得平衡的方法。

鉴于干细胞研究的巨大社会和经济效益，同时也涉及人类生命雏形以及"克隆人"的重大伦理问题，国家人类基因组南方研究中心伦理、法律和社会问题研究部伦理委员会认为：为了"医为仁术"这个崇高的事业，应该支持我国科学家积极开展人类胚胎干细胞研究，使我国人类胚胎干细胞研究健康有序地发展，为 21 世纪科学的发展作出我们的贡献。该中心的伦理指导大纲中指出，人类胚胎干细胞的研究应遵循的伦理原则包括：行善和救人、尊重和自主、无伤和有利、知情同意、谨慎和保密等原则。在胚胎干细胞研究的伦理规范中，第一，反对"克隆人"。人类胚胎干细胞研究中涉及体细胞核移植技术（somatic cell nuclear transfer technology，SCNT），必须坚决反对滥用 SCNT 进行以克隆人为目的的任何研究。第二，支持治疗性克隆的研究，例如，通过干细胞研究得到的组织或器官，可用于临床移植手术等。第三，谨慎对待胚胎实验。另外，该大纲还对 SCNT 创造胚胎进行干细胞研究等也作出了相应的规范，例如，禁止将 SCNT 所形成的胚胎植入妇女子宫或其他任何物种的子宫内，等等。随着生命科学技术的发展，世界范围内的干细胞的伦理纷争逐渐走向明朗。世界各国先后通过立法手段，终于使人类关于胚胎干细胞的研究走上了健康的研究轨道，这将会成为全人类的健康福音。

参考文献

陈涛，钱万强，2011. 国内外干细胞研究和产业发展态势分析. 中国科技论坛，10(10): 150-153.

鲁晓，赵铭，刘慧晖，等，2023. 体外人胚胎研究"14 天规则"亟待调整：基于科学、伦理、政策的综合视角分析. 中国科学院院刊，38(11): 1718-1728.

徐萍，王玥，熊燕，等，2011. 干细胞研究国际发展态势分析. 科学观察. 6(02): 2.

de Almeida D C, Donizetti-Oliveira C, Barbosa-Costa P, et al, 2013. In search of mechanisms associated with mesenchymal stem cell-based therapies for acute kidney injury. Clin Biochem Rev, 34(3): 131-144.

de Carvalho K A, Abdelwahid E, Ferreira R J, et al, 2013. Preclinical stem cell therapy in Chagas Disease: Perspectives for future research. World J Transplant, 3(4): 119-126.

Daley G Q, Hyun I, Apperley J F, 2016, et al. Setting Global Standards for Stem Cell Research and Clinical Translation: The 2016 ISSCR Guidelines. Stem Cell Reports, 6(6): 787-797.

Doppler S A, Deutsch M A, Lange R, et al, 2013. Cardiac regeneration: current therapies-future concepts. J Thorac Dis, 5(5): 683-697.

Edmundson M, Thanh N T, Song B, 2013. Nanoparticles based stem cell tracking in regenerative medicine. Theranostics, 3(8): 573-582.

Evans M J, Kaufman M, 1981. Establishiment in culture of pluripotent cells from mouse embryos. Nature, 292: 154-156.

Guan J, Wang G, Wang J, et al, 2022. Chemical reprogramming of human somatic cells to pluripotent stem cells. Nature, 605(7909): 325-331.

Hanna C B, Hennebold J D, 2014. Ovarian germline stem cells: an unlimited source of oocytes?Fertil Steril, 101(1): 20-30.

Hrvoj-Mihic B, Bienvenu T, Stefanacci L, et al, 2013. Evolution, development, and plasticity of the human brain: from molecules to bones. Front Hum Neurosci, 7: 707.

Hu Y, Yang Y, Tan P, et al, 2023. Induction of mouse totipotent stem cells by a defined chemical cocktail. Nature, 617(7962): 792-797.

Kolaja K, 2014. Stem cells and stem cell derived tissues and their use in safety assessment. J Biol Chem, 289(8): 4555-4561.

Lezaic L, Haddad F, Vrtovec B, et al, 2013. Imaging cardiac stem cell transplantation using radionuclide labeling techniques: clinical applications and future directions. Methodist Debakey Cardiovasc J, 9(4): 218-222.

Liuyang S, Wang G, Wang Y, et al, 2023. Highly efficient and rapid generation of human pluripotent stem cells by chemical reprogramming. Cell Stem Cell, 30(4): 450-459.

Lovell-Badge R, Anthony E, Barker R A, 2021, et al. ISSCR Guidelines for Stem Cell Research and Clinical Translation: The 2021 update. Stem Cell Reports, 16(6): 1398-1408.

Ma J, Both S K, Yang F, et al, 2014. Concise review: cell-based strategies in bone tissue engineering and regenerative medicine. Stem Cells Transl Med, 3(1): 98-107.

Matsa E, Sallam K, Wu J C, 2014. Cardiac stem cell biology: glimpse of the past, present, and future. Circ Res, 114(1): 21-27.

Mazid M A, Ward C, Luo Z, et al, 2022. Rolling back human pluripotent stem cells to an eight-cell embryo-like stage. Nature, 605(7909): 315-324.

Nielen M G, de Vries S A, Geijsen N, 2013. European stem cell research in legal shackles. EMBO J, 32(24): 3107-3111.

Rai S, Kaur M, Kaur S, 2013. Applications of stem cells in interdisciplinary dentistry and beyond: an overview. Ann Med Health Sci Res, 3(2): 245-254.

Raveh-Amit H, Berzsenyi S, Vas V, et al, 2013. Tissue resident stem cells: till death do us part. Biogerontology, 14(6): 573-590.

Rosado-de-Castro P H, Pimentel-Coelho P M, da Fonseca L M, et al, 2013. The rise of cell therapy trials for stroke: review of published and registered studies. Stem Cells Dev, 22(15): 2095-2111.

Sawa Y, Miyagawa S, 2013. Present and future perspectives on cell sheet-based myocardial regeneration therapy. Biomed Res Int, 2013: 583912.

Thomson J A, Itskovitz-Eldor J, Shapiro S S, et al, 1998. Embryonic stem cells derived form human blatocysts. Science, 282(5391): 1145-1147.

Warnock M, 1985. The Warnock report. Br. Med. J. (Clin. Res. Ed.), 291(6489): 187-190.

Werner B C, Li X, Shen F H, 2014. Stem cells in preclinical spine studies. Spine J, 14(3): 542-551.

Zhao X Y, Li W, Lv Z, et al, 2009. iPS cells produce viable mice through tetraploid complementation. Nature, 461(7260): 86-90.

思考题

1. 目前对胚胎干细胞的研究主要集中在哪几个方向？
2. 成体干细胞分化有何特点？
3. 干细胞的应用有哪些？

一、常用培养基及基本特性

1. RPMI-1640 Medium

RPMI-1640Medium 广泛应用于哺乳动物、特殊造血细胞、正常或恶性增生的白细胞、杂交瘤细胞的培养，是目前应用十分广泛的培养基。主要用于悬浮细胞培养。其他像 K-562、HL-60、Jurkat、Daudi、IM-9 等成淋巴细胞、T 细胞淋巴瘤细胞以及 HCT-15 上皮细胞等均可参考使用。

2. Minimum Essential Medium（MEM）

也称最低必需培养基，它仅含有 12 种必需氨基酸、谷氨酰胺和 8 种维生素。成分简单，可广泛适应各种已建成细胞系和不同地方的哺乳动物细胞类型的培养。MEM-Alpha 一般用于培养一些难培养细胞类型，而其他没有特殊之处的细胞株则几乎均可采用 MEM 来培养。

3. DMEM-高糖（标准型）培养基

是一种应用十分广泛的培养基，可用于许多哺乳动物细胞培养，更适合高密度悬浮细胞培养。适用于附着性较差，但又不希望它脱离原来生长点的克隆培养，也可用于杂交瘤中骨髓瘤细胞和 DNA 转染的转化细胞的培养。

4. DMEM-低糖（标准型）培养基

是一种应用十分广泛的培养基，可用于许多哺乳动物细胞培养。低糖适于依赖性贴壁细胞培养，特别适用于生长速度快、附着性较差的肿瘤细胞培养。

5. DMEM/F12 Medium

适于克隆密度的培养。F12 培养基成分复杂，含有多种微量元素，和 DMEM 以 1∶1 结合，称为 DMEM/F12 培养基（DMEM/F12 Medium），作为开发无血清配方的基础，以利用 F12 含有较丰富的成分和 DMEM 含有较高浓度的营养成分为优点。该培养基适用于血清含量较低条件下哺乳动物细胞培养。为了增强该培养基的缓冲能力，改良之一是在 DMEM/F12（1∶1）中加入 15mmol/L HEPES 缓冲液。

6. McCoy's 5A Medium

主要为肉瘤细胞的培养所设计，可支持多种组织（如骨髓、皮肤、肺和脾脏等）的原代移植物的生长，除适于一般的原代细胞培养外，主要用作组织活检培养、一些淋巴细胞培养以及一些难培养细胞的生长支持。例如 Jensen 大鼠肉瘤成纤维细胞、人淋巴细胞、HT-29、BHL-100 等上皮细胞。

7. Iscove's Modified Dulbecco's Medium（IMDM）

Guilber 和 Iscove 将 Dulbecco's Medium 改良为 Iscove's Medium，用于培养红细胞和巨噬细胞前体。此种培养液含有硒、额外的氨基酸和维生素、丙酮酸钠和 HEPES。并用硝酸钾取代了硝酸铁。IMDM 还能够促进小鼠 B 淋巴细胞、LPS 刺激的 B 细胞、骨髓造血细胞、T 细胞和淋巴瘤细胞的生长。IMDM 为营养非常丰富的培养液，因此可以用于高密度细胞的快速增殖培养。

8. M-199 Medium

1950 年，Morgan 成功研制出具有确定化学成分的细胞培养液，即 M-199，主要用于鸡胚成纤维细胞培养。此培养液必须辅以血清才能支持长期培养。M-199 可用于培养多种种属来源的细胞，并能培养转染的细胞。

9. Leibovitz Medium（L-15）

L-15 培养液适用于快速增殖瘤细胞的培养，用于在 CO_2 缺乏的情况下培养肿瘤细胞株。此培养液采用磷酸盐缓冲体系，氨基酸组成进一步改良，并由半乳糖替代了葡萄糖。

10. Ham's F-10 培养基

适应小鼠细胞、人类二倍体的培养。

11. Ham's F-12 培养基

可以在加入很少血清的情况下应用，特别适合单细胞培养和克隆化培养，是无血清培养中常用的基础培养液。

12. William's Medium E

用于大鼠肝上皮细胞的长期细胞培养。

13. MCDB 131 培养液

用于培养内皮细胞。

14. Opti-MEM I Reduced Serum Media

用于培养造血细胞。

二、中英文专业名词对译表

（中文开头名词根据汉语拼音顺序排列）

中文	英文
阿尔茨海默病	Alzheimer's disease, AD
癌干细胞	cancer stem cell, CSC
癌小体	oncosome
γ-氨基丁酸	gamma aminobutyric acid, GABA
白细胞介素-6	interleukin-6, IL-6
白血病干细胞	leukemic stem cell, LSC
白血病抑制因子	leukemia inhibitory factor, LIF
β-半乳糖苷酶	β-galactosidase, β-gal
半乳糖脑苷脂	galactocerebroside, GC
胞外囊泡	extracellular vesicle, EV
苯丙酸诺龙	activin
表观遗传	epigenetic inheritance
表观遗传变异	epigenetic variation
表观遗传学	epigenetics
表皮干细胞	epidermal stem cell
表皮（细胞）生长因子	epidermal growth factor, EGF

丙戊酸	valproic acid, VPA
波形蛋白	vimentin
不对称分裂	asymmetrical division
侧群细胞	side population, SP
长期培养	long-term culture, LTC
长期体内造血重建能力	long-term repopulation
长期造血干细胞	long-term hematopoietic stem cell, LT-HSC
长周期培养起始细胞	long-term culture-initiating cell, LTC-IC
巢蛋白	nestin
成肌调节因子	myogenic regulatory factor, MRF
成体干细胞	adult stem cell, somatic stem cell
程序性细胞死亡	programmed cell death, PCD
齿状回	dentate gyrus
重编程	reprogramming
重新甲基化	*de novo* methylation
初级肌管细胞	primary myotube
穿膜肽	cell-penetrating peptide
次级肌管细胞	secondary myotube
蛋白激酶	JAK Janus kinase
5-氮杂胞苷	5-azacytidine
低反应性	hyporesponsiveness
凋亡	apoptosis
丁羟茴醚	butylated hydroxyanisole, BHA
定向分化	directed differentiation
端粒酶	telomerase
短期造血干细胞	short-term hematopoietic cell, ST-HSC
短暂	short-term
多巴胺	dopamine, DA
多发性硬化症	multiple sclerosis, MS
多能成体祖细胞	multipotential adult progenitor cell, MAPC
多能干细胞	pluripotent stem cell, PSC
多潜能祖细胞	multiple potential progenitor, MPP
二甲基亚砜	dimethyl sulfoxide, DMSO
二肽酶	dipeptidylpeptidase, DPP
范科尼贫血	Fanconi anemia, FA
分化潜能	differentiation potential
5-氟尿嘧啶	5-fluorouracil, 5-FU
肝细胞生长因子	hepatocyte growth factor, HGF
肝脏干细胞	hepatic stem cells, HSC
肝脏卵圆细胞	hepatic oval cell, HOC
干细胞	stem cell, SC
干细胞生长因子	stem cell growth factor, SCGF

高增殖潜能细胞	highly proliferative potential colony-forming cell, HPP-CFC
骨髓细胞	bone marrow cell, BMC
骨髓造血干细胞移植	bone marrow hematopoietic stem cell transplantation, BMT
骨形态生成蛋白	bone morphogenetic protein, BMP
骨形态生成蛋白 4	bone morphogenetic protein 4, BMP4
归巢	homing
海马	hippocampus
核外颗粒体	ectosome
亨廷顿舞蹈症	symptoms of Huntington's disease
横向分化	transdifferentiation
红系爆式集落形成单位	burst forming unit-erythroid, BFU-E
化学诱导的多能干细胞	chemically induced pluripotent stem cells, CiPSC
2,3-环核苷酸二酯酶	cyclic nucleotide esterase
汇合	confluence
混合集落形成单位	mixed colony-forming unit, CFU-Mix
混合淋巴细胞反应	mixed lymphocyte reaction, MLR
肌钙蛋白-I	troponin-I
α-肌动蛋白	α-actin
肌管细胞	myotube
肌细胞生成蛋白	myogenin
基因沉默	gene silencing
基因敲除	gene knockout
基因组印记	genomic imprinting
畸胎瘤	teratoma
急性髓细胞性白血病	acute myelogenous leukemia, AML
集落形成细胞	colony-forming cell, CFC
间充质干细胞	mesenchymal stem cell, MSC
碱性成纤维细胞生长因子	basic fibroblast growth factor, bFGF
碱性磷酸酶	alkaline phosphatase, AKP
胶质细胞产生的神经营养因子	glial cell-derived neurotrophic factor, GDNF
胶质纤维酸性蛋白	glial fibrillary acidic protein, GFAP
角蛋白	keratin
角质细胞生长因子	keratinocyte growth factor-2, KGF-2
角质形成细胞	keratinocyte
阶段特异性表面抗原	stage-specific embryonic antigen, SSEA
睫状神经营养因子	ciliary neurotrophic factor, CNTF
进行性假肥大性肌营养不良	Duchenne's muscular dystrophy, DMD
竞争性造血重建单位	competitive repopulating unit, CRU
颗粒细胞层下区	subgranular zone, SGZ
可塑性	plasticity
克隆形成能力	clonogenicity
朗格汉斯细胞	Langerhans' cell

酪氨酸羟化酶	tyrosine hydroxylase, TH
类风湿性关节炎	rheumatoid arthritis, RA
类似物	analog
粒细胞集落刺激因子	granulocyte colony stimulating factor, G-CSF
粒细胞-巨噬细胞集落刺激因子	granulocyte macrophage colony stimulating factor, GM-CSF
粒细胞-巨噬细胞集落形成单位	granulocyte macrophage colony forming unit, CFU-GM
β-连环素	β-catenin
磷酸肌酸激酶	phosphocreatine kinase, PCK
磷脂酰肌醇 3 激酶	phosphoinosidide 3 kinase, PI_3K
绿色荧光蛋白	green fluorescent protein, GFP
美国国家卫生研究院	National Institutes of Health, NIH
美国卫生和公众服务部	Department of Health and Human Services, HHS
梅克尔细胞	Merkel cell
免疫球蛋白超家族	immunoglobulin superfamily
母体效应	maternal effects
耐药性	drug resistance
囊胚	blastula
脑源性神经营养因子	brain derived neurotrophic factor, BDNF
内皮生长因子	endothelial growth factor, EGF
内皮细胞蛋白质 C 受体	endothelial protein C receptor, EPCR
内细胞团	inner cell mass, ICM
尼克酰胺	nicotinamide
拟胚体	embroid body, EB
牛磺酸	taurine
帕金森病	Parkinson's disease
胚基	blastema
胚泡	blastocyst
胚胎癌性细胞	embryonal carcinoma cell, ECC
胚胎干细胞	embryonic stem cell, ESC
胚胎生殖细胞	embryonic germ cell, EGC
皮质	cortex
脾集落形成单位	colony forming unit-spleen, CFU-S
葡萄糖转运体 2	glucose transporter 2, GLUT2
谱系	lineage
前列腺素 E2	prostaglandin E2, PGE2
前体细胞	precursor cell
氢化可的松	hydrocortisone
趋化因子配体	chemokine ligand, CL
趋化因子受体	chemokine receptor
全能干细胞	totipotent stem cell
全能性	topipotency
全新 DNA 转甲基酶	de novo DNA methyltransferase

三碘甲状腺原氨酸	triiodothyronine, T3
桑葚胚	morula
神经干细胞	neural stem cell, NSC
神经球	neurosphere
神经生长因子	nerve growth factor, NGF
神经微丝	neurofilment, NF
神经营养蛋白	neurotrophin, NT
神经元素 3	neurogenin3, Ngn3
神经元特异核蛋白	neuron specific nuclear protein, Neu N
神经元特异性烯醇化酶	neuron specific enolase, NSE
生态位	niche
实验性自身免疫性脑脊髓炎	experimental autoimmune encephalomyelitis, EAE
室管膜下区	subependymal zone, SEZ
室下区	subventricular zone, SVZ
衰老	aging, senesence
双丁酰环腺苷酸	dibutyryl cyclic adenosine monophosphate
瞬时信号	transient signal
瞬时性扩增	transient amplifying, TA
丝裂原活化蛋白激酶	mitogen activation protein kinase, MAPK
髓鞘少突胶质细胞糖蛋白	myelin oligodendrocyte glycoprotein, MOG
胎肝细胞移植	fetal liver cell transfusion, FLCT
胎肝移植	fetal liver transplantation, FLT
胎牛血清	fetal bovine serum, FBS
糖原合酶激酶-3	glycogensynthase kinase-3, GSK3
同基因骨髓造血干细胞移植	syngeneic bone marrow hematopoietic stem cell transplantation, SBMT
同质性	homogeneity
脱分化 / 去分化	dedifferentiation
外泌体	exosome
外周血造血干细胞移植	peripheral blood hematopoietic stem cell transplantation, PBSCT
β-微管蛋白 Ⅲ	β-tubulin Ⅲ
微环境	microenvironment
微囊泡	microvesicles, MV
微中心	hub
维甲酸	retinoic acid, RA
纹状体	striatum
稳态	homeostasis
细胞疗法	cell therapy
细胞黏附分子	cell adhesion molecule, CAM
1 型糖尿病	diabetes mellitus type 1
悬浮培养	suspension culture
选择素	selectin

血管内皮生长因子	vascular endothelial growth factor, VEGF
血管内皮生长因子受体 2	vascular endothelial growth factor receptor-2, VEGFR-2
血红素加氧酶 1	heme oxygenase-1, HO-1
血小板衍生生长因子	plateletderived growth factor, PDGF
亚全能干细胞	subtotipotent stem cell
胰岛素样生长因子	insulin-like growth factor-1, IGF-1
胰岛素依赖型糖尿病	insulin-dependent diabetes mellitus, IDDM
胰十二指肠同源异型盒基因	pancreatic and duodenal homeobox1, PDX1
遗传学	genetics
乙醛脱氢酶	aldehyde dehydrogenase, ALDH
乙酰胆碱	acetylcholine, Ach
异丁基- 甲基黄嘌呤	isobutyl methylxanthine
异基因骨髓造血干细胞移植	allogeneic hematopoietic stem cell transplantation, ALLO-BMT
异质群体	heterogeneous population
抑瘤素 M	oncostatin-M, OSM
吲哚胺 2,3-二氧化酶	indoleamine 2,3-dioxygenase, IDO
吲哚美辛	indometacin
应急受体	emergency receptor
荧光激活细胞分选法	fluorescence activated cell sorting, FACS
永久	long-term
诱导多能干细胞	induced pluripotent stem cell, iPSC
诱导型一氧化氮合酶	inducible nitric oxide synthase, iNOS
原始生殖细胞	primordial germ cell, PGC
源框转录因子	homeobox transcription factor
再分化	redifferentiation
再生	regeneration
再生医学	regenerative medicine, RM
造血干细胞	hematopoietic stem cell, HSC
造血祖细胞	hematopoietic progenitor cell, HPC
整合素	integrin
脂肪来源的间充质干细胞	adipose-drived mesenchymal stem cell, ADSC
植物凝集素	phytohemagglutinin, PHA
治疗性克隆	therapeutic cloning
中间细胞	intermediate cell
中脑	midbrain
肿瘤干细胞	tumor stem cell, TSC
肿瘤形成能力	tumorigenicity
重症联合免疫缺陷	severe combined immunodeficiency, SCID
主要组织相容复合体	major histocompatibility complex, MHC
转化生长因子	transforming growth factor, TGF
转化生长因子 β1	transforming growth factor β1, TGF β1

滋养外胚层	trophectoderm
自身骨髓造血干细胞移植	autologous bone marrow hematopoietic stem cell transplantation, ABMT
自我更新能力	self-renewal
自我维持	self-maintenance
组织工程	tissue engineering
祖细胞	progenitor cell

其他

RNA 编辑	RNA editing
DNA 甲基化	DNA methylation
T 细胞受体	T cell receptor, TCR
IGF-Ⅱ信使 RNA 结合蛋白	IGF-Ⅱ messenger RNA binding protein, Imp
cAMP 依赖的蛋白激酶	cAMP-dependent protein kinase, APK, PKA